Studienbücher Wirtschaftsmathematik

Herausgegeben von
Prof. Dr. Bernd Luderer, Technische Universität Chemnitz

Die Studienbücher Wirtschaftsmathematik behandeln anschaulich, systematisch und fachlich fundiert Themen aus der Wirtschafts-, Finanz- und Versicherungsmathematik entsprechend dem aktuellen Stand der Wissenschaft.
Die Bände der Reihe wenden sich sowohl an Studierende der Wirtschaftsmathematik, der Wirtschaftswissenschaften, der Wirtschaftsinformatik und des Wirtschaftsingenieurwesens an Universitäten, Fachhochschulen und Berufsakademien als auch an Lehrende und Praktiker in den Bereichen Wirtschaft, Finanz- und Versicherungswesen.

Weitere Bände dieser Reihe finden Sie unter
http://www.springer.com/series/12693

Sascha Desmettre · Ralf Korn

Moderne Finanzmathematik – Theorie und praktische Anwendung Band 2

Erweiterungen des Black-Scholes-Modells, Zins, Kreditrisiko und Statistik

Sascha Desmettre
TU Kaiserslautern
Kaiserslautern, Deutschland

Ralf Korn
Fraunhofer ITWM
TU Kaiserslautern
Kaiserslautern, Deutschland

Studienbücher Wirtschaftsmathematik
ISBN 978-3-658-20999-5
ISBN 978-3-658-21000-7 (eBook)
https://doi.org/10.1007/978-3-658-21000-7

Die Deutsche Nationalbibliothek verzeichnet diese Publikation in der Deutschen Nationalbibliografie; detaillierte bibliografische Daten sind im Internet über http://dnb.d-nb.de abrufbar.

Springer Spektrum

Verantwortlich im Verlag: Ulrike Schmickler-Hirzebruch

Gedruckt auf säurefreiem und chlorfrei gebleichtem Papier

Springer Spektrum ist ein Imprint der eingetragenen Gesellschaft Springer Fachmedien Wiesbaden GmbH und ist ein Teil von Springer Nature.
Die Anschrift der Gesellschaft ist: Abraham-Lincoln-Str. 46, 65189 Wiesbaden, Germany

Vorwort

Die Finanzmärkte und ihre Unwägbarkeiten sind mittlerweile mehr denn je ein Bestandteil unseres täglichen Lebens. Die allabendlichen Berichte von der Frankfurter Börse vor der Tagesschau haben einen ähnlichen Stellenwert wie der Wetterbericht erreicht. Turbulenzen an den Börsen haben einen ähnlichen Einfluss auf die eigene wirtschaftliche und berufliche Situation wie Wetterturbulenzen auf das normale Leben.

Begriffe wie *Rettungsschirme für Banken* haben uns nicht zuletzt durch ihre enorme finanzielle Dimension die große Abhängigkeit unserer Wirtschaft von den Finanzmärkten eindrucksvoll vor Augen geführt. Neue Währungen wie der *Bit-Coin* rufen gleichermaßen Erstaunen und Unsicherheit hervor. Die zunehmende Diskussion über die Kontrolle und Sicherheit unseres Bankensystems ist in Anbetracht der vergangenen Finanzkrisen mehr als verständlich.

All das kann nur deshalb am Beginn eines Vorworts dieses Buchs über moderne Finanzmathematik stehen, weil die moderne Finanzmathematik ein mittlerweile unverzichtbares Werkzeug an den modernen Finanzmärkten geworden ist. So sind moderne Simulationsverfahren zentrale Hilfsmittel bei der Berechnung von Risiko- und Erfolgskennzahlen. Dies ist nicht zuletzt auf regulatorische Vorgaben wie z. B. Solvency II im Versicherungsbereich oder Basel II und III im Bankenbereich zurückzuführen. Optionspreisberechnungen und moderne Portfoliotechniken zur Konstruktion von Garantieprodukten sind sowohl im Banken- als auch im Versicherungssektor von großer Bedeutung. Und die Liste ließe sich fortführen.

Der Niedrigzins als neues Thema Ein aktuell immer wieder auftauchender Begriff aus der Finanzwelt ist der des *Niedrigzinses*, der uns die Bedeutung der Prinzipien der Finanzmathematik für unser tägliches Leben verdeutlicht. Die Idee, dass sich gespartes Geld exponentiell mit der Zeit vermehrt, die das Synonym für den Begriff des *arbeitenden Geldes* ist, ist heutzutage nur noch beschränkt gültig. So erhalten institutionelle Investoren an den Finanzmärkten für Festgeldanlagen erst ab einer relativ hohen Laufzeit überhaupt einen positiven Zins. Gleichzeitig wird es für den Einzelnen deutlich schwerer, seinen privaten Anteil an der Altersvorsorge zu finanzieren, da das Geld aufgrund des Niedrigzinses eben nur noch recht widerwillig für einen arbeitet. Wir werden gerade dem Thema Zins in diesem Band Rechnung tragen.

Das Konzept des Buchs Das vorliegende Buch ist der zweite Band mit dem Titel *Moderne Finanzmathematik — Theorie und Anwendung*. In Ergänzung zum ersten Band Korn (2014) wird er weitere wichtige Themengebiete aus der modernen Finanzmathematik vorstellen, um das Ziel einer gründlichen Einführung in die Methoden und Prinzipien der modernen Finanzmathematik weiter zu verfolgen. So werden wir zwar das Themenspektrum erweitern, aber am bewährten Konzept festhalten, die Finanzmathematik und ihre Anwendung in den Vordergrund zu stellen.

Technisch anspruchsvolle theoretische Konzepte werden wieder in Exkursen dort präsentiert, wo sie zum ersten Mal benötigt werden. Dabei können wir natürlich auch auf der Vorarbeit des ersten Bands aufbauen und insbesondere für die Grundlagen der stochastischen Analysis auf die dortigen Exkurse verweisen.

Um das Lesen und Verstehen aller Kapitel zu vereinfachen, haben wir ihnen jeweils einführende Abschnitte mit Motivation und Überblick voran gestellt, in denen der im Kapitel folgende Stoff ökonomisch motiviert, seine Entstehungs- und Entwicklungsgeschichte beschrieben oder auch Aspekte der Praxis gegeben werden.

Finanzmathematische Inhalte In Erweiterung der Inhalte des ersten Bands beginnen wir das Buch mit einem Kapitel über Verallgemeinerungen des Black-Scholes-Modells, in dem wir zunächst im Kontext der Modellierung von Aktienpreisen mittels Diffusionsprozessen bleiben, aber die Konzepte der lokalen Volatilität und der stochastischen Volatilität einführen. Während bei der lokalen Volatilität die Nicht-Linearität des Volatilitätsprozesses den Begriff der schwachen Lösung einer stochastischen Differentialgleichung erfordert, steht man bei stochastischen Volatilitätsprozessen dem Problem der Unvollständigkeit des Finanzmarktes gegenüber. Wir werden deshalb auch explizit die beiden Fundamentalsätze der Optionsbewertung formulieren und detailliert betrachten. Eine etwas gestrafftere Betrachtung von Sprung-Diffusionsprozessen sowohl im Hinblick auf die zugehörige stochastische Integration als auch ihre Anwendung in der Optionsbewertung schließen das Kapitel ab.

Die im ersten Band vereinfacht behandelte Zinsmodellierung ist der Gegenstand des zweiten Kapitels. Wir werden dort neben vielfältigen Grundbegriffen und Zinsprodukten im Wesentlichen drei Modellierungsansätze für den Zinsbereich kennen lernen, den der Short-Rate-, der Forward-Rate- und der LIBOR-Modelle. Dabei werden wir uns neben allgemeiner Theorie speziell auf für die Praxis relevante Modellspezifizierungen konzentrieren und natürlich auch nicht den Aspekt möglicher negativer Zinsen außer Acht lassen. Wir werden aber auch einige sonst in der Literatur weniger behandelte Aspekte wie die Formen der Zinsstrukturkurve, den Satz von Dybvig, Ingersoll und Ross, das SABR-Modell oder das nicht-lineare Zinsmodell nach Epstein und Wilmott vorstellen.

Die theoretischen Hintergründe zur Modellierung von Kreditderivaten werden im dritten Kapitel bereit gestellt. Dazu gehört auch die multivariate Abhängigkeitsmodellierung nach dem Copula-Konzept. Und natürlich spielt das 1-Faktor-Gauß-Modell nach Li (siehe Li (2000)) eine Rolle, das zu Zeiten der Kreditkrise traurige Berühmtheit erlangt hat und auch das Dilemma der Anwendung moderner Finanzmathematik in der Praxis verdeutlicht.

Schließlich widmen wir uns im vierten Kapitel den statistischen Methoden, die gebraucht werden, um die entwickelten Modelle mit den benötigten Parametern zu versorgen. Wir haben hier einen Querschnitt an Methoden gewählt, die auch in der Praxis angewendet werden.

Die Gebiete der Risikomaße und der Modellierung von Finanzdaten mittels diskreter Zeitreihen werden im fünften Kapitel kurz als weitere wichtige Gebiete finanzmathematischer Forschung vorgestellt.

Benötigte Vorkenntnisse Wir können es uns an dieser Stelle einfach machen und direkt die Inhalte von Band 1, also von Korn (2014), als benötigte Vorkenntnisse angeben. Zwar existieren in jedem einzelnen Kapitel Teile, die auch ohne diese Vorkenntnisse zu verstehen sind, doch sind für die tiefer gehenden Teile aller Kapitel solide Kenntnisse der zeitstetigen Finanzmathematik und der ihr zugrunde liegenden stochastischen Konzepte wie z. B. die der stochastischen Analysis absolut notwendig. Das Gleiche gilt auch für die finanzmathematischen Konzepte der Arbitragefreiheit, der Vollständigkeit und Unvollständigkeit von Finanzmärkten sowie der risikoneutralen Bewertung.

Speziell für Teile des ersten Kapitels aber auch im zweiten und dritten Kapitel benötigen wir wiederum separate Exkurse, z. B. über stochastische Inegration für Sprungprozesse oder aber auch über Abhängigkeitsmodellierung mittels des Copula-Konzepts, die in Umfang und Darstellung speziell auf die Anwendungen in der Finanzmathematik abgestimmt sind. Separate Vorkenntnisse zu den Exkursen sind deshalb auch nur nötig, wenn man tiefer in die Materie eindringen will.

Lese- und Verwendungshinweise für dieses Buch Natürlich kann unser Lehrbuch sequentiell von vorne nach hinten gelesen werden. Aber gerade bei der von uns getroffenen Stoffauswahl sind – insbesondere als Ergänzung zu Band 1 – auch andere Varianten sinnvoll.

So ist beispielsweise ein Verzicht auf das erste Kapitel möglich, wenn man nur an den Zinsmodellen interessiert ist. Die ersten drei Kapitel sind nicht zum Verständnis des Statistikteils, also des vierten Kapitels, notwendig. Will man sich über die Grundlagen der Kreditderivate informieren, so erscheinen allerdings die beiden ersten Kapitel zumindest teilweise als Vorbereitung notwendig zu sein. Und natürlich bleibt auch die Möglichkeit des reinen Lesens des ersten Kapitels, um einen Einstieg in die allgemeineren Aktienpreismodelle und die Problematik unvollständiger Märkte zu erhalten.

Das Lösen der Übungsaufgaben bildet eine Kontrolle des Verständnisses des Stoffes, dient aber auch zum Schließen kleinerer Beweislücken. Ein Bearbeiten dieser Übungen kann dem Leser einen großen zusätzlichen Erkenntnis- und Verständnisgewinn bringen. Deshalb werden auch keine Lösungsvorschläge (aber sehr wohl vereinzelte Hinweise für die Bearbeitung) im Buch gegeben.

Das vorliegende Buch kann in vielen Bereichen durch Spezialliteratur ergänzt werden. Auf diese wird jeweils in den Kapiteln an geeigneten Stellen hingewiesen.

Tippfehler und andere Fehler Auch hier gilt das bereits im Vorwort zu Band 1 Gesagte. Kleinere Tippfehler oder formale Fehler sind selbst bei mehrfacher Kontrolle kaum auszuschließen. So wird auch dieses Buch vermutlich keine Ausnahme darstellen und den ein oder anderen Fehler beinhalten. Wir weisen deshalb auch darauf hin, dass es auch an einem (Tipp-)Fehler liegen kann, wenn sich einem eine Formel bzw. ein Detail ihrer Herleitung überhaupt nicht erschließen will. Gern nehmen wir Hinweise auf mögliche Fehler zur Kenntnis, um sie in späteren Auflagen zu vermeiden.

Wir weisen auch noch einmal darauf hin, dass jede Formel vor ihrer Anwendung in der Praxis durch den Anwender verifiziert werden muss. Erst nach einer ausführlichen Verifikation anhand einer Vielzahl von Beispielen wird der verantwortungsvolle Praktiker eine Formel zur Implementierung freigeben.

Dieses Buch ist wie sein erster Band ein Lehrbuch. Es werden wieder wichtige Anwendungsgebiete der modernen Finanzmathematik vorgestellt, dabei auch praktische Aspekte der Anwendung betrachtet, aber es ist deshalb trotzdem kein Handbuch für den Gebrauch von Finanzmathematik an den Finanzmärkten. Deshalb kann keinerlei Verantwortung/Haftung für Verluste oder Schäden, die durch unkritische Anwendung von Inhalten dieses Buchs entstehen, übernommen werden.

Danksagung

Als Autoren haben wir die Freude, uns bei vielen bedanken zu können, die einen direkten oder indirekten Beitrag zur Erstellung dieses Buchs geleistet haben, sei es durch fachliche Diskussionen, technische Hilfe oder durch große Geduld während der langen Arbeitsphasen, die zusätzlich zu den täglichen Lehr- und Forschungsaufgaben zu erledigen waren.

Auf Seiten des Springer-Verlags gilt unser Dank Frau Ulrike Schmickler-Hirzebruch und Frau Barbara Gerlach für langjährige gute Zusammenarbeit sowie Prof. Luderer (TU Chemnitz), dem Herausgeber der Reihe, in der dieses Buch erschienen ist, für sehr konstruktive Korrekturvorschläge.

Ein besonders herzlicher Dank geht an unsere Kollegen am Fachbereich Mathematik der TU Kaiserslautern und am Fraunhofer Institut für Techno- und Wirtschaftsmathematik ITWM in Kaiserslautern. Unsere praktischen Erfahrungen haben wir zu einem großen Teil in Projekten des ITWM mit der Finanz- und Versicherungsmathematik erworben.

Viele Diskussionen mit unseren Doktoranden und Studierenden haben uns immer wieder motiviert, nach guten Darstellungsformen der vermittelten Inhalte zu suchen.

RK möchte sich persönlich bei seiner Ehefrau Elke für das immer große Verständnis, aber auch für die unschätzbar kostbare Möglichkeit, mit ihr immer wieder mathematische Aspekte diskutieren zu können, bedanken.

SD bedankt sich genauso bei seiner zukünftigen Ehefrau Claudia für die nötige Geduld und das nötige Verständnis während der Entstehungsphase sowie für die entgegengebrachte Rückendeckung in jeglicher Lebenslage. Darüber hinaus dankt er seinen Eltern Hedwig und Peter und seiner Schwester Andrea für die immerwährende Unterstüzung.

Sascha Desmettre, Ralf Korn — Kaiserslautern, Januar 2018

Inhaltsverzeichnis

Erweiterungen des Black-Scholes-Modells 1

1.1 Motivation und Überblick

Nicht nur in der Theorie, wo Verallgemeinerung ein natürlicher Beweggrund ist, sondern auch in der Praxis wird das Black-Scholes-Modell in seiner einfachen Form schon länger als nicht mehr zeitgemäß und zu stark vereinfachend angesehen, um Aktienpreisentwicklungen hinreichend realistisch zu modellieren. Wir werden im Folgenden zwei populäre empirische Argumente anführen, die diese Meinung belegen und dann in der Praxis und in der Theorie populäre Verallgemeinerungen des Black-Scholes-Modells vorstellen sowie die sich aus ihnen ergebenden Probleme (wie z. B. die Unvollständigkeit des zugehörigen Marktmodells) behandeln.

Black-Scholes-Modell und implizite Volatilität Wie bereits am Ende von Kapitel 3 in Korn (2014) (ab jetzt der Einfachheit halber als *Band 1* bezeichnet) angedeutet ist die Black-Scholes-Formel nicht nur das herausragende Ergebnis der zeitstetigen Finanzmathematik, sie ist auch ein einfacher Indikator, um zu zeigen, dass Marktpreise gehandelter Optionen nicht mit dem Black-Scholes-Modell (also der Annahme log-normal verteilter Aktienpreise bzw. normal verteilter Log-Renditen) konsistent sind. Hierzu betrachtet man sogenannte *Volatilitätsflächen* oder *Volatilitätskurven*, die die jeweiligen impliziten Volatilitäten zu Marktpreisen von Call-Optionen als Funktion der Fälligkeiten T und/oder Strikes K der Optionen sind, wobei man sich typischerweise auf Call- und Put-Optionen beschränkt, da diese hinreichend liquide gehandelt werden.

Der hierfür zentrale Begriff ist der der *impliziten Volatilität*, den wir bereits in Kap. 3 in Band 1 im Anschluss an die Black-Scholes-Formel eingeführt hatten. Er ist für all die Optionspreise eindeutig definiert, für die eine geschlossene Preisformel im Black-Scholes-Modell vorliegt, und bei der aus dem Optionspreis – bei ansonsten bekannten Prozess- und Vertragsparametern – eindeutig auf die zugrundeliegende Volatilität geschlossen werden kann.

S. Desmettre, R. Korn, *Moderne Finanzmathematik – Theorie und praktische Anwendung Band 2*, Studienbücher Wirtschaftsmathematik, https://doi.org/10.1007/978-3-658-21000-7_1

Betrachtet man z. B. für (europäische) Call-Optionen mit variierendem Strike K und Fälligkeit T die sich aus den Marktpreisen der Option jeweils eindeutig ergebenden impliziten Volatilitäten

$$\sigma_{\text{imp}} = \sigma_{\text{imp}}(K, T)$$

und führt eine Interpolation zwischen diesen Punkten durch, so erhält man eine Volatilitätsfläche $\sigma(K, T)$ in der K-T-Ebene. Diese ist in der Regel weit von einer konstanten Gestalt entfernt, was dem Black-Scholes-Modell widerspricht (vgl. z. B. Desmettre et al. (2015)).

Empirische Charakteristika von Finanzdaten – Stylized Facts Eine andere, eher konventionelle Art der Argumentation gegen die Annahme des Black-Scholes-Modells ist eine statistische Betrachtung der Zeitreihen der logarithmierten täglichen Renditen. Sie weisen Charakteristika (die in der Theorie oft als *Stylized Facts* bezeichnet werden; vgl. z. B. Cont (2001)) auf, die nicht mit der Annahme des Black-Scholes-Modells im Einklang stehen. So werden deutlich häufiger extrem hohe positive und negative Werte beobachtet, als dass dies die Annahme normal verteilter Log-Renditen erklären kann, es wechseln sich Phasen mit sowohl hohen als auch geringen Preisänderungen ab (Volatilitäts-Clustering), und negative Nachrichten in Form hoher Verluste haben einen stärkeren Einfluss auf die Volatilität als negative Nachrichten in Form hoher Gewinne (Hebel-Effekt). Umgekehrt erscheint die empirische Verteilung der täglichen Log-Renditen auch spitzer zu sein, als eine bestmöglich an die Daten angepasste Normalverteilung. Schließlich erscheint auch die Annahme unabhängiger log-Renditen nicht der empirischen Überprüfung stand zu halten. Eine ausführliche Darstellung hierzu, die die Notwendigkeit der Betrachtung von Aktienpreismodellen mit nicht-konstanter Volatilität und nicht-normal verteilten Log-Renditen unterstreicht, findet sich z. B. in Desmettre et al. (2015).

Verallgemeinerungen Wir wollen in diesem Kapitel nun mehrere Arten der Verallgemeinerung des Black-Scholes-Modells vorstellen, deren Ziele realistischere Dynamiken der Aktienpreise und/oder besseres Erklären beobachteter Marktpreise von Optionen sind. Je nach verfolgtem Ziel kann dabei die Bewahrung der Vollständigkeit des sich dann ergebenden Marktmodells ein wichtiger Aspekt sein oder auch nicht. Der Einfachheit halber betrachten wir in diesem Kapitel nur Märkte, in denen eine Aktie gehandelt und ein Geldmarktkonto vorhanden ist.

Wir werden mit der Klasse der *lokalen Volatilitätsmodelle* beginnen, bei denen die Volatilität des Aktienpreises zeit- und ortsabhängig sein kann, aber nach wie vor nur eine eindimensionale Brownsche Bewegung für die Modellierung der zufälligen Einflüsse verwendet wird, so dass die Konzepte der Vollständigkeit des Marktes und der Bewertung mit Hilfe eines eindeutigen äquivalenten Martingalmaßes bestehen bleiben.

Im Rahmen der Brownschen Bewegung bleiben zunächst die *stochastischen Volatilitätsmodelle*, bei denen die Aktienvolatilität eine Dynamik erhält, die selbst als stochastischer Prozess modelliert wird und so neue intrinsische Unsicherheit einbringt, was in der Regel zu einem unvollständigen Markt führt. Hier lässt sich dann per Definition das Duplikationsprinzip nicht anwenden. Schlimmer noch, die Eindeutigkeit des Optionspreises geht verloren, und die Auswahl eines speziellen äquivalenten Martingalmaßes zur Bestimmung der Optionspreise stellt eine eigene Aufgabe dar.

Wie schon erwähnt, werden am Markt oft stärkere Schwankungen der Aktienpreisrenditen beobachtet, als diese unter der Black-Scholes-Annahme plausibel sind. Um solche stärkeren Schwankungen modellieren zu können, bedient man sich einer speziellen Klasse von Sprungprozessen, den sogenannten Lévy-Prozessen, auf deren Darstellung als allgemeinsten Rahmen wir hier verzichten werden und z. B. auf Cont und Tankov (2003) verweisen. Wir begnügen uns statt dessen aufgrund der Einfachheit der Darstellung und der Relevanz in der Praxis mit der Klasse der sogenannten *Sprungdiffusionen*, deren Verwendung schon auf Merton (siehe Merton (1976)) zurück geht, die aber auch weiterentwickelt wurden und in der Praxis populär sind. Auch hier werden die sich ergebenden Wertpapiermarktmodelle im allgemeinen unvollständig sein.

Für die Modellierung mit Sprungdiffusionen müssen wir die Hauptresultate der stochastischen Analysis aus Kap. 2 aus Band 1 auf diese Prozessklassen erweitern, was einen eigenen Exkurs benötigt.

Unvollständige Marktmodelle Die besseren empirischen Eigenschaften der verallgemeinerten Black-Scholes-Modelle gehen in der Regel mit dem Verlust der Vollständigkeit des Marktes einher. In solch unvollständigen Marktmodellen haben wir bereits in Kapitel 1 aus Band 1 gesehen, dass sich für unerreichbare Optionen kein eindeutiger Preis mehr ergibt.

Wie in Kap. 1 aus Band 1 wird sich auch in den unvollständigen zeitstetigen Modellen der Preis mittels Arbitrageargumenten oft nur bis auf ein Intervall mit nichtleerem Inneren eingrenzen lassen. Die Bestimmung dieses Intervalls sowie die Nicht-Existenz von Arbitragemöglichkeiten hängt auch in den zeitstetigen Modellen sehr eng mit der Existenz äquivalenter Martingalmaße zusammen. Allerdings gestalten sich diese Zusammenhänge hier wesentlich technischer als in den endlichen Märkten aus Kap. 1, Band 1. Wir widmen deshalb auch diesem Sachverhalt einen eigenen Abschnitt.

1.2 Exkurs 1: Schwache Lösungen stochastischer Differentialgleichungen

Im Verlauf von Band 2 benötigen wir den Begriff der sogenannten schwachen Lösung von stochastischen Differentialgleichungen. In diesem Exkurs findet sich deshalb die Sammlung von Resultaten über die Existenz und Eindeutigkeit dieser schwachen Lösungen wieder. In Band 1 haben wir den Begriff der starken Lösungen stochastischer Differentialgleichungen eingeführt (vgl. Definition 3.34, Band 1). Für diese waren insbesondere der zu Grunde liegende Wahrscheinlichkeitsraum $(\Omega, \mathcal{F}, \mathbb{P})$ und die zugehörige (erweiterte) Filterung $\{\mathcal{F}_t\}_{t\geq 0}$ vorgegeben, da ihr Verhalten durch den Pfad der zu Grunde liegenden Brownschen Bewegung $\{W(t)\}_{t\geq 0}$ (und die Anfangsverteilung) charakterisiert wird. Das Hauptresultat unter diesem gegebenen Setting – die Existenz und Eindeutigkeit einer starken Lösung unter Lipschitz-Bedingungen an die Drift- und Diffusionskoeffizienten – war dort für unsere Zwecke vollkommen ausreichend. Bereits im folgenden Abschnitt über lokale Volatilitätsmodelle ist dies nicht mehr der Fall. Ein weiteres klassisches Beispiel, für dessen Behandlung der Begriff der starken Lösung nicht ausreichend ist, ist der Cox-Ingersoll-Ross-Prozess (siehe die Anwendungen sowohl im Rahmen des Heston-Modells in diesem Kapitel als auch bei der Zinsmodellierung im nächsten Kapitel), bei dem der Diffusionskoeffizient die Quadratwurzelfunktion des Prozesses ist, die in der Null von rechts kommend unendliche Steigung besitzt und somit nicht mehr Lipschitz-stetig ist. Um auch in solch einem Fall Existenz und Eindeutigkeit einer Lösung der stochastischen Differentialgleichung zu erhalten, führen wir das Konzept der *schwachen Lösung* einer stochastischen Differentialgleichung ein. Verzichtet man auf die konkrete Angabe eines Wahrscheinlichkeitsraums und der zugehörigen Filterung, lässt sich die schwache Lösung einer stochastischen Differentialgleichung wie folgt definieren:

Definition 1.1 Unter einer schwachen Lösung der stochastischen Differentialgleichung mit Anfangsverteilung μ

$$dX(t) = b(t, X(t))dt + \sigma(t, X(t))dW(t) \tag{1.1}$$

für die gegebenen Funktionen $b : [0, \infty) \times \mathbb{R}^d \to \mathbb{R}^d$, $\sigma : [0, \infty) \times \mathbb{R}^d \to \mathbb{R}^{d,m}$ versteht man ein Quadrupel $((\Omega, \mathcal{F}, \mathbb{P}), \{\mathcal{F}_t\}_{t\geq 0}, \{W(t)\}_{t\geq 0}, \{X(t)\}_{t\geq 0})$ bestehend aus

- einem geeigneten Wahrscheinlichkeitsraum $(\Omega, \mathcal{F}, \mathbb{P})$,
- einer Filterung $\{\mathcal{F}_t\}_{t\geq 0}$ über Ω, die die üblichen Bedingungen[1] erfüllt,
- einer m-dimensionalen Brownschen Bewegung $\{(W(t), \mathcal{F}_t)\}_{t\geq 0}$ und
- einem stetigen, d-dimensionalen stochastischen Prozess $\{(X(t), \mathcal{F}_t)\}_{t\geq 0}$,

für welches man (weiterhin) fordert, dass

$$X_i(t) = X_i(0) + \int_0^t b_i(s, X(s))ds + \sum_{j=1}^m \int_0^t \sigma_{ij}(s, X(s))\, dW_j(s) \tag{1.2}$$

[1] D. h. $\{\mathcal{F}_t\}$ ist rechtsstetig und $\mathcal{F}_0$ enthält bereits alle $\mathbb{P}$-Nullmengen aus $\mathcal{F}$, vgl. Definition 2.11 in Band 1.

$\mathbb{P}$-fast sicher, für alle $t \geq 0$, $i \in \{1, \ldots, d\}$, so dass

$$\int_0^t \left(|b_i(s, X(s)| + \sum_{j=1}^{m} \sigma_{ij}^2(s, X(s)) \right) ds < \infty \tag{1.3}$$

$\mathbb{P}$-fast sicher, für alle $t \geq 0$, $i \in \{1, \ldots, d\}$, wobei $X(0)$ die Verteilung μ besitzt.

Die Filterung $\{\mathcal{F}_t\}_{t \geq 0}$ in obiger Definition ist dabei im Gegensatz zur Definition von starken Lösungen mit zufälliger Anfangsbedingung (vgl. Bemerkung 3.38) nicht notwendigerweise die $\mathbb{P}$-Erweiterung $\{\mathcal{G}_t\}_{t \geq 0}$ von $\mathcal{G}_t^\star = \sigma(X(0), W(t); t \geq 0)$, die durch die Brownsche Bewegung W und den Anfangswert $X(0)$ erzeugt wird. Deswegen ist für schwache Lösungen insbesondere die Kenntnis der Pfade von W nicht mehr zwingend notwendig. Nichtsdestotrotz bestimmen schwache Lösungen vollständig die Verteilungscharakteristiken des stochastischen Prozesses X.

Existenzresultate Schwache Lösungen existiern unter weit schwächeren Bedingungen an die Koeffizienten, was durch den nachfolgenden Existenzsatz nach Ikeda und Watanabe (1981) (vgl. Theorem 2.3, Kap. IV) belegt wird. Hierbei können wie auch im Fall gewöhnlicher Differentialgleichungen die Lösungen stochastischer Differentialgleichungen in endlicher Zeit explodieren. Deshalb führen wir den Begriff der Lebensdauer als

$$e(X, \omega) := \inf\{t \geq 0 : |X(t, \omega)| = \infty\}$$

ein.

Satz 1.2 *Die Funktionen $b : [0, \infty) \times \mathbb{R}^d \to \mathbb{R}^d$ und $\sigma : [0, \infty) \times \mathbb{R}^d \to \mathbb{R}^{d,m}$ in (1.1) seien stetig und nicht explizit zeitabhängig, d. h.*

$$b(t, x) = b(x) \quad \textit{und} \quad \sigma(t, x) = \sigma(x) \quad \forall\ (t, x),$$

dann besitzt die stochastische Differentialgleichung (1.1) eine schwache Lösung, die bis zur Lebensdauer $e(X)$ definiert ist.

Stellt man wiederum eine Wachstumsbedingung (aber keine Lipschitz-Bedingung) an die Koeffizienten, kann sogar eine Aussage über die Lebensdauer $e(X)$ einer schwachen Lösung getroffen werden (vgl. wieder Ikeda und Watanabe (1981), Theorem 2.4, Kap. IV).

Proposition 1.3 *Die Funktionen $b : [0, \infty) \times \mathbb{R}^d \to \mathbb{R}^d$ und $\sigma : [0, \infty) \times \mathbb{R}^d \to \mathbb{R}^{d,m}$ in (1.1) seien stetig und nicht explizit vom Zeitparameter abhängig. Es erfüllen weiter $b(\cdot)$ und $\sigma(\cdot)$ die folgende Wachstumsbedingung:*

$$||b(x)||^2 + ||\sigma(x)||^2 \leq K(1 + |x|^2)$$

für eine positive Konstante K. Dann gilt für jede schwache Lösung von (1.1) mit $\mathbb{E}\left(|X(0)|^2\right) < \infty$, *dass* $\mathbb{E}\left(|X(t)|^2\right) < \infty \ \forall\, t > 0$ *und damit ist* $e(X) = \infty$ $\mathbb{P}$-*f.s.*

Eindeutigkeitsbegriffe Im Gegensatz zu starken Lösungen gibt es bei schwachen Lösungen mehrere Konzepte, um die Eindeutigkeit einer Lösung zu charakterisieren. Wir betrachten im Folgenden die Konzepte der *pfadweisen Eindeutigkeit* und der *Eindeutigkeit in Verteilung*.

Definition 1.4 Die stochastische Differentialgleichung (1.1) besitzt die Eigenschaft

1. der *pfadweisen Eindeutigkeit*, wenn für zwei gegebene schwache Lösungen $((\Omega, \mathcal{F}, \mathbb{P}), \{\mathcal{F}_t\}, \{W(t)\}, \{X(t)\})$ und $((\Omega, \mathcal{F}, \mathbb{P}), \{\mathcal{F}_t\}, \{W(t)\}, \{X'(t)\})$, die auf dem selben Wahrscheinlichkeitsraum, bzgl. der selben Filterung und bzgl. der selben Brownschen Bewegung definiert sind, die Prozesse X und X' ununterscheidbar sind, d. h.

$$\mathbb{P}\left(X_t = X_t'; \forall 0 \leq t < \infty\right) = 1 .$$

2. der *Eindeutigkeit in Verteilung*, wenn für zwei gegebene schwache Lösungen $((\Omega, \mathcal{F}, \mathbb{P}), \{\mathcal{F}_t\}, \{W(t)\}, \{X(t)\})$ und $((\Omega', \mathcal{F}', \mathbb{P}'), \{\mathcal{F}_t\}', \{W'(t)\}, \{X'(t)\})$ mit der selben Startverteilung die Prozesse X und X' die gleiche Verteilung haben.

Nützliche Charakterierungen dieser Eindeutigkeitskeitsbegriffe findet man in der Arbeit von Yamada und Watanabe (1971). Dort wird zum einen gezeigt, dass *die pfadweise Eindeutigkeit einer schwachen Lösung die Eindeutigkeit in Verteilung einer schwachen Lösung impliziert.* Zum anderen gilt das folgende Kriterium für die pfadweise Eindeutigkeit einer *eindimensionalen* stochastischen Differentialgleichung (vgl. Rogers und Williams (2000) für die gewählte Formulierung).

Satz 1.5 (Yamada-Watanabe) *Es sei* $d = m = 1$ [2] *und die Koeffizienten* $b(\cdot)$ *und* $\sigma(\cdot)$ *der stochastischen Differentialgleichung (1.1) seien messbar und nicht explizit zeitabhängig, so dass*

1. eine wachsende Funktion $\rho : \mathbb{R}^+ \to \mathbb{R}^+$ *existiert, für die*

$$\int_{0^+} \rho(u)^{-1} du = \infty , \quad \textit{sowie } (\sigma(x) - \sigma(y))^2 \leq \rho(|x - y|) \quad \forall\, x, y \in \mathbb{R} ,$$

2. $b(\cdot)$ *Lipschitz-stetig ist.*

Dann besitzt (1.1) die Eigenschaft der pfadweisen Eindeutigkeit.

[2] m darf nach Theorem 3.2, Kap. IV in Ikeda und Watanabe (1981) an dieser Stelle sogar beliebig sein. Für unsere Zwecke reicht der Fall $m = 1$ jedoch aus.

Als direkte Konsequenz erhalten wir eine Beschreibung der pfadweisen Eindeutigkeit mit Hilfe von Hölder-Stetigkeit.

Proposition 1.6 *Im Fall $d = m = 1$ sei der Driftkoeffizient $b(\cdot)$ in der stochastischen Differentialgleichung (1.1) Lipschitz-stetig und der Diffusionskoeeffizient $\sigma(\cdot)$ Hölder-stetig mit Ordnung $\varepsilon \geq \frac{1}{2}$. Weiter seien beide Koeffizienten nicht explizit zeitabhängig. Es existiert also eine positive Konstante K, so dass*

$$|\sigma(x) - \sigma(y)| \leq K|x - y|^{\varepsilon} \quad \textit{mit } \varepsilon \geq \tfrac{1}{2} \quad \forall\, x, y \in \mathbb{R}\,.$$

Dann besitzt die stochastische Differentialgleichung (1.1) die Eigenschaft der pfadweisen Eindeutigkeit.

Diese Kriterien sind später sehr hilfreich, um die Existenz einer pfadweise eindeutigen schwachen Lösung von unendlicher Lebensdauer des Cox-Ingersoll-Ross-Prozesses und des Aktienpreises im CEV-Modell mit Exponent größer oder gleich $1/2$ zu beweisen.

Bemerkung 1.7 (Verhältnis zwischen starker und schwacher Lösbarkeit) *Jede starke Lösung einer stochastischen Differentialgleichung ist auch eine schwache Lösung der selben stochastischen Differentialgleichung. Die Umkehrung gilt aber im Allgemeinen nicht. Ein Beispiel hierfür ist die eindimensionale stochastische Differentialgleichung*

$$dX(t) = sgn(X(t))\mathrm{d}W(t), \quad X(0) = 0\,,$$

die eine schwache Lösung im Sinne von Definition 1.1 besitzt, jedoch keine starke Lösung im Sinne von Definition 3.34 aus Band 1 besitzt. Für die weitere technische Diskussion dieses Beispiels verweisen wir auf Kapitel 5.3 in Karatzas und Shreve (1991).

Bemerkung 1.8 (Reicht der Begriff der schwachen Lösung aus?) *Für unsere Modellierung von Preisprozessen und anderen Prozessen auf dem Kapitalmarkt sind lediglich die Verteilungseigenschaften der Lösungen der jeweiligen stochastischen Differentialgleichungen relevant. Der Begriff der schwachen Lösung ist für unsere Zwecke somit vollkommen ausreichend. Was wir allerdings für jedes sinnvolle Modell benötigen, ist die Eindeutigkeit in Verteilung dieser Lösung.*

1.3 Lokale Volatilität

Wir beschränken uns in diesem Abschnitt auf einen Markt, in dem Investment in das Geldmarktkonto mit risikolosem Zinssatz r und Wertentwicklung

$$dB(t) = B(t)rdt, \quad B(0) = 1 \tag{1.4}$$

sowie in eine Aktie möglich sind. Hierbei wollen wir annehmen, dass der Aktienpreis für $\mu \in \mathbb{R}$ durch die stochastische Differentialgleichung

$$dS(t) = S(t)(\mu dt + \sigma(S(t), t)dW(t)), \quad S(0) = s_0 \tag{1.5}$$

mit einer nicht-negativen, reellwertigen Funktion $\sigma(z, t)$ unter dem Maß $\mathbb{P}$ gegeben ist. Dabei soll $\sigma(z, t)$ immer die notwendigen Bedingungen erfüllen, um eine eindeutige (nicht-negative) Lösung der Gleichung (1.5) zu garantieren. Hierbei kann es sich um eine starke Lösung wie in Band 1 des Buchs oder um eine schwache Lösung der stochastischen Differentialgleichung wie in Abschn. 1.2 handeln.

Offenbar ergibt sich für die konstante Funktion $\sigma(z) = \sigma$ das Black-Scholes-Modell.

Da in dem so beschriebenen lokalen Volatilitätsmodell weiterhin $d = m = 1$ gilt, kann man hoffen, dass der Markt vollständig ist und ein eindeutiges äquivalentes Martingalmaß Q existiert, mit dessen Hilfe man Optionspreise berechnen kann. Hierauf gehen wir bei den speziell von uns betrachteten Beispielen genauer ein.

Bevor wir spezielle Wahlen der Volatilitätsfunktion betrachten, soll zunächst ein erstaunliches Resultat aus Dupire (1997) vorgestellt werden, das besagt, dass es zu jeder vorgegebenen Menge von Call-Optionspreisen eine Volatilitätsfunktion gibt, so dass die zugehörigen theoretischen Optionspreise mit den Marktpreisen übereinstimmen, wobei für den Moment die Existenz eines eindeutigen äquivalenten Martingalmaßes Q vorausgesetzt wird.

Satz 1.9 (Dupire (1997)) *Wir nehmen an, dass die Marktpreise $X_c^{markt}(0, S; K, T)$ von europäischen Call-Optionen für alle möglichen Wahlen der Strikes $K \geq 0$ und der Fälligkeiten $T \geq 0$ bekannt und als Funktionen der Fälligkeiten einmal sowie als Funktionen der Strikes zweimal differenzierbar seien. Mit der Wahl der Volatilitätsfunktion $\sigma(x, t)$*

$$\sigma(K, T) = \frac{1}{K}\sqrt{\frac{2\left(\frac{\partial X_c^{markt}}{\partial T} + rK\frac{\partial X_c^{markt}}{\partial K}\right)}{K^2\frac{\partial^2 X_c^{markt}}{\partial K^2}}} \tag{1.6}$$

erhält man dann die Übereinstimmung der Marktpreise mit den gemäß

$$X_c(0, S; K, T) = \mathbb{E}_Q\left(e^{-rT}(S(T) - K)^+\right) \quad \forall (T, K) \in [0, \infty)^2 \tag{1.7}$$

im entsprechenden lokalen Volatilitätsmodell erhaltenen theoretischen Callpreisen.

Beweis Nach dem Satz über die Optionsbewertung mit dem äquivalenten Martingalmaß (vgl. Korollar 3.28 in Band 1) wissen wir, dass die Marktpreise europäischer Calls für alle vorhandenen Strikes K und Laufzeiten T durch (1.7) gegeben sind. Nehmen wir nun an, dass wir über ein Kontinuum $(T, K) \in [0, \infty)^2$ von Strikes und Laufzeiten verfügen, so folgt weiter $\forall (T, K) \in [0, \infty)^2$ und für ein allgemeines $0 < t < T$:

$$\begin{aligned} X_C(t, S; K, T) &= \mathbb{E}_Q\big(e^{-r(T-t)}(S(T) - K)^+\big) \\ &= e^{-r(T-t)} \int_0^\infty (Z - K)^+ \, p(S, t; Z, T) \,\mathrm{d}Z \\ &= e^{-r(T-t)} \int_K^\infty (Z - K) \, p(S, t; Z, T) \,\mathrm{d}Z \,, \end{aligned}$$

wobei $p(S, t; Z, T)$ die Übergangsdichte vom Zustand (S, t) zum Zustand $(Z; T)$ bezeichnet. Die erste und die zweite Ableitung bzgl. des Strikes lauten:

$$\begin{aligned} \frac{\partial X_C}{\partial K} &= \frac{\partial X_C(t, S; K, T)}{\partial K} = -e^{-r(T-t)} \int_K^\infty p(S, t; Z, T) \mathrm{d}Z \\ \frac{\partial^2 X_C}{\partial K^2} &= \frac{\partial^2 X_C(t, S; K, T)}{\partial K^2} = -e^{-r(T-t)} p(S, t; K, T) \end{aligned}$$

Damit erhalten wir dann für die Übergangsdichte:

$$p(S, t; K, T) = e^{r(T-t)} \frac{\partial^2 X_C}{\partial K^2} \,. \tag{1.8}$$

Wir wissen nun zudem, dass die zur stochastischen Diffrentialgleichung

$$dz = A(z, t)dt + B(z, t)dW(t), \quad z = z_0$$

gehörende Übergangsdichte p (vgl. z. B. Kap. 5 in Karatzas und Shreve (1991)) durch die Kolmogorov-Vorwärts-Gleichung

$$\begin{aligned} \frac{\partial p(z, t; z', t')}{\partial t'} &= \frac{1}{2} \frac{\partial^2}{\partial z'^2} \big(B(z', t')^2 p\big(z, t; z', t'\big)\big) - \frac{\partial}{\partial z'} \big(A(z', t') p\big(z, t; z', t'\big)\big) \\ &\forall t' > t \end{aligned}$$

beschrieben wird. Mit den Wahlen $A(z, t) = S(t)r = Sr$ und $B(z, t) = S(t)\sigma(S(t), t) = S\sigma(S, t)$ erhalten wir also die stochastische Differentialgleichung (1.5) und die zugehörige Kolmogorov-Vorwärts-Gleichung lautet

$$\frac{\partial p(S, t; Z, T)}{\partial T} = \frac{1}{2} \frac{\partial^2}{\partial Z^2} \big(\sigma(Z, T)^2 Z^2 p(S, t; Z, T)\big) - \frac{\partial}{\partial Z} (rZp(S, t; Z, T)) \,, \tag{1.9}$$

wobei wir beachtet haben, dass $t' = T$ und $S(T) = Z$ zu wählen sind.

Bilden wir nun die Ableitung des theoretischen Callpreises bzgl. der Laufzeit, erhalten wir

$$\begin{aligned}\frac{\partial X_C}{\partial T} = \frac{\partial X_C(t,S;K,T)}{\partial T} &= -re^{-r(T-t)}\int_K^\infty (Z-K)p(S,t;Z,T)\mathrm{d}Z \\ &\quad + e^{-r(T-t)}\int_K^\infty \left\{\frac{\partial}{\partial T}p(S,t;Z,T)\right\}(Z-K)\mathrm{d}Z \\ &= -rX_C + e^{-r(T-t)}\int_K^\infty \left\{\frac{\partial p(S,t;Z,T)}{\partial T}\right\}(Z-K)\mathrm{d}Z\,,\end{aligned}$$

da $e^{-r(T-t)}\int_K^\infty (Z-K)p(S,t;Z,T)\mathrm{d}Z = X_C = X_C(t,S;K,T)$. Unter Verwendung der Kolmogorov-Vorwärts-Gleichung (1.9) gilt nun

$$\begin{aligned}\frac{\partial X_C}{\partial T} = X_C(t,S;K,T) = -rX_C + e^{-r(T-t)}\int_K^\infty &\left\{\frac{1}{2}\frac{\partial^2}{\partial Z^2}\left(\sigma(Z,T)^2 Z^2 p(S,t;Z,T)\right)\right. \\ &\left. -\frac{\partial}{\partial Z}(rZp(S,t;Z,T))\right\}(Z-K)\mathrm{d}Z\end{aligned}$$

Zweimaliges partielles Integrieren unter der Annahme, dass $\lim_{Z\to\infty} p = 0$ und $\lim_{Z\to\infty} \frac{\partial p}{\partial Z} = 0$ gilt, liefert dann:

$$\begin{aligned}\frac{\partial X_C}{\partial T} = \frac{\partial X_C(t,S;K,T)}{\partial T} &= -rX_C + \frac{1}{2}e^{-r(T-t)}\sigma(K,T)^2K^2p(S,t;Z,T) \\ &\quad + re^{-r(T-t)}\int_K^\infty Z\,p(S,t;Z,T)\mathrm{d}Z \\ &= -rX_C + \frac{1}{2}e^{-r(T-t)}\sigma(K,T)^2K^2p(S,t;Z,T) \\ &\quad + \underbrace{r\,e^{-r(T-t)}\int_K^\infty (Z-K)p(S,t;Z,T)\,\mathrm{d}Z}_{=X_C} + \underbrace{rK\,e^{-r(T-t)}\int_K^\infty p(S,t;Z,T)\mathrm{d}Z}_{=-\frac{\partial X_C}{\partial K}} \\ &\overset{(1.8)}{=} -rX_C + \frac{1}{2}\sigma(K,T)^2K^2\frac{\partial^2 X_C}{\partial K^2} + rX_C - rK\frac{\partial X_C}{\partial K}\end{aligned}$$

Damit erhalten wir schlussendlich den Ausdruck

$$\frac{\partial X_C}{\partial T} = \frac{\partial X_C(t,S;K,T)}{\partial T} = \frac{1}{2}\sigma(K,T)^2K^2\frac{\partial^2 X_C}{\partial K^2} - rK\frac{\partial X_C}{\partial K}\,. \tag{1.10}$$

Lösen wir nun (1.10) nach σ auf und setzen $t = 0$, erhalten wir die Dupire-Formel (1.6), die für die Marktpreise X_C^{markt} gelten muss. Mit dieser Wahl von σ ist dann gleichzeitig auch die Übereinstimmung der Marktpreise mit den theoretisch erhaltenen Callpreisen gewährleistet. ■

Bemerkung 1.10 *Satz 1.9 ist ein zumindest auf den ersten Blick überraschendes Ergebnis und quasi ein Vollständigkeitsresultat für die Klasse der lokalen Volatilitätsmodelle, in dem Sinn, dass es zu jeder beobachteten Preiskonstellation am Markt ein lokales Volatilitätsmodell gibt, das alle Preise erklären kann. Allerdings sind auch einige Annahmen, die in das Resultat eingehen, nicht zu verifizieren bzw. praktisch nicht einfach umsetzbar:*

- *Zwar wird in Satz 1.9 eine explizite Konstruktionsvorschrift für die lokale Volatilitätsfunktion angegeben, aber sie ist für die praktische Umsetzung recht problematisch. Wir benötigen nämlich eine kontinuierliche Menge von Marktpreisen, die aufgrund der Diskretheit der Menge der Strikes und Laufzeiten nie zur Verfügung stehen wird. Die Volatilitätsfunktion kann somit nur mittels Inter- und Extrapolation erhalten werden und ist dann von der verwendeten Methodik abhängig und nicht eindeutig.*
- *Selbst für einfache Optionen gibt es im zugehörigen lokalen Volatilitätsmodell in der Regel keine einfachen analytischen Darstellungen der Preisformeln, was das Modell numerisch sehr aufwändig macht.*

Für weitere allgemeine Aspekte zu Satz 1.9 verweisen wir auf Dupire (1997).

1.4 Das CEV-Modell

Statt das Dupire-Resultat anzuwenden, betrachten wir nun einen anderen Weg und stellen eine parametrische Darstellung der Volatilitätsfunktion vor, das sogenannte **C**onstant-**E**lasticity-of-**V**ariance-Modell (CEV), das das in der Praxis populärste lokale Volatilitätsmodell darstellt. Es ist durch die Aktienpreisgleichung

$$dS(t) = \mu S(t)dt + \sigma S(t)^{\alpha} dW(t), \; S(0) = s_0 \tag{1.11}$$

mit $\alpha \in [0, 1]$, $\mu, \sigma \in \mathbb{R}$ unter dem Maß $\mathbb{P}$ gegeben.

An (1.11) kann man sofort erkennen, dass das CEV-Modell ein lokales Volatilitätsmodell mit zugehöriger Volatilitätsfunktion

$$\sigma(S(t), t) = \sigma S(t)^{\alpha-1} \tag{1.12}$$

ist.

Bemerkung 1.11 *Die Motivation für die Wahl der obigen Form der Gleichung ist zunächst nicht unbedingt ökonomisch oder vom Modellierungsstandpunkt her zu erklären. Die Form kann eher als eine Art minimale Abweichung vom Black-Scholes-Modell angesehen werden. Der Parameter α erlaubt immerhin eine bessere Anpassung der resultierenden Volatilitätsflächen an die auf dem Markt beobachteten. Dies geht schon alleine daraus hervor, dass das Black-Scholes-Modell durch die Wahl $\alpha = 1$ ein Spezialfall des CEV-Modells ist.*

Außer für $\alpha = 1$ besitzt die Aktienpreisgleichung (1.11) noch zumindest für die beiden folgenden speziellen Wahlen von α explizite Lösungen:

$\alpha = 0$: die Formel über die Variation der Konstanten (siehe Satz 2.57, Band 1) führt hier auf

$$S(t) = s_0 \exp(\mu t) + \sigma \int_0^t \exp(\mu(t-u))dW(u), \tag{1.13}$$

woraus folgt, dass der Aktienkurs einer Normalverteilung (!) mit

$$\mathbb{E}(S(t)) = s_0 \exp(\mu t), \quad \mathbb{V}ar(S(t)) = \frac{\sigma^2}{2\mu}(\exp(2\mu t) - 1) \tag{1.14}$$

folgt, also auch negative Preise möglich sind.

$\alpha = 0{,}5$: Zwar kann hier die zugehörige stochastische Differentialgleichung (1.11) nicht explizit gelöst werden, aber es lässt sich zeigen, dass die eindeutige Lösung nichtnegativ bleibt. Wir gehen im Bereich der Zinsmodellierung (dort heißt der Prozess das *Cox-Ingersoll-Ross-Modell*) sowie beim stochastischen Volatilitätsmodell nach Heston genauer auf diesen Prozess ein.

Bemerkung 1.12 *Betrachtet man die Varianzfunktion $\sigma(S,t)^2 = \sigma^2 S^{2(\alpha-1)}$ als Quadrat der* (1.12)*, so ist ihre Ableitung nach σ (die* Elastizität der Varianz bzgl. σ*)*

$$\frac{d\sigma^2/dS}{\sigma^2/S} = 2(\alpha - 1) \tag{1.15}$$

konstant, was die Namensgebung des CEV-Modells erklärt.

Außer den oben angegebenen Wahlen für $\alpha \in \{0; 0{,}5; 1\}$ ist keine explizite Lösung der Preisgleichung (1.11) bekannt. Neben dem besonders problematischen Fall $\alpha = 0$ besteht das weitere Problem, dass es auch in den Fällen $\alpha \in (0, 1)$ passieren kann, dass der Aktienpreis den Wert Null annimmt. Aufgrund der Form der stochastischen Differentialgleichung (1.11) bleibt der Preis ab diesem Moment dann auf Null, was die zugehörigen Modelle als Aktienpreismodell disqualifiziert.

Trotz der wenig expliziten Darstellungen der Lösungen der Preisgleichung gibt es einige Ansätze, um die (halb-)geschlossene Darstellung des Preises einer europäischen Call-Option im CEV-Modell herzuleiten. In der Arbeit von Cox (1975) wurde zum ersten

Mal eine Lösung unter Verwendung der Übergangsdichte des Aktienpreises hergeleitet. Schroder (1989) und Davydov und Linetsky (2001) drückten diese Formel dann mit Hilfe der nichtzentralen Chi-Quadrat-Verteilung aus und schließlich konnten Delbaen und Shirakawa (2002) eine Reihendarstellung für den Preis einen europäischen Calls mit Hilfe der Eigenschaften von quadrierten Bessel-Prozessen und deren Zusammenhang mit der nichtzentralen Chi-Quadrat-Verteilung zeigen. Alle diese Darstellungen sind dabei für die Praxis nützliche Ergebnisse, da sie es prinzipiell erlauben, die das CEV-Modell charakterisierenden Parameter zu kalibrieren (siehe Kap. 4 für die allgemeine Aufgabenstellung und Methodik der Kalibrierung von Modellparametern). Wir zitieren an dieser Stelle das Resultat von Schroder (1989) und Davydov und Linetsky (2001) und wenden uns in den folgenden Abschnitten detaillierter der Herleitung einer geschlossenen Formel für europäische Calls im CEV-Modell nach Delbaen und Shirakawa (2002) zu, da dieses Vorgehen eine allgemeine *schwache* Lösung der CEV-Diffusionsgleichung (1.11) mitliefert.

Satz 1.13 *Für die Wahl von $\alpha \in (0,1)$ ergibt sich der Preis einer europäischen Call-Option mit Ausübungspreis $K > 0$ und Laufzeit T im CEV-Modell als*

$$C(0,s;\alpha,\sigma,T,K) = sQ(y;z,\zeta) - e^{-rT}KQ(\zeta;z-2,y), \tag{1.16}$$

$$z = 2 + \frac{1}{1-\alpha}, \tag{1.17}$$

$$\zeta = \frac{2rs^{2(1-\alpha)}}{\sigma^2(1-\alpha)\left(1-e^{-2r(1-\alpha)T}\right)}, \quad y = \frac{2rK^{2(1-\alpha)}}{\sigma^2(1-\alpha)\left(e^{2r(1-\alpha)T}-1\right)}, \tag{1.18}$$

wobei $Q(x;u,v)$ der Wert im Punkt x der komplementären Verteilungsfunktion der nichtzentralen Chi-Quadrat-Verteilung mit u Freiheitsgraden und Nichtzentralitätsparameter v ist.

Bemerkung 1.14 *Wie in Satz 1.13 beschränken wir uns auch bei den folgenden Betrachtungen im Sinne von Delbaen und Shirakawa (2002) von nun an auf den Fall*

$$\alpha \in (0,1).$$

1.4.1 Schwache Lösungen der CEV-Diffusion

Wie bereits erwähnt, ist abseits der Wahlen $\alpha \in \{0; 0,5; 1\}$ keine explizite Lösung der Preisgleichung (1.11) bekannt. Jedoch liefern uns die in Exkurs 1 vorgestellten Ergebnisse direkt die Existenz und (teilweise) Eindeutigkeit einer schwachen Lösung von (1.11).

Satz 1.15 *Die stochastische Differentialgleichung (1.11) besitzt eine schwache Lösung von unendlicher Lebensdauer, die für $\alpha \in [1/2, 1)$ pfadweise eindeutig ist.*

Beweis Wir machen von den Resultaten über schwache Lösungen aus Exkurs 1 Gebrauch. Dazu wählen wir Drift- und Diffusionskoeffizient in (1.1) als

$$b(x) = \mu x \quad \text{und} \quad \sigma(x) = \sigma x^{\alpha}.$$

Offensichtlich hängen die so gewählten Funktionen $b(\cdot)$ und $\sigma(\cdot)$ nicht explizit von der Zeit ab und sind stetig. Damit sind die Voraussetzungen von Satz 1.2 erfülllt und (1.64) besitzt eine schwache Lösung $((\Omega, \mathcal{F}, \mathbb{P}), \{\mathcal{F}_t\}, \{W(t)\}, \{S(t)\})$.

Da die Drift μx linear in x wächst und die Volatilität σx^{α} für $\alpha \in (0,1)$ für $x \in (0,1)$ durch σ beschränkt ist und für $x \geq 1$ weniger als linear in x wächst, ist die Wachstumsbedingung

$$\mu^2 x^2 + \sigma^2 x^{2\alpha} \leq K(1 + x^2) \quad \forall\ x \in \mathbb{R}$$

aus Proposition 1.3 erüllt. Also besitzt $\{S(t)\}_{t \geq 0}$ eine unendliche Lebensdauer. Die pfadweise Eindeutigkeit der Lösung im Fall $\frac{1}{2} \leq \alpha < 1$ folgt durch Anwenden von Proposition 1.6. Offensichtlich ist der Driftkoeffizient $b(x) = \mu x$ Lipschitz-stetig und zum Nachweis der Hölder-Stetigkeit von $\sigma(\cdot)$ müssen wir mit $K = \sigma$ zeigen, dass

$$|\sigma(x^{\alpha} - y^{\alpha})| \leq \sigma |x - y|^{\alpha} \quad \text{mit}\ \alpha \geq \tfrac{1}{2} \quad \forall x, y \in \mathbb{R}\,. \tag{1.19}$$

Es sei $x > y > 0$. Dann erhalten wir

$$|x^{\alpha} - y^{\alpha}|^{\frac{1}{\alpha}} = x|1 - (y/x)^{\alpha}|^{\frac{1}{\alpha}} \leq x|1 - (y/x)^{\alpha}| \leq x|1 - (y/x)| = |x - y|$$

für $\alpha \in (0,1)$. Die anderen Fälle folgen analog. Potenzieren mit dem Exponenten α liefert dann die Hölder-Stetigkeit. ∎

Bemerkung 1.16 *Im Fall $\alpha \in (0, 1/2)$ besitzt der Eindeutigkeitssatz von Yamada-Watanabe keine Gültigkeit mehr. In Korollar 1.30 zeigen wir später zudem, dass die Wahrscheinlichkeit, dass der Aktienpreisprozess den Zustand Null erreicht, strikt positiv für $0 < \alpha < 1$ ist. Also müssen wir das Verhalten des Aktienpreises in der Null eindeutig spezifizieren, um Eindeutigkeit zu erhalten. Da in einem arbitragefreien Finanzmarktmodell der diskontierte Aktienpreis (vgl. Abschn. 1.5) ein Martingal sein muss, bedeutet dies, dass die Null als absorbierender Zustand modelliert werden muss. Denn nur so ist der diskontierte Aktienpreisprozess ein Martingal, selbst wenn er in der Null startet, was dann die Eindeutigkeit gewährleistet (siehe auch Andersen und Andreasen (2000)).*

Zusätzlich zur Existenz einer schwachen Lösung der Gleichung für die CEV-Diffusion zeigen wir im Folgenden, wie wir diese schwache Lösung mit Hilfe eines geeigneten *quadrierten Bessel-Prozesses* ausdrücken können.

Definition 1.17 Für $\delta \geq 0$ und $x \geq 0$, nennen wir die eindeutige starke Lösung[3] $X^{(\delta)}(t) = \{X^{(\delta)}(t)\}_{t\geq 0}$ der Gleichung

$$X(t) = x + \delta t + 2\int_0^t \sqrt{|X(s)|}\, dW(s) \tag{1.20}$$

einen *δ-dimensionalen quadrierten Bessel-Prozess* mit Startpunkt x.

Aus (1.20) folgt, dass ein δ-dimensionaler quadrierter Bessel-Prozess die stochastische Differentialgleichung

$$dX^{(\delta)}(t) = 2\sqrt{|X^{(\delta)}(t)|}\, dW(t) + \delta dt; \quad X^{(\delta)}(0) = x \tag{1.21}$$

erfüllt. Sei nun $\{X^{(\delta)}(t)\}_{t\geq 0}$ ein δ-dimensionaler quadrierter Bessel-Prozess und sei

$$\zeta := \inf\{t > 0; X^{(\delta)}(t) = 0\}$$

die erste Durchlaufzeit dieses Prozesses durch die Null. Zudem definieren wir für die Parameter $\nu > 0$ und $\delta < 2$ die *deterministische* Zeittransformation

$$\tau_t^{(\delta,\nu)} := \frac{\sigma^2}{2\nu(2-\delta)}\left(1 - e^{\frac{-2\nu}{2-\delta}\cdot t}\right).$$

Mit dieser Konstruktion können wir nun einen geeigneten quadrierten Bessel-Prozess finden, der der Struktur des Aktienpreisprozesses im CEV-Modell schon sehr ähnlich ist.

Lemma 1.18 *Der Prozess* $\{Y^{(\delta,\nu)}(t)\}_{t\geq 0}$*, der definiert ist als*

$$Y^{(\delta,\nu)}(t) := e^{\nu t} \cdot \left(X^{(\delta)}(\tau_t^{(\delta,\nu)} \wedge \zeta)\right)^{1-\frac{1}{2}\delta}, \tag{1.22}$$

erfüllt die Gleichungen

$$dY^{(\delta,\nu)}(t) = \begin{cases} \nu Y^{(\delta,\nu)}(t)dt + \sigma \cdot (Y^{(\delta,\nu)}(t))^{\frac{1-\delta}{2-\delta}} dW^{(\delta,\nu)}(t) & \text{if } \tau_t^{(\delta,\nu)} \leq \zeta, \\ 0 & \text{if } \tau_t^{(\delta,\nu)} > \zeta, \end{cases} \tag{1.23}$$

mit

$$W^{(\delta,\nu)}(t) := \int_0^{\tau_t^{(\delta,\nu)}} \frac{2-\delta}{\sqrt{\sigma^2 - 2\nu(2-\delta)\,u}}\, dW(u). \tag{1.24}$$

[3] Für einen Beweis der Existenz dieser eindeutigen starken Lösung für jedes $\delta \geq 0$ und $x \geq 0$ verweisen wir auf Kap. 6, §1 in Revuz und Yor (1999).

Beweis Die Anwendung der Produktregel auf (1.22) liefert

$$dY^{(\delta,\nu)}(t) = \underbrace{e^{\nu t} d\left(X^{(\delta)}(\tau_t^{(\delta,\nu)} \wedge \zeta)\right)^{1-\frac{\delta}{2}}}_{=:A} + \underbrace{\left(X^{(\delta)}(\tau_t^{(\delta,\nu)} \wedge \zeta)\right)^{1-\frac{\delta}{2}} \cdot de^{\nu t}}_{=:B}$$

Wir werten nun A und B getrennt aus:

$$B = \nu e^{\nu t} \cdot \left(X^{(\delta)}(\tau_t^{(\delta,\nu)} \wedge \zeta)\right)^{1-\frac{\delta}{2}} dt \overset{(1.22)}{=} \begin{cases} \nu Y^{(\delta,\nu)}(t)dt & \text{if } \tau_t^{(\delta,\nu)} \leq \zeta. \\ 0 & \text{if } \tau_t^{(\delta,\nu)} > \zeta. \end{cases}$$

Für A erhalten wir mit Itôs Formel:

$$A = e^{\nu t} d\left(X^{(\delta)}(\tau_t^{(\delta,\nu)} \wedge \zeta)\right)^{1-\frac{\delta}{2}} = e^{\nu t} \underbrace{\frac{\partial\left(X^{(\delta)}(\tau_t^{(\delta,\nu)} \wedge \zeta)\right)^{1-\frac{\delta}{2}}}{\partial X^{(\delta)}(\tau_t^{(\delta,\nu)} \wedge \zeta)} dX^{(\delta)}(\tau_t^{(\delta,\nu)} \wedge \zeta)}_{C}$$

$$+ e^{\nu t} \underbrace{\frac{1}{2} \frac{\partial^2\left(X^{(\delta)}(\tau_t^{(\delta,\nu)} \wedge \zeta)\right)^{1-\frac{1}{2}\delta}}{\partial X^{(\delta)}(\tau_t^{(\delta,\nu)} \wedge \zeta)^2} \left\langle X^{(\delta)}(\tau_t^{(\delta,\nu)} \wedge \zeta)\right\rangle_{\tau_t^{(\delta,\nu)} \wedge \zeta}}_{D}$$

Wir erhalten für C und D:

$$\begin{aligned} C &= (1 - \tfrac{\delta}{2})\left(X^{(\delta)}(\tau_t^{(\delta,\nu)} \wedge \zeta)\right)^{-\frac{\delta}{2}} dX^{(\delta)}(\tau_t^{(\delta,\nu)} \wedge \zeta) \\ &= (1 - \tfrac{\delta}{2})\left(X^{(\delta)}(\tau_t^{(\delta,\nu)} \wedge \zeta)\right)^{-\frac{\delta}{2}} \\ &\quad \left(2\sqrt{|X^{(\delta)}(\tau_t^{(\delta,\nu)} \wedge \zeta)|}\, dW(\tau_t^{(\delta,\nu)} \wedge \zeta) + \delta d\tau_t^{(\delta,\nu)} \wedge \zeta\right) \\ D &= -\tfrac{\delta}{4}(1 - \tfrac{\delta}{2})\left(X^{(\delta)}(\tau_t^{(\delta,\nu)} \wedge \zeta)\right)^{-1-\frac{\delta}{2}} d\left\langle X^{(\delta)}(\tau_t^{(\delta,\nu)} \wedge \zeta)\right\rangle_{\tau_t^{(\delta,\nu)} \wedge \zeta} \\ &= -\delta(1 - \tfrac{\delta}{2})\left(X^{(\delta)}(\tau_t^{(\delta,\nu)} \wedge \zeta)\right)^{-\frac{\delta}{2}} d\tau_t^{(\delta,\nu)} \wedge \zeta, \\ &\text{da} \quad d\left\langle X^{(\delta)}(\tau_t^{(\delta,\nu)} \wedge \zeta)\right\rangle_{\tau_t^{(\delta,\nu)} \wedge \zeta} = 4X^{(\delta)}(\tau_t^{(\delta,\nu)} \wedge \zeta) d\tau_t^{(\delta,\nu)} \wedge \zeta. \end{aligned}$$

Damit erhalten wir insgesamt für A:

$$\begin{aligned} A &= e^{\nu t}(2 - \delta)\left(X^{(\delta)}(\tau_t^{(\delta,\nu)} \wedge \zeta)\right)^{\frac{1}{2}-\frac{\delta}{2}} dW(\tau_t^{(\delta,\nu)} \wedge \zeta) \\ &= \left(Y^{(\delta,\nu)}(t)\right)^{\frac{1-\delta}{2-\delta}} \frac{2-\delta}{e^{\nu t(\frac{1-\delta}{1-\delta}-1)}} dW(\tau_t^{(\delta,\nu)} \wedge \zeta) \end{aligned}$$

$$= \left(Y^{(\delta,\nu)}(t)\right)^{\frac{1-\delta}{2-\delta}} \frac{2-\delta}{e^{\frac{-\nu}{2-\delta}t}} dW(\tau_t^{(\delta,\nu)} \wedge \zeta)$$

$$= \left(Y^{(\delta,\nu)}(t)\right)^{\frac{1-\delta}{2-\delta}} \frac{2-\delta}{\sqrt{1-\tau_t^{(\delta,\nu)}\frac{2\nu(2-\delta)}{\sigma^2}}} dW(\tau_t^{(\delta,\nu)} \wedge \zeta)$$

$$= \sigma\left(Y^{(\delta,\nu)}(t)\right)^{\frac{1-\delta}{2-\delta}} \frac{2-\delta}{\sqrt{\sigma^2-2\nu(2-\delta)\tau_t^{(\delta,\nu)}}} dW(\tau_t^{(\delta,\nu)} \wedge \zeta)$$

unter Verwendung von

$$\left(Y^{(\delta,\nu)}(t)\right)^{\frac{1-\delta}{2-\delta}} = e^{\nu t\left(\frac{1-\delta}{1-\delta}-1\right)} e^{\nu t}\left(X^{(\delta)}(\tau_t^{(\delta,\nu)} \wedge \zeta)\right)^{\frac{1}{2}-\frac{\delta}{2}}$$

und

$$e^{\frac{-\nu}{2-\delta}t} = \sqrt{1-\tau_t^{(\delta,\nu)}\frac{2\nu(2-\delta)}{\sigma^2}}\,.$$

Mit (1.24) gilt nun:

$$A = \begin{cases} \sigma\cdot\left(Y^{(\delta,\nu)}(t)\right)^{\frac{1-\delta}{2-\delta}} dW^{(\delta,\nu)}(t) & \text{für } \tau_t^{(\delta,\nu)} \leq \zeta\,. \\ 0 & \text{für } \tau_t^{(\delta,\nu)} > \zeta\,. \end{cases}$$

Kombinieren der Ergebnisse für A und B liefert nun das gewünschte Resultat. ∎

Damit (1.22) Sinn ergibt, müssen wir noch zeigen, dass $\{W^{(\delta,\nu)}(t)\}_{t\geq 0}$ eine Brownsche Bewegung ist und tun dies im nachfolgenden Lemma.

Lemma 1.19 *Der Prozess* $\{W^{(\delta,\nu)}(t)\}_{t\geq 0}$ *aus* (1.24) *ist eine Brownsche Bewegung.*

Beweis Wir verwenden hierfür Lévys Charakterisierung der Brownschen Bewegung, d. h. wir müssen zeigen, dass $\{W^{(\delta,\nu)}(t)\}_{t\geq 0}$ ein stetiges lokales Martingal mit quadratischer Variation $< W^{(\delta,\nu)} >_t = t$ ist. Aus (1.24) folgt

$$dW^{(\delta,\nu)}(t) = \frac{2-\delta}{\sqrt{\sigma^2-2\nu(2-\delta)\cdot\tau_t^{(\delta,\nu)}}} dW(\tau_t^{(\delta,\nu)})\,.$$

Also ist $\{W^{(\delta,\nu)}(t)\}_{t\geq 0}$ ein stetiges lokales Martingal mit zugehöriger quadratischer Variation

$$\left\langle W^{(\delta,\nu)}\right\rangle_t = \int_0^{\tau_t^{(\delta,\nu)}} \frac{(2-\delta)^2}{\sigma^2-2\nu(2-\delta)\cdot u} du = \left[\frac{-(2-\delta)^2}{2\nu(2-\delta)} \ln(\sigma^2-2\nu(2-\delta)\cdot u)\right]_0^{\tau_t^{(\delta,\nu)}}$$

$$= -\frac{(2-\delta)}{2\nu}\left(\ln\left(\sigma^2-2\nu(2-\delta)\cdot\tau_t^{(\delta,\nu)}\right)-\ln(\sigma^2)\right)$$

$$= -\frac{(2-\delta)}{2\nu}\left(\ln(\sigma^2\cdot e^{\frac{-2\nu}{2-\delta}t})-\ln(\sigma^2)\right) = -\frac{(2-\delta)}{2\nu}\left(\ln\left(e^{\frac{-2\nu}{2-\delta}t}\right)\right) = t$$ ∎

Fassen wir die Ergebnisse aus Lemma 1.18 und Lemma 1.19 zusammen, so erhalten wir das zentrale Resultat dieses Unterabschnitts, nämlich die Darstellbarkeit der Lösung der CEV-Diffusion (1.11) als geeignet zeittransformierter quadrierter Bessel-Prozess.

Satz 1.20 (Quadrierte Bessel-Prozesse als schwache Lösung der CEV-Diffusion) *Sei* $\alpha \in (0, 1)$. *Wählen wir in* (1.23) *die Parameter als*

$$\delta_\alpha = \frac{1-2\alpha}{1-\alpha} \quad \text{und } \nu = \mu \,, \tag{1.25}$$

dann erfüllt $Y^{(\delta_\alpha, \mu)}$ (1.11) *und ist somit eine schwache Lösung der Gleichung für die CEV-Diffusion.*

Beweis Direktes Einsetzen von (1.25) in (1.23) zeigt, dass $Y^{(\delta_\alpha, \mu)}$ (1.11) mit der Brownschen Bewegung $W^{(\delta, \nu)}$ sogar im starken Sinn löst. Folglich ist es eine schwache Lösung von (1.11), da es weder die Gleichung bzgl. der Original-Brownschen Bewegung W löst, noch an die gegebene Filterung adaptiert ist. ■

Zusammen mit den Ergebnissen über die Eindeutigkeit der schwachen Lösung der CEV-Diffusion (vgl. Satz 1.15 und Bemerkung 1.16) folgt unter der Annahme, dass die Null als Zustand absorbierend ist sowie Verwendung der Tatsache, dass Eindeutigkeit in Verteilung aus pfadweiser Eindeutigkeit folgt, dass Gleichheit in Verteilung unter dem Maß $\mathbb{P}$ im Sinne von

$$\{S(t)\}_{t\geq 0} \tilde{=} \{Y^{(\delta_\alpha, \mu)}(t)\}_{t\geq 0} \tag{1.26}$$

gilt. Aus (1.25) folgt zudem, dass

$$\delta_\alpha \in (-\infty, 1) \,. \tag{1.27}$$

1.4.2 Die Existenz eines äquivalenten Martingalmaßes

Analog zu Kap. 3 in Band 1 wollen wir nun den Satz von Girsanov anwenden, um die Existenz eines äquivalenten Martigalmaßes zu beweisen. Der einzige Unterschied ist, dass die Aktienpreisdynamiken durch (1.11) und nicht durch eine geometrische Brownsche Bewegung mit konstanten Koeffizienten wie im Black-Scholes Modell gegeben sind.

Analog zum Black-Scholes Modell definieren wir mit dem entsprechenden Bondpreis mit konstanter Zinsrate $r \in \mathbb{R}$

$$dB(t) = rB(t)dt; \quad B(0) = 1$$

nun den diskontierten Preisprozess $\hat{S}(t)$ (vgl. auch Abschn. 1.5 für eine detailliertere Diskussion) als

$$\hat{S}(t) := \frac{S(t)}{B(t)} = e^{-rt} S(t) , \tag{1.28}$$

der ein Martingal bzgl. des Maßes Q_T sein soll. Das folgende Lemma (siehe Übung 1 für den Beweis) motiviert hierbei, wie wir den entsprechenden stochastischen Prozess $X(t)$ wählen müssen, damit wir ein äquivalentes Martingalmaß im CEV-Modell definieren können.

Lemma 1.21 *Für $\alpha \in (0, 1)$ erfüllt der diskontierte Preisprozess $\hat{S}(t)$, definiert in (1.28), die stochastische Differentialgleichung*

$$d\hat{S}(t) = \sigma e^{-(1-\alpha)rt} \hat{S}(t)^{\alpha} d W^{Q}(t) , \tag{1.29}$$

wobei der Prozess $W^Q(t)$ gegeben ist durch

$$W^Q(t) := W(t) + \int_0^t \theta S(u)^{1-\alpha} du \quad \textit{mit } \theta := \frac{\mu - r}{\sigma} . \tag{1.30}$$

Auf Grund von (1.29) und (1.30) liegt es nun nahe

$$\begin{aligned} X(t) &:= \theta S(t)^{1-\alpha} , \quad \text{d. h.} \\ Z(t, \theta S^{1-\alpha}) &:= e^{-\theta \int_0^t S(u)^{1-\alpha} d W(u) - \frac{1}{2}\theta^2 \int_0^t S(u)^{2(1-\alpha)} du} , \end{aligned} \tag{1.31}$$

in Analogie zu (3.32) in Band 1 zu wählen. In anderen Worten, der Marktpreis des Risikos ist im CEV-Modell durch $\theta S(t)^{1-\alpha}$ anstatt durch θ im Black-Scholes Modell gegeben.

Da im CEV-Modell der Aktienpreis nicht notwendigerweise strikt positiv sein muss, was Arbitrage-Möglichkeiten generiert, müssen wir den Prozess Z wie schon diskutiert bei der ersten Durchlaufzeit ζ der Null stoppen, um ein eindeutiges Maß auf $\mathcal{F}_{T \wedge \zeta}$ definieren zu können. Wir definieren nun also das Wahrscheinlichkeitsmaß Q_T auf $\mathcal{F}_{T \wedge \zeta}$ in Analogie zu (3.33) in Band 1 durch

$$Q_T(A) := \mathbb{E}[1_A Z(T, \theta S^{1-\alpha})] = \mathbb{E}[1_A Z(T \wedge \zeta, \theta S^{1-\alpha})] \quad \forall A \in \mathcal{F}_{T \wedge \zeta} . \tag{1.32}$$

Um zu beweisen, dass Q_T auch wirklich ein Wahrscheinlickeitsmaß definiert, müssen wir zeigen, dass der Prozess $Z(t \wedge \zeta, \theta S^{1-\alpha})$ ein Martingal ist, was wir in der folgenden Proposition tun:

Proposition 1.22 *Für alle $t < \infty$ ist der Prozess*

$$Z(t \wedge \zeta, \theta S^{1-\alpha}) := e^{-\theta \int_0^{t \wedge \zeta} S(u)^{1-\alpha} d W(u) - \frac{1}{2}\theta^2 \int_0^{t \wedge \zeta} S(u)^{2(1-\alpha)} du}$$

ein Martingal.

Beweis Da die Anwendung der klassischen Novikov-Bedingung auf das lokale Martingal $Z(t, \theta S^{1-\alpha})$ von sehr technischer Natur ist, wählen wir einen etwas anderen Weg zum Beweis dieser Eigenschaft.

(i) Zuerst betrachten wir die stochastischen Differentialgleichungen

$$dS(t) = \mu S(t)dt + \sigma S(t)^{\alpha} dW(t), \tag{1.33}$$

$$dS(t) = rS(t)dt + \sigma S(t)^{\alpha} dW(t), \tag{1.34}$$

und gehen über zum Raum $C[0, T]$ der stetigen Funktionen auf $[0, T]$. Der kanonische Prozess auf $C[0, T]$ wird mit S bezeichnet und ist definiert durch die Abbildung $S_t(\omega) := \omega_t, t \in [0, T], \omega_t \in C[0, T]$. Wir wählen weiter $\mathcal{F}_t$ als die von S erzeugte Filterung. Zudem bezeichnen $\mathbb{P}$ und Q die Verteilungen der Prozesse (1.33) und (1.34) auf $C[0, T]$, die auch beide ein Maß auf $C[0, T]$ induzieren. Wir verschieben also die Argumentation von Ω auf den Raum $C[0, T]$ und tranformieren später wieder nach Ω zurück. Die Rechfertigung für dieses Vorgehen ist, dass das Bild eines Wiener Maßes mit dem Maß übereinstimmt, das durch die Lösung einer stochastischen Differentialgleichung der Form (1.33) bzw. (1.34) induziert wird (vgl. hierzu Beispiel 6.7.2 in Bogachev (1998)).
Da $\mathcal{F}_t$ die durch den kanonischen Prozess S erzeugte Filterung ist, können wir nun eine $\mathbb{P}$-Brownsche Bewegung W finden, so dass $dS(t) = \mu S(t)dt + \sigma S(t)^{\alpha} dW(t)$ auf dem Raum $C[0, T]$ gilt. Analog können wir eine Q-Brownsche Bewegung W^Q finden, so dass $dS(t) = rS(t)dt + \sigma S(t)^{\alpha} dW^Q(t)$ auf dem Raum $C[0, T]$ gilt.

(ii) Der Übergang von $\mathbb{P}$ zu Q funktioniert dann auf dem Raum $C[0, T]$ wie folgt: Wir definieren die Stoppzeiten

$$\tau_n := \inf\left\{ u \middle| \int_0^u S(t)^{2(1-\alpha)} dt \geq n \right\}.$$

Dann sind auf der σ-Algebra $\mathcal{F}_{\tau_n}$ die Maße $\mathbb{P}$ und Q äquivalent und die Radon-Nikodym Dichte von Q bzgl. $\mathbb{P}$ ist gegeben durch

$$Z(\tau_n, \theta \cdot S^{1-\alpha}) = e^{-\theta \int_0^{\tau_n} S(t)^{1-\alpha} dW(t) - \frac{1}{2}\theta^2 \int_0^{\tau_n} S(t)^{2(1-\alpha)} dt}.$$

Da $\int_0^T S(t)^{2(1-\alpha)} dt < \infty$ $\mathbb{P}$-fast sicher, erhalten wir, dass für $n \to +\infty$ auch notwendigerweise $\tau_n \to +\infty$. Dies impliziert, dass das risikoneutrale Maß absolut stetig bzgl. dem Maß $\mathbb{P}$ ist, d. h. $\mathbb{P} \ll Q$.

(iii) Dasselbe Argument kann umgekehrt auf das Maß Q angewandt werden. Dann erhalten wir unter Verwendung von $\int_0^T S(t)^{2(1-\alpha)} dt < \infty$ Q-fast sicher, dass $Q \ll \mathbb{P}$. Und damit sind $\mathbb{P}$ und Q äquivalent auf $C[0, T]$.

(iv) Nun gehen wir von dem Raum der stetigen Funktionen $C[0,T]$ zurück zum Raum Ω. Auf Ω wird die Filterung genau wie auf $C[0,T]$ durch den Aktienpreisprozess S generiert. Also können wir nun mit Hilfe der Ergebnisse (i),(ii) und (iii) auf dem Raum $C[0,T]$ folgern, dass der Dichteprozess

$$Z(t \wedge \zeta, \theta \cdot S^{1-\alpha}) = e^{-\theta \int_0^{t \wedge \zeta} S(t)^{1-\alpha} dW(t) - \frac{1}{2}\theta^2 \int_0^{t \wedge \zeta} S(t)^{2(1-\alpha)} dt}$$

ein strikt positives Martingal auf Ω (!) und damit unserem Ausgangsraum ist. Folglich haben wir unsere Behauptung gezeigt. ∎

Unter dem Prozess Z ist nun der diskontierte Preisprozess $\hat{S}$ analog zum Black-Scholes Modell ein Martingal bzgl. Q_T, welches sogar eindeutig ist.

Korollar 1.23 *Das in (1.32) definierte Maß Q ist ein zu $\mathbb{P}$ äquivalentes eindeutiges Martingalmaß im CEV-Modell.*

Beweis Die Existenz folgt direkt, da $Z(t \wedge \zeta, \theta \cdot S^{1-\alpha})$ ein Martingal ist. Da der Driftterm in $\hat{S}(t)$ mit als absorbierend modellierter Null eindeutigem Aktienpreisprozess unter $\mathbb{P}$ nur durch die Wahl von $W^Q(t)$ gemäß (1.30) eliminiert werden kann, ist dadurch auch Z in (1.31) eindeutig bestimmt. Dies liefert die Eindeutigkeit von Q. Die Martingaleigenschaft wird in Satz 1.28 gezeigt. ∎

Der Satz von Girsanov liefert nun, dass der Prozess $\{(W^Q(t), \mathcal{F}_t)\}_{t \geq 0}$ definiert als

$$W^Q(t) := W(t) + \int_0^t \theta S(u)^{1-\alpha} du, \quad t \geq 0$$

eine Brownsche Bewegung unter dem eindeutigen EMM Q ist. Damit können wir die risikoneutralen Aktienpreisdynamiken im CEV-Modell unter dem Maß Q als

$$dS(t) = rS(t)dt + \sigma S(t)^{\alpha} dW^Q(t) \tag{1.35}$$

schreiben.

Unter Verwendung von Satz 1.15 und Satz 1.20 folgt somit analog zu (1.26), dass die riskolosen Dynamiken des Aktienpreisprozesses S unter dem EMM Q im CEV Modell in Verteilung gleich den Dynamiken des geeignet gewählten quadrierten Bessel-Prozesses Y aus dem vorigen Abschnitt unter dem Maß $\mathbb{P}$ sind:

$$\{S(t)\}_{t \geq 0} \text{ unter } Q \quad \hat{=} \{Y^{(\delta_\alpha, r)}(t)\}_{t \geq 0} \text{ unter } \mathbb{P}\,. \tag{1.36}$$

Bemerkung 1.24 *Bis jetzt haben wir noch nicht gezeigt, dass das äquivalente Martingalmaß Q in der Tat ein Martingalmaß ist. Wir holen dies jedoch im folgenden Unterabschnitt nach, indem wir uns eine spezielle Eigenschaft quadrierter Bessel-Prozesse zu Nutze machen.*

1.4.3 Geschlossene Lösung für den Preis europäischer Calls

Zur Herleitung einer (halb-) expliziten Formel für den Preis eines europäischen Calls im CEV Modell müssen wir zuerst noch die nicht-zentrale χ^2-Verteilung definieren und einige Eigenschaften von quadrierten Bessel-Prozessen aus Definition 1.17 wiedergeben.

Definition 1.25 (Nichtzentrale χ^2-Verteilung) Die Zufallsvariablen $X_1, X_2, \ldots, X_n$ seien unabhängig $\mathcal{N}(\mu_i, 1)$-verteilt. Dann nennen wir die Summe der quadrierten Zufallsvariablen $V = \sum_{i=1}^n X_i^2$ nichtzentral χ^2-verteilt mit n Freiheitsgraden und Nichtzenträlitätsparameter $m = \sum_{i=1}^n \mu_i$ und bezeichnen dies mit $V \sim \chi^2_{(n,m)}$. Zudem besitzt V die Dichtefunktion

$$f(v;n,m) = \begin{cases} \frac{1}{2^{\frac{n}{2}}} e^{-\frac{1}{2}(m+v)} v^{\frac{n}{2}-1} \sum_{i=0}^{\infty} \left(\frac{m}{4}\right)^i \frac{v^i}{i!\,\Gamma(\frac{n}{2}+i)} & \text{für } x > 0, \\ 0 & \text{für } x < 0, \end{cases}$$

wobei für $x > 0$ $\Gamma(x) = \int_0^\infty t^{x-1} e^{-t} dt$ die Γ-Funktion bezeichnet.

Es gibt einen nützlichen Zusammenhang zwischen quadrierten Bessel-Prozessen und der nichtzentralen χ^2-Verteilung, wie wir in folgendem Lemma zeigen.

Lemma 1.26 *Sei $\{X^{(\delta)}(t)\}_{t\geq 0}$ ein δ-dimensionaler quadrierter Bessel-Prozess und sei V eine nichtzentral χ^2-verteilte Zufallsvariable $V \sim \chi^2_{(\delta,\frac{x}{t})}$, d. h. $n = \delta$ und $m = \frac{x}{t}$. Dann gilt für jedes $\delta \in [0,\infty)$:*

$$X(t)^{(\delta)} \tilde{=} t \cdot V, \quad x \geq 0, \quad t > 0, \quad mit\ X(0)^{(\delta)} = x\,. \tag{1.37}$$

Beweis Zum Beweis betrachten wir zuerst die Laplace-Transformierte einer nichtzentral-verteilten ZVen $V \sim \chi^2_{(n,m)}$:

$$\begin{aligned} \mathbb{E}\left[e^{-\lambda V}\right] &= \int_{v\geq 0}^{\infty} e^{-\lambda v} f(v;n,m)dv = \int_{v\geq 0}^{\infty} e^{-\lambda v} \frac{1}{2^{\frac{n}{2}}} e^{-\frac{1}{2}(m+v)} v^{\frac{n}{2}-1} \sum_{i=0}^{\infty} \left(\frac{m}{4}\right)^i \frac{v^i}{i!\,\Gamma(\frac{n}{2}+i)} dv \\ &= \int_{v\geq 0}^{\infty} \frac{1}{2^{\frac{n}{2}}} e^{-\frac{1}{2}(m+(1+2\lambda)v)} v^{\frac{n}{2}-1} \sum_{i=0}^{\infty} \left(\frac{m}{4}\right)^i \frac{v^i}{i!\,\Gamma(\frac{n}{2}+i)} dv \\ &= \frac{e^{-\frac{\lambda}{1+2\lambda}m}}{(1+2\lambda)^{\frac{m}{2}}} \underbrace{\int_{v\geq 0}^{\infty} \frac{1}{2^{\frac{n}{2}}} e^{-\frac{1}{2}\left(\frac{m}{1+2\lambda}+v\right)} v^{\frac{n}{2}-1} \sum_{i=0}^{\infty} \left(\frac{m}{4(1+2\lambda)}\right)^i \frac{v^i}{i!\,\Gamma(\frac{n}{2}+i)} dv}_{=1,\ \text{da } f(v;n,m) \text{ eine Dichte ist.}} = \frac{e^{-\frac{\lambda}{1+2\lambda}m}}{(1+2\lambda)^{\frac{m}{2}}}\,. \end{aligned}$$

Andererseits ist nach Revuz und Yor (1999) die Laplace-Transformierte eines quadrierten Bessel-Prozesses $X(t)^{(\delta)}$ gegeben durch

$$\mathbb{E}\Big[e^{\lambda X(t)^{(\delta)}}\Big] = \frac{e^{-\frac{\lambda t}{1+2\lambda t}\frac{x}{t}}}{(1+2\lambda t)^{\frac{\delta}{2}}} = \mathbb{E}\big[e^{-\lambda t V}\big] \quad \text{mit} \quad V \sim \chi^2_{(\delta,\frac{x}{t})}\,.$$

Somit stimmen die Laplace-Transformierten von $V \sim \chi^2_{(\delta,\frac{x}{t})}$ und von $X(t)^{(\delta)}$ überein, und wir erhalten (1.37). ■

Da nach (1.27) gilt, dass $\delta_\alpha \in (-\infty, 1)$, brauchen wir zusätzlich noch das duale Resultat von Lemma 1.26, für dessen Beweis wir auf Yor (1992) verweisen.

Lemma 1.27 *Sei $\{X^{(\delta)}(t)\}_{t\geq 0}$ ein quadrierter Bessel-Prozess der Dimension $\delta \in (-\infty, 2)$ und sei ϕ eine Funktion mit*

$$\lim_{x\downarrow 0} \mathbb{E}\Big[\phi\big(X(t)^{(4-\delta)}\big)\cdot\big(X(t)^{(4-\delta)}\big)^{\frac{\delta}{2}-1} | X(0)^{(4-\delta)} = x\Big] < \infty\,.$$

Dann gilt für jedes $x > 0$:

$$\begin{aligned}\mathbb{E}&\Big[\phi\big(X(t)^{(\delta)}\big)1_{\{\zeta>t\}}|\,X(0)^{(\delta)} = x\Big]\\ &= x^{1-\frac{\delta}{2}}\mathbb{E}\Big[\phi\big(X(t)^{(4-\delta)}\big)\cdot\big(X(t)^{(4-\delta)}\big)^{\frac{\delta}{2}-1}|\,X(0)^{(4-\delta)} = x\Big].\end{aligned}$$

Mit Hilfe des letzten Lemmas können wir nun zeigen, dass Q ein Martinaglmaß ist.

Satz 1.28 *Für den diskontierten Preisprozess $\big\{\hat{S}(t)\big\}_{t\geq 0}$, definiert als $\hat{S}(t) := \frac{S(t)}{B(t)} = e^{-rt}S(t)$ gilt*

$$\mathbb{E}_Q\Big[\hat{S}(t) \mid \hat{S}(0) = \hat{s}\Big] = \hat{s}\,,$$

und somit ist das über (1.32) *definierte Maß Q das eindeutige äquivalente Martingalmaß im CEV-Modell.*

Beweis Mit (1.36) und da $Y^{(\delta_\alpha,r)}(t) = e^{rt}\big(X^{(\delta_\alpha)}(\tau_t^{(\delta_\alpha,r)} \wedge \zeta)\big)^{1-\frac{\delta_\alpha}{2}}$ ist, gilt:

$$\begin{aligned}\mathbb{E}_Q[\hat{S}(t) \mid \hat{S}(0) = \hat{s}] &= \mathbb{E}_Q[e^{-rt}S(t) \mid S(0) = \hat{s}]\\ &= \mathbb{E}_Q[e^{-rt}\tilde{Y}^{(\delta_\alpha,r)}(t) \mid \tilde{Y}^{(\delta_\alpha,r)}(0) = \hat{s}]\\ &= \mathbb{E}_Q\Big[\Big(\tilde{X}^{(\delta_\alpha)}(\tau_t^{(\delta_\alpha),r)} \wedge \tilde{\zeta})\Big)^{1-\frac{1}{2}\delta_\alpha} \mid \big(\tilde{X}^{(\delta_\alpha,r)}(0)\big)^{1-\frac{1}{2}\delta_\alpha} = \hat{s}\Big]\\ &= \mathbb{E}_Q\Big[\Big(\tilde{X}^{(\delta_\alpha)}(\tau_t^{(\delta_\alpha),r)})\Big)^{1-\frac{1}{2}\delta_\alpha}\cdot 1_{\{\tilde{\zeta}\geq t\}} \mid \tilde{X}^{(\delta_\alpha,r)}(0) = \hat{s}^{\frac{2}{2-\delta_\alpha}}\Big]\end{aligned}$$

Lemma 1.27 liefert uns dann

$$\mathbb{E}_Q[\hat{S}(t) \mid \hat{S}(0) = \hat{s}] = \left(\hat{s}^{\frac{2}{2-\delta_\alpha}}\right)^{1-\frac{1}{2}\delta_\alpha} \mathbb{E}_Q\Bigg[\left(\tilde{X}^{(4-\delta_\alpha)}(\tau_t^{(4-\delta_\alpha),r})\right)^{1-\frac{1}{2}\delta_\alpha} \\ \left(\tilde{X}^{(4-\delta_\alpha)}(\tau_t^{(\delta_\alpha),r})\right)^{\frac{1}{2}\delta_\alpha-1} \mid \tilde{X}^{(4-\delta_\alpha,r)}(0) = \hat{s}^{\frac{2}{2-\delta_\alpha}}\Bigg] = \hat{s}\,.$$

Da $\hat{S}(t)$ nach Lemma 1.21 bereits ein lokales Martingal unter Q ist, haben wir mit dem gerade Bewiesenen gezeigt, dass es sogar ein Q-Martingal ist. ■

Die Resultate aus Satz 1.20, Lemma 1.26 und 1.27 versetzen uns nun in die Lage, die Verteilung von $S(T)$ unter dem Maß $\mathbb{P}$ zu berechnen, deren Beweis uns zudem eine nützliche Zutat liefert, um den geschlossenen Preis einer europäischen Call-Option im CEV-Modell zu berechnen.

Satz 1.29 *Im CEV-Modell ist die Verteilung des Aktienpreises zum Zeitpunkt T gegeben durch*

$$\mathbb{P}[S(T) \leq x | S(0) = s] = 1 - \sum_{i=1}^{\infty} g(i + \lambda, z)G(i, w)\,, \tag{1.38}$$

mit

$$\lambda = \frac{1}{2(1-\alpha)}, \quad z = \frac{s^{2(1-\alpha)}}{2\tau_T^{(\delta_\alpha,\mu)}} - \frac{2\mu\lambda e^{\frac{\mu T}{\lambda}} s^{\frac{1}{\lambda}}}{\sigma^2 \cdot \left(e^{\frac{\mu T}{\lambda}} - 1\right)}$$

$$\omega = \frac{\left(e^{-\mu T} x\right)^{2(1-\alpha)}}{2\tau_T^{(\delta_\alpha,\mu)}} = \frac{2\mu\lambda x^{\frac{1}{\lambda}}}{\sigma^2 \cdot \left(e^{\frac{\mu T}{\lambda}} - 1\right)}$$

$$g(u, v) = \frac{v^{u-1}}{\Gamma(u)} e^{-v}, \quad G(u, v) = \int_{\omega \geq v} g(u, \omega) d\omega\,. \tag{1.39}$$

Beweis Satz 1.20 und (1.22) liefern uns

$$\begin{aligned}\mathbb{P}[S(T) \geq x \mid S(0) = s] &= \mathbb{P}[Y^{(\delta_\alpha,\mu)}(T) \geq x \mid Y^{(\delta_\alpha,\mu)}(0) = s] \\ &= \mathbb{P}\left[(X^{(\delta_\alpha)}(\tau_T^{(\delta_\alpha,\mu)} \wedge \zeta))^{\frac{2-\delta_\alpha}{2}} \geq e^{-\mu T} x \mid (X^{(\delta_\alpha)}(0))^{\frac{2-\delta_\alpha}{2}} = s\right] \\ &= \mathbb{P}\left[X^{(\delta_\alpha)}(\tau_T^{(\delta_\alpha,\mu)} \wedge \zeta) \geq (e^{-\mu T} x)^{\frac{2}{2-\delta_\alpha}} \mid X^{(\delta_\alpha)}(0) = s^{\frac{2}{2-\delta_\alpha}}\right] \\ &= \mathbb{E}\left[1_{\{X^{(\delta_\alpha)}(\tau_T^{(\delta_\alpha,\mu)}) \geq (e^{-\mu T} x)^{2/(2-\delta_\alpha)}\}} \cdot 1_{\{\zeta \geq T\}} \mid X^{(\delta_\alpha)}(0) = s^{\frac{2}{2-\delta_\alpha}}\right]\end{aligned}$$

Mit Lemma 1.27 erhalten wir zudem

$$\mathbb{P}[S(T) \geq x \mid S(0) = s] = s\mathbb{E}\Big[1_{\{X^{(4-\delta_\alpha)}(\tau_T^{(\delta_\alpha,\mu)}) \geq (e^{-\mu T}x)^{2/(2-\delta_\alpha)}\}} \\ (X^{(4-\delta_\alpha)}(\tau_T^{(\delta_\alpha,\mu)}))^{\frac{\delta_\alpha}{2}-1} \mid X^{(4-\delta_\alpha)}(0) = s^{\frac{2}{2-\delta_\alpha}}\Big],$$

und Lemma 1.26 liefert uns dann mit $V \sim \chi^2_{(4-\delta_\alpha, 2z)}$

$$\begin{aligned}
&\mathbb{E}\Big[1_{\{X^{(4-\delta_\alpha)}(\tau_T^{(\delta_\alpha,\mu)}) \geq (e^{-\mu T}x)^{2/(2-\delta_\alpha)}\}}(X^{(4-\delta_\alpha)}(\tau_T^{(\delta_\alpha,\mu)}))^{\frac{\delta_\alpha}{2}-1} \mid X^{(4-\delta_\alpha)}(0) = s^{\frac{2}{2-\delta_\alpha}}\Big] \\
&= \Big(\tau_T^{(\delta_\alpha,\mu)}\Big)^{\frac{\delta_\alpha}{2}-1}\mathbb{E}\Big[V^{\frac{\delta_\alpha}{2}-1} \cdot 1_{\{\tau_T^{(\delta_\alpha,\mu)}V \geq (e^{-\mu T}x)^{2/(2-\delta_\alpha)}\}} \mid X^{(4-\delta_\alpha)}(0) = s^{\frac{2}{2-\delta_\alpha}}\Big], \\
&= \underbrace{\Big(\tau_T^{(\delta_\alpha,\mu)}\Big)^{\frac{\delta_\alpha}{2}-1} \cdot \mathbb{E}\Big[V^{\frac{\delta_\alpha}{2}-1} \cdot 1_{\{V \geq 2\omega\}}\Big]}_{(*)}, \quad \text{wobei } \frac{x}{\tau_T^{(\delta_\alpha,\mu)}} = 2z\,.
\end{aligned}$$

Unter Verwendung von Definition 1.25 kann $(*)$ nun wie folgt geschrieben werden:

$$\begin{aligned}
(*) &= \frac{1}{\Big(\tau_T^{(\delta_\alpha,\mu)}\Big)^{1-\frac{\delta_\alpha}{2}}} \cdot \int_{v\geq 0} 1_{\{v\geq 2\omega\}} \cdot v^{\frac{\delta_\alpha}{2}-1} \cdot f(v; 4-\delta_\alpha, 2z)\, dv \\
&= \frac{1}{2\Big(2\tau_T^{(\delta_\alpha,\mu)}\Big)^{1-\frac{\delta_\alpha}{2}}} \int_{v\geq 0} 1_{\{v\geq 2\omega\}} e^{-z-\frac{1}{2}v} \sum_{i=0}^{\infty}\Big(\frac{z}{2}\Big)^i \frac{v^i}{i!\,\Gamma(i+2-\frac{\delta_\alpha}{2})}\, dv \\
&= \frac{1}{\Big(2\tau_T^{(\delta_\alpha,\mu)}\Big)^{1-\frac{\delta_\alpha}{2}}} \int_{v\geq\omega} e^{-z-v} \sum_{i=1}^{\infty} z^{i-1} \frac{v^{i-1}}{\underbrace{(i-1)!}_{=\Gamma(i)}\,\Gamma(i+1-\frac{\delta_\alpha}{2})}\, dv \\
&= \frac{1}{\Big(2\tau_T^{(\delta_\alpha,\mu)}\Big)^{1-\frac{\delta_\alpha}{2}}} \sum_{i=1}^{\infty} \frac{z^{i-1}}{\Gamma(i+\lambda)} e^{-z} \int_{v\geq\omega} \frac{v^{i-1}}{\Gamma(i)} e^{-v}\, dv \\
&= \frac{1}{\Big(2\tau_T^{(\delta_\alpha,\mu)} \cdot z\Big)^{1-\frac{\delta_\alpha}{2}}} \sum_{i=1}^{\infty} \underbrace{\frac{\overbrace{z^{i-\frac{\delta_\alpha}{2}}}^{z^{i+\lambda-1}}}{\Gamma(i+\lambda)} e^{-z}}_{g(i+\lambda,z)} \underbrace{\int_{v\geq\omega} \underbrace{\frac{v^{i-1}}{\Gamma(i)} e^{-v}}_{g(i,v)}\, dv}_{G(i,\omega)}
\end{aligned}$$

Da $1/\big(2\tau_T^{(\delta_\alpha,\mu)} \cdot z\big)^{1-\frac{\delta_\alpha}{2}} = \frac{1}{s}$, erhalten wir schlussendlich

$$\mathbb{P}[S(T) \geq x \mid S(0) = s] = \sum_{i=1}^{\infty} g(i+\lambda, z)G(i,\omega)$$

und damit (1.38). ■

Mit Satz 1.29 können wir nun unter Verwendung der Darstellung der CEV-Diffussion wie in Satz 1.20 auch die Wahrscheinlichkeit ausrechnen, dass der quadrierte Bessel-Prozess $X^{(\delta)}$ die Null trifft, wenn seine Dimension gleich $\delta \in (-\infty, 2)$ ist.

Korollar 1.30 *Sei $\{X^{(\delta)}(t)\}_{t\geq 0}$ ein quadrierter Bessel-Prozess der Dimension $\delta \in (-\infty, 2)$. Dann gilt für $x \geq 0$:*

$$\mathbb{P}\big[X^{(\delta)}(u) = 0 \textit{ für } 0 \leq u \leq t \mid X^{(\delta)}(0) = x\big] = 1 - \left(\tfrac{x}{2t}\right)^{1-\frac{\delta}{2}} \sum_{i=1}^{\infty} \frac{\left(\frac{x}{2t}\right)^{i-1}}{\Gamma(i+1-\frac{\delta}{2})} e^{-\frac{x}{2t}}. \quad (1.40)$$

Beweis Sei oBdA $x = 0$ und damit $\omega = 0$, so gilt

$$G(i,\omega) = \int\limits_{v\geq 0} \frac{v^{i-1}}{\Gamma(i)} e^{-v}\, dv = \frac{1}{\Gamma(i)} \underbrace{\int\limits_{v\geq 0} v^{i-1} e^{-v}\, dv}_{\overset{\text{Def.}}{=}\Gamma(i)} = \frac{\Gamma(i)}{\Gamma(i)} = 1\,.$$

Somit erhalten wir mit Satz 1.29 und $S(0) = s = x^{1-\frac{\delta_\alpha}{2}}$:

$$\mathbb{P}\left[S(T) = 0 \mid S(0) = x^{1-\frac{\delta_\alpha}{2}}\right] = 1 - \sum_{i=1}^{\infty} g(i+\lambda, z)$$

Andererseits können wir aus Satz 1.20 folgern:

$$\begin{aligned}
\mathbb{P}\big[S(T) = 0 \mid S(0) = x^{1-\frac{\delta_\alpha}{2}}\big] &= \mathbb{P}\left[Y^{(\delta_\alpha,\mu)}(T) = 0 \mid Y^{(\delta_\alpha,\mu)}(0) = x^{1-\frac{\delta_\alpha}{2}}\right] \\
&= \mathbb{P}\Bigg[e^{\mu T}\Big(X^{(\delta_\alpha)}(\tau_T^{(\delta_\alpha,\mu)} \wedge \zeta)\Big)^{1-\frac{\delta_\alpha}{2}} = 0 \mid \big(X^{(\delta_\alpha)}(0)\big)^{1-\frac{\delta_\alpha}{2}} \\
&= x^{1-\frac{\delta_\alpha}{2}}\Bigg] \\
&= \mathbb{P}\left[X^{(\delta_\alpha)}(\tau_T^{(\delta_\alpha,\mu)} \wedge \zeta) = 0 \mid X^{(\delta_\alpha)}(0) = x\right] \\
&= \mathbb{P}\left[\zeta \leq \tau_T^{(\delta_\alpha,\mu)} \mid X^{(\delta_\alpha)}(0) = x\right] \\
&= \mathbb{P}\big[\zeta \leq t \mid X^{(\delta)}(0) = x\big] \\
&= \mathbb{P}\big[X^{(\delta)}(u) = 0\,,\ 0 \leq u \leq t \mid X^{(\delta)}(0) = x\big],
\end{aligned}$$

wobei wir $\tau_T^{(\delta_\alpha,\mu)} = t$ und $\delta_\alpha = \delta$ gesetzt haben. Mit $\tau_T^{(\delta_\alpha,\mu)} = t$ gilt aber auch, dass $z = \frac{s^{2(1-\alpha)}}{2t} = \frac{x}{2t}$, und dann folgt mit der Definition von $g(i+\lambda)$:

$$\begin{aligned}
1 - &\sum_{i=1}^{\infty} g(i+\lambda, z) \\
&= 1 - \sum_{i=1}^{\infty} \frac{z^{i+\lambda-1}}{\Gamma(i+\lambda)} e^{-z} = 1 - \sum_{i=1}^{\infty} \frac{(\frac{x}{2t})^{i+\lambda-1}}{\Gamma(i+\lambda)} e^{-\frac{x}{2t}} = 1 - \left(\frac{x}{2t}\right)^{\lambda} \sum_{i=1}^{\infty} \frac{(\frac{x}{2t})^{i-1}}{\Gamma(i+\lambda)} e^{-\frac{x}{2t}} \\
&= 1 - \left(\frac{x}{2t}\right)^{1-\frac{\delta_\alpha}{2}} \sum_{i=1}^{\infty} \frac{(\frac{x}{2t})^{i-1}}{\Gamma(i+1-\frac{\delta_\alpha}{2})} e^{-\frac{x}{2t}}, \quad \text{da } \lambda = \frac{1}{2(1-\alpha)} = 1 - \frac{\delta_\alpha}{2} \\
&= 1 - \left(\frac{x}{2t}\right)^{1-\frac{\delta}{2}} \sum_{i=1}^{\infty} \frac{(\frac{x}{2t})^{i-1}}{\Gamma(i+1-\frac{\delta}{2})} e^{-\frac{x}{2t}} \quad \text{mit } \delta_\alpha = \delta,
\end{aligned}$$

was unsere Behauptung zeigt. ∎

Bemerkung 1.31 *Aus Korollar 1.30 folgt, dass die Wahrscheinlichkeit, dass der Aktienpreisprozess den Zustand Null erreicht, im CEV-Modell strikt positiv für* $0 < \alpha < 1$ *ist! Um Arbitrage-Möglichkeiten auszuschließen, ist es deswegen (zusätzlich zu der schon diskutierten Eindeutigkeitseigenschaft der schwachen Lösung) zwingend notwendig, den Aktienpreisprozess im CEV-Modell als an der Null absorbierend zu modellieren; d. h. der Preisprozess darf den Zustand Null nicht mehr verlassen, nachdem er diesen einmal erreicht hat. Auf Grund dieser Eindeutigkeits- und Arbitrageproblematik bietet auch eine Betrachtung des strikt positiven CEV-Prozesses keinen Ausweg.*

Setzen wir alle Resultate zusammen, die wir bis jetzt gezeigt haben, sind wir in der Lage, eine geschlossene Formel für den Preis einer europäischen Option mit Auszahlungsprofil $X_C(S(T))$ herzuleiten.

Satz 1.32 *Es sei* $S(0) = s$ *und setze* $\tilde{y} := \tilde{X}^{(4-\delta_\alpha)}$. *Dann ist der arbitragefreie Preis zum Zeitpunkt* $t = 0$ *einer Option mit europäischem Auszahlungstyp* $X_C(S(T))$ *im CEV-Modell gegeben durch*

$$\begin{aligned}
X_C(0,s) = s\,\mathbb{E}_Q\Big[e^{-rT} C\Big(e^{rT}\Big(\tilde{y}(\tau_T^{(\delta_\alpha,r)})\Big)^{1-\frac{\delta_\alpha}{2}}\Big)\Big(\tilde{y}(\tau_T^{(\delta_\alpha,r)})\Big)^{\frac{\delta_\alpha}{2}-1} \mid \tilde{y}(0) = s^{2(1-\alpha)}\Big] \\
+ e^{-rT} C(0) \left(1 - s\left(\frac{1}{2\tau_T^{(\delta_\alpha,r)}}\right)^{1-\frac{\delta_\alpha}{2}} \sum_{i=1}^{\infty} \frac{\left(\frac{s^{2(1-\alpha)}}{2\tau_T^{(\delta_\alpha,r)}}\right)^{i-1}}{\Gamma(i+1-\frac{\delta_\alpha}{2})} e^{-\frac{s^{2(1-\alpha)}}{2\tau_T^{(\delta_\alpha,r)}}}\right). \qquad (1.41)
\end{aligned}$$

Beweis Analog zur Argumentation zur Optionsbewertung im Diffusionsmodell in Kap. 3, Band 1, wissen wir, dass der Preis $X_C(0,s)$ der diskontierte Wert der Endzahlung der

Option unter dem äquivalenten Martingalmaß Q ist:

$$
\begin{aligned}
X_C(0,s) &= \mathbb{E}_Q\big[e^{-rT}C(S(T)) \mid S(0)=s\big] = \mathbb{E}_Q\big[e^{-rT}C(\tilde{Y}^{(\delta_\alpha,r)}(T)) \mid \tilde{Y}^{(\delta_\alpha,r)}(0)=s\big] \\
&= \mathbb{E}_Q\Big[e^{-rT}C\Big(e^{rT}\Big(\tilde{X}^{(\delta_\alpha)}(\tau_T^{(\delta_\alpha,r)} \wedge \tilde{\zeta})\Big)^{1-\frac{\delta_\alpha}{2}}\Big) \mid \tilde{X}^{(\delta_\alpha)}(0) = s^{\frac{2}{2-\delta_\alpha}}\Big] \\
&= \mathbb{E}_Q\Big[e^{-rT}C\Big(e^{rT}\Big(\tilde{X}^{(\delta_\alpha)}(\tau_T^{(\delta_\alpha,r)})\Big)^{1-\frac{\delta_\alpha}{2}}\Big)1_{\{\tilde{\zeta}>\tau_T^{(\delta_\alpha,r)}\}} \mid \tilde{X}^{(\delta_\alpha)}(0) = s^{\frac{2}{2-\delta_\alpha}}\Big] \\
&\quad + \mathbb{E}_Q\Big[e^{-rT}C\Big(e^{rT}\Big(\tilde{X}^{(\delta_\alpha)}(\tau_T^{(\delta_\alpha,r)})\Big)^{1-\frac{\delta_\alpha}{2}}\Big)1_{\{\tilde{\zeta}\le\tau_T^{(\delta_\alpha,r)}\}} \mid \tilde{X}^{(\delta_\alpha)}(0) = s^{\frac{2}{2-\delta_\alpha}}\Big] \\
&= \mathbb{E}_Q\Big[e^{-rT}C\Big(e^{rT}\Big(\tilde{X}^{(\delta_\alpha)}(\tau_T^{(\delta_\alpha,r)})\Big)^{1-\frac{\delta_\alpha}{2}}\Big)1_{\{\tilde{\zeta}>\tau_T^{(\delta_\alpha,r)}\}} \mid \tilde{X}^{(\delta_\alpha)}(0) = s^{\frac{2}{2-\delta_\alpha}}\Big] \\
&\quad + e^{-rT}C(0)\cdot Q\Big[\tilde{\zeta} \le \tau_T^{(\delta_\alpha,r)} \mid \tilde{X}^{(\delta_\alpha)}(0) = s^{\frac{2}{2-\delta_\alpha}}\Big].
\end{aligned}
$$

Mit Lemma 1.27 folgt:

$$
\begin{aligned}
&\mathbb{E}_Q\Big[e^{-rT}C\Big(e^{rT}\Big(\tilde{X}^{(\delta_\alpha)}(\tau_T^{(\delta_\alpha,r)})\Big)^{1-\frac{\delta_\alpha}{2}}\Big)1_{\{\tilde{\zeta}>\tau_T^{(\delta_\alpha,r)}\}} \mid \tilde{X}^{(\delta_\alpha)}(0) = s^{\frac{2}{2-\delta_\alpha}}\Big] \\
&= s\mathbb{E}_Q\Big[e^{-rT}C\Big(e^{rT}\Big(\tilde{y}(\tau_T^{(\delta_\alpha,r)})\Big)^{1-\frac{\delta_\alpha}{2}}\Big)\Big(\tilde{y}(\tau_T^{(\delta_\alpha,r)})\Big)^{\frac{\delta_\alpha}{2}-1} | \tilde{y}(0) = s^{\frac{2}{2-\delta_\alpha}}\Big],
\end{aligned}
$$

und Korollar 1.30 liefert:

$$
\begin{aligned}
&\mathbb{E}_Q\Big[\tilde{\zeta} \le \tau_T^{(\delta_\alpha,r)} | \tilde{X}^{(\delta_\alpha)}(0) = s^{\frac{2}{2-\delta_\alpha}}\Big] \\
&= Q\Big[\tilde{X}^{(\delta_\alpha)}(u) = 0 \quad \text{für } 0 \le u \le \tau_T^{(\delta_\alpha,r)} | \tilde{X}^{(\delta_\alpha)}(0) = s^{\frac{2}{2-\delta_\alpha}}\Big] \\
&= 1 - s\left(\frac{1}{2\tau_T^{(\delta_\alpha,r)}}\right)^{1-\frac{\delta_\alpha}{2}} \sum_{i=1}^{\infty} \frac{\left(\frac{s^{\frac{2}{2-\delta_\alpha}}}{2\tau_T^{(\delta_\alpha,r)}}\right)^{i-1}}{\Gamma(i+1-\frac{\delta_\alpha}{2})} e^{-\frac{s^{\frac{2}{2-\delta_\alpha}}}{2\tau_T^{(\delta_\alpha,r)}}}.
\end{aligned}
$$

Setzen wir dieses Ergebnis in $X_C(0,s)$ ein und beachten, dass $\frac{2}{2-\delta_\alpha} = 2(1-\alpha)$, erhalten wir (1.41). ■

Als direkte Konsequenz aus Satz 1.32 erhalten wir nun das Ziel dieses Abschnittes, eine geschlossene Formel für europäische Calls mit Payoff $C(S(T)) = (S(T)-K)^+$.

Korollar 1.33 (Geschlossene Formel für den Preis europäischer Calls) *Es sei $s = S(0)$ und setze $\tilde{y} := \tilde{X}^{(4-\delta_\alpha)}$. Dann ist der arbitragefreie Preis eines europäischen Calls $X_C(0,s)$ zum Zeitpunkt $t = 0$ im CEV-Modell gegeben durch*

$$
\begin{aligned}
X_C(0,s) &= X_C(0,s;\alpha,\sigma,r,K) \\
&= s\sum_{i=1}^{\infty} g(i,z')G(i+\lambda,\omega') - e^{-rT}K\sum_{i=1}^{\infty} g(i+\lambda,z')G(i,\omega'), \qquad (1.42)
\end{aligned}
$$

wobei

$$\lambda = \frac{1}{2(1-\alpha)}, \quad z' = \frac{s^{2(1-\alpha)}}{2\tau_T^{(\delta_\alpha,r)}} = \frac{2\mu\lambda e^{\frac{rT}{\lambda}} s^{\frac{1}{\lambda}}}{\sigma^2\left(e^{\frac{rT}{\lambda}} - 1\right)},$$

$$\omega' = \frac{\left(e^{-rT}K\right)^{2(1-\alpha)}}{2\tau_T^{(\delta_\alpha,r)}} = \frac{2r\lambda K^{\frac{1}{\lambda}}}{\sigma^2\left(e^{\frac{rT}{\lambda}} - 1\right)},$$

$$g(u,v) = \frac{v^{u-1}}{\Gamma(u)}e^{-v}, \quad G(u,v) = \int_{\omega \geq v} g(u,\omega)d\omega. \tag{1.43}$$

Beweis Da $X_C(S(T)) = (S(T)-K)^+$, folgt direkt mit Satz 1.32:

$$\begin{aligned}
X_C(0,s) &= s\mathbb{E}_Q\Big[e^{-rT}\Big(e^{rT}\Big(\tilde{y}(\tau_T^{(\delta_\alpha,r)})\Big)^{1-\frac{\delta_\alpha}{2}} - K\Big)\Big(\tilde{y}(\tau_T^{(\delta_\alpha,r)})\Big)^{\frac{\delta_\alpha}{2}-1} | \tilde{y}(0) = s^{\frac{2}{1-\delta_\alpha}}\Big] \\
&= s\mathbb{E}_Q\Big[\Big(1 - e^{-rT}K\Big(\tilde{y}(\tau_T^{(\delta_\alpha,r)})\Big)^{\frac{\delta_\alpha}{2}-1}\Big)1_{\{e^{rT}(\tilde{y}(\tau_T^{(\delta_\alpha,r)}))^{1-\delta_\alpha/2} \geq K\}} | \tilde{y}(0) = s^{\frac{2}{1-\delta_\alpha}}\Big] \\
&= s\mathbb{E}_Q\Big[\Big(1 - e^{-rT}K\Big(\tilde{y}(\tau_T^{(\delta_\alpha,r)})\Big)^{\frac{\delta_\alpha}{2}-1}\Big)1_{\{\tilde{y}(\tau_T^{(\delta_\alpha,r)}) \geq (e^{-rT}K)^{2/(2-\delta_\alpha)}\}} | \tilde{y}(0) = s^{\frac{2}{1-\delta_\alpha}}\Big] \\
&= sQ\Big[\tilde{y}(\tau_T^{(\delta_\alpha,r)}) \geq (e^{-rT}K)^{\frac{2}{2-\delta_\alpha}} | \tilde{y}(0) = s^{\frac{2}{2-\delta_\alpha}}\Big] \\
&\quad - se^{-rT}K\mathbb{E}_Q\Big[\Big(\tilde{y}(\tau_T^{(\delta_\alpha,r)})\Big)^{\frac{\delta_\alpha}{2}-1} 1_{\{\tilde{y}(\tau_T^{(\delta_\alpha,r)}) \geq (e^{-rT}K)^{2/(2-\delta_\alpha)}\}} | \tilde{y}(0) = s^{\frac{2}{2-\delta_\alpha}}\Big]
\end{aligned}$$

Mit Lemma 1.26 folgt:

$$\begin{aligned}
&Q\Big[\tilde{y}(\tau_T^{(\delta_\alpha,r)}) \geq (e^{-rT}K)^{\frac{2}{2-\delta_\alpha}} | \tilde{y}(0) = s^{\frac{2}{2-\delta_\alpha}}\Big] \\
&\quad = Q\Big[\tau_T^{(\delta_\alpha,r)} V \geq (e^{-rT}K)^{\frac{2}{2-\delta_\alpha}} | \tilde{y}(0) = s^{\frac{2}{2-\delta_\alpha}}\Big], \quad \text{wobei} \quad V \sim \chi^2_{\left(4-\delta_\alpha, \frac{x}{\tau_T^{(\delta_\alpha,r)}}\right)} \\
&\quad = Q\Big[V \geq 2\omega'\Big], \quad \text{wobei} \quad V \sim \chi^2_{\left(4-\delta_\alpha, 2z'\right)}
\end{aligned}$$

Nun können wir die Dichtefunktion der nichtzentralen χ^2-Verteilung einsetzen und erhalten:

$$\begin{aligned}
Q\Big[V \geq 2\omega'\Big] &= \int_{v \geq 0} 1_{\{v \geq 2\omega'\}} f(v; 4-\delta_\alpha, 2z')\,dv \\
&= \underbrace{\sum_{i=1}^{\infty} \underbrace{\frac{(z')^{i-1}}{\Gamma(i)}e^{-z'}}_{g(i,z')} \int_{v \geq \omega'} \underbrace{\frac{v^{i+\lambda-1}e^{-v}}{\Gamma(i+\lambda)}}_{g(i+\lambda,v)}\,dv}_{G(i+\lambda,\omega')} = \sum_{i=1}^{\infty} g(i,z')G(i+\lambda,\omega').
\end{aligned}$$

Aus dem Beweis von Satz 1.29 können wir zudem folgern, dass

$$\mathbb{E}_Q\Big[(\tilde{y}(\tau_T^{(\delta_\alpha,r)}))^{\frac{\delta_\alpha}{2}-1}1_{\{\tilde{y}(\tau_T^{(\delta_\alpha,r)})\geq(e^{-rT}K)^{2/(2-\delta_\alpha)}\}}|\tilde{y}(0)=s^{\frac{2}{2-\delta_\alpha}}\Big]=\frac{1}{s}\sum_{i=1}^{\infty}g(i+\lambda,z')G(i,\omega')$$

unter dem Maß Q gilt. Durch Einsetzen dieses Ausdruckes in $X_C(0,s)$ erhalten wir schließlich die Darstellung (1.42). ∎

1.5 Arbitrage, äquivalente Martingalmaße und Optionsbewertung in unvollständigen Märkten

In Kap. 3 aus Band 1 war die Vollständigkeit des Marktmodells die wesentliche Eigenschaft, die zusammen mit Arbitrageargumenten die Optionsbewertung nach dem Duplikationsprinzip rechtfertigte. Wir wollen in diesem Abschnitt einige allgemeine Aussagen über den Zusammenhang zwischen Arbitrage, äquivalenten Martingalmaßen, vollständigen Märkten und Optionsbewertung in unvollständigen Märkten machen. Hierbei sind die Ausführungen oft auch für allgemeinere Wertpapierpreismodelle richtig als für die von uns im Folgenden angenommenen.

Allgemeine Voraussetzungen für diesen Abschnitt Wir betrachten einen Markt, auf dem $d+1$ Wertpapiere mit strikt positiven Preisen $B(t), S_1(t), \ldots, S_d(t)$ gehandelt werden. Die Preise seien Itô-Prozesse bezüglich einer m-dimensionalen Brownschen Bewegung $\{(W_t, \mathcal{F}_t)\}_{t\in[0,\infty)}$ mit $m \geq d$, wobei $\{\mathcal{F}_t\}_{t\in[0,\infty)}$ die Brownsche Filterung ist.

Um das Optionsbewertungsproblem in unserem verallgemeinerten Markt bearbeiten zu können, müssen noch einige Definitionen (wie z. B. die der Handelsstrategien) den neuen Bedingungen angepasst werden.

Bezeichnungen Unter einer Handelsstrategie $\varphi(t) = (\varphi_0(t), \ldots, \varphi_d(t))'$, $t \geq 0$, wollen wir einen $(d+1)$-dimensionalen progressiv messbaren Prozess verstehen, für den die stochastischen Integrale

$$\int_0^T \varphi_0(s)dB(s), \quad \int_0^T \varphi_i(s)dS_i(s), \quad \int_0^T \varphi_i(s)d\hat{S}_i(s), \quad i=1,\ldots,d,$$

für alle $T \geq 0$ existieren, wobei

$$\hat{S}_i(t) := \frac{S_i(t)}{B(t)}, \quad i=1,\ldots,d,$$

die (mit $B(t)$) diskontierten Preisprozesse bezeichnen. Der Vermögensprozess $X(t)$ zur Handelsstrategie $\varphi(t)$ und die Bedingung, dass die Handelsstrategie selbst-finanzierend sein soll, seien wie gewohnt durch die Gleichung

$$X(t) = \varphi_0(t)B(t) + \sum_{i=1}^{d} \varphi_i(t)S_i(t) \tag{1.44}$$
$$= x + \int_0^t \varphi_0(s)dB(s) + \sum_{i=1}^{d} \int_0^t \varphi_i(s)dS_i(s) \quad \forall t \geq 0$$

definiert, wobei wir in diesem Abschnitt der Einfachheit halber auf die Möglichkeit eines Konsumprozesses verzichten. Eine selbst-finanzierende Strategie soll wiederum zulässig heißen, wenn der zugehörige Vermögensprozess nicht-negativ ist. Der Diskontierungsprozess $B(t)$, in der Literatur oft als *Numéraire* bezeichnet, kann ein Bondpreis, ein Geldmarktkonto, ein Aktienpreis oder sogar der Wert eines Portfolios aus Wertpapieren sein, solange er auf dem betrachteten Zeitraum strikt positiv ist.

Arbitrage und äquivalente Martingalmaße Wir wollen nun zuerst den Zusammenhang zwischen der Existenz eines äquivalenten Martingalmaßes und der Nichtexistenz einer Arbitragemöglichkeit in unserem betrachteten Markt genauer beschreiben. Während die Definition einer Arbitragemöglichkeit der aus Abschnitt 3.1 in Band 1 entspricht und deshalb hier nicht wiederholt wird, geben wir explizit die Definition eines äquivalenten Martingalmaßes an:

Definition 1.34 Ein auf $(\Omega, \mathcal{F}_T)$ definiertes und dort zu $\mathbb{P}$ äquivalentes Wahrscheinlichkeitsmaß Q (d. h. $\mathbb{P}$ und Q besitzen die gleichen Nullmengen) heißt ein *äquivalentes Martingalmaß* für $B(t), S_1(t), \ldots, S_d(t)$, falls die diskontierten Preise

$$\hat{S}_i(t) = \frac{S_i(t)}{B(t)}, \; i = 1, \ldots, d, \; t \in [0, T]$$

Martingale bezüglich Q sind. Zudem bezeichnen wir mit $\tilde{Q}^\star$ die Menge aller äquivalenten Martingalmaße.

Bemerkung 1.35 *Das Paar aus Diskontierungsprozess und äquivalentem Martingalmaß* (B, Q) *wird dann als Numéraire-Paar bezeichnet. Das Standard-Numéraire-Paar aus Band 1 war dabei das Paar* $\left(b_0 \exp\left(\int_0^t r(s)ds\right), Q\right)$ *aus Geldmarktkonto und dem eindeutigen äquivalenten Martingalmaß* Q *des vollständigen Black-Scholes-Marktes.*

Wir können unter unseren Modellannahmen die Menge der äquivalenten Martingalmaße $\tilde{Q}^\star$ sogar konkret beschreiben.

Proposition 1.36 (Charakterisierung äquivalenter Martingalmaße) *Alle zu* $\mathbb{P}$ *äquivalenten Martingalmaße* Q *für* $B(t), S_1(t), \ldots, S_d(t)$ *erhält man aus* $\mathbb{P}$ *durch eine*

Girsanov-Transformation mit einem m-dimensionalen progressiv messbaren stochastischen Prozess $\{(\theta(t), \mathcal{F}_t)\}_{t\geq 0}$, *wobei für alle* $t \geq 0$

$$\int_0^t \theta_i^2(s)\, ds < \infty \ \mathbb{P}\text{-f.s.}, \quad \text{für } i=1,\ldots,m,$$

gilt. $Z(t,\theta)$ *definiert über*

$$Z(t,\theta) := \exp\left(-\int_0^t \theta(s)' dW(s) - \tfrac{1}{2}\int_0^t \|\theta(s)\|^2 ds\right)$$

ist ein Martingal bzgl. $\mathbb{P}$, *und* Q *ergibt sich dann als*

$$Q(A) := Q_T(A) := \mathbb{E}(1_A \cdot Z(T,\theta)) \quad \text{für alle } A \in \mathcal{F}_T.$$

Beweis Es sei Q ein zu $\mathbb{P}$ äquivalentes Martingalmaß. Dann liefert uns Lemma 3.25 aus Band 1, dass der Dichteprozess $D_t := \frac{dQ}{d\mathbb{P}}$ ein positives Brownsches Martingal bzgl. $\mathbb{P}$ mit

$$D_t = 1 + \int_0^t \Psi(s)' dW(s)$$

für einen progressiv messbaren Prozess $\Psi \in H^2[0,T]$ ist. Mit der Wahl

$$\Psi(s) = -D_s\theta(s)$$

folgt daraus die Darstellung

$$D_t = 1 - \int_0^t D_s\theta(s)' dW(s)$$

mit dem zugehörigen stochastischen Exponential

$$D_t = \exp\left(-\int_0^t \theta(s)' dW(s) - \frac{1}{2}\int_0^t ||\theta(s)||^2 ds\right).$$

Damit folgt, dass

$$Z(t,\theta) = \exp\left(-\int_0^t \theta(s)' dW(s) - \frac{1}{2}\int_0^t ||\theta(s)||^2 ds\right)$$

ein positives $\mathbb{P}$-Martingal ist. Also induziert $Z(t,\theta)$ ein Wahrscheinlichkeitsmaß Q über

$$Q_T(A) := \mathbb{E}(1_A \cdot Z(T,\theta)) \quad \text{für alle } A \in \mathcal{F}_T. \qquad \blacksquare$$

Die Existenz eines äquivalenten Martingalmaßes ist nun hinreichend dafür, dass im Markt keine Arbitragemöglichkeit existiert:

Satz 1.37 (Martingalmaß ⇒ Arbitragefreiheit) *Falls ein äquivalentes Martingalmaß Q für die Preisprozesse $B(t)$, $S_1(t), \ldots, S_d(t)$ existiert, gibt es im zugehörigen Markt keine Arbitragemöglichkeit.*

Beweis

i) Es sei

$$\hat{X}(t) := \frac{X(t)}{B(t)}$$

der zu einer Handelsstrategie $\varphi(t)$ gehörende diskontierte Vermögensprozess. Anwendung der Itô-Formel auf den Quotienten ergibt mit $x := X(0)$, $s_0 := B(0)$ (vgl. Übung 2):

$$\varphi(t) \text{ ist selbst-finanzierend} \quad \Leftrightarrow$$

$$\hat{X}(t) = \frac{x}{s_0} + \sum_{i=1}^{d} \int_0^t \varphi_i(s) d\hat{S}_i(s) \quad \mathbb{P}\text{-fast sicher für alle } t \in [0, T].$$

Man beachte hierzu insbesondere, dass nach Annahme ein zu $\mathbb{P}$ äquivalentes Martingalmaß Q existiert, das nach Proposition 1.36 durch eine Girsanov-Transformation darstellbar ist. Damit können alle $\hat{S}_i(t)$ nach Korollar 2.75 aus Band 1 zum Martingaldarstellungssatz als Itô-Integrale bzgl. $W^Q(t)$, der Q-Brownschen Bewegung, dargestellt werden. Ist $\varphi(t)$ sogar zulässig, so ist $\hat{X}(t)$ ein nicht-negatives lokales Martingal bzgl. Q, und somit nach Satz 2.25 aus Band 1 ein Q-Super-Martingal.

ii) Sei nun $\varphi(t)$ zulässig und stelle eine Arbitragestrategie mit zugehörigem Vermögensprozess $X(t)$ dar. Wegen i) gilt dann

$$0 = \hat{X}(0) \geq \mathbb{E}_Q\left(\hat{X}(T)\right), \tag{1.45}$$

wobei $\mathbb{E}_Q$ den Erwartungswert bezüglich Q bezeichnet. Da $\varphi(t)$ als Arbitragestrategie eine zulässige Handelsstrategie ist, ist $\hat{X}(t)$ nicht-negativ, was zusammen mit der Beziehung (1.45) zu

$$Q\left(\hat{X}(T) > 0\right) = 0$$

führt, woraus wegen der Äquivalenz von $\mathbb{P}$ und Q dann auch

$$\mathbb{P}\left(\hat{X}(T) > 0\right) = 0$$

folgt, was einen Widerspruch zur Annahme der Existenz einer Arbitragestrategie darstellt. ■

1.5.1 Der erste Fundamentalsatz der Optionsbewertung

Die allgemeine Gegenrichtung zum obigen Satz, nach der die *Nichtexistenz von Arbitragemöglichkeiten die Existenz eines äquivalenten Martingalmaßes impliziert*, gilt nur unter zusätzlichen Bedingungen an die Handelsstrategien und erfordert auch eine Ausweitung des Arbitragebegriffs – mittels Einführung des sogenannten *Free Lunch with vanishing Risk*. Der Beweis dieser Richtung in ihrer allgemeinen Form geht über den hier behandelten Stoff hinaus. Wir verweisen auf Delbaen und Schachermayer (2006) und die dort zitierten Referenzen, die insbesondere auch den Großteil der Pionierarbeit von F. Delbaen und W. Schachermayer auf diesem Gebiet enthalten. Die dort bewiesene Äquivalenzbeziehung zwischen der Existenz eines äquivalenten Martingalmaßes und der Nichtexistenz (eines gewissen Typs) von Arbitragemöglichkeiten wird als *1st Fundamental Theorem of Asset Pricing* oder auch als *erster Fundamentalsatz der Optionsbewertung* (siehe auch Kap. 1, Band 1) bezeichnet.

Der Marktpreis des Risikos Nehmen wir nun aber wie in den Kapiteln 2 und 3 aus Band 1 eine speziellere Form für die Wertpapierpreise an, sind einige explizite Rechungen möglich. In diesem Fall können wir die Arbitragefreiheit im allgemeinen Diffusionsmodell vollständig mit Hilfe des sogenannten *Marktpreises des Risikos* charakterisieren. Für $m \geq d$ modellieren wir dazu die Preise der Aktien $S_i(t)$ und des Bonds $B(t)$ für $t \in [0, T]$, $i = 1, \ldots, d$ in Analogie zu Band 1 durch die stochastischen Differentialgleichungen

$$dB(t) = B(t) \cdot r(t)dt, \qquad B(0) = b_0, \tag{1.46}$$

$$dS_i(t) = S_i(t)\left(b_i(t)dt + \sum_{j=1}^{m} \sigma_{ij}(t)dW_j(t)\right), \qquad S_i(0) = s_i, \tag{1.47}$$

wobei $r(t), b(t) = (b_1(t), \ldots, b_d(t))', \sigma(t) = (\sigma_{ij}(t))_{ij}$ alle bzgl. $\{\mathcal{F}_t\}_t$ progressiv messbare, gleichmäßig in (t, ω) beschränkte Prozesse sind. Zusätzlich sei die Volatilitätsmatrix $\sigma(t)\sigma(t)'$ gleichmäßig positiv definit (d. h., es gibt ein $K > 0$ mit $x'\sigma(t)\sigma(t)'x \geq Kx'x$ für alle $x \in \mathbb{R}^d$ und alle $t \in [0, T]$ $\mathbb{P}$-fast sicher). Im Folgenden bezeichnen wir dieses Modell als *allgemeines Diffusionsmodell*.

Satz 1.38 (Arbitragefreiheit im allgemeinen Diffusionsmodell)

(a) *Ist das allgemeine Diffusionsmodell arbitragefrei, so existiert ein progressiv messbarer Prozess* $\theta : [0, T] \times \Omega \to \mathbb{R}^m$, *so dass*

$$b(t) - r(t)\underline{1} = \sigma(t)\theta(t), \quad 0 \leq t \leq T,$$

für $\underline{1} := (1, \ldots, 1)' \in \mathbb{R}^d$.

(b) *Existiert umgekehrt ein solcher Prozess* θ *im Sinne von Teil (a) und gilt zusätzlich, dass*

(i) $\int_0^T ||\theta(t)||^2 dt < \infty$ $\mathbb{P}$*-f.s.*,
(ii) $\mathbb{E}\Big[\exp\Big(-\int_0^T \theta(t)' dW(t) - \frac{1}{2}\int_0^T ||\theta(t)||^2 dt\Big)\Big] = 1$,
dann ist das allgemeine Diffusionsmodell arbitragefrei.

Beweis

(a): Sei $\varphi \in \mathcal{A}(x)$ eine zulässige Handelsstrategie. Angenommen, es gibt eine messbare Menge A mit $(\lambda \otimes \mathbb{P})(A) > 0$, so dass auf A gilt:

$$\sigma(t)' \begin{pmatrix} \varphi_1(t) \\ \dots \\ \varphi_d(t) \end{pmatrix} = 0 \quad \text{und } (\varphi_1(t), \dots, \varphi_d(t))(b(t) - r(t)\underline{1}) \neq 0 .$$

Diese Handelsstrategie ist offensichtlich risikolos auf A. Mit Hilfe dieser Strategie konstruieren wir nun eine Arbitragemöglichkeit und folgern aus deren Abwesenheit die Existenz des Marktpreises des Risikos θ. Für $c > 0$ konstruieren wir dafür zunächst eine neue selbstfinanzierende Handelsstrategie Ψ durch

$$\begin{aligned} X^{\Psi}(0) &= 0 , \\ \Psi_i(t) &= \begin{cases} c \cdot sgn((\varphi_1(t), \dots, \varphi_d(t))(b(t) - r(t)\underline{1}))\frac{\varphi_i(t)}{\hat{S}_i(t)} & \text{auf } A \\ 0 & \text{auf } A^c \end{cases} , \\ i &= 1, \dots, d , \end{aligned}$$

wobei Ψ_0 selbstfinanzierend ergänzt wird. Ψ soll nun die gesuchte Arbitragestrategie sein, d. h. Ψ muss nach Definition 3.11 aus Band 1 also (1) selbstfinanzierend sein, (2) zulässig sein, (3) $X^{\Psi}(0) = 0$ $\mathbb{P}$-fast sicher, (4) $X^{\Psi}(T) \geq 0$ $\mathbb{P}$-fast sicher und (5) $\mathbb{P}(X^{\Psi}(T) > 0) > 0$ erfüllen. (1) und (3) sind per Konstruktion von Ψ erfüllt und (4) ist erfülllt, sobald wir gezeigt haben, dass Ψ zulässig ist. Wir müssen also noch die Punkte (2) und (5) nachweisen:

(2): Da Ψ selbstfinanzierend ist, gilt auf der Menge A gemäß unserer obigen Annahme an φ für den diskontierten Vermögensprozess:

$$\begin{aligned} d\hat{X}^{\Psi}(t) &= \sum_{i=1}^{d} \Psi_i(t) d\hat{S}_i(t) \\ &= \sum_{i=1}^{d} \Psi_i(t)\hat{S}_i(t)\Big[(b_i(t) - r(t))dt + \sum_{j=1}^{m} \sigma_{ij}(t) dW_j(t)\Big] \\ &= c \cdot sgn((\varphi_1(t), \dots, \varphi_d(t))(b(t) - r(t)\underline{1})) \sum_{i=1}^{d} \varphi_i(t)(b_i(t) - r(t))dt \\ &\quad + c \cdot sgn((\varphi_1(t), \dots, \varphi_d(t))(b(t) - r(t)\underline{1})) \sum_{i=1}^{d}\sum_{j=1}^{m} \varphi_i(t)\sigma_{ij}(t) dW_j(t) \end{aligned}$$

$$= c \cdot sgn((\varphi_1(t), \dots, \varphi_d(t))(b(t) - r(t)\underline{1})) \sum_{i=1}^{d} \varphi_i(t)(b_i(t) - r(t))dt$$

$$= c \left| \sum_{i=1}^{d} \varphi_i(t)(b_i(t) - r(t)) \right| dt \,,$$

wobei wir nacheinander die Dynamiken der diskontierten Aktienpreise unter dem Maß $\mathbb{P}$, die Definition von Ψ_i, die Tatsache, dass φ eine risikolose Strategie ist, und den Zusammenhang $sgn(x) \cdot x = |x|$ verwendet haben. Damit ist $\hat{X}^{\Psi}(t) \geq 0 \;\; \forall \;\; t \in [0, T]$ und somit ist Ψ zulässig.

(5): Da per Voraussetzung $(\varphi_1(t), \dots, \varphi_d(t))(b(t) - r(t)\underline{1}) \neq 0$, ist nun insbesondere $\hat{X}^{\Psi}(T) > 0$ auf einer Menge $B \in \mathcal{F}_T$ mit $\mathbb{P}(B) > 0$. Daraus folgt, dass $\mathbb{P}(\hat{X}^{\Psi}(T) > 0) > 0$ und insbesondere $\mathbb{P}(X^{\Psi}(T) > 0) > 0$ gelten. D. h. das so konstruierte Ψ ist eine Arbitragestrategie. Zusammengefasst konnten wir also für eine zulässige Handesstrategie φ mit

$$\sigma_t' \begin{pmatrix} \varphi_1(t) \\ \dots \\ \varphi_d(t) \end{pmatrix} = 0, \quad \text{d. h. } \varphi = (\varphi_1(t), \dots, \varphi_d(t)) \in \text{Kern}(\sigma_t')$$

und $(\varphi_1(t), \dots, \varphi_d(t))(b(t) - r(t)\underline{1}) \neq 0$ eine Arbitragemöglichkeit konstruieren. Also muss nun für alle $x \in \text{Kern}(\sigma_t')$ gelten: $x'(b(t) - r(t)\underline{1}) = 0$. D. h. der Kern von σ_t' muss orthogonal zum Vektor $b(t) - r(t)\underline{1}$ sein: $(b(t) - r(t)\underline{1}) \in (\text{Kern}(\sigma(t)'))^{\perp}$. Unter Verwendung der Tatsache, dass $(\text{Kern}(\sigma(t)'))^{\perp} = \text{Bild}(\sigma(t))$ folgt also:

$$(b(t) - r(t)\underline{1}) \in \text{Bild}(\sigma(t)), \quad \text{wobei } \sigma(t) \in \mathbb{R}^{d \times m} .$$

Damit existiert nun ein Prozess $\theta(t) \in \mathbb{R}^m$, so dass

$$b(t) - r(t)\underline{1} = \sigma(t) \cdot \theta(t) ,$$

was wir zeigen wollten. Eigentlich müssten wir auch noch zeigen, dass der so gefundene Prozess $(\theta(t))$ auch wirklich progressiv messbar ist. Für die zugehörige technische Argumentation verweisen wir auf die Seiten 12–16 in Karatzas und Shreve (1998).

(b): Umgekehrt müssen wir zeigen, dass unter obigen Voraussetzungen ein äquivalentes Martingalmaß $Q \in \tilde{Q}^{\star}$ existiert, denn dann folgt mit Satz 1.37 die Arbitragefreiheit. Voraussetzung (i) gewährleistet nach Proposition 3.24 aus Band 1, dass der Prozess

$$Z(t, \theta) = \exp\left(-\int_0^t \theta(s)' dW(s) - \frac{1}{2} \int_0^t ||\theta(s)||^2 ds \right), \;\; t \in [0, T]$$

ein nicht-negatives lokales Martingal und somit ein Supermartingal ist. Wegen Voraussetzung (ii) ist dessen Erwartungswert konstant und folglich ist $Z(t, \theta)$ ein Martingal. Somit kann über $Q(A) := \mathbb{E}[Z(T, \theta)1_A]$ für $A \in \mathcal{F}_T$ ein zu $\mathbb{P}$ äquivalentes Wahrscheinlichkeitsmaß definiert werden. Nach dem Satz von Girsanov (Satz 3.23, Band 1) ist dann der Prozess $\{(W^Q(t), \mathcal{F}_t)\}_{t \geq 0}$ mit $W^Q(t) := W(t) + \int_0^t \theta(s)ds$ eine m-dimensionale Brownsche Bewegung. Mittels Verwenden von (W^Q) und der Eigenschaft des Prozesses (θ) ergibt sich, dass die diskontierten Aktienpreise unter Q die Dynamiken

$$d\hat{S}_i(t) = \hat{S}_i(t)\Big[\sum_{j=1}^{m} \sigma_{ij}(t)\Big]dW_j^Q(t), \quad i = 1, \ldots, d$$

besitzen (vgl. auch Übung 3). Nach unseren Voraussetzungen ist $\sigma(t) = (\sigma_{ij}(t))_{ij}$ gleichmäßig beschränkt und damit sind die diskontierten Preisprozesse $(\hat{S}_1, \ldots, \hat{S}_d)$ Q-Martingale. Folglich existiert ein äquivalentes Martingalmaß. ■

Bemerkung 1.39

a) *Der wie in obigem Satz definierte m-dimensionale progressiv messbare Prozess* θ: $[0, T] \times \Omega \to \mathbb{R}^m$ *wird Marktpreis des Risikos genannt. Er entspricht der in Band 1 in Abschnitt 2.8 über die Vollständigkeit des obigen Marktmodells diskutierten (relativen) Risikoprämie bei Investition in Aktien.*

b) *Als direkte Konsequenz erhalten wir eine Eins-zu-Eins-Korrespondenz zwischen Arbitragefreiheit und dem Marktpreis des Risikos im Black-Scholes Modell, denn im Spezialfall* $m = d = 1$ *mit konstanten Koeffizienten* $r_t \equiv r$, $b_t \equiv b$, $\sigma_t \equiv \sigma$ *sind die Zusatzvorausetzungen (i) und (ii) automatisch erfüllt und der Marktpreis des Risikos ist gegeben durch* $\theta = \sigma^{-1}(b - r) = (b - r)/\sigma$.

1.5.2 Die Bewertung von erreichbaren und nicht-erreichbaren Contingent Claims

Da nun also ganz allgemein aus der Existenz eines äquivalenten Martingalmaßes die Nicht-Existenz von Arbitragemöglichkeiten und umgekehrt folgt, kann man bereits zwei weitere Konsequenzen für die Bewertung von Optionen bzw. Contingent Claims ziehen. Um unterscheiden zu können, welche Contingent Claims erreichbar sind und welche nicht, geben wir folgende Definition, die etwas stärkere Integrierbarkeitsvoraussetzungen als in Kap. 3 aus Band 1 benötigt.

Definition 1.40

a) Ein *Contingent Claim* B ist eine nicht-negative $\mathcal{F}_T$-messbare Zufallsvariable mit

$$\mathbb{E}_Q\left(\frac{1}{B(T)} \cdot B\right) < \infty$$

für alle zu $\mathbb{P}$ äquivalenten Martingalmaße Q.

b) Der Contingent Claim B heißt *erreichbar*, falls eine zulässige Handelsstrategie $\varphi(t)$ existiert mit zugehörigem Vermögensprozess $X(t)$ und

$$B = X(T) \ \mathbb{P}\text{-fast sicher,}$$

so dass $\hat{X}(t) = X(t)/B(t)$ ein Martingal bezüglich einem äquivalenten Martingalmaß Q ist.

Man beachte, dass in Teil b) bereits implizit die Existenz eines äquivalenten Martingalmaßes Q gefordert wird. Unser erstes Resultat betrifft den Wert erreichbarer Contingent Claims.

Satz 1.41 (Preise erreichbarer Contingent Claims) *Der eindeutige Preisprozess eines erreichbaren Contingent Claims B ist durch $X^*(t)$ mit*

$$X^*(t) = \mathbb{E}_Q\left(\frac{B(t)}{B(T)} B \mid \mathcal{F}_t\right) \quad \textit{für } t \in [0, T], \tag{1.48}$$

gegeben, wobei Q ein äquivalentes Martingalmaß aus Definition 1.40b) ist.

Beweis Es sei $\varphi(t)$ eine Duplikationsstrategie zu B. Dann gilt für den zugehörigen Vermögensprozess $X(t)$:

$$X(T) = B \quad \mathbb{P}\text{-fast sicher.} \tag{1.49}$$

Da wegen Satz 1.37 unser Markt arbitragefrei ist, muss deshalb auch

$$X^*(t) = X(t) \quad \mathbb{P}\text{-fast sicher für alle} \quad t \in [0, T], \tag{1.50}$$

gelten. Nach Definition der Erreichbarkeit von B ist $X^*(t)$ ein Q-Martingal. Also folgt mit (1.49) und (1.50):

$$X^*(t) = X(t) = B(t)\hat{X}(t) = B(t)\mathbb{E}_Q\left(\hat{X}(T) \mid \mathcal{F}_t\right) = \mathbb{E}_Q\left(\frac{B(t)}{B(T)} B \mid \mathcal{F}_t\right). \qquad \blacksquare$$

Existiert also in einem vollständigen Markt ein äquivalentes Martingalmaß, so sind dort alle Optionspreise zwangsläufig von der Form (1.48).

Für nicht-erreichbare Contingent Claims ist der vorausgegangene Satz bedeutungslos. Allerdings lassen sich einige Kandidaten für Optionspreise angeben, so dass bei ihrer Verwendung keine Arbitragemöglichkeiten auf einem bis dahin arbitragefreien Markt generiert werden. Wir werden nämlich zeigen, dass man mit Hilfe äquivalenter Martingalmaße auch in solch unvollständigen Märkten arbitragefreie Preise für Optionen festsetzen kann. Allerdings ist aufgrund der fehlenden Duplikationsmöglichkeit bei nicht-erreichbaren Optionen keine Eindeutigkeit des Preises gegeben.

Satz 1.42 (Optionspreis und äquivalente Martingalmaße) *Es seien Q ein zu $\mathbb{P}$ äquivalentes Martingalmaß und B ein beliebiger, nicht notwendig erreichbarer Contingent Claim. Setzt man*

$$X_B^Q(t) := \mathbb{E}_Q\left(\frac{B(t)}{B(T)} B \mid \mathcal{F}_t\right)$$

als Preis des Contingent Claims fest, so existiert im Wertpapiermarkt, der aus den $d + 1$ ursprünglichen Wertpapieren und dem Contingent Claim gebildet wird, keine Arbitragemöglichkeit.

Beweis Da man nach Proposition 1.36 alle äquivalenten Martingalmaße Q aus $\mathbb{P}$ durch eine Girsanov-Transformation erhält, ist

$$Y_Q(t) := \frac{X_B^Q(t)}{B(t)}$$

ein Brownsches Martingal bzgl. Q. Aus Korollar 2.75 in Band 1 zum Martingaldarstellungssatz folgt insbesondere, dass $Y_Q(t)$ ein Itô-Prozess bzgl. Q ist. Inversion der Girsanov-Transformation zeigt, dass damit $Y_Q(t)$ auch ein Itô-Prozess bezüglich $\mathbb{P}$ ist. Der obige Markt in der Behauptung des Satzes hat somit die Form unseres allgemeinen Marktmodells, in dem wir den Contingent Claim als $(d + 1)$. Aktie auffassen. Da Q dann auch äquivalentes Martingalmaß in diesem Markt ist (beachte, dass der Preis des Contingent Claims gerade so definiert wurde!), folgt aus Satz 1.37 die Arbitragefreiheit des Marktes. ■

Die Rolle der Filterung Das vorangegangene Resultat ist zwar richtig, liefert aber nicht nur keinen eindeutigen Preis, sondern sogar oft eine sehr große Menge möglicher Preise. Wir wollen hierzu unten ein einfaches Beispiel für einen nicht-erreichbaren Contingent Claim in einem unvollständigen Markt betrachten. Dabei heißt ein Markt *unvollständig*, wenn in ihm nicht jeder Contingent Claim erreichbar ist. Ursachen für Unvollständigkeit eines Marktes können z. B. sein:

- Handelsbeschränkungen wie das Verbot, in eine bestimmte Aktie zu investieren,
- zusätzliche Zufallsschwankungen in den Marktkoeffizienten wie z. B. stochastische Volatilität (vgl. das Heston-Modell in Abschn. 1.7).

Die obige Diskussion zeigt also, dass die Wahl der Filterung maßgebend für die Vollständigkeit eines Finanzmarktes ist: In einem unvollständigen Markt ist die σ-Algebra $\mathcal{F}_T$ größer als die von den durch zulässige Handelsstrategien erzielbaren Endvermögens

$$X(T) = x + \sum_{i=0}^{d} \int_0^T \varphi_i(s)\, dS_i(s)$$

bzw. erzielbaren diskontierten Endvermögens (vgl. wieder Übung 2)

$$\hat{X}(T) = \frac{x}{s_0} + \sum_{i=1}^{d} \int_0^T \varphi_i(s)\, d\hat{S}_i(s)$$

erzeugte σ-Algebra.

Bevor wir im nächsten Abschnitt zu einer rigorosen Charakterisierung von Vollständigkeit kommen, wollen wir zuerst noch ein Beispiel für einen nicht duplizierbaren Contingent Claim geben und eine weitere nützliche Konsequenz aus der Optionsbewertung mittels Martingalmaßen vostellen.

Ein nicht-erreichbarer Contingent Claim Wir betrachten den Black-Scholes-Markt mit konstanten Koeffizienten und $d = m = 2$. Unserem Investor sei es nicht erlaubt, die zweite Aktie zu halten. Dies kann auch dahingehend interpretiert werden, dass die zweite Aktie ein nicht-handelbares Gut ist wie z. B. ein Marktindex. Für unseren Investor liegt somit ein Black-Scholes-Markt mit $d = 1$ und $m = 2$ vor. Er sei aber in der Lage, bestimmte Optionen auf das nicht-handelbare Wertpapier zu handeln. Speziell betrachten wir die folgende Option mit Endzahlung

$$B = 1_{\{S_1(T) \geq S_2(T)\}}.$$

Man berechnet nun leicht mit den Prinzipien der Optionsbewertung unter dem äquivalenten Martingalmaß und nach dem Duplikationsprinzip (vgl. Übung 4), dass im (für unseren Investor fiktiven) vollständigen Markt mit $d = m = 2$ der eindeutige Preis $X_B(t)$ und die zugehörige Duplikationsstrategie $(\varphi_0(t), \varphi_1(t), \varphi_2(t))$ durch

$$\begin{aligned}
X_B(t) &= e^{-r(T-t)}\Phi(d(t)),\\
\varphi_1(t) &= e^{-r(T-t)} \frac{1}{\sqrt{\left((\sigma_{11}-\sigma_{21})^2+(\sigma_{12}-\sigma_{22})^2\right)(T-t)}} \frac{1}{S_1(t)} \varphi(d(t)),\\
\varphi_2(t) &= e^{-r(T-t)} \frac{1}{\sqrt{\left((\sigma_{11}-\sigma_{21})^2+(\sigma_{12}-\sigma_{22})^2\right)(T-t)}} \frac{1}{S_2(t)} \varphi(d(t)),\\
\varphi_0(t) &= (X_B(t) - \varphi_1(t)S_1(t) - \varphi_2(t)S_2(t)) \frac{1}{B(t)},
\end{aligned}$$

mit

$$d(t) := \frac{\ln\left(\frac{S_1(t)}{S_2(t)}\right) - \frac{1}{2}\left(\sigma_{11}^2 + \sigma_{12}^2 - \sigma_{21}^2 - \sigma_{22}^2\right)(T-t)}{\sqrt{\left((\sigma_{11} - \sigma_{21})^2 + (\sigma_{12} - \sigma_{22})^2\right)(T-t)}},$$

gegeben sind (wobei $\varphi(x)$ die Dichte der Standard-Normalverteilung bezeichnet). Insbesondere benötigt man also das zweite, nicht-handelbare Wertpapier zur Duplikation von

B. Da die Duplikationsstrategie aber eindeutig ist, ist somit B für unseren Investor, dem es nicht erlaubt ist, die zweite Aktie zu handeln, nicht erreichbar. Für ihn liegt deshalb ein unvollständiger Markt vor.

Nach Satz 1.42 gibt es nun eine ganze Familie möglicher Preisfestsetzungen für unseren Investor im obigen Black-Scholes-Markt mit $d = 1$, $m = 2$, so dass diese keine Arbitragemöglichkeit erzeugen, da es für unseren Investor überabzählbar viele äquivalente Martingalmaße gibt. Beachte hierfür, dass sich $Y(t) := S_1(t)/B(t)$ mittels Einführung der Prozesse

$$W_1^a(t) := W_1(t) + a\frac{b_1 - r}{\sigma_{11}}t, \; W_2^a(t) := W_2(t) + (1-a)\frac{b_1 - r}{\sigma_{12}}t,$$

auf die Gestalt

$$Y(t) = \frac{S_1(0)}{B(0)} \cdot \exp\left(-\tfrac{1}{2}(\sigma_{11}^2 + \sigma_{12}^2)t + \sigma_{11}W_1^a(t) + \sigma_{12}W_2^a(t)\right) \tag{1.51}$$

bringen lässt. $\{(W_i^a(t), \mathcal{F}_t)\}_t$, $i = 1, 2$, sind dabei Brownsche Bewegungen unter einem geeigneten, über den Satz von Girsanov bestimmten, zugehörigen Wahrscheinlichkeitsmaß Q^a. Hierbei nehmen wir oBdA $\sigma_{11} \neq 0 \neq \sigma_{12}$ an (Wäre z. B. $\sigma_{12} = 0$, so wäre durch $a = 1$ und eine beliebige Girsanov-Transformation bezüglich $W_2(t)$ ein äquivalentes Martingalmaß bestimmt). Wir nehmen außerdem $B(0) = 1$ an. Q^a ist offenbar ein zu $\mathbb{P}$ äquivalentes Martingalmaß für $B(t)$, $S_1(t)$ für beliebiges reelles a. Anwendung der Itô-Formel auf das Produkt $Z(t)Y(t)$, wobei $Z(t)$ Dichteprozess eines beliebigen zu $\mathbb{P}$ äquivalenten Wahrscheinlichkeitsmaßes ist, zeigt analog zum Beweis von Lemma 3.25 in Band 1 (vgl. auch Satz 1.36), dass alle zu $\mathbb{P}$ für $B(t)$, $S_1(t)$ äquivalente Martingalmaße die Gestalt Q^a für ein reelles a besitzen müssen. Nach Satz 1.42 erhalten wir somit einen arbitragefreien Optionspreis durch die Festsetzung

$$X_B^a(0) = \mathbb{E}_{Q^a}\left(\frac{1}{B(T)}B \mid \mathcal{F}_0\right) = e^{-rT}\Phi(d^a(t))$$

mit

$$d^a(t) := \frac{\ln\left(\frac{s_1}{s_2}\right) + \left(r - b_2 - \left(a\frac{\sigma_{21}}{\sigma_{11}} + (1-a)\frac{\sigma_{22}}{\sigma_{12}}\right)(b_1 - r)\right)T}{\sqrt{\left((\sigma_{11} - \sigma_{21})^2 + (\sigma_{12} - \sigma_{22})^2\right)T}} - \frac{\frac{1}{2}\left(\sigma_{11}^2 + \sigma_{12}^2 - \sigma_{21}^2 - \sigma_{22}^2\right)T}{\sqrt{\left((\sigma_{11} - \sigma_{21})^2 + (\sigma_{12} - \sigma_{22})^2\right)T}}$$

für ein beliebiges, aber dann fest gewähltes reelles a, $s_1 = S_1(t)$, $s_2 = S_2(t)$. Wir nehmen weiter $b_1 > r$ an. Wegen $\sigma_{11} \neq 0 \neq \sigma_{22}$ und $\det(\sigma) \neq 0$ sieht man aus obiger Darstellung des Preises sofort, dass gilt:

$$\frac{\sigma_{21}\sigma_{12}-\sigma_{22}\sigma_{11}}{\sigma_{11}\sigma_{12}} > 0 \Rightarrow \lim_{a\to\infty} X_B^a(0) = 0 \text{ und } \lim_{a\to-\infty} X_B^a(0) = e^{-rT},$$

$$\frac{\sigma_{21}\sigma_{12}-\sigma_{22}\sigma_{11}}{\sigma_{11}\sigma_{12}} < 0 \Rightarrow \lim_{a\to\infty} X_B^a(0) = e^{-rT} \text{ und } \lim_{a\to-\infty} X_B^a(0) = 0\,.$$

Es wird also insbesondere der gesamte Preisbereich $(0, e^{-rT})$, den man aus einfachen Arbitrageüberlegungen wegen $0 \leq B \leq 1$ erhält, tatsächlich durch alle Martingalmaße bzw. ihre zugehörigen Optionspreise ausgeschöpft. Die Situation des obigen Beispiels ist typisch für unvollständige Märkte. Zwar lässt sich der Bereich arbitragefreier Preise durch Arbitrageüberlegungen einkreisen, doch bleibt in der Regel ein Intervall mit nichtleerem Inneren als Menge möglicher Preise als Verhandlungsspielraum zwischen Käufer und Verkäufer der Option.

Übersichten über Kriterien zur Auswahl eines bestimmten äquivalenten Martingalmaßes (womit dann auch der Optionspreis eindeutig festgelegt wäre !) wie z. B. des minimalen Martingalmaßes oder des varianzoptimalen Maßes findet man z. B. in Bingham und Kiesel (1998) oder Grünewald (1998).

Eine allgemeine Formel für den Preis eines europäischen Calls Satz 1.42 hat zudem eine sehr nützliche unmittelbare Konsequenz, die Anwendung für viele Optionspreis-, aber auch Zinsmodelle (vgl. die Ausführungen in Kap. 2) hat.

Für einen europäischen Call mit Auszahlungsprofil $X_C(T) := (S(T) - K)^+$ erhalten wir mit Satz 1.42, dass sein Preis bzgl. einem äquivalenten Martingalmaß Q gegeben ist als

$$X_C^Q(t) = \mathbb{E}_Q\left(\frac{B(t)}{B(T)}(S(T) - K)^+ \mid \mathcal{F}_t\right),$$

wobei B wieder den Diskontierungsprozess bzw. das Numéraire bezeichnet.

Damit erhalten wir den folgenden *allgemeinen Ausdruck* für den Preis eines europäischen Calls:

$$X_C^Q(t) = \underbrace{\mathbb{E}_Q\left(\frac{B(t)}{B(T)}S(T)\cdot 1_{\{S(T)>K\}} \mid \mathcal{F}_t\right)}_{(1)} - \underbrace{\mathbb{E}_Q\left(\frac{B(t)}{B(T)}K\cdot 1_{\{S(T)>K\}} \mid \mathcal{F}_t\right)}_{(2)}.$$

Wir wollen nun noch die Allgemeinheit und Nützlichkeit dieses Ansatzes an zwei Beispielen demonstrieren:

Beispiel 1.43

1. Wählen wir als Numéraire-Paar $(B, Q) := (S, Q^S)$ die Aktie S mit entsprechendem EMM Q^S für den ersten Ausdruck und das Geldmarktkonto mit konstanten Zinsen und Startwert $b_0 \equiv 1$ mit entsprechendem EMM $\tilde{Q}$, also $(B, Q) := (e^{rt}, \tilde{Q})$ als

Numéraire-Paar für den zweiten Ausdruck, und seien $\hat{S}(t) := S(t)/B(t)$ und $e^{rt}/B(t)$ Martingale bzgl. Q^S und $\tilde{Q}$, so erhalten wir

$$\begin{aligned} X_C(t) &= B(t)\mathbb{E}_Q\left(\frac{S(T)}{B(T)}1_{\{S(T)>K\}}|\mathcal{F}_t\right) - KB(t)\mathbb{E}_Q\left(\frac{1}{B(T)}1_{\{S(T)>K\}}|\mathcal{F}_t\right) \\ &= S(t)\mathbb{E}_{Q^S}\left(1_{\{S(T)>K\}}|\mathcal{F}_t\right) - K\,e^{-r(T-t)}\mathbb{E}_{\tilde{Q}}\left(1_{\{S(T)>K\}}|\mathcal{F}_t\right) \\ &= S(t)Q^S(S(T)>K|\mathcal{F}_t) - K\,e^{-r(T-t)}\tilde{Q}(S(T)>K|\mathcal{F}_t)\,. \end{aligned} \tag{1.52}$$

2. Wählen wir das Numéraire-Paar $(B, Q) := (S, Q^S)$ für den ersten Ausdruck wie oben und den Bondpreis $P(;, T)$ mit entsprechendem EMM Q^P als Numéraire-Paar $(B, Q) := (P(;, T), Q^P)$ für den zweiten Ausdruck, und seien $\hat{S}(t) := S(t)/B(t)$ und $\hat{P}(t, T) := P(t, T)/B(t)$ Martingale bzgl. Q^S und Q^P, so erhalten wir

$$\begin{aligned} X_C(t) &= B(t)\mathbb{E}_Q\left(\frac{S(T)}{B(T)}1_{\{S(T)>K\}}|\mathcal{F}_t\right) - KB(t)\mathbb{E}_Q\left(\frac{1}{B(T)}1_{\{S(T)>K\}}|\mathcal{F}_t\right) \\ &= S(t)\mathbb{E}_{Q^S}\left(1_{\{S(T)>K\}}|\mathcal{F}_t\right) - KP(t,T)\mathbb{E}_{Q^P}\left(\frac{1}{P(T,T)}1_{\{S(T)>K\}}|\mathcal{F}_t\right) \\ &= S(t)Q^S(S(T)>K|\mathcal{F}_t) - KP(t,T)Q^P(S(T)>K|\mathcal{F}_t)\,, \end{aligned} \tag{1.53}$$

wobei wir verwendet haben, dass $P(T, T) = 1$ ist.

Bemerkung 1.44 *Die vorangegangenen Resultate sind sehr allgemein und gelten in dieser oder ähnlicher Form für jedes probabilistische Modell in der Finanzmathematik, das sich im allgemeinen Rahmen der Voraussetzungen dieses Abschnitts bewegt. Die entsprechenden Ansätze finden deshalb oft Anwendung bei der Herleitung von (geschlossenen) Lösungen zu den entsprechenden Modellen.*

1.5.3 Der zweite Fundamentalsatz der Optionsbewertung

Zum einen haben die Überlegungen im vorigen Abschnitt gezeigt, dass in einem unvollständigen Markt nicht jeder Contingent Claim duplizierbar ist. Zum anderen haben wir in Kap. 2.8 aus Band 1 bereits gezeigt, dass das allgemeine Diffionsmodell unter der Voraussetzung $d = m$ vollständig ist (vgl. Satz 2.68 in Band 1). Weiterhin ist in diesem vollständigen Marktmodell das äquivalente Martingalmaß Q_T eindeutig (vgl. Satz 3.26 in Band 1). Wir wollen diesen Satz jetzt noch um die Rückrichtung (wie auch schon in Bemerkung 3.27 in Band 1 angekündigt) unter Verwendung des Marktpreises des Risikos analog zu Satz 1.38 ergänzen, wenn wir wieder eine speziellere Form von Wertpapierpreisen annehmen.

Wir arbeiten deshalb also wieder mit dem allgemeinen Diffusionsmodell wie in Abschn. 1.5.1 und es sei $d = m$, d. h. die Anzahl der risikobehafteteten Anlagegüter sei gleich der Anzahl der Risikoquellen. Dann gilt folgender Zusammenhang:

Satz 1.45 (Vollständigkeit und Martingalmaße) *Im allgemeinen Diffusionsmodell mit $d = m$ sind die folgenden Aussagen äquivalent:*

(1) Es existiert ein eindeutiges Martingalmaß für die diskontierten Aktienpreise $\hat{S}$.
(2) Die Volatilitätsmatrix $\sigma(t)(\omega)$ ist $(\lambda \otimes \mathbb{P})$-fast überall regulär.
(3) Das allgemeine Diffusionsmodell ist vollständig.

Beweis Wir wissen bereits aus Kap. 3.5, Band 1, dass im betrachteten Markt ein Martingalmaß Q existiert, das nach Satz 3.26 in Band 1 sogar eindeutig ist. Folglich impliziert Behauptung *(3)* Behauptung *(1)*. Wir betrachten nun die übrigen Behauptungen:

(1) ⇔ (2): Aus Satz 1.38 folgt, dass für die Existenz eines äquivalenten Martingalmaßes notwendigerweise der Marktpreis des Risikos θ die Gleichung

$$b(t) - r(t)\underline{1} = \sigma(t)\theta(t) \quad \forall \; t \in [0, T] \tag{1.54}$$

erfüllen muss. Daraus folgt direkt, dass Q genau dann eindeutig ist, wenn die Lösung θ von (1.54) eindeutig ist. Dies ist nun genau dann der Fall, wenn $\sigma(t)(\omega)$ $(\lambda \otimes \mathbb{P})$-fast überall invertierbar und damit $(\lambda \otimes \mathbb{P})$-fast überall regulär ist.

(2) ⇒ (3): Sei nun Q das eindeutige äquivalente Martingalmaß, dass durch den Marktpreis des Risikos als eindeutige Lösung

$$\theta(t) := (\sigma(t))^{-1}(b(t) - r(t)\underline{1})$$

von (1.54) gegeben ist.

Sei weiter B ein beliebiger Contingent Claim. Wir wollen nun für dieses beliebige B eine zulässige Handelsstrategie φ mit zugehörigem Vermögensprozess $X(t)$ konstruieren, so dass $B = X(T)$ $\mathbb{P}$-fast sicher, und $\hat{X}(t) = X(t)/B(t)$ ein Martingal bezüglich des eindeutigen äquivalenten Martingalmaßes Q aus (1) ist. Nach Satz 1.42 ist sein Preis gegeben als

$$X_B^Q(t) = \mathbb{E}_Q\left(\frac{B(t)}{B(T)} B \mid \mathcal{F}_t\right),$$

was impliziert, dass der Prozess

$$\hat{X}_B^Q(t) = \frac{X_B^Q(t)}{B(t)} = \mathbb{E}_Q\left(\frac{B}{B(T)} \mid \mathcal{F}_t\right) = \mathbb{E}_Q\left(\frac{X_B^Q(T)}{B(T)} \mid \mathcal{F}_t\right)$$

für $B = X_B^Q(T)$ $\mathbb{P}$-fast sicher ein $(\mathcal{F}_t)$-Martingal unter Q ist. Anwendung von Korollar 2.75 aus Band 1 zum Martingaldarstellungssatz liefert uns dann die Existenz eines Prozesses $\Psi = (\Psi_1, \ldots, \Psi_d)$ mit $\Psi_i \in L^2[0, T]$, so dass

$$\hat{X}_B^Q(t) = \hat{X}_B^Q(0) + \int_0^t \Psi(s)' dW^Q(s) \quad Q - \text{fast sicher}.$$

In Differentialschreibweise erhalten wir:

$$d\hat{X}_B^Q(t) = \sum_{j=1}^{d} \Psi_j(t) dW^Q(t) .$$

Andererseits gilt für den diskontierten Wertprozess bzgl. einer beliebigen selbstfinanzierenden Handelsstrategie φ

$$\hat{X}^\varphi(T) = \frac{x}{s_0} + \sum_{i=1}^{d} \int_0^T \varphi_i(s)\, d\hat{S}_i(s) ,$$

bzw. in Differentialschreibweise

$$\begin{aligned} d\hat{X}^\varphi(t) &= \sum_{i=1}^{d} \varphi_i(t)\, d\hat{S}_i(t) \\ &= \sum_{i=1}^{d} \varphi_i(t)\hat{S}_i(t) \sum_{j=1}^{d} \sigma_{ij}(t) dW_j^Q(t) . \end{aligned}$$

Gleichsetzen der Dynamiken für $\hat{X}_B^Q$ und $\hat{X}^\varphi$ liefert:

$$\sum_{j=1}^{d} \Psi_j(t) dW^Q(t) = \sum_{j=1}^{d} \sum_{i=1}^{d} \varphi_i(t)\hat{S}_i(t)\, \sigma_{ij}(t) dW_j^Q(t) ,$$

d. h. es muss für $i = 1, \ldots, d$

$$\Psi_j(t) = \sum_{i=1}^{d} \varphi_i(t)\hat{S}_i(t)\, \sigma_{ij}(t)$$

gelten. Mit $y_i(t) := \varphi_i(t)\hat{S}_i(t)$ folgt

$$\Psi(t) = \sigma'(t) y(t) ,$$

was sich für eine reguläre Volatilitätsmatrix schreiben lässt als

$$y(t) = \left(\sigma'(t)\right)^{-1} \Psi(t) .$$

Der so definierte Prozess (y_t) liefert uns nun die Duplikationsstrategie φ über (die Integrabilitätsbedingungen an φ folgen wie in Lemma 2.69, Band 1, im Anschluss an Satz 2.68 in Band 1 über den vollständigen Markt):

$$\hat{X}^\varphi(T) = \frac{B}{B(T)} \quad \text{bzw. } X^\varphi(T) = B ,$$

denn $\hat{X}_B^Q(t) = \mathbb{E}_Q\left(\frac{B}{B(T)} \mid \mathcal{F}_t\right)$ war ja gerade so konstruiert, dass

$$\hat{X}_B^Q(T) = \frac{B}{B(T)} = \hat{X}^\varphi(T)\,.$$

Damit ist für eine reguläre Volatilitätsmatrix jeder beliebige Zahlungsanspruch im allgemeinen Diffusionsmodell duplizierbar und dieses somit vollständig. ■

Bemerkung 1.46 *Im Black-Scholes Modell mit $m = d = 1$ und konstanten Koeffizienten $r_t \equiv r$, $b_t \equiv b$, $\sigma_t \equiv \sigma$ gilt für die konstante Volatilität σ natürlich $\sigma^{-1} = 1/\sigma$.*

Ohne die spezielle Annahme des von uns verwendeten Diffusionsmodells zu machen, bezeichnet man die Äquivalenz zwischen der Vollständigkeit eines Finanzmarktes und der Existenz eines eindeutigen Martingalmaßes als *zweiten Fundamentalsatz der Optionsbewertung* (oder auch als *2nd Fundamental Theorem of Asset Pricing*).

Sein Beweis in dieser Allgemeinheit benötigt eine Vielzahl von Hilfsmitteln, die wir in diesem Buch nicht bereitstellen können. Er ist z. B. in den Arbeiten von Harrison und Pliska (vgl. Harrison und Pliska (1981) und Harrison und Pliska (1983)) für den Fall zu finden, dass die Preisprozesse strikt positive Semimartingale sind.

Beispiele äquivalenter Martingalmaße Eine Sonderstellung unter den äquivalenten Martingalmaßen nimmt das sogenannte minimale Martingalmaß ein. Es wurde in Föllmer und Schweizer (1991) eingeführt und seither intensiv in verschiedenen Anwendungen im Bereich der Optionsbewertung untersucht. Im hier betrachteten Markt ist es identisch mit dem sogenannten werterhaltenden Maß (siehe Korn (1998)). Für eine Einführung in die Theorie der werterhaltenden Portfolio-Optimierung sei auf Hellwig (1987), Wiesemann (1995) oder Korn (1997) verwiesen.

Hedging von Optionen in unvollständigen Märkten Da man in unvollständigen Märkten nicht-erreichbare Contigent Claims per Definition nicht duplizieren kann, will man sich zumindest möglichst gut gegen das Risiko, das aus ihrem Kauf/Verkauf entsteht, absichern. Man bezeichnet diese Absicherungstätigkeit als *Hedging* und die zugehörige Handelsstrategie als *Hedging-Strategie* oder auch kurz als *Hedge*. Da bei Existenz einer Duplikationsstrategie das durch den Kauf/Verkauf einer Option entstandene Risiko vollständig durch Verfolgen der Duplikationsstrategie eliminiert werden kann, bezeichnet man diese auch als einen *perfekten Hedge*.

Wie bereits erwähnt liegt der Grund für die Unvollständigkeit in unserem Markt meist darin, dass die Dimension der Brownschen Bewegung größer als d ist. Es liegt eine ähnliche Situation wie bei der linearen Regression vor. Der Raum der $\mathcal{F}_T$-messbaren, nicht-negativen, quadrat-integrierbaren Zufallsvariablen ist von größerer Dimension als der Raum der durch zulässige Handelsstrategien erzeugbaren Endvermögen. Analog zur linearen Regression wird in Schweizer (1992) (und weiteren Arbeiten von Schweizer) mit

Hilfe von Hilbertraum-Projektionstechniken unter Verwendung der Föllmer-Schweizer-Zerlegung und des minimalen Martingalmaßes eine Hedging-Strategie berechnet, deren zugehöriges Endvermögen die Auszahlung des Contingent Claims im quadratischen Mittel optimal approximiert. Eine weitere Alternative ist der in Föllmer und Sondermann (1986) eingeführte Ansatz der Risiko-Minimierung. Bei ihm werden unter der Annahme, dass die Wertpapierpreise bereits Martingale sind, nicht-selbst-finanzierende Duplikationsstrategien betrachtet. Genauer: die Differenz

$$C_\varphi(t) := \sum_{i=0}^{d} \varphi_i(t) S_i(t) - \left(x + \sum_{i=0}^{d} \int_0^t \varphi_i(s)\, dS_i(s) \right)$$

sei ein Martingal mit $\mathbb{E}(C_p(t)) = 0$, und es gelte die Duplikations-Eigenschaft

$$B = \sum_{i=0}^{d} \varphi_i(T) \cdot S_i(T). \tag{1.55}$$

Während es im vollständigen Markt möglich ist, mit einer Duplikationsstrategie einen *Kostenprozess* von $C_\varphi(t) \equiv 0$ zu erzielen, ist dies bei einem nicht-erreichbaren Contingent Claim bei gleichzeitiger Forderung von (1.55) nicht möglich. Föllmer und Sondermann minimieren statt dessen den Prozess des verbliebenen Risikos

$$R_\varphi(t) := E\left(\left(C_\varphi(T) - C_\varphi(t) \right)^2 | \mathcal{F}_t \right)$$

zukünftiger Kosten für alle $t \in [0, T]$. Eine zugehörige minimierende Strategie wird als risikominimierend bezeichnet. Für den Fall, dass die Wertpapierpreise keine Martingale sind, mussten Föllmer und Schweizer den Begriff risikominimierend geeignet modifizieren (vgl. Föllmer und Schweizer (1991)). Es existiert im Allgemeinen nämlich nur noch eine sogenannte *lokal risikominimierende* Strategie. Auch bei der Lösung dieses Problems sind die Föllmer-Schweizer-Zerlegung und das minimale Martingalmaß die entscheidenden theoretischen Hilfsmittel.

1.6 Optionspreisberechnung mit Hilfe der Fouriermethode

Die Methode der Fourier-Transfomierten zur Berechnung eines Optionspreises basiert auf der Tatsache, dass die Fourier-Transformierte einer Zufallsvariablen X sowohl deren Verteilung eindeutig beschreibt, als auch, dass man die Verteilung durch die Inversionsformel aus der Fourier-Transformierten erhält. Wir geben deshalb ihre Definition samt dieser beiden Eigenschaften direkt unten an.

Definition 1.47 Es sei X eine $\mathbb{R}$-wertige Zufallsvariable und μ_X das zugehörige Wahrscheinlichkeitsmaß. Dann heißt die Funktion $\Psi_X : \mathbb{R} \to \mathbb{C}$ definiert als

$$\Psi_X(u) := \int_{-\infty}^{+\infty} e^{iux} \mu_X(dx) = \mathbb{E}\big(e^{iuX}\big) = \mathbb{E}(\cos(uX)) + i\,\mathbb{E}(\sin(uX)) \tag{1.56}$$

die *charakteristische Funktion von* X, wobei i die imaginäre Einheit mit $i = \sqrt{-1}$ ist.

Offenbar ist die charakteristische Funktion für alle reellen Zahlen u definiert und endlich. Sind reellwertige Zufallsvariablen $X_1, \ldots, X_n$ unabhängig, so ist die charakteristische Funktion ihrer Summe gerade gleich dem Produkt ihrer zugehörigen charakteristischen Funktionen. Zudem gilt, dass zwei Zufallsvariablen verteilungsgleich sind, sofern sie die gleiche charakteristische Funktion haben.

Charakteristische Funktionen sind eng mit Fourier-Transformierten verknüpft. Um dies zu sehen, wiederholen wir zuerst einige Grundlagen aus der Fourier-Theorie.

Definition 1.48 (Fourier-Transfomierte und ihre Inverse) Für $1 \leq p \leq \infty$ sei L^p den Raum der messbaren Funkionen $f : \mathbb{R} \to \mathbb{C}$ so dass $\int_{-\infty}^{\infty} |f(x)|^p dx < \infty$.

1. Es sei μ ein endliches signiertes Maß auf $(\mathcal{B}(\mathbb{R}), \mathbb{R})$ mit $|\mu| < \infty$. Dann ist die Fourier-Transformierte des Maßes μ definiert als das Lebesgue-Integral
$$\widehat{\mu}(u) = \int_{-\infty}^{\infty} e^{iux} \mu(dx) .$$
2. Es sei die Funktion $f \in L^1$, dann ist ihre Fourier-Transformierte $\hat{f}$ definiert als
$$\hat{f}(u) = \int_{-\infty}^{\infty} e^{iux} f(x) dx .$$
3. Es sei $\hat{f} \in L^1$ die Fourier-Transformierte einer Funktion $f \in L^1$, dann ist ihre inverse Fourier-Transformierte f definiert als
$$f(x) = \frac{1}{2\pi} \int_{-\infty}^{\infty} e^{-iux} \hat{f}(u) du .$$

Bemerkung 1.49

a) *Mit 1. sehen wir nun sofort, dass die charakteristische Funktion der Zufallsvariablen X gleich der Fourier-Transformierten des zugehörigen Wahrscheinlichkeitsmaßes μ_X ist:*
$$\widehat{\mu_X}(u) = \int_{-\infty}^{\infty} e^{iux} \mu_X(dx) = \Psi_X(u) .$$

b) *Die Voraussetzung, dass $\hat{f} \in L^1$ ist und damit das Lebesgue-Integral der inversen Fourier-Transformierten existiert, ist sehr restriktiv. Ist nämlich $f \in L^1$, so impliziert das nicht notwendigerweise dass $\hat{f} \in L^1$. Zum Beispiel ist die Fourier-Transformierte der Exponentialverteilung nicht in L^1.*

Die für die Anwendung in der Optionsbewertung wichtigste Eigenschaft, die Inversionsformel, wird hier explizit formuliert (siehe z. B. Kendall und Stuart (1977) oder Lukacs (1970) für einen Beweis). Sie beruht auf der inversen Fourier-Transformierten einer reellwertigen Zufallsvariablen X und wird im Heston-Modell des nächsten Abschnitts Anwendung finden.

Satz 1.50 (Fourier-Inversionsformel) *Die zur reellwertigen Zufallsvariablen X gehörende Verteilungsfunktion F_X sei stetig im Punkt $x = b$, dann gilt*

$$F_X(b) = \frac{1}{2} + \frac{1}{2\pi} \int_0^\infty \frac{1}{iu}\left[e^{iub}\widehat{\mu_X}(-u) - e^{-iub}\widehat{\mu_X}(u)\right]du\,, \tag{1.57}$$

wobei die Fourier-Transformierte $\widehat{\mu_X}$ des Wahrscheinlichkeitsmaßes μ_X gleich der charakteristischen Funktion Ψ_X der Zufallsvaribalen X ist.

Bemerkung 1.51

a) *Da der Beweis obiger Inversionsformel auf der inversen Fourier-Transformierten beruht und damit die Fourier-Tranformierte selbst in L^1 sein muss, müssen wir im konkreten Anwendungsfall sicher stellen, dass diese auch tatsächlich existiert. Zum Beispiel ist der Erwartungswert $\mathbb{E}[g(X)]$ nur für Funktionen $g(X) \in L^1$ definiert; wir interessieren uns aber in der Regel (und insbesondere im Heston-Modell später) für Funktionen der Form $g(x) = (e^x - K)^+$ (die Auszahlung eines europäischen Calls bzgl. logarithmiertem Aktienpreis), die nicht in L^1 sind. Es gibt jedoch je nach Anwendungsfall Auswege, wie z. B. die Einführung von exponentiellen oder polynomialen Dämpfungsfaktoren, so dass die Fourier-Transformierte dann doch in L^1 ist. Dufresne et al. (2009) haben dies für einige populäre Beispiele illustriert.*

b) *Zusammengefasst heißt das also, dass wir aus den nach (1.57) geignet gewählten Fourier-Transformierten des Wahrscheinlickeitsmaßes – und damit aus den zugehörigen charakteristischen Funktionen – die Verteilungsfunktion der Zufallsvariablen X bestimmen können. Dies ist wiederum in letzter Konsequenz der Tatsache geschuldet, dass Zufallsgrößen identisch sind, wenn sie die selbe charakteristische Funktion haben.*

Mit diesem nützlichen Resultat erhalten wir den folgenden für die Optionsbewertung sehr wichtigen allgemeinen Zusammenhang zwischen der charakteristischen Funktion

Ψ_X und der dazugehörigen Vetreilungsfunktion F_X einer Zufallsvariablen X (wobei wir mit $\overline{\cdot}$ die komplex konjugierte Abbildung bezeichnen):

$$\begin{aligned}
P(X \geq b) &= 1 - F_X(b) \\
&= \frac{1}{2} - \frac{1}{2\pi} \int_0^\infty \frac{1}{iu} \left[e^{iub} \widehat{\mu_X}(-u) - e^{-iub} \widehat{\mu_X}(u) \right] du \\
&= \frac{1}{2} - \frac{1}{2\pi} \int_0^\infty \frac{1}{iu} \left[e^{iub} \Psi_X(-u) - e^{-iub} \Psi_X(u) \right] du \\
&= \frac{1}{2} + \frac{1}{2\pi} \int_0^\infty -\frac{1}{iu} \left[e^{iub} \overline{\Psi_X(u)} - e^{-iub} \Psi_X(u) \right] du \\
&= \frac{1}{2} + \frac{1}{2\pi} \int_0^\infty \overline{\frac{1}{iu} e^{-iub} \Psi_X(u)} + \frac{1}{iu} e^{-iub} \Psi_X(u) \, du \\
&= \frac{1}{2} + \frac{1}{\pi} \int_0^\infty \Re\mathrm{e} \left[\frac{e^{-iub} \Psi_X(u)}{iu} \right] du
\end{aligned} \tag{1.58}$$

Satz 1.52 (Optionsbewertung mit charakteristischen Funktionen) *Der Preis einer europäischen Call-Option X_C mit Strike K ist gegeben durch*

$$X_C(t) = S(t) \cdot Q_1(S(T) > K|\mathcal{F}_t) - K \cdot P(t,T) \cdot Q_2(S(T) > K|\mathcal{F}_t), \tag{1.59}$$

wobei

$$Q_j(S(T) > K|\mathcal{F}_t) = \frac{1}{2} + \frac{1}{\pi} \int_0^\infty \Re\mathrm{e} \left[\frac{e^{-iuK} \Psi^j_{S(T)|\mathcal{F}_t}(u)}{iu} \right] du, \quad j = 1,2$$

und $\Psi^j_{S(T)|\mathcal{F}_t}(u)$, $j = 1,2$ die jeweilige charakteristische Funktion von $S(T)$ bedingt auf $\mathcal{F}_t$ darstellt.

Beweis Für einen europäischen Call mit Payoff der Form $(S(T) - K)^+$ können wir aus Beispiel 1.43 folgern, dass

$$X_C(t) = S(t) \cdot Q_1(S(T) > K|\mathcal{F}_t) - K \cdot P(t,T) \cdot Q_2(S(T) > K|\mathcal{F}_t),$$

wobei wir die entsprechenden Numéraire-Paare (S, Q^S) und $(P(;,T), Q^P)$ mit den zu Q äquivalenten Martingalmaßen $Q^S \equiv Q_1$ und $Q^P \equiv Q_2$ gewählt haben.

Verwenden wir nun Formel (1.58) für die bedingten Wahrscheinlichkeiten $Q_1(S(T) > K|\mathcal{F}_t)$ und $Q_2(S(T) > K|\mathcal{F}_t)$, d. h. insbesondere $b := K$ und $X := S(T)$, und bezeichnen die zu $Q_1(S(T) > K|\mathcal{F}_t)$ gehörende charakteristsiche Funktion mit $\Psi^1_{S(T)|\mathcal{F}_t}(u)$ sowie die zu $Q_2(S(T) > K|\mathcal{F}_t)$ gehörende charakteristische Funktion mit $\Psi^2_{S(T)|\mathcal{F}_t}(u)$, so erhalten wir die Behauptung des Satzes. ■

Bemerkung 1.53

a) *Satz 1.52 ist sehr allgemein, da er es uns erlaubt, für jedes (!!!) Modell, für das wir die charakterischen Funktionen des Aktienpreises bzgl. der risikoneutralen Maße Q_1 und Q_2 (mit Numéraire Aktienpreis bzw. Bondpreis) bestimmen können, den Preis einer europäischen Call-Option zu berechnen. Diese Formel findet als Spezialfall das erste Mal Anwendung bei der Herleitung einer geschlossenen Formel für den Preis eines europäischen Calls im stochastischen Volatilitätsmodell von Heston ((Heston, 1993)). Der Ansatz mit Hilfe charakteristischer Funktionen Optionspreise zu bestimmen, wurde dann später auf viele weitere Modelle wie z. B. das Sprung-Diffusionsmodell von Bates (1996) angewendet, und wurde in einer sehr allgemeinen Form, die die meisten anderen Fälle umfasst, in Bakshi und Madan (2000) betrachtet. Dabei muss allerdings beachtet werden, dass der Call-Preis in unvollständigen Märkten in der Regel nicht eindeutig ist.*

b) *Ein Nachteil der Methode ist jedoch, dass es mitunter sehr kompliziert sein kann, die charakteristischen Funktionen zu bestimmen und diese zu integrieren. Der Grund hierfür sind numerische Probleme, die wegen der typischerweise unstetigen Payoffs von Optionen auftreten können. Ein Ausweg aus dieser Problematik ist die Verwendung der sogenannten schnellen Fourier-Transformierten wie in Carr und Madan (1999). Im Heston-Modell jedoch wählen wir in Abschn. 1.7.5 einen direkteren Ansatz, um mit den auftretenden Unstetigkeiten umzugehen.*

1.7 Stochastische Volatilität und das Heston-Modell

Wir werden in diesem Abschnitt einen in natürlicher Art und Weise unvollständigen Modellrahmen betrachten, den der stochastischen Volatilitätsmodelle. Wie bereits bei den Stylized Facts in Abschn. 1.1 angedeutet, existiert am Aktienmarkt typischerweise ein sogenanntes Volatilitäts-Clustering, d. h. die log-Renditen der Aktienpreise weisen Phasen starker Auschläge nach oben und unten vom langfristigen Mittelwert auf, die sich mit Phasen abwechseln, bei denen deutlich weniger ausgeprägte Preisschwankungen vorliegen.

Ökonomisch kann man dies mit einer verminderten Nachfrage nach bzw. einem verminderten Angebot der betreffenden Aktie motivieren, denn ohne Handel wird es auch keine Preisschwankungen an der Börse geben. Um nun diesen schwankenden Angebots- und Nachfrage-Prozess zu modellieren, bietet es sich an, einen weiteren stochastischen Prozess $v(t)$ für die zeitliche Entwicklung dieser Schwankungen anzusetzen.

Genauer: Wir betrachten das folgende Modell für den Aktienpreis- und den Varianzprozess

$$dS(t) = \mu S(t)dt + \sqrt{\nu(t)}S(t)dW_1(t), \qquad S(0) = S_0, \tag{1.60}$$

$$d\nu(t) = \alpha(t)dt + \beta(t)dW_2(t), \qquad \nu(0) = \nu_0 \tag{1.61}$$

wobei $\alpha(t)$, $\beta(t)$ geeignete stochastische oder deterministische Prozesse sind, die progressiv messbar bezüglich der von der zweidimensionalen Brownschen Bewegung $(W_1(t), W_2(t))$ erzeugten Filterung sind. Ferner sei ν_0 der Startwert des Varianzprozesses und $\rho \in [-1, 1]$ die Korrelation der Brownschen Bewegungen $W_1(t)$ und $W_2(t)$,

$$\mathbf{Corr}(W_1(t), W_2(t)) = \rho. \tag{1.62}$$

Analog zu σ im Black-Scholes-Model bezeichnen wir hier $\sqrt{\nu(t)}$ als den Volatilitätsprozess. Natürlich sollen die Prozesse $\alpha(t)$, $\beta(t)$ so gewählt sein, dass die obige zweidimensionale stochastische Differentialgleichung eine eindeutige Lösung besitzt. Eine solche Wahl werden wir unten kennen lernen.

In der Praxis ist die spezielle Wahl der Preis- und Varianzgleichungen nach Heston (siehe Heston (1993)) gemäß

$$dS(t) = \mu S(t)dt + \sqrt{\nu(t)}S(t)dW_1(t), \qquad S(0) = S_0 \tag{1.63}$$

$$d\nu(t) = \kappa[\theta - \nu(t)]dt + \sigma\sqrt{\nu(t)}dW_2(t), \qquad \nu(0) = \nu_0 \tag{1.64}$$

weit verbreitet.

Dabei bezeichnen μ die Drift, ν die Varianz, $\sqrt{\nu}$ die Volatilität, $\theta > 0$ das Langzeitmittel der Volatilität, κ die Rückkehrgeschwindigkeit der Volatilität zum Langzeitmittel und σ die Volatilität der Volatilität. Die Brownschen Bewegungen $W_1(t)$ und $W_2(t)$ sind wie in (1.62) mit ρ korreliert.

Der Varianzprozess $\nu(t)$ heißt Wurzeldiffusionsprozess oder Cox-Ingersoll-Ross (CIR) Prozess und hat einige nützliche Eigenschaften: Die stochastische Differentialgleichung (1.64) hat eine schwache, pfadweise eindeutige, nicht-explodierende Lösung. Der CIR Prozess besitzt keine explizite Darstellung, ist aber nichtzentral Chi-Quadratverteilt, und hat die Eigenschaft, dass er fast sicher nicht-negativ bleibt. Ist zusätzlich die Feller-Bedingung

$$2\kappa\theta \geq \sigma^2, \tag{1.65}$$

erfüllt, so ist der Prozess strikt positiv, d. h. $P(\nu(t) > 0) = 1 \; \forall t \geq 0$, was dann die Volatilität positiv hält.

Wir wollen an dieser Stelle die erste Eigenschaft beweisen und verweisen für die restlichen auf Ikeda und Watanabe (1981) und Zhang (2004).

Satz 1.54 *Die stochastische Differentialgleichung* (1.64) *hat eine schwache, pfadweise eindeutige Lösung von unendlicher Lebensdauer.*

Beweis Für den Beweis machen wir wieder von den Resultaten über schwache Lösungen aus Exkurs 1 Gebrauch. Wir wählen dazu Drift- und Diffusionskoeffizient in (1.1) als

$$b(x) = \kappa[\theta - x] \quad \text{und } \sigma(x) = \sigma\sqrt{x}\,.$$

Offensichtlich hängen die so gewählten Funktionen $b(\cdot)$ und $\sigma(\cdot)$ nicht explizit von der Zeit ab und sind stetig. Damit sind die Voraussetzungen von Satz 1.2 erfülllt und (1.64) besitzt eine schwache Lösung $((\Omega, \mathcal{F}, \mathbb{P}), \{\mathcal{F}_t\}, \{W(t)\}, \{v(t)\})$. Um zu zeigen, dass $\{v(t)\}_{t\geq 0}$ eine unendliche Lebensdauer hat, müssen wir die entsprechende Wachstumsbedingung

$$\kappa^2(\theta - x)^2 + \sigma^2 x \leq K(1 + x^2) \quad \forall x \geq 0\,, \tag{1.66}$$

nachweisen. Explizites Nachrechnen liefert, dass mit $M = \max\{\kappa^2; \kappa^2\theta^2\}$ die Ungleichungskette

$$0 \leq \kappa^2(\theta - x)^2 = \kappa^2(\theta^2 - 2\theta x + x^2) \leq \kappa^2\theta^2 + \kappa^2 x^2 \leq M(1 + x^2)$$

gilt. (1.66) gilt dann offensichtlich mit $K = M + \sigma^2$. Die pfadweise Eindeutigkeit der Lösung folgt durch Anwenden von Proposition 1.6. Offensichtlich ist der Driftkoeffizient $b(x) = \kappa[\theta - x]$ Lipschitz-stetig und die Wahlen $K = \sigma$ und $\varepsilon = \frac{1}{2}$ entsprechen der Situation von (1.64), d. h. wir müssen zeigen, dass

$$\left|\sigma\sqrt{x} - \sigma\sqrt{y}\right| \leq \sigma\sqrt{|x - y|} \quad \forall x, y \in \mathbb{R}\,,$$

was dem Spezialfall $\alpha = 1/2$ von Ungleichung (1.19) entspricht. ■

Zudem kehrt der Volatilitätsprozess durch seine Konstruktion (1.64) zu seinem Langzeitmittel θ zurück, was eine weitere empirische Eigenschaft der Volatilität ist. Die Korrelation ρ der Brownschen Bewegungen W_1 und W_2 bildet dabei den Hebel-Effekt ab und ist deswegen in der Regel negativ (und manchmal sogar sehr nahe bei -1). Zusammengefasst werden durch das stochastische Volatilitätsmodell nach Heston also alle Eigenschaften der Volatilität modelliert, die bei den Stylized Facts beschrieben wurden.

Fasst man nun den Varianzprozess $v(t)$ (also das Quadrat der Volatilität) als eine nichthandelbare Aktie auf, so hat man direkt ein Beispiel für einen unvollständigen Markt, bei dem durch die Präsenz der Volatilität im Preisprozess auch keine Vollständigkeit durch Einschränkung der Contingent Claims auf die nur bzgl. der vom Preisprozess erzeugten Filterung messbaren Zufallsvariablen erzielt werden kann. In einem solchen unvollständigen Markt ist das risikoneutrale Bewertungsmaß Q nicht mehr eindeutig. Mehr noch, es existieren unendlich viele äquivalente Martingalmaße.

Eine weit verbreitete Schreibweise der Dynamiken des Heston-Modells (1.63) und (1.64) ist die Darstellung unter Verwendung zweier *unkorrelierter* Brownscher Bewegungen $\tilde{W}^1(t)$ und $\tilde{W}^2(t)$. Diese erhält man mit Hilfe einer Cholesky-Zerlegung und lautet

$$dS(t) = \mu S(t)dt + \sqrt{v(t)}S(t)\Big(\rho d\widetilde{W}_1(t) + \sqrt{1-\rho^2}d\widetilde{W}_2(t)\Big), \; S(t) = S_0, \quad (1.67)$$

$$dv(t) = \kappa[\theta - v(t)]dt + \sigma\sqrt{v(t)}\rho d\widetilde{W}_1(t), \qquad v(t) = v_0. \quad (1.68)$$

Risikoneutrale Dynamiken des Heston-Modells Bis hierhin wurde das Heston-Modell unter dem subjektiven Maß $\mathbb{P}$, das die Preisbewegungen am realen Markt beschreiben soll, betrachtet. Die Dynamiken unter einem äquivalenten Martingalmaß Q können aus den Gleichungen (1.67) und (1.68) hergeleitet werden.

In Analogie zum Black-Scholes Modell ist es unser Ziel, Q-Brownsche Bewegungen $\tilde{W}_1^Q(t)$ und $\tilde{W}_2^Q(t)$ zu finden, so dass sich der Aktienpreisprozess (1.67) transformiert zu

$$dS(t) = rS(t)dt + \sqrt{v(t)}S(t)\Big(\rho d\widetilde{W}_1^Q(t) + \sqrt{1-\rho^2}d\widetilde{W}_2^Q(t)\Big). \quad (1.69)$$

Hieraus folgt mit (1.67) sofort, dass die Girsanov-Transformationen bzgl. den entsprechenden Marktpreisen des Risikos θ_1 und θ_2 die Gleichung

$$dS(t) = rS(t)dt + \sqrt{v(t)}S(t)\left(\rho d\widetilde{W}_1(t) + \sqrt{1-\rho^2}d\widetilde{W}_2(t) + \frac{\mu - r}{\sqrt{v(t)}}\right). \quad (1.70)$$

erfüllen müssen. Da wir uns mit dem Heston-Modell in einem unvollständigen Markt befinden, gibt es undendlich viele Wahlen für die enstprechenden Marktpreise des Risikos. Wir wollen im Folgenden zwei intuitive Wahlen vorstellen:

(a) $v(t)$ bleibt unverändert:
Dann folgt aus (1.70), dass

$$\tilde{W}_1^Q(t) = \tilde{W}_1(t), \quad \tilde{W}_2^Q(t) = \tilde{W}_2(t) + \frac{1}{\sqrt{1-\rho^2}}\int_0^t \frac{(\mu - r)}{\sqrt{v(s)}}ds,$$

gelten muss, damit sich die gewünschte risikoneutrale Form (1.69) für den Aktienpreisprozess ergibt. Die entsprechenden Marktpreise des Risikos sind gegeben als

$$\theta_1(t) \equiv 0 \quad \text{und}\; \theta_2(t) = \frac{1}{\sqrt{1-\rho^2}}\frac{(\mu - r)}{\sqrt{v(t)}}. \quad (1.71)$$

(b) Heston (siehe Heston (1993)) schlägt eine etwas allgemeinere Vorgehensweise vor, bei der aber die Form der Gleichung für $v(t)$ gleich bleiben soll. Mit einer Konstanten λ wählt er

$$\tilde{W}_1^Q(t) = \tilde{W}_1(t) + \frac{\lambda}{\sigma}\int_0^t \sqrt{\nu(s)}\mathrm{d}s\,,$$

woraus mit (1.70) folgt, dass sich mit der Wahl von

$$\tilde{W}_2^Q(t) = \tilde{W}_2(t) + \frac{1}{\sqrt{1-\rho^2}}\int_0^t \Big[\frac{(\mu - r)}{\sqrt{\nu(s)}} - \frac{\rho\lambda}{\sigma}\sqrt{\nu(s)}\Big]\mathrm{d}s\,,$$

die gewünschte risikoneutrale Form (1.69) für den Aktienpreisprozess ergibt. Hier sind die Marktpreise des Risikos also gegeben als

$$\theta_1(t) = \frac{\lambda}{\sigma}\sqrt{\nu(t)} \quad \text{und } \theta_2(t) = \frac{1}{\sqrt{1-\rho^2}}\Big[\frac{(\mu - r)}{\sqrt{\nu(t)}} - \frac{\rho\lambda}{\sigma}\sqrt{\nu(t)}\Big]. \tag{1.72}$$

Für den Varianzprozess ergibt sich aus (1.68) mit dieser Wahl und unter Verwendung der risikoneutralen Parameter

$$\kappa^\star = \kappa + \lambda, \quad \theta^\star = \frac{\kappa\theta}{\kappa + \lambda},$$

die Form

$$\begin{aligned}\mathrm{d}\nu(t) &= [\kappa(\theta - \nu(t)) - \lambda\nu(t)]\mathrm{d}t + \sigma\sqrt{\nu(t)}\mathrm{d}\widetilde{W}_1^Q(t)\\ &= \kappa^\star[\theta^\star - \nu(t)]\mathrm{d}t + \sigma\sqrt{\nu(t)}\mathrm{d}\widetilde{W}_1^Q(t), \qquad \nu(0) = \nu_0.\end{aligned} \tag{1.73}$$

Da sowohl $\kappa^\star$ als Rückkehrgeschwindigkeit und $\theta^\star$ als Langfristmittel für die Varianz positiv sein sollen, fordern wir von nun an, dass $\lambda > -\kappa$. Man beachte zudem, dass sich Fall (a) für die Wahl $\lambda = 0$ gerade aus (b) ergibt.

Bemerkung 1.55 (Integrabilitätsbedinungen) *Damit wir die benötigten Maßwechsel für den Satz von Girsanov korrekt definieren können, müssen wir formal noch die entsprechenden Integrabilitätsbedingungen nachweisen, d. h. entweder die entsprechende Novikov-Bedingung*

$$\mathbb{E}\left(\exp\left(\frac{1}{2}\int_0^T \|\theta(s)\|^2 ds\right)\right) < \infty$$

oder die Bedingung

$$\int_0^T \|\theta(s)\|^2 ds < K$$

aus Proposition 3.24 aus Band 1 zeigen. Hierzu müssen wir zwei Fälle unterscheiden:

1. *Die Feller-Bedingung* (1.65) *ist erfüllt:*
   Die Definition des Marktpreises des Risikos θ_1 in (1.71) *bereitet uns per Konstruktion keine Probleme und in* (1.72) *ist er wohldefiniert, da der Varianzprozess als Wurzeldiffusionsprozess wie schon erwähnt, eine schwache, pfadweise eindeutige Lösung besitzt, die nicht explodiert. Die Feller-Bedingung sichert nun zusätzlich, dass die entsprechenden Marktpreise des Risikos θ_2 sowohl in* (1.71) *als auch in* (1.72) *wohldefiniert sind, da dann der Varianzprozess fast sicher strikt positiv bleibt. Die Anwendung technisch aufwändiger Methoden in der Arbeit Wong und Heyde (2006) zeigt dann, dass obige Bedingungen für die benötigte Anwendung des Satzes von Girsanov erfüllt sind.*
2. *Die Feller-Bedingung* (1.65) *ist verletzt:*
   In diesem Fall kann der Varianzprozess die Null treffen. Wie oben ist θ_1 hier weiterhin wohldefiniert in (1.71) *und* (1.72)*. Jedoch sind die Marktpreise des Risikos θ_2 sowohl in* (1.71) *als auch in* (1.72) *nicht mehr wohldefiniert. Um dies zu beheben, muss die konstante Drift μ durch eine volatilitätsabhängige Drift ersetzt werden, die für $v(t) = 0$ den Wert r annimmt.*

Bemerkung 1.56 (Unvollständigkeit) *Obige Betrachtungen zur Wahl der Marktpreise des Risikos machen auch noch mal deutlich, dass das Heston-Modell unvollständig ist und somit das äquivalente Martingalmaß Q, wie schon in Kap. 1.5 erklärt, nicht mehr eindeutig ist. Die Konstante λ parametrisiert damit bereits eine unendliche Menge äquivalenter Martingalmaße $\{Q(\lambda)\}$ und damit auch einen ganzen Satz möglicher Optionspreise. Folgt man also der Wahl von Heston für den Marktpreis des Risikos, so ist im Heston-Modell der Optionspreis erst eindeutig bestimmt, sobald man ein bestimmtes Martingalmaß $Q(\lambda)$ bzw. den konstanten Parameter λ gewählt hat! Folglich müssen wir uns also später in den konkreten Anwendungen mit der Frage befassen, welches EMM Verwendung findet. Wir gehen auf diese Thematik noch einmal kurz bei der Kalibrierung des Heston-Modells an Markpreise ein.*

1.7.1 Herleitung der Bewertungsgleichung

Wie schon für das Black-Scholes-Modell in Kap. 3.6 aus Band 1 werden wir zur Lösung des Optionsbewertungsproblems im Heston-Modell eine partielle Differentialgleichung (PDE) herleiten und diese mit geeigneten Randbedingungen lösen. Der Zusammenhang zwischen Cauchy-Problem und Optionsbewertung wird dann wieder durch eine geeignete Verallgemeinerung des Satzes von Feynman-Kac hergestellt.

Für die Herleitung starten wir der allgemeineren Variante der Varianzgleichung (1.61) und wählen dort $\alpha(t) := \alpha(S, v, t)$ und $\beta(t) := \sigma\beta(S, v, t)\sqrt{v}(t)$, so dass wir mit dem

Gleichungspaar

$$\begin{aligned} dS(t) &= \mu(t)S(t)dt + \sqrt{\nu(t)}S(t)dW_1(t) \\ d\nu(t) &= \alpha(S,\nu,t)dt + \sigma\beta(S,\nu,t)\sqrt{\nu(t)}dW_2(t) \end{aligned} \tag{1.74}$$

für Aktie und Varianz starten. Die Korrelation der Brownschen Bewegungen $W_1(t)$ und $W_2(t)$ ist wieder durch $\mathbf{Corr}(W_1(t), W_2(t)) = \rho$ gegeben. Die Ergebnisse für das Heston-Modell erhalten wir dann, wenn wir $\alpha(S,\nu,t) = \kappa(\theta - \nu(t))$ und $\beta(S,\nu,t) = 1$ wählen.

Wieder analog zum Vorgehen im Black-Scholes Modell konstruieren wir nun ein risikoloses Portfolio mit Hilfe einer selbstfinanzierenden Handelsstrategie. Der entscheidende Unterschied im Heston-Modell ist, dass wir nun zusätzlich zur Unsicherheitsquelle Aktie, die durch das Delta des Optionspreises kompensiert wurde, nun auch die Unsicherheitsquelle Volatilität in unserem risikolosen Portfolio kompensieren müssen. Deswegen müssen wir nun auch eine Portfolio-Strategie konstruieren, die zusätzlich eine weitere Option enthät. Dazu nehmen wir an, dass die folgenden hinreichend glatten[4] Prozesse existieren:

- Der Prozess V für die Preisformel einer Call-Option X_C, so dass

$$X_C(t) = V(S(t), \nu(t), t)\,.$$

- Der Prozess V_1 für die Preisformel einer weiteren Option X_{C_1}, so dass

$$X_{C_1}(t) = V_1(S(t), \nu(t), t)\,.$$

Weiterhin sei für diesen Abschnitt der Diskontierungsprozess $B(t)$ ein Geldmarktkonto $M(t)$ mit konstanter Zinsrate r und den Dynamiken

$$dM = rMdt. \tag{1.75}$$

Wir verfolgen nun eine selbstfinanzierende Handelsstrategie in die Call-Option, das Geldmarktkonto, die Aktie und die zusätzliche Option:

$$\varphi(t) = \big(\varphi_V(t), -\varphi_M(t), -\varphi_S(t), -\varphi_{V_1}(t)\big) = \big(1, -\varphi_M(t), -\varphi_S(t), -\varphi_{V_1}(t)\big), \quad \text{d. h.}$$

wir kaufen eine Option zum Preis C, verkaufen φ_M Einheiten des Geldmarktkontos, verkaufen φ_S Einheiten der Aktie S, und verkaufen φ_{V_1} Einheiten der zusätzlichen Option C_1.

Der zu dieser Handelstrategie gehörende Vermögensprozess ist gegeben durch

$$\Pi^{\varphi}(t) = V(S(t), \nu(t), t) - \varphi_M(t)\,M(t) - \varphi_S(t)\,S(t) - \varphi_{V_1}(t)\,V_1(S(t), \nu(t), t)\,.$$

[4] D. h. sie müssen die Voraussetzungen für die Itô-Formel erfüllen, also insbesondere aus $C^{1,2}$ sein.

Aus Gründen der Lesbarkeit unterdrücken wir für den Rest der Herleitung die Abhängigkeiten von Aktie, Varianz und Zeit und schreiben

$$\Pi^{\varphi} = V - \varphi_M\, M - \varphi_S\, S - \varphi_{V_1}\, V_1. \tag{1.76}$$

Da die Handelsstragie per Annahme selbstfinanzierend ist, erhalten wir mit Hilfe der Itô-Formel

$$\begin{aligned} d\Pi^{\varphi} &= dV - d(\varphi_M M) - d(\varphi_S S) - d(\varphi_{V_1} V_1) = dV - \varphi_M dM - \varphi_S dS - \varphi_{V_1} dV_1 \\ &= \frac{\partial V}{\partial t}dt + \frac{\partial V}{\partial S}dS + \frac{\partial V}{\partial v}dv - \varphi_M rMdt - \varphi_S dS \\ &\quad + \frac{1}{2}\left[\frac{\partial^2 V}{\partial S^2}d\langle S\rangle_t + \frac{\partial^2 V}{\partial v \partial S}d\langle S, v\rangle_t + \frac{\partial^2 V}{\partial S \partial v}d\langle v, S\rangle_t + \frac{\partial^2 V}{\partial v^2}d\langle v\rangle_t\right] \\ &\quad - \varphi_{V_1}\left\{\frac{\partial V_1}{\partial t}dt + \frac{\partial V_1}{\partial S}dS + \frac{\partial V_1}{\partial v}dv\right. \\ &\quad \left. + \frac{1}{2}\left[\frac{\partial^2 V_1}{\partial S^2}d\langle S\rangle_t + \frac{\partial^2 V_1}{\partial v \partial S}d\langle S, v\rangle_t + \frac{\partial^2 V_1}{\partial S \partial v}d\langle v, S\rangle_t + \frac{\partial^2 V_1}{\partial v^2}d\langle v\rangle_t\right]\right\}. \end{aligned}$$

Für die quadratischen (Ko-)Variationen gelten nach (1.74) die Zusammenhänge

$$d\langle S\rangle_t = vS^2dt, \quad d\langle S, v\rangle_t = d\langle v, S\rangle_t = \rho\sigma\beta vSdt, \quad d\langle v\rangle_t = \sigma^2\beta^2 vdt\,,$$

so dass

$$\begin{aligned} d\Pi^{\varphi} &= \frac{\partial V}{\partial t}dt + \frac{\partial V}{\partial S}dS + \frac{\partial V}{\partial v}dv - \varphi_M rMdt - \varphi_S dS \\ &\quad + \frac{1}{2}\left[\frac{\partial^2 V}{\partial S^2}vS^2dt + \frac{\partial^2 V}{\partial v \partial S}\rho\sigma\beta vSdt + \frac{\partial^2 V}{\partial S \partial v}\rho\sigma\beta vSdt + \frac{\partial^2 V}{\partial v^2}\sigma^2\beta^2 vdt\right] \\ &\quad - \varphi_{V_1}\left\{\frac{\partial V_1}{\partial t}dt + \frac{\partial V_1}{\partial S}dS + \frac{\partial V_1}{\partial v}dv\right. \\ &\quad \left. + \frac{1}{2}\left[\frac{\partial^2 V_1}{\partial S^2}vS^2dt + \frac{\partial^2 V_1}{\partial v \partial S}\rho\sigma\beta vSdt + \frac{\partial^2 V_1}{\partial S \partial v}\rho\sigma\beta vSdt + \frac{\partial^2 V_1}{\partial v^2}\sigma^2\beta^2 vdt\right]\right\}. \end{aligned}$$

Aufsammeln der dt-, der dS- und der dv-Terme liefert unter Verwendung der Tatsache, dass die gemischten Ableitungen symmetrisch sind, die folgende Darstellung:

$$\begin{aligned} d\Pi^{\varphi} &= \left\{\frac{\partial V}{\partial t} + \frac{1}{2}vS^2\frac{\partial^2 V}{\partial S^2} + \rho\sigma\beta vS\frac{\partial^2 V}{\partial v \partial S} + \frac{1}{2}\sigma^2\beta^2 v\frac{\partial^2 V}{\partial v^2}\right\}dt - \varphi_M rMdt \\ &\quad - \varphi_{V_1}\left\{\frac{\partial V_1}{\partial t} + \frac{1}{2}vS^2\frac{\partial^2 V_1}{\partial S^2} + \rho\sigma\beta vS\frac{\partial^2 V_1}{\partial v \partial S} + \frac{1}{2}\sigma^2\beta^2 v\frac{\partial^2 V_1}{\partial v^2}\right\}dt \\ &\quad + \left\{\frac{\partial V}{\partial S} - \varphi_{V_1}\frac{\partial V_1}{\partial S} - \varphi_S\right\}dS + \left\{\frac{\partial V}{\partial v} - \varphi_{V_1}\frac{\partial V_1}{\partial v}\right\}dv\,. \end{aligned}$$

Damit das Portfolio keinen zufälligen Schwankungen mehr unterworfen ist, müssen die dS-Terme (Aktie) und die $d\nu$-Terme (Varianz) verschwinden, d. h. wir müssen fordern, dass

$$\frac{\partial V}{\partial S} - \varphi_{V_1}\frac{\partial V_1}{\partial S} - \varphi_S \stackrel{!}{=} 0 \quad \text{und} \quad \frac{\partial V}{\partial \nu} - \varphi_{V_1}\frac{\partial V_1}{\partial \nu} \stackrel{!}{=} 0\,. \tag{1.77}$$

Das risikolose Portfolio verhält sich unter Verwendung der Handelstrategie φ also insgesamt wie

$$\begin{aligned} d\Pi^{\varphi} = & \left\{\frac{\partial V}{\partial t} + \frac{1}{2}\nu S^2\frac{\partial^2 V}{\partial S^2} + \rho\sigma\beta\nu S\frac{\partial^2 V}{\partial\nu\partial S} + \frac{1}{2}\sigma^2\beta^2\nu\frac{\partial^2 V}{\partial\nu^2}\right\}dt - \varphi_M rM dt \\ & - \varphi_{V_1}\left\{\frac{\partial V_1}{\partial t} + \frac{1}{2}\nu S^2\frac{\partial^2 V_1}{\partial S^2} + \rho\sigma\beta\nu S\frac{\partial^2 V_1}{\partial\nu\partial S} + \frac{1}{2}\sigma^2\beta^2\nu\frac{\partial^2 V_1}{\partial\nu^2}\right\}dt\,. \end{aligned}$$

Andererseits muss sich ein risikoloses Portfolio, das Arbitrage ausschließt, wie folgt verhalten:

$$d\Pi^{\varphi} \stackrel{!}{=} r\Pi^{\varphi}dt = r(V - \varphi_M M - \varphi_S S - \varphi_{V_1}V_1)dt\,.$$

Damit gilt dann

$$\begin{aligned} & \frac{\partial V}{\partial t} + \frac{1}{2}\nu S^2\frac{\partial^2 V}{\partial S^2} + \rho\sigma\beta\nu S\frac{\partial^2 V}{\partial\nu\partial S} + \frac{1}{2}\sigma^2\beta^2\nu\frac{\partial^2 V}{\partial\nu^2} \\ & \quad - \varphi_{V_1}\left\{\frac{\partial V_1}{\partial t} + \frac{1}{2}\nu S^2\frac{\partial^2 V_1}{\partial S^2} + \rho\sigma\beta\nu S\frac{\partial^2 V_1}{\partial\nu\partial S} + \frac{1}{2}\sigma^2\beta^2\nu\frac{\partial^2 V_1}{\partial\nu^2}\right\} \\ & = r(V - \varphi_S S - \varphi_{V_1}V_1)\,. \end{aligned}$$

Verwenden wir nun noch Bedingung (1.77) und setzen die daraus erhaltenen Ausdrücke

$$\varphi_{V_1} = \frac{\frac{\partial V}{\partial \nu}}{\frac{\partial V_1}{\partial \nu}} \quad \text{und } \varphi_S = \frac{\partial V}{\partial S} - \frac{\frac{\partial V}{\partial \nu}}{\frac{\partial V_1}{\partial \nu}}\cdot\frac{\partial V_1}{\partial S}$$

ein, erhalten wir durch Aufsammeln der V-Terme auf der einen Seite und der V_1-Terme auf der anderen Seite die folgende Gleichung:

$$\begin{aligned} & \frac{\frac{\partial V}{\partial t} + \frac{1}{2}\nu S^2\frac{\partial^2 V}{\partial S^2} + \rho\sigma\beta\nu S\frac{\partial^2 V}{\partial\nu\partial S} + \frac{1}{2}\sigma^2\beta^2\nu\frac{\partial^2 V}{\partial\nu^2} + rS\frac{\partial V}{\partial S} - rV}{\frac{\partial V}{\partial \nu}} \\ & \quad = \frac{\frac{\partial V_1}{\partial t} + \frac{1}{2}\nu S^2\frac{\partial^2 V_1}{\partial S^2} + \rho\sigma\beta\nu S\frac{\partial^2 V_1}{\partial\nu\partial S} + \frac{1}{2}\sigma^2\beta^2\nu\frac{\partial^2 V_1}{\partial\nu^2} + rS\frac{\partial V_1}{\partial S} - rV_1}{\frac{\partial V_1}{\partial \nu}} \end{aligned} \tag{1.78}$$

Das Interessante an (1.78) ist, dass die linke Seite eine Funktion alleine in V ist, und dass die rechte Seite eine Funktion alleine in V_1 ist. Da zu den Prozessen V und V_1 typischerweise grundverschiedene Optionen gehören, kann (1.78) nur erfüllt sein, wenn beide

Seiten unabhänig vom Optionstyp sind. D. h. dass beide Seiten einer Funktion f entsprechen müssen, die die *unabhängigen* Variablen S, ν und t als Argument hat, und nicht die Optionen selbst.

Wir wählen nun also ohne Beschränkung der Allgemeinheit diese Funktion f als

$$f(S,\nu,t) := -(\alpha(S,\nu,t) - \Phi(S,\nu,t)\beta(S,\nu,t))$$

mit entsprechender Kurznotation

$$f(S,\nu,t) = -(\alpha - \Phi\beta)\,.$$

Die Funktion $\Phi = \Phi(S,\nu,t)$ wird dabei als *Marktpreis des Volatilitätsrisikos* bezeichnet (vgl. Heston (1993)). Mit dieser Wahl von f erhalten wir nun schlussendlich die folgende Bewertungsgleichung für ein stochastisches Volatilitätsmodell der Form (1.74):

$$\frac{\partial V}{\partial t}+\frac{1}{2}\nu S^2\frac{\partial^2 V}{\partial S^2}+\rho\sigma\beta\nu S\frac{\partial^2 V}{\partial \nu\partial S}+\frac{1}{2}\sigma^2\beta^2\nu\frac{\partial^2 V}{\partial \nu^2}+rS\frac{\partial V}{\partial S}-rV = -(\alpha-\Phi\beta)\frac{\partial V}{\partial \nu} \quad (1.79)$$

Die Bewertungsgleichung im Heston-Modell erhalten wir durch Setzen von $\alpha = \kappa(\theta - \nu)$ und $\beta = 1$ in (1.79) als

$$\frac{\partial V}{\partial t}+\frac{1}{2}\nu S^2\frac{\partial^2 V}{\partial S^2}+\rho\sigma\nu S\frac{\partial^2 V}{\partial \nu\partial S}+\frac{1}{2}\sigma^2\nu\frac{\partial^2 V}{\partial \nu^2}+rS\frac{\partial V}{\partial S}-rV = -(\kappa(\theta-\nu)-\Phi)\frac{\partial V}{\partial \nu}\,.$$

In dieser Gleichung ist der Marktpreis des Volatilitätsrisikos noch frei wählbar. Idealerweise sollte dieser so gewählt sein, dass er ökonomisch Sinn ergibt und uns erlaubt, eine geschlossene Formel für europäische Call-Optionen herzuleiten, was uns im folgenden Abschnitt auch gelingen wird. Die ökonomische Seite deckt Heston dabei auch schon in seiner Originalarbeit Heston (1993) ab, indem er Argumente aus der Asset Pricing Literatur anführt, die es nahe legen, dass der Markpreis des Volatilitätsrisikos proportional zum Varianzprozess sein sollte. Ausgehend von dieser Motivation wählen wir also

$$'\Phi(s,\nu,t) = \lambda\nu$$

für den konstanten Parameter λ.

Damit erhalten wir als Ergebnis dieses Abschnittes die folgende partielle Differentialgleichung als *Bewertungsgleichung im Heston-Modell unter dem Maß* $\mathbb{P}$:

$$\begin{aligned}\frac{\partial V}{\partial t}+\frac{1}{2}\nu S^2\frac{\partial^2 V}{\partial S^2}+\rho\sigma\nu S\frac{\partial^2 V}{\partial \nu\partial S}+\frac{1}{2}\sigma^2\nu\frac{\partial^2 V}{\partial \nu^2}+rS\frac{\partial V}{\partial S}-rV &= \\ -(\kappa(\theta-\nu)-\lambda\nu)\frac{\partial V}{\partial \nu}\,. &\quad (1.80)\end{aligned}$$

Im nächsten Abschnitt wollen wir nun die Bewertungsgleichung (1.80) für europäische Call-Optionen mit den entsprechend gewählten Randbedingungen lösen.

Bemerkung 1.57 *Vewenden wir die risikoneutralen Paramater* $\kappa^* = \kappa + \lambda$ *und* $\theta^* = \frac{\kappa\theta}{\kappa^*} = \frac{\kappa\theta}{\kappa+\lambda}$ *erhalten wir aus* (1.80) *die* riskikoneutrale Bewertungsgleichung im Heston-Modell:

$$\frac{\partial V}{\partial t} + \frac{1}{2}\nu S^2 \frac{\partial^2 V}{\partial S^2} + \rho\sigma\nu S \frac{\partial^2 V}{\partial\nu\partial S} + \frac{1}{2}\sigma^2\nu\frac{\partial^2 V}{\partial\nu^2} + rS\frac{\partial V}{\partial S} - rV = -\kappa^*(\theta^* - \nu)\frac{\partial V}{\partial\nu}. \quad (1.81)$$

1.7.2 Exkurs 2: Erweiterung der Feynman-Kac-Darstellung

Bevor wir das Cauchy-Problem (1.80) mit entsprechender Randbedingung lösen können, müssen wir zuerst noch sicherstellen, dass dieses auch eine Lösung besitzt. Analog zu Exkurs 7 aus Band 1 gewährleisten wir dies über eine Feynman-Kac-Darstellung, die wir nun insbesondere auf das Heston-Modell erweitern. Wir orientieren uns dabei an Heath und Schweizer (2000) und Primm (2007).

Erinnerung und grundlegende Voraussetzungen Wir wählen wieder einen Wahrscheinlichkeitsraum $(\Omega, \mathcal{F}, \mathbb{P})$ mit einer $m-$dimensionalen Brownschen Bewegung $W := (W_1, \ldots, W_m)'$. Der zugrunde liegende d-dimensionale stochastische Prozess $\{(X(t), \mathcal{F}_t)\}_{t\geq 0}$ sei stetig und gegeben durch

$$\mathrm{d}X(t) = b(t, X(t)\mathrm{d}t + \sum_{j=1}^{m} \sigma_j(t, X(t))\mathrm{d}W_j(t), \quad X(0) = x \in \mathbb{R}^d \quad (1.82)$$

mit den Koeffizienten $b : [0, T] \times \mathbb{R}^d \to \mathbb{R}^d$, $\sigma_j : [0, T] \times \mathbb{R}^d \to \mathbb{R}^d$ bzw. $\sigma : [0, T] \times \mathbb{R}^d \to \mathbb{R}^{d\times m}$. Für den Moment seien außer der Stetigkeit keine weiteren Forderungen an b und σ gestellt.

Analog verwenden wir auch wieder den chrakteristischen Operator, der zu (1.82) gehört.

Definition 1.58 Sei $f \in C^{1,2}(\mathbb{R}^d, \mathbb{R})$ eine reellwertige Funktion, dann heißt der Operator A_t: $C^{1,2}(\mathbb{R}^d, \mathbb{R}) \to C(\mathbb{R}^d, \mathbb{R})$, definiert durch

$$(A_t f)(x) := \frac{1}{2}\sum_{i=1}^{d}\sum_{k=1}^{d} a_{ik}(t, x)\frac{\partial^2 f}{\partial x_i \partial x_k}(x) + \sum_{i=1}^{d} b_i(t, x)\frac{\partial f}{\partial x_i}(x)$$

mit

$$a_{ik}(t, x) := \sum_{j=1}^{m} \sigma_{ij}(t, x) \cdot \sigma_{kj}(t, x)$$

der charakteristische Operator zum $d-$dimensionalen stochastischen Prozess $X(t)$.

Für $T > 0$ fest lautet das zum Operator A_t gehörende *Cauchy-Problem*:

Finde zu gegebenen Funktionen

$$f : \mathbb{R}^d \to \mathbb{R},\ g : [0,T] \times \mathbb{R}^d \to \mathbb{R},\ k : [0,T] \times \mathbb{R}^d \to [0,\infty)$$

eine Funktion $u(t,x) : [0,T] \times \mathbb{R}^d \to \mathbb{R}$ mit

$$\begin{aligned} -u_t(t,x) + k(t,x)u(t,x) &= (A_t u)(t,x) + g(t,x) \quad \text{auf } [0,T) \times \mathbb{R}^d\,, \\ u(T,x) &= f(x) \quad \text{für } x \in \mathbb{R}^d\,. \end{aligned} \tag{1.83}$$

Die Feynman-Kac-Darstellung aus Satz 3.41, Band 1, besagt dann, dass eine Lösung dieses Cauchy-Problems – sofern sie existiert – eindeutig dargestellt werden kann als

$$\begin{aligned} u(t,x) = \mathbb{E}^{t,x}\Bigg[& f(X(T)) \cdot \exp\left(- \int_t^T k(\theta, X(\theta))\mathrm{d}\theta \right) \\ & + \int_t^T g(s, X(s)) \cdot \exp\left(- \int_t^s k(\theta, X(\theta))\mathrm{d}\theta \right) \mathrm{d}s \Bigg], \end{aligned} \tag{1.84}$$

falls die folgende Voraussetzungen erfüllt sind:

1. Die Abblidungen u, b, σ, k, g und f sind stetig.
2. u erfüllt gleichförmig in t eine polynomiale Wachstumsbedingung in x, d. h.

$$|u(t,x)| \le M(1 + \|x\|^{2\mu}) \quad \forall t \in [0,T], x \in \mathbb{R}^d \text{ und } M > 0, \mu \ge 1\,.$$

3. Die Abbildungen g und f sind entweder nicht negativ oder erfüllen gleichförmig in t eine polynomiale Wachstumsbedingung in x.
4. Die Koeffizienten b und σ erfüllen die Lipschitz- und Wachstumsbedingungen

$$\begin{aligned} &\|b(t,x) - b(t,y)\| + \|\sigma(t,x) - \sigma(t,y)\| \le K\|x - y\|\,, \\ &\|b(t,x)\|^2 + \|\sigma(t,x)\|^2 \le K^2(1 + \|x\|^2)\,, \end{aligned}$$

$\forall t \ge 0,\ x, y \in \mathbb{R}^d$ und $K > 0$.

Hierbei sichert Bedingung 2 die Eindeutigkeit der Darstellung (1.84) und Bedingung 4 liefert die Existenz und Eindeutigkeit einer Lösung der d-dimensionalen stochastischen Differentialgleichung (1.82). Die Beweise hierzu wurden bereits in Exkurs 7, Band 1, geführt.

Die Existenz einer Lösung erhält man, indem man z. B. sehr strenge Glattheitsbedingungen an die Abbildungen stellt. Wir zitieren hier sinngemäß ohne Beweis einen entsprechenden Existenzsatz aus der Monographie Duffie (1996) (vgl. Appendix E):

Satz 1.59 *Es seien die folgenden Voraussetzungen erfüllt:*

1. *Die Abbildungen u, b, σ, k, g und f erfüllen eine in t gleichförmige Lipschitz-Bedingung in x.*
2. *Die Abbildungen u, b, σ, k, g und f sind zweimal stetig differenzierbar bzgl. x, und alle Ableitungen bis einschließlich zur zweiten Ordnung erfüllen eine Wachstumsbedingung.*

Dann existiert eine eindeutige Lösung des Cauchy-Problems (1.83)*, die durch* (1.84) *gegeben ist, und diese Lösung erfüllt eine polynomiale Wachstumsbedingung.*

Bemerkung 1.60 *Dieser Satz sichert zwar die Existenz einer Lösung zu, jedoch sind die Bedingungen, die an die Abbildungen gestellt werden, so stark, dass sie in vielen typischen finanzmathematischen Anwendungen nicht erfüllt sind. Zum Beispiel können b und σ unbeschränkt sein, schneller als linear wachsen oder unbeschränkte Ableitungen haben, etc.*

Cauchy-Problem auf beschränkten Teilmengen Eine Abschwächung obiger Bedingungen, die aber trotzdem noch eine eindeutige Lösung des Cauchy-Problems liefert, findet man in Heath und Schweizer (2000). Die Kernidee dieser Arbeit ist, das Cauchy-Problem auf beschränkten Teilmengen D_n anstatt auf ganz $\mathbb{R}^d$ zu lösen. Damit können dann lokale anstatt globale Bedingungen an die Koeffizienten gestellt werden. Die Koeffizienten sind dann im Inneren dieser Teilmengen glatt genug, um eine Feynman-Kac-Darstellung zu gewährleisten, wobei die gestellten Bedingungen gleichzeitig schwach genug sind, so dass sie von typischen Anwendungen in der Finanzmathematik erfüllt sind.

Sei nun also $D \subseteq \mathbb{R}^d$. Dann lautet das zum Operator A_t gehörende *Cauchy-Problem auf Teilmengen*:

Finde zu gegebenen Funktionen

$$f : D \to \mathbb{R},\ g : [0, T] \times D \to \mathbb{R},\ k : [0, T] \times D \to [0, \infty)$$

eine Funktion $u(t, x) : [0, T] \times D \to \mathbb{R}$ mit

$$\begin{aligned} -u_t(t, x) + k(t, x)u(t, x) &= (A_t u)(t, x) + g(t, x) \quad \text{auf } [0, T) \times D\,, \\ u(T, x) &= f(x) \quad \text{für } x \in D\,. \end{aligned} \tag{1.85}$$

Es gilt dann folgendes Existenzresultat, dessen Beweis in Heath und Schweizer (2000) zu finden ist:

Satz 1.61 (Feynman-Kac-Darstellung auf beschränkten Teilmengen) *Es seien die folgenden Bedingungen erfüllt:*

a) Die Koeffizienten b und σ_j, $j = 1, \ldots, m$ sind auf $[0, T] \times D$ lokal Lipschitz-stetig in x (gleichmäßig in t), d. h. für jede kompakte Teilmenge $F \subset D$ existiert eine Konstante $K_F < \infty$, so dass

$$\|G(t, x) - G(t, y)\| \leq K_F \|x - y\|$$

$\forall t \in [0, T]$, $x, y \in F$ und $G \in \{b, \sigma_1, \ldots, \sigma_m\}$.

b) Weder explodiert die Lösung $X(t)$ von (1.82), noch verlässt sie die Teilmenge D vor dem Zeitpunkt T, d. h. sie erfüllt für alle Startbedingungen $X(s) = x$ mit $(s, x) \in [0, T] \times D$

$$\mathbb{P}\left(\sup_{s \leq t \leq T} \|X^{s,x}(t)\| < \infty\right) = 1 \quad \textit{und}\ \mathbb{P}(X^{s,x}(t) \in D \quad \forall t \in [s, T]) = 1\,,$$

wobei $X^{s,x}(t)$ den Prozess $X(t)$ mit Startbedingung $X(s) = x$ bezeichnet.

c) Es existiert eine Folge $(D_n)_{n \in \mathbb{N}}$ von beschränkten Teilmengen in D, so dass $\cup_{n=1}^{\infty} D_n = D$ und so dass die PDE

$$-w_t(t, x) + k(t, x)w(t, x) = (A_t w)(t, x) + g(t, x) \quad \textit{auf}\ (0, T) \times D_n$$

mit der Randbedingung

$$w(t, x) = u(t, x) \quad \textit{auf}\ (0, T) \times \partial D_n \cup \{T\} \times D_n$$

eine klassiche Lösung $w_n(t, x)$ besitzt.

Dann existiert eine eindeutige Lösung u des Cauchy-Problems auf Teilmengen (1.85). Insbesondere ist die Lösung u in $C^{1,2}$ und besitzt die Gestalt (1.84).

Auf den ersten Blick scheinen die obigen Bedingungen schwer nachzuweisen, bei genauerem Hinsehen sind diese jedoch halb so schlimm. Bedingung a) ist z. B. von Koeffizienten b und σ erfüllt, die stetig auf der offenen Menge $(0, T) \times D$ sind und die stetige Ableitungen auf der Menge $[0, T] \times D$ besitzen. Bedingung b) muss in jedem Beispiel einzeln überprüft werden, dies kann aber mit Hilfe der genauen Form des stochastischen Prozesses $X(t)$ des jeweiligen Modells erfolgen. Bedingung c) kann zudem in die äquivalenten, einfacher zu zeigenden folgenden Bedingungen c') überführt werden:

c') Es existiert eine Folge $(D_n)_{n \in \mathbb{N}}$ von beschränkten Teilmengen mit $\overline{D_n} \subseteq D$ und C^2-Rand, so dass $\cup_{n=1}^{\infty} D_n = D$ und dass für alle n gilt:
- c1') Die Abbildungen $b(t, x)$ und $a(t, x) := \sigma(t, x)\sigma'(t, x)$ sind gleichmäßig Lipschitz-stetig auf $[0, T] \times \overline{D_n}$.
- c2') $a(t, x)$ ist gleichförmig elliptisch auf $\mathbb{R}^d$ für (t, x) aus $[0, T) \times D_n$, d. h. es existiert ein $\delta_n > 0$, so dass $y'a(t, x)y \geq \delta_n \|y\|^2$ für alle $y \in \mathbb{R}^d$.

c3') $k(t, x)$ ist gleichförmig Hölder-stetig auf $[0, T] \times \overline{D_n}$.
c4') $g(t, x)$ ist gleichförmig Hölder-stetig auf $[0, T] \times \overline{D_n}$.
c5') $u(t, x)$ ist endlich und stetig auf $[0, T] \times \partial D_n \cup \{T\} \times \overline{D_n}$.

Weiterhin helfen uns die folgenden beiden Lemmata, deren Beweise wieder in Heath und Schweizer (2000) zu finden sind, bei der Verifizierung von Bedingung c5') und Bedingung c2'):

Lemma 1.62 *Es seien die Voraussetzungen a) und b) erfüllt. Sind zudem die Abbildungen f, g und k stetig, die Abbildungen f und g beschränkt, und die Abbildung k von oben beschränkt, dann ist die Funktion u stetig auf $[0, T] \times D$.*

Lemma 1.63 *Es sei die Abbildung σ stetig in (t, x) und es sei $D' \subseteq D$ eine beschränkte Teilmenge. Ist $\det(a(t, x)) \neq 0$ für alle $(t, x) \in [0, T] \times \overline{D'}$, dann ist $a(t, x)$ gleichförmig elliptisch auf $\mathbb{R}^d$ für $(t, x) \in [0, T] \times D'$.*

Anwendung auf das Heston-Modell Mit diesem theoretischen Rüstzeug sind wir nun in der Lage, die Existenz und Eindeutigkeit einer Lösung der Heston-Bewertungsgleichung (1.80) bzw. (1.81) nachzuweisen. Um nicht obige gleichförmige Integrierbarkeit nachweisen zu müssen, betrachten wir der Einfachheit halber zunächst eine europäische Put-Option; denn in diesem Fall ist die Auszahlung und damit die Funktion f beschränkt.

Um nun Satz 1.61 anwenden zu können, müssen wir das Optionsbewertungsproblem im Heston-Modell zuerst als Bestimmung eines geigneten (bedingten) Erwartungswertes formulieren. Wir wissen wieder auf Grund von Satz 1.42, dass der Preis des Puts mit Auszahlungsfunktion $B \equiv (K - S(T))^+$ für ein äquivalentes Martingalmaß Q gegeben ist als

$$u(t, (S, v)') := \mathbb{E}_Q\left[e^{-r(T-t)}(K - S(T))^+ \,|\, \mathcal{F}_t\right] \tag{1.86}$$

Die risikoneutralen Dynamiken des Heston-Modells mit unkorrelierten Q-Brownschen Bewegungen $\tilde{W}_1^Q$ und $\tilde{W}_2^Q$,

$$\begin{aligned} \mathrm{d}S(t) &= rS(t)\mathrm{d}t + \sqrt{v(t)}S(t)\left[\rho\mathrm{d}\widetilde{W}_1^Q(t) + \sqrt{1-\rho^2}\mathrm{d}\widetilde{W}_2^Q(t)\right], && S(t) = S_0, \\ \mathrm{d}v(t) &= \kappa[\theta - v(t) - \lambda v(t)]\mathrm{d}t + \sigma\sqrt{v(t)}\mathrm{d}\widetilde{W}_1^Q(t), && v(t) = v_0, \end{aligned}$$

erfüllen in Analogie zu (1.82) offensichtlich den 2-dimensionalen stochastischen Prozess

$$dX(t) = b(t, X(t))dt + \sum_{j=1}^{2} \sigma_j(t, X(t))dW_j^Q(t), \quad X(0) = x \in D$$

mit der 2-dimensionalen Brownschen Bewegung $W^Q = (W_1^Q, W_2^Q)'$ mit den Koeffizienten

$$b(t,(S,\nu)') = \begin{pmatrix} rS \\ \kappa(\theta - \nu) - \lambda\nu \end{pmatrix} \quad \text{und} \quad \sigma(t,(S,\nu)') = \begin{pmatrix} \sqrt{\nu}S\rho & \sqrt{\nu}S\sqrt{1-\rho^2} \\ \sigma\sqrt{\nu} & 0 \end{pmatrix}.$$

Wir wollen zeigen, dass die Voraussetzungen von Satz 1.61 für diese Konstellation erfüllt sind:

Wir wählen dazu die Mengen $D = (0,\infty)^2$ und $D_n = (\frac{1}{n}, n)^2$. Da der Rand ∂D_n der Rechtecke D_n nicht in C^2 ist, verwendet man stattdessen Approximationen, deren Ecken hinreichend glatt sind. Weiter hängen die Abbildungen b und σ nicht explizit von der Zeit ab und sind stetig diefferenzierbar. Damit sind dann sofort a) und c1') erfüllt.

Wir wissen zudem, dass der Wurzeldiffusionsprozess $\nu(t)$ eine schwache, pfadweise eindeutige Lösung mit unendlicher Lebensdauer hat und bei erfüllter Feller-Bedingung $2\kappa\theta \geq \sigma^2$ strikt positiv bleibt. Deswegen liegt auch der Aktienpreis als entsprechendes stochastisches Exponential im Intervall $(0,\infty)$ und Annahme b) folgt.

Die Funktionen g, k und f sind durch $g(t,(S,\nu)') \equiv 0$, $k(t,(S,\nu)') \equiv r$ und $f((S,\nu)') := (K-S)^+$ gegeben und damit beschränkt. Damit sind dann c3') und c4') erfüllt.

Da g, k und f beschränkt sind, und wir schon gezeigt haben, dass a) und b) erfüllt sind, folgt Annahme c5') sofort mit Lemma 1.62.

Schließlich liefert eine elementare Rechnung, dass

$$\det(a(t,(S,\nu))') = \sigma^2|S|^2|\nu|^2(1-\rho^2) > 0$$

auf $[0,T] \times D$ gilt. Somit liefert Lemma 1.63 die Gültigkeit von c2').

Damit sind alle Voraussetzungen von Satz 1.61 erfüllt, und dieser liefert uns dann, dass die Preisfunktion (1.86) der Put-Option $u(t,(S,\nu)')$ die Darstellung (1.84) hat und die *eindeutige Lösung* der PDE

$$\begin{aligned} \frac{1}{2}\nu S^2 \frac{\partial^2 u}{\partial S^2} + \rho\sigma\nu S \frac{\partial^2 u}{\partial\nu\partial S} + \frac{1}{2}\sigma^2\nu\frac{\partial^2 u}{\partial\nu^2} + rS\frac{\partial u}{\partial S} \\ + (\kappa(\theta-\nu) - \lambda\nu)\frac{\partial u}{\partial\nu} - ru + \frac{\partial u}{\partial t} = 0 \quad \text{auf } (0,T) \times D\,, \\ u(T,(S,\nu)') = (K-S)^+ \quad \text{für } (S,\nu) \in (0,\infty)^2 \end{aligned}$$

ist, welche gerade der Heston-Bewertungsgleichung (1.80) für eine Put-Option entspricht.

Analog folgt das Resultat für eine Call-Option mit Randbedingung $u(T,(S,\nu)') = (S-K)^+$. Jedoch ist dieser Beweis von noch technischerer Natur als im Falle des Puts, da hier durch die Unbeschränktheit der Funktion $f = (S-K)^+$ insbesondere Schwierigkeiten bei dem Nachweis von c3'), c4') und c5') auftreten.

Bemerkung 1.64 *Ein wesentlicher Vorteil dieser Feynman-Kac-Darstellung ist zudem, dass sie auch den Fall eines unvollständigen Marktes abdeckt. Wie in Bemerkung 1.56 erklärt, ist der Optionspreis im Heston-Modell nicht mehr eindeutig bestimmt; insbesondere gehört zu jedem äquivalenten Martinagalmaß $Q(\lambda)$ ein möglicher Preis und eine eigene assoziierte Bewertungs-PDE. Satz 1.61 liefert dann zu jedem Maß $Q(\lambda)$ eine entsprechende Feynman-Kac-Darstellung mit zugehöriger Funktion $u^{\lambda}(t,(S,\nu)')$.*

Da wir nun sicher sein können, dass die Heston-Bewertungsgleichung (1.80) und damit auch (1.81) eine eindeutige Lösung besitzt (deren Darstellung wir sogar kennen!), wollen wir uns im nächsten Abschnitt mit der Lösung der PDE befassen.

1.7.3 Geschlossene Lösung für den Preis europäischer Calls

Einer der Hauptgründe für den Erfolg des Heston-Modells in der Praxis ist eine (halb-) geschlossene Preisformel für europäische Calls und Puts, die es ermöglicht, die Parameter des Modells effizient aus Marktpreisen zu bestimmen und damit das Modell zu kalibrieren.

Wir wollen nun einen europäischen Call mit Strike K, Laufzeit T und Payoff $X_C(T) = (S(T)-K)^+$ im Heston-Modell bewerten. Wir bezeichnen dabei im Folgenden den zugehörigen Preisprozess mit $V = V(S,\nu,t) \in C^{1,2}$ und wir nehmen an, dass sich der Call mit Hilfe dieses Preisprozesses als $X_C(t) = V(S(t),\nu(t),t)$ darstellen lässt.

Ein europäischer Call mit zugehörigem Preisprozess V erfüllt die Bewertungs-PDE (1.80) mit der Randbedingung

$$V(S,\nu,T) = (S(T)-K)^+ . \tag{1.87}$$

Das zu lösende Cauchy-Problem für das stochastische Volatilitätsmodell ist nun also die partielle DGL (1.80) mitsamt ihrer Randbedingung wie in (1.87) gegeben.

Analog zum Vorgehen bei der Black-Scholes Formel wählen wir unter der Annahme einer konstanten Zinsrate sowie unter Verwendung der Markov-Eigenschaft des Aktienpreis- und Volatilitätsprozesses[5] den folgenden Ansatz zur Lösung des Cauchy-Problems, den wir ganz allgemein schon in Beispiel 1.43 hergeleitet haben:

$$X_C(t) = X_C(S,\nu,t) = S \cdot Q_1(S,\nu,t) - K \cdot e^{-r(T-t)} \cdot Q_2(S,\nu,t) . \tag{1.88}$$

Für den weiteren Verlauf der Herleitung ist es praktisch, mit dem logarithmierten Aktienpreis

$$x := \ln(S) \tag{1.89}$$

zu arbeiten.

[5] Vergleiche hierzu auch die Argumentation in Bemerkung 3.22 in Band 1.

Die Bewertungsgleichung (1.80) transformiert sich unter (1.89) zu

$$\begin{aligned}\frac{\partial V}{\partial t} - \frac{1}{2}\nu\frac{\partial V}{\partial x} + \frac{1}{2}\nu\frac{\partial^2 V}{\partial x^2} + \rho\sigma\nu\frac{\partial^2 V}{\partial \nu\partial x} + \frac{1}{2}\sigma^2\nu\frac{\partial^2 V}{\partial \nu^2} + r\frac{\partial V}{\partial x} - rV \\ + (\kappa(\theta - \nu) - \lambda\nu)\frac{\partial V}{\partial \nu} = 0\,, \qquad (1.90)\end{aligned}$$

und der Ansatz (1.88) zu

$$X_C(S,\nu,t) = e^x \cdot Q_1(x,\nu,t) - K \cdot e^{-r(T-t)} \cdot Q_2(x,\nu,t)\,. \qquad (1.91)$$

Der transformierte Ansatz muss also (1.90) erfüllen, und wir erhalten durch Einsetzen des Ansatzes und der entsprechenden Ableitungen:

$$\begin{aligned}&e^x \underbrace{\left\{ \begin{array}{l} \frac{\partial Q_1}{\partial t} + \left(r + \frac{1}{2}\nu\right)\frac{\partial Q_1}{\partial x} + \frac{1}{2}\nu\frac{\partial^2 Q_1}{\partial x^2} + \rho\sigma\nu\frac{\partial^2 Q_1}{\partial\nu\partial x} \\ +\frac{1}{2}\sigma^2\nu\frac{\partial^2 Q_1}{\partial\nu^2} + (\rho\sigma\nu + \kappa\theta - \kappa\nu - \lambda\nu)\frac{\partial Q_1}{\partial\nu} \end{array} \right\}}_{(*)} \\ &- Ke^{-r(T-t)} \underbrace{\left\{ \begin{array}{l} \frac{\partial Q_2}{\partial t} + \left(r - \frac{1}{2}\nu\right)\frac{\partial Q_2}{\partial x} + \frac{1}{2}\nu\frac{\partial^2 Q_2}{\partial x^2} + \rho\sigma\nu\frac{\partial^2 Q_2}{\partial\nu\partial x} \\ +\frac{1}{2}\sigma^2\nu\frac{\partial^2 Q_2}{\partial\nu^2} + (\kappa\theta - \kappa\nu - \lambda\nu)\frac{\partial Q_2}{\partial\nu} \end{array} \right\}}_{(**)} = 0\end{aligned}$$

Damit diese Gleichung erfüllt ist, muss also gleichzeitig $(*) = 0$ und $(**) = 0$ gelten; wir erhalten zwei partielle Differentialgleichungen für Q_1 und Q_2:

$$\begin{aligned}&\frac{\partial Q_j}{\partial t} + \left(r + u_j\nu\right)\frac{\partial Q_j}{\partial x} + \frac{1}{2}\nu\frac{\partial^2 Q_j}{\partial x^2} + \rho\sigma\nu\frac{\partial^2 Q_j}{\partial\nu\partial x} + \frac{1}{2}\sigma^2\nu\frac{\partial^2 Q_j}{\partial\nu^2} + \left(a - b_j\nu\right)\frac{\partial Q_j}{\partial\nu} = 0\,, \\ &\text{für } j = 1,2\,, \qquad (1.92)\end{aligned}$$

mit

$$u_1 = \frac{1}{2}, \quad u_2 = -\frac{1}{2}, \quad a = \kappa\theta, \quad b_1 = \kappa + \lambda - \rho\sigma, \quad b_2 = \kappa + \lambda\,. \qquad (1.93)$$

Damit der Optionspreis nun auch die Endbedingung des europäischen Calls $X_C(T) = X_C(S,\nu,T) = (S-K)^+$ erfüllt, muss für die Wahrscheinlichkeiten Q_1 und Q_2 die entsprechende Bedingung gelten:

$$Q_j(x,\nu,T;\ln[K]) = 1_{\{x \geq \ln[K]\}}\,, \quad j = 1,2\,. \qquad (1.94)$$

Diese Endbedingung legt die Interpretation nahe, dass die Wahrscheinlichkeiten Q_1 und Q_2 die Bedeutung haben, dass die Option im Geld auslaufen muss. Dass dem wirklich so ist, zeigen wir in folgender Proposition:

Proposition 1.65 *Es seien die stochastischen Prozesse $x(t)$ und $v(t)$ gegeben als*

$$\begin{aligned} dx(t) &= (r + u_j v(t))dt + \sqrt{v(t)}dW_1(t) \\ dv(t) &= (a - b_j v(t))dt + \sigma\sqrt{v(t)}dW_2(t) \end{aligned} \tag{1.95}$$

mit $\mathbf{Corr}(W_1(t), W_2(t)) = \rho$, *und die Parameter* u_j, a, b_j *seien gegeben wie in* (1.93). *Dann ist* Q_j *die bedingte Wahrscheinlichkeit, dass die Option im Geld ausläuft, d. h.*

$$Q_j(x, v, t; \ln[K]) = \mathbb{P}_j(x(T) \geq \ln[K] | x(t) = x, v(t) = v), \quad j = 1, 2.$$

Beweis Für $j = 1, 2$ seien die Funktionen $f_j(x, v, t)$ zweifach differenzierbar und als bedingte Erwartungswerte einer Funktion $g(x, v)$ zu einem späteren Zeitpunkt T wie folgt gegeben:

$$f_j(x, v, t) = \mathbb{E}_j[g(x(T), v(T)) | x(t) = x, v(t) = v]. \tag{$*$}$$

Zuerst zeigen wir nun, dass diese Funktionen $(f_j)_{j=1,2}$ Martingale sind, wobei wir aus Gründen der Lesbarkeit für den Rest des Beweises auf den Index j verzichten. Wir erhalten durch wiederholtes Bilden des Ewartungswertes

$$\begin{aligned} \mathbb{E}[f(x, v, s)|\mathcal{F}_t] &= \mathbb{E}[\mathbb{E}[g(x(T), v(T))|x(s) = x, v(s) = v]|\mathcal{F}_t] \\ &= \mathbb{E}[\mathbb{E}[g(x(T), v(T))|\mathcal{F}_s]|\mathcal{F}_t] \\ &= \mathbb{E}[g(x(T), v(T))|\mathcal{F}_t] \text{ , da } \mathcal{F}_t \subseteq \mathcal{F}_s \\ &= \mathbb{E}[g(x(T), v(T))|x(t) = x, v(t) = v] = f(x, v, t) \ \forall s \geq t , \end{aligned}$$

und die Martingaleigenschaft von f ist gezeigt.

Andererseits liefert die Anwendung der Itô-Formel auf f

$$df = \frac{\partial f}{\partial t}dtdx + \frac{\partial f}{\partial v}dv + \frac{1}{2}\frac{\partial^2 f}{\partial x^2}d\langle x\rangle_t + \frac{\partial^2 f}{\partial x \partial v}d\langle x, v\rangle_t + \frac{1}{2}\frac{\partial^2 f}{\partial v^2}d\langle v\rangle_t$$

Mit $d\langle x\rangle_t = vdt$, $d\langle x, v\rangle_t = \rho\sigma vdt$, $d\langle v\rangle_t = \sigma^2 vdt$ und den Dynamiken (1.95) erhalten wir dann:

$$\begin{aligned} df = &\left\{\frac{1}{2}v\frac{\partial^2 f}{\partial x^2} + \rho\sigma v\frac{\partial^2 f}{\partial x \partial v} + \frac{1}{2}\sigma^2 v\frac{\partial^2 f}{\partial v^2} + (r + u_j v)\frac{\partial f}{\partial x} + (a - b_j v)\frac{\partial f}{\partial v} + \frac{\partial f}{\partial t}\right\}dt \\ &+ \sqrt{v}\frac{\partial f}{\partial x}dW_1(t) + \sigma\sqrt{v}dW_2(t) \end{aligned}$$

Nun können wir die Tatsache verwenden, das f ein Martingal ist und folgern mit dem Martingaldarstellungssatz, dass

$$\frac{1}{2}v\frac{\partial^2 f}{\partial x^2} + \rho\sigma v\frac{\partial^2 f}{\partial x \partial v} + \frac{1}{2}\sigma^2 v\frac{\partial^2 f}{\partial v^2} + (r + u_j v)\frac{\partial f}{\partial x} + (a - b_j v)\frac{\partial f}{\partial v} + \frac{\partial f}{\partial t} = 0. \tag{$**$}$$

Wählen wir in $(*)$ $t = T$, liefert dies gerade die zu $(**)$ gehörende Endbedingung $f(x, v, T) = g(x, v)$. $(**)$ ist zudem die zu dem System stochastischer Differentialgleichungen (1.95) gehörende Kolmogorov-Rückwärts-Gleichung (vgl. z. B. Kap. 5 in Karatzas und Shreve (1991)), in der die Funktion f die Rolle der Übergangsdichte $p = p(z, t; z', t')$ mit $t' > t$ spielt.[6] Die Kolmogorov-Rückwärts-Gleichung gibt dabei an, wie wahrscheinlich es ist, einen Zustand in der Zukunft von verschiedenen Anfangszuständen aus zu erreichen.

Um diese Gleichung zu lösen, brauchen wir also notwendigerweise eine Endbedingung für einen zukünftigen Zustand $T > t$. Wählen wir nun die Endbedingung $g(x, v) = 1_{\{x \geq \ln[K]\}}$ zum Zeitpunkt $t' = T$ für die Kolmogorov-Rückwärts-Gleichung $(**)$, also $f(x, v, T) = 1_{\{x \geq \ln[K]\}}$, sehen wir, dass die entsprechende Lösung $f(x, v, t)$ zum Zeitpunkt t gerade die bedingte Wahrscheinlicheit ist, dass der Zustand $x(T)$ größer als der logarithmierte Strike $\ln[K]$ zum Zeitpunkt t ist.

Zusammenfassend ist

$$f(x, v, t) = Q_j(x, v, t; \ln[K]) = \mathbb{P}(x_j(T) \geq \ln[K] | x_j(t) = x, v_j(t) = v), \quad j = 1, 2$$

also die bedingte Wahrscheinlichkeit, dass die Option im Geld ausläuft. ■

Aus Proposition 1.65 können wir sofort das anschließende Korollar folgern, das bei der Lösung der Gleichungen (1.92) sehr nützlich sein wird.

Korollar 1.66 *Die charakteristischen Funktionen $\Psi^1_{t,x(T)}(u)$ und $\Psi^2_{t,x(T)}(u)$, die zu Q_1 und Q_2 gehören, erfüllen die PDEs* (1.92) *bzgl. der Endbedingungen*

$$\Psi^j_{T,x(T)}(u) = e^{iux}, \quad j = 1, 2.$$

Beweis Wir müssen zeigen, dass die charakteristischen Funktionen

$$\Psi^j_{x(T)}(x, v, t; u) = \mathbb{E}_j\left[e^{iux(T)} \mid x(t) = x, v(t) = v\right]$$

auch die PDEs (1.92) erfüllen. Dazu wähle im Beweis von Proposition 1.65 die Funktion g als $g(x, v) = e^{iux}$ und somit $f(x, v, T) = \Psi^j_{T,x(T)}(u) = e^{iux}$ für $j = 1, 2$, und das Resultat folgt durch direkte Analogie. ■

Die Wahrscheinlichkeiten Q_1 und Q_2 sind nicht in geschlossener Form zu bestimmen, d. h. wir können die Gleichungen (1.92) für Q_1 und Q_2 nicht bzgl. der Endbedingungen

$$g(x, v) = 1_{\{x \geq \ln[K]\}} = Q_j(x, v, T; \ln[K]), \quad j = 1, 2$$

[6] Es sei hier an den Beweis der Dupire Formel (Satz 1.9) erinnert, in dem wir die entsprechende Kolmogorov-Vorwärts-Gleichung gebraucht haben.

lösen. Korollar 1.66 bietet uns nun aber einen Ausweg: Da die charakteristischen Funktionen die Gleichungen (1.92) bzgl. der Endbdingungen

$$g(x, v) = e^{iux} = \Psi^j_{x(T)}(x, v, T; u), \quad j = 1, 2 \tag{1.96}$$

erfüllen, lösen wir die Gleichungen einfach bzgl. dieser Randbedingungen für die charakteristischen Funktionen auf. Wir bestimmen nun also die charakteristischen Funktionen wie in Abschn. 1.6 erklärt, um den Optionspreis zu bestimmen. Dabei erweist es sich als nützlich, die Zeit durch

$$\tau := T - t.$$

umzukehren. Mit dieser Zeitumkehr und Korollar 1.66 wird (1.92) zu

$$-\frac{\partial \Psi_j}{\partial \tau} + \left(r + u_j v\right)\frac{\partial \Psi_j}{\partial x} + \frac{1}{2}v\frac{\partial^2 \Psi_j}{\partial x^2} + \rho\sigma v\frac{\partial^2 \Psi_j}{\partial v \partial x} + \frac{1}{2}\sigma^2 v\frac{\partial^2 \Psi_j}{\partial v^2} + \left(a - b_j v\right)\frac{\partial \Psi_j}{\partial v} = 0. \tag{1.97}$$

Die Linearität der Koeffizienten in obiger PDE legt dann den folgenden Ansatz für das Aussehen der zugehörigen charakteristischen Funktionen nahe:

$$\Psi^j_{x(T)}(x, v, t; u) = e^{C_j(\tau;u) + D_j(\tau;u)\cdot v + iux} \quad j = 1, 2. \tag{1.98}$$

Damit erhalten wir für die entsprechenden partiellen Ableitungen

$$\begin{aligned}
\frac{\partial \Psi_j}{\partial \tau} &= \left(\frac{\partial C_j}{\partial \tau} + v\frac{\partial D_j}{\partial \tau}\right)\Psi_j; \quad \frac{\partial \Psi_j}{\partial x} = iu\Psi_j \\
\frac{\partial^2 \Psi_j}{\partial x^2} &= -u^2\Psi_j; \quad \frac{\partial \Psi_j}{\partial v} = D_j\Psi_j \\
\frac{\partial^2 \Psi_j}{\partial v^2} &= D_j^2\Psi_j; \quad \frac{\partial \Psi_j}{\partial v \partial x} = iuD_j\Psi_j,
\end{aligned} \tag{1.99}$$

und Einsetzen des Ansatzes (1.98) sowie der Ableitungen (1.99) in (1.97) liefert:

$$\begin{aligned}
&\Psi_j \underbrace{\left\{-\frac{\partial C_j}{\partial \tau} + aD_j + rui\right\}}_{(*)} \\
&\quad + \Psi_j v \underbrace{\left\{-\frac{\partial D_j}{\partial \tau} + u_j ui - \frac{1}{2}u^2 + \rho\sigma ui D_j + \frac{1}{2}\sigma^2 D_j^2 - b_j D_j\right\}}_{(**)} = 0.
\end{aligned}$$

Diese Gleichung kann nur gelten, wenn gleichzeitig $(*) = 0$ und $(**) = 0$, so dass wir die PDE (1.92) auf zwei gekoppelte gewöhnliche Differentialgleichungen für jedes

$j = 1, 2$ reduzieren können:

$$-\frac{1}{2}u^2 + \rho\sigma ui D_j + \frac{1}{2}\sigma^2 D_j^2 + u_j ui - b_j D_j - \frac{\partial D_j}{\partial \tau} = 0 \tag{1.100}$$

$$rui + a D_j - \frac{\partial C_j}{\partial \tau} = 0 \tag{1.101}$$

Mit dem Ansatz (1.98) und der Zeitumkehr $\tau := T - t$ sehen wir zudem, dass sich die Endbedingungen (1.96) nun in die Anfangsbedingungen

$$C_j(0; u) = 0; \quad D_j(0; u) = 0 \,. \tag{1.102}$$

für die gewöhnlichen Differentialgleichungen übersetzen.

(1.100) ist eine *Ricatti*-Differentialgleichung. Um sie zu lösen, wählen wir zunächst die Substitution

$$D_j(\tau; u) = -\frac{\frac{\partial E_j(\tau; u)}{\partial \tau}}{\frac{\sigma^2}{2} E_j(\tau; u)} \tag{1.103}$$

und erhalten:

$$\frac{\partial^2 E_j}{\partial \tau^2} - (\rho ui - b_j)\frac{\partial E_j}{\partial \tau} + \frac{\sigma^2}{2}\left(-\frac{1}{2}u^2 + u_j ui\right) E_j = 0 \,.$$

Wir haben die Ricatti-Gleichung nun also auf eine *lineare Differentialgleichung zweiter Ordnung* zurückgeführt, die die allgemeine Lösung

$$E_j(\tau; u) = A_j e^{x_{j,+} \cdot \tau} + B_j e^{x_{j,-} \cdot \tau}$$

besitzt, und in unserem Fall erhalten wir für die Koeffzienten

$$x_{j,\pm} = \frac{\rho\sigma ui - b_j \pm d_j}{2} \quad \text{und } d_j = \sqrt{(\rho\sigma ui - b_j)^2 - \sigma^2(2u_j ui - u^2)} \,.$$

Zwischen den Koffizienten gilt dabei der Zusammenhang

$$x_{j,+} - x_{j,-} = d_j \,. \tag{1.104}$$

Wir definieren für ihren Quotienten

$$\frac{x_{j,-}}{x_{j,+}} = \frac{b_j - \rho\sigma ui + d_j}{b_j - \rho\sigma ui - d_j} =: g_j \,. \tag{1.105}$$

Mit der Substitution (1.103) erhalten wir aus den ursprünglichen Anfangsbedingungen (1.102) die entsprechenden Anfangsbedingungen für E_j:

$$E_j(0; u) = A_j + B_j \quad \text{sowie} \quad \left.\frac{\partial E_j(\tau; u)}{\partial \tau}\right|_{\tau=0} = x_{j,+} Aj + x_{j,-} B_j = 0$$

Mit Hilfe des Quotienten (1.105) lassen sich dann die Koeffizienten A_j und B_j als

$$A_j = \frac{g_j E_j(0;u)}{g_j - 1} \quad \text{und } B_j = -\frac{E_j(0;u)}{g_j - 1}$$

bestimmen, und wir erhalten für die lineare Differentialgleichung

$$\begin{aligned} E_j(\tau;u) &= \frac{E_j(0;u)}{g_j - 1}\left(g_j e^{x_{j,+}\cdot\tau} - e^{x_{j,-}\cdot\tau}\right), \\ \frac{\partial E_j(\tau;u)}{\partial\tau} &= \frac{E_j(0;u)}{g_j - 1}\left(g_j x_{j,+} e^{x_{j,+}\cdot\tau} - x_{j,-} e^{x_{j,-}\cdot\tau}\right). \end{aligned}$$

Nun können wir die Lösung der Ricatti-Gleichung bestimmen, indem wir die Zusammenhänge (1.104), (1.105) und die Definition von $x_{j,-}$ verwenden:

$$\begin{aligned} D_j(\tau;u) &= -\frac{2}{\sigma^2}\frac{\frac{\partial E_j(\tau;u)}{\partial\tau}}{E_j(\tau;u)} = -\frac{2}{\sigma^2}\frac{g_j x_{j,+} e^{x_{j,+}\cdot\tau} - x_{j,-} e^{x_{j,-}\cdot\tau}}{g_j e^{x_{j,+}\cdot\tau} - e^{x_{j,-}\cdot\tau}} \\ &= -\frac{2}{\sigma^2} x_{j,-}\frac{e^{x_{j,+}\cdot\tau} - e^{x_{j,-}\cdot\tau}}{g_j e^{x_{j,+}\cdot\tau} - e^{x_{j,-}\cdot\tau}} = -\frac{2}{\sigma^2} x_{j,-}\frac{e^{x_{j,-}\cdot\tau} - e^{x_{j,+}\cdot\tau}}{e^{x_{j,-}\cdot\tau} - g_j e^{x_{j,+}\cdot\tau}} \\ &= -\frac{2}{\sigma^2} x_{j,-}\frac{1 - e^{(x_{j,+} - x_{j,-})\cdot\tau}}{1 - g_j e^{(x_{j,+} - x_{j,-})\cdot\tau}} = \frac{b_j - \rho\sigma u i + d_j}{\sigma^2}\cdot\left[\frac{1 - e^{d_j\cdot\tau}}{1 - g_j e^{d_j\cdot\tau}}\right]. \end{aligned}$$

Mit obiger Lösung der Ricatti-Gleichung (1.100) können wir die Lösung von (1.101) nun durch bloße Integration bestimmen:

$$\begin{aligned} C_j(\tau;u) &= \int_0^\tau \left(rui + aD_j(\eta;u)\right)d\eta \\ &= rui\tau - \frac{2a}{\sigma^2}\int_0^\tau \frac{\frac{\partial E_j(\eta;u)}{\partial\tau}}{E_j(\eta;u)}d\eta = rui\tau - \frac{2a}{\sigma^2}\ln\left(\frac{E(\tau;u)}{E(0;u)}\right) \\ &= rui\tau - \frac{2a}{\sigma^2}\ln\left[\frac{g_j e^{x_{j,+}\tau} - e^{x_{j,-}\tau}}{g_j - 1}\right] = rui\tau - \frac{2a}{\sigma^2}\ln\left[\frac{e^{x_{j,-}\tau}g_j - e^{x_{j,+}\tau}}{1 - g_j}\right] \\ &= rui\tau - \frac{2a}{\sigma^2}\ln\left[\frac{1 - g_j e^{(x_{j,+} - x_{j,-})\tau}}{e^{-x_{j,-}\tau}(1 - g_j)}\right] = rui\tau - \frac{2a}{\sigma^2}\ln\left[x_{j,-}\tau + \frac{1 - g_j e^{d_j\tau}}{1 - g_j}\right] \\ &= rui\tau - \frac{a}{\sigma^2}\left\{(\rho\sigma ui - b_j - d_j)\tau + 2\ln\left[\frac{1 - g_j e^{d_j\tau}}{1 - g_j}\right]\right\} \\ &= rui\tau + \frac{a}{\sigma^2}\left\{(b_j - \rho\sigma ui + d_j)\tau - 2\ln\left[\frac{1 - g_j e^{d_j\tau}}{1 - g_j}\right]\right\} \end{aligned}$$

Insgesamt erhalten wir also folgende Lösung für die gekoppelten Gleichungen (1.100) und (1.101):

$$
\begin{aligned}
C_j(\tau;u) &= rui\tau + \frac{a}{\sigma^2}\left\{(b_j - \rho\sigma ui + d_j)\tau - 2\ln\left[\frac{1-g_j e^{d_j\tau}}{1-g_j}\right]\right\},\\
D_j(\tau;u) &= \frac{b_j - \rho\sigma ui + d_j}{\sigma^2}\cdot\left[\frac{1-e^{d_j\tau}}{1-g_j e^{d_j\tau}}\right],
\end{aligned}
\tag{1.106}
$$

wobei

$$
\begin{aligned}
g_j &= \frac{b_j - \rho\sigma ui + d_j}{b_j - \rho\sigma ui - d_j},\\
d_j &= \sqrt{(\rho\sigma ui - b_j)^2 - \sigma^2(2u_j ui - u^2)},
\end{aligned}
\tag{1.107}
$$

und u_j, b_j, a bereits durch (1.93) mit $\tau := T - t$ definiert sind. Damit sind die charakteritischen Funktionen $\{\Psi^j_{x(T)}(x, v, t; u)\}_{j=1,2}$, die zum Logarithmus des Aktienpreises gehören, also vollständig durch (1.98), (1.106) und (1.107) bestimmt. Der einzige Unterschied zu Satz 1.52 ist, dass wir anstatt des Aktienpreises den logarithmierten Aktienpreis verwendet haben, und es gilt damit für die zugehörigen Wahrscheinlichkeiten

$$
Q_j(x, v, t, \ln[K]) = \frac{1}{2} + \frac{1}{\pi}\int_0^\infty \Re e\left[\frac{e^{-iu\ln[K]}\Psi^j_{x(T)}(x, v, t; u)}{iu}\right]du\,. \tag{1.108}
$$

Wir erhalten durch Anwendung der Fourier-Methode zur Optionsbewertung also schließlich die gewünschte (bis auf Integration der charakteristischen Funktionen) geschlossene Formel zur Bewertung von europäischen Call-Optionen. Folgender Satz fasst nun die Ergebnisse zusammen:

Satz 1.67 (Preisformel nach Heston für europäische Calls) *Es sei der Marktpreis des Volatilitätsrisikos Φ gegeben durch $\Phi = \lambda v(t)$. Dann ist der arbitragefreie Preis eines europäischen Calls im Heston-Modell*

$$
\begin{aligned}
dS(t) &= \mu S(t)dt + \sqrt{v(t)}S(t)dW_1(t)\\
dv(t) &= \kappa[\theta - v(t)]dt + \sigma\sqrt{v(t)}dW_2(t)\\
\mathbf{Corr}(W_1(t), W_2(t)) &= \rho
\end{aligned}
$$

gegeben durch

$$
X_C(t) = S(t)\cdot Q_1(S(t), v(t), t, \ln[K]) - K\cdot e^{-r(T-t)}\cdot Q_2(S(t), v(t), t, \ln[K])\,.
$$

Dabei erhält man die Wahrscheinlichkeiten Q_1 und Q_2 durch

$$Q_j(S(t), v(t), t, \ln[K]) = \frac{1}{2} + \frac{1}{\pi} \int_0^\infty \Re e \left[\frac{e^{-iu \ln[K]} \Psi^j_{\ln[S(T)]}(\ln[S(t)], v(t), t; u)}{iu} \right] du ,$$

und die zugehörigen charakteristischen Funktionen $\{\Psi^j_{\ln[S(T)]}\}_{j=1,2}$ haben die Form

$$\Psi^j_{\ln[S(T)]}(\ln[S(t)], v(t), t; u) = e^{C_j(T-t;u) + D_j(T-t;u)\cdot v(t) + iu \ln[S(t)]}$$

mit

$$C_j(T-t;u) = ruiT - t + \frac{a}{\sigma^2} \left\{ (b_j - \rho\sigma ui + d_j)(T-t) - 2\ln\left[\frac{1 - g_j e^{d_j(T-t)}}{1 - g_j} \right] \right\},$$

$$D_j(T-t;u) = \frac{b_j - \rho\sigma ui + d_j}{\sigma^2} \cdot \left[\frac{1 - e^{d_j(T-t)}}{1 - g e^{d_j(T-t)}} \right],$$

und

$$g_j = \frac{b_j - \rho\sigma ui + d_j}{b_j - \rho\sigma ui - d_j},$$

$$d_j = \sqrt{(\rho\sigma ui - b_j)^2 - \sigma^2(2u_j ui - u^2)}$$

sowie

$$u_1 = \frac{1}{2}, \quad u_2 = -\frac{1}{2}, \quad a = \kappa\theta, \quad b_1 = \kappa + \lambda - \rho\sigma, \quad b_2 = \kappa + \lambda .$$

Bemerkung 1.68 *Die Integration der charakteristischen Funktionen, um die Wahrscheinlichkeiten Q_1 und Q_2 zu erhalten, kann dabei mit numerischen Standard-Verfahren erledigt werden. Genau deshalb spricht man auch von einer halbgeschlossenen Lösung, da sie bis auf numerische Integration explizit ist. Jedoch müssen wir wie schon in Abschn. 1.6 erwähnt, der Auswertung des komplexen Logarithmus besondere Aufmerksamkeit schenken, was wir in Abschn. 1.7.5 tun.*

1.7.4 Kalibrierung und die Wahl des äquivalenten Martingalmaßes

Im unvollständigen Heston-Modell existieren unendlich viele äquivalente Martingalmaße $Q(\lambda)$, die zu unendlich vielen Optionspreisen führen:

$$u(t, (S, v)') := \mathbb{E}_{Q(\lambda)}\left[e^{-r(T-t)} B \,|\, \mathcal{F}_t \right].$$

Wie in Bemerkung 1.56 ausgeführt, wird der Preis erst eindeutig, sobald man ein bestimmtes EMM $Q(\lambda)$ bzw. den Parameter λ bestimmt hat. Hier machen wir uns nun die geschlossene Formel für einen europäischen Call im Heston-Modell zu Nutze. Wir verwenden am Markt beobachtbare Optionspreise als Eingabeparameter für die Callpreisformel und bestimmen die Heston-Modellparameter so, dass die Modellpreise den beobachteten Marktpreisen bestmöglich entsprechen. Dieser Prozess wird als *Modellkalibrierung* bezeichnet und in Kap. 4 noch einmal eingehend behandelt.

Wir wollen hier deshalb nicht zu sehr ins Detail gehen, aber einen Vorschlag aus der Praxis vorstellen (vgl. Mikhailov und Nögel (2003)), der die Methode der kleinsten Quadrate (vergleiche auch (4.74) in Kap. 4) verwendet:

Nach Satz 1.67 werden für die Berechnung des Calls-Preises im Heston-Modell die Parameter

$$\Theta := (\kappa, \theta, \sigma, \rho, \nu(0), \lambda) \in (0, \infty] \times [0, \infty] \times (0, \infty] \times [-1, 1] \times (0, \infty) \times \mathbb{R} =: \Xi$$

benötigt.

Es seien nun für $i = 1, \ldots, N$, $X_C^{\text{markt}}(K_i, T_i)$ die Preise von N am Markt beobachteten europäischen Kaufoptionen zu verschiedenen Ausübungspreisen K_i und Laufzeiten T_i und $\omega_1, \ldots, \omega_N$ positive Gewichte, die sich zu Eins addieren.

Das entsprechende Kleinste-Quadrate-Kalibrierungsproblem im Heston-Modell lautet dann

$$\min_{\Theta \in \Xi} \sum_{i=1}^{N} \omega_i \left(X_C^{\text{markt}}(K_i, T_i) - X_C(0, S(0), K_i, T_i)\right)^2 .$$

Typischerweise sind die kalibrierten Parameter für praxisnahe Anwendungen im Zeitverlauf keineswegs konstant, so dass eine Wiederholung der Modellkalibrierung auch innerhalb kurzer Zeit (beispielsweise innerhalb eines Tages) mehrfach erforderlich sein kann. Oftmals werden für diese Anwendungen die kalibrierten Parameter als neue Startwerte verwendet. Das entsprechende Kleinste-Quadrate-Problem lautet dann

$$\min_{\Theta \in \Xi} \left(\sum_{i=1}^{N} \omega_i \left(X_C^{\text{markt}}(K_i, T_i) - X_C(0, S(0), K_i, T_i)\right)^2 - \|\Theta - \Theta_0\|^2 \right),$$

wobei Θ_0 einen Startvektor für die Parameter bezeichnet.

Der gefundene (kalibrierte) Parametersatz Θ spiegelt dann die Marktsituation bestmöglich wider. Zudem zeigt sich hier der entscheidende Vorteil des Heston-Modells, auf Grund dessen es auch in der Praxis so beliebt ist: Da die Preise europäischer Optionen (halb-)geschlossen berechnet werden können, müssen die benötigten Modelloptionspreise nicht mit aufwändigen numerischen Methoden bestimmt werden. So können in jeder Iteration des Minimierungsalgorithmus die N Modellpreise innerhalb kürzester Zeit bestimmt werden.

Damit haben wir nun gleichzeitig auch das Problem der Wahl des äquivalenten Martingalmaßes $Q(\lambda)$ gelöst. Da wir den konstanten Parameter λ, der die Menge der möglichen Martingalmaße parametrisiert, bei der Kalibrierung mitbestimmen (müssen), wählen wir also das äquivalente Martingalmaß aus, das die Marktpreise im Rahmen der verfügbaren Daten am besten erklärt.

Alternativ könnten wir obige Minimierungsprobleme auch unter Verwendung der risikoneutralen Parameter $\kappa^* = \kappa + \lambda$, $\theta^* = \frac{\kappa\theta}{\kappa*}$ und damit bzgl. des risikoneutralen Parametervektors

$$\Theta^* = (\kappa^*, \theta^*, \sigma, \rho, \nu(0)) \in (0, \infty] \times [0, \infty] \times (0, \infty] \times [-1, 1] \times (0, \infty) =: \Xi^*$$

durchführen. Die Bestimmung des konstanten Parameters λ und damit des äquivalenten Martingalmaßes wurde so aber nur als Bestimmung des Parameters κ^* umparametrisiert und obige Überlegen sind weiterhin gültig.

Bemerkung 1.69

a) *Da obige Minimierungsverfahren hochgradig nichtlinear sind, benötigt man zur Lösung Methoden der nichtlinearen Optimierung. Dabei muss im Besonderen beachtet werden, dass der Lösungsalgorithmus für das globale Optimierungsproblem in einem lokalen Minimum terminieren wird. Aus diesem Grund ist es zwingend erforderlich, die gefundenen Parameter auf Plausibilität zu prüfen und gegebenenfalls die Optimierung nochmals mit veränderten Startwerten oder unter Verwendung anderer Minimierungsalgorithmen zu starten.*

b) *Zur Lösung des Optimierungsproblems existieren deterministische und stochastische Algorithmen, die jeweils spezifische Vor- und Nachteile aufweisen. So bieten sich deterministische Algorithmen an, falls bereits gute Startwerte für die Kalibrierung existieren, d. h. dass θ_0 nicht zu weit von θ entfernt ist. Ausgehend von der Startlösung versuchen diese dann die Zielfunktion durch eine lokale Änderung der Parameter zu minimieren. Die deterministischen Verfahren konvergieren daher oft sehr schnell, verlassen die Umgebung eines lokalen Optimums jedoch nicht. Im Gegensatz hierzu bieten die stochastischen Optimierungsverfahren die Möglichkeit, ein bereits gefundenes lokales Minimum wieder zu verlassen und die Suche nach einer besseren Lösung weiterzuführen.*

c) *Die am Markt beobachteten Preise haben für praxisrelevante Anwendungen unterschiedlichen Einfluss auf die Kalibrierung. Das liegt beispielsweise an der produktspezifischen Geld-Brief-Spanne, ein Zeichen für die Liquidität eines Produkts. Anwender verwenden aus diesem Grund für die Kalibrierung häufig das oben beschriebene Kleinste-Quadrate-Problem unter Verwendung verschiedener Gewichte ω_i für die einzelnen Eingangspreise. Mikhailov und Nögel (2003) haben in ihrer Arbeit gezeigt, dass die Wahl der Gewichte mit am Wichtigsten für das Erlangen guter Kalibrierungsergebnisse ist.*

1.7.5 Der komplexe Logarithmus

Wie im Abschnitt über die Optionsbewertung mit Hilfe der Fouriermethode und bei der Herleitung der (halb-)geschlossenen Formel für europäische Calls bereits erwähnt, kann es bei der Auswertung der charakteristischen Funktionen und deren Integral zu Unstetigkeiten kommen. Deshalb müssen wir bei der Implementierung der (halb-)geschlossenen Formel eines europäischen Calls im Heston-Modell etwas genauer hinsehen.

Um die auftretende Problematik besser beschreiben zu können, verzichten wir im Folgenden auf die Fallunterscheidung aus Satz 1.67, indem wir

$$\Psi(u) = \Psi_2(S(t), \nu(t), t, u)$$

definieren und die Beziehung

$$\Psi_1(S(t), \nu(t), t, u) = \frac{e^{-r(T-t)}}{S(t)}\Psi(u-i)$$

verwenden. Die charakteristische Funktion lautet dann

$$\begin{aligned}\Psi(u) &= \exp(iu(\ln(S(t)) + r\tau))\\ &\cdot \exp\left(\frac{\kappa\theta}{\sigma^2}\left((\kappa - \rho\sigma ui + d)\tau - 2\ln\left(\frac{1-ge^{d\tau}}{1-g}\right)\right)\right)\\ &\cdot \exp\left(\frac{\nu(t)}{\sigma^2}(\kappa - \rho\sigma ui + d)\frac{1-e^{d\tau}}{1-ge^{d\tau}}\right)\end{aligned}$$

mit

$$\tau = T - t, \qquad g = \frac{\kappa - \rho\sigma ui + d}{\kappa - \rho\sigma ui - d}$$

und

$$d = \sqrt{(\rho\sigma ui - \kappa)^2 + \sigma^2(ui + u^2)}. \tag{1.109}$$

Ein Hauptproblem bei der Implementierung stellt der komplexe Logarithmus dar, der im Gegensatz zum reellen Logarithmus nicht eindeutig ist. In den gängigen Softwaresystemen, die zur Bewertung von Finanzprodukten Verwendung finden, ist typischerweise der Hauptwert des komplexen Logarithmus implementiert.

Auf Grund dieser Unstetigkeit ist die Integration der charakteristischen Funktion, die zur Bestimmung des Preises in Satz 1.67 durchgeführt werden muss, ab einer gewissen Restlaufzeit τ numerisch instabil. Albrecher und Koautoren haben in Albrecher et al. (2007) gezeigt, dass diese Instabilität für ausreichend große Restlaufzeiten zwingend auftritt, wenn die Heston-Parameter die Bedingung $\kappa\theta \neq m\sigma^2$,für eine ganze Zahl m erfüllen. Grund hierfür ist, dass die Trajektorie von $\left(1 - ge^{d\tau}\right)/(1-g)$ eine Spirale um den Ursprung mit exponentiell wachsendem Radius beschreibt und diese für hinreichend große Restlaufzeiten die negative reelle Achse überquert und damit die beschriebene Unstetigkeit entsteht.

Abhilfe schafft es, entweder pro Überquerung der negativen reellen Achse 2π zum Imaginärteil des Ergebnisses zu addieren, oder, die elegantere Variante, die charakteristische Funktion zu modifizieren. Sei nun dafür

$$\begin{aligned}\tilde{\Psi}(u) &= \exp(iu(\ln(S(t)) + r\tau)) \\ &\cdot \exp\left(\frac{\kappa\theta}{\sigma^2}\left((\kappa - \rho\sigma ui - d)\tau - 2\ln\left(\frac{1 - \tilde{g}e^{-d\tau}}{1 - \tilde{g}}\right)\right)\right) \\ &\cdot \exp\left(\frac{v(t)}{\sigma^2}(\kappa - \rho\sigma ui - d)\frac{1 - e^{-d\tau}}{1 - \tilde{g}e^{-d\tau}}\right)\end{aligned}$$

mit

$$\tilde{g} = \frac{\kappa - \rho\sigma ui - d}{\kappa - \rho\sigma ui + d} = \frac{1}{g}$$

die modifizierte charakteristische Funktion. Einziger Unterschied von $\tilde{\Psi}$ zu Ψ ist das negative Vorzeichen von d, also die Wahl der negativen Wurzel in (1.109). Da

$$\begin{aligned}d\tau - 2\ln\left(\frac{1 - ge^{d\tau}}{1 - g}\right) &= d\tau - 2\ln\left(e^{d\tau}\right) - 2\ln\left(\frac{1 - e^{-d\tau}/g}{1 - 1/g}\right) \\ &= -d\tau - 2\ln\left(\frac{1 - \tilde{g}e^{-d\tau}}{1 - \tilde{g}}\right)\end{aligned}$$

und

$$\frac{d\left(1 - e^{d\tau}\right)}{1 - ge^{d\tau}} = \frac{d\left(1 - e^{-d\tau}\right)}{g - e^{-d\tau}} = \frac{-d\left(1 - e^{-d\tau}\right)}{1 - \tilde{g}e^{-d\tau}}$$

gelten, ist $\tilde{\Psi}$ zu Ψ äquivalent. Die Trajektorie von $\left(1 - \tilde{g}e^{-d\tau}\right)/(1 - \tilde{g})$ überquert die reelle negative Achse jedoch nicht und die Modifikation $\tilde{\Psi}$ ist damit numerisch stabiler. Für die Implementierung der analytischen Lösung empfiehlt es sich daher, die charakteristische Funktion $\tilde{\Psi}$ zu verwenden.

1.7.6 Einsatzbereiche und Grenzen des Heston-Modells

Warum ist das Heston-Modell so populär? Das Heston-Modell hat eine breite Bandweite an Anwendungsmöglichkeiten und ist in der Praxis überaus beliebt (vgl. z. B. Desmettre et al. (2015)). Aber warum ist dem so? Teilweise haben wir die Frage schon beantwortet: Der größte Unterschied zwischen dem Heston-Modell und anderen stochastischen Volatilitätsmodellen ist die einfache Verfügbarkeit, einer bis auf numerische Integration geschlossenen Lösung für Optionen europäischen Typs und der damit verbundenen Möglichkeit, das Modell schnell und effizient an Marktpreisen zu kalibrieren. Zudem kann das

Heston-Modell sehr akkurat die implizite Volatilitätsfläche von Marktpreisen treffen (vgl. hierzu wieder Desmettre et al. (2015)). Nach erfolgter Kalibrierung kann das Modell dann zur Bewertung von exotischen Optionen verwendet werden. Zudem ist das Heston-Modell leicht auf allgemeinere Fälle erweiterbar.

Varianten des Heston-Modells Es existieren viele Modifikationen des Heston-Modells, von denen einige sogar weiterhin eine geschlossene Formel ähnlich zu Satz 1.67 besitzen. Wir wollen an dieser Stelle Beispiele dieser Modifikationen aufzählen, die Folgendes beinhalten:

- Stetige und diskrete Dividenden analog zum Vorgehen im Black-Scholes Modell.
- Stochastische Zinsen (vgl. Heston (1993)).
- Zeitabhängige Modell-Parameter (vgl. Mikhailov und Nögel (2003)).
- Forward-Starting-Optionen (vgl. Kruse und Nögel (2005)).
- Stochastische Volatilität mit Sprüngen (vgl. Bates (1996)).

Monte Carlo Simulation im Heston-Modell Die Monte Carlo Simulation ist der Schlüssel zur Anwendung des kalibrierten Heston-Modells auf exotische Optionen, für die man keine geschlossenen Bewertungsformeln kennt. Analog zu Kap. 4.4 aus Band 1 approximiert man dazu die stochastischen Differentialgleichungen für die Aktie und die Varianz mittels einer entsprechenden Diskretisierungsvariante, wie z. B. dem Euler-Maruyama Verfahren. Besondere Aufmerksamkeit muss man dabei dann jedoch dem Varianzprozess schenken, da dieser im Gegensatz zur zeitstetigen Variante (selbst bei erfüllter Feller-Bedingung) negative Werte annehmen kann und damit die Wurzelausdrücke nicht definiert sind. Wir verweisen an dieser Stelle auf die Monographie Korn et al. (2010) für die Grundlagen und weitere Details zur korrekten Simulation des Heston-Modells. Schlussendlich sind die erhaltenen Preise dann jedoch realistischer als im Black-Scholes Modell mit konstanter Volatilität, da mit dem Heston-Modell die Volatilitätsfläche angepasst werden kann. Auch hier gibt es einige Weiterentwicklungen, die auf der Approximation und Simulation (mit Hilfe) des Heston-Modells beruhen:

- Exakte Simulation des Heston-Prozesses durch Approximation der nichtzentralen χ^2-Verteilung des Varianzprozesses ((Andersen, 2008)).
- Der Heath-Platen Algorithmus ((Heath und Platen, 2002)), der besonders gut für Barriere-Optionen geeignet ist.
- Eine (sparsam parametrisierte) mehrdimensionale Verallgemeinerung zur Bewertung von Optionen auf mehrdimensionale Underlyings ((Dimitroff et al., 2011)).

Grenzen des Heston-Modells Bergomi hat in seiner Arbeit Bergomi (2004) gezeigt, dass das Heston-Modell für längere Laufzeiten keine signifikante Schiefe mehr für die implizite Volatilität generieren kann. Deswegen hat das Modell den Nachteil, dass es für Derivate wie Cliquet-Optionen oder sogenannte Napoleon-Optionen, die in hohem Maße von der

Entwicklung der zukünftigen impliziten Volatilität abhängen, falsche Preise in dem Sinne liefert, dass es Marktpreise dann nicht mehr erklären kann und somit an seine Grenzen stößt. Einen Ausweg bietet hier die Klasse der *stochastischen lokalen Volatilitätsmodelle* wie z. B. das Bergomi Modell (vgl. Bergomi (2005)), die wie der der Name schon suggeriert, ein Hybrid aus lokaler und stochastischer Volatilität sind. Jedoch zahlt man für diese Flexibilität den Preis, dass man keine geschlossene Lösung mehr für europäische Optionen zur Verfügung hat, und somit die Kalibrierung allein schon sehr zeitintensiv wird, da sie mit Hilfe numerischer Verfahren stattfinden muss.

1.8 Exkurs 3: Stochastische Analysis für Sprung-Diffusionsprozesse

Will man im Wesentlichen am Black-Scholes-Modell festhalten, es aber so modifizieren, dass einge offensichtliche empirische Eigenschaften auch im Modell nachgebildet werden, so bietet es sich an, Sprünge im Aktienkurs zuzulassen. Diese Modifikation wurde bereits in Merton (1976) vorgeschlagen. Sie benötigt als wesentlichen zusätzlichen Baustein zur Brownschen Bewegung den des Poisson-Prozesses.

Definition 1.70 (Poisson-Prozess) Ein rechtsstetiger stochastischer Prozess $N(t)$, für den alle linksseitigen Grenzwerte $N(t-) := \lim_{s>0} N(t-s)$ existieren und der mit $N(0) = 0$ startet, heißt ein *inhomogener Poisson-Prozess* mit Mittelwertsfunktion $\Lambda_{s,t}$, falls $N(t)$ unabhängige Zuwächse mit

$$N(t) - N(s) \sim Pn(\Lambda_{s,t}),\ t > s \geq 0 \tag{1.110}$$

besitzt, wobei $Pn(\lambda)$ die Poisson-Verteilung mit Parameter $\lambda > 0$ bezeichnet. Falls

$$\Lambda_{s,t} = \lambda \cdot (t-s)\ t > s > 0 \tag{1.111}$$

für eine positive Konstante λ gilt, nennen wir den Prozess einen *homogenen Poisson-Prozess* mit Intensität λ oder auch oft einfach einen *Poisson-Prozess*.

Da die Poisson-Verteilung die Eigenschaft besitzt, dass sie vollständig durch ihren Parameter λ über

$$\mathbb{E}[M] = \lambda = \mathbb{V}ar[M] \quad \text{für } M \sim Pn(\lambda)$$

bestimmt ist, folgt aus der Definition des Poisson-Prozesses direkt, dass

- $\mathbb{E}(N(t)) = \lambda t$, d. h. λ ist die erwartete Anzahl von Sprüngen pro Zeiteinheit,
- $\mathbb{V}ar(N(t)) = \lambda t$, d. h. die Varianz ist wie im Fall der Brownschen Bewegung proportional zur Zeit.

Man beachte in der Definition insbesondere die Rolle der Wahl des Typs der Stetigkeit im Sprungzeitpunkt. Die Rechtsstetigkeit bedeutet dabei, dass der Poisson-Prozess im Sprungzeitpunkt den Wert nach dem Sprung annimmt. Da der Sprungzeitpunkt nicht vorhersehbar ist, passt diese Wahl genau zu den später betrachteten Anwendungen in der Finanzmathematik. Hätten wir den Poisson-Prozess als linksstetig definiert, so würde das im Wesentlichen bedeuten, dass man zunächst den (Preis-)Sprung hätte beobachten können, aber noch zum alten Preis hätte handeln können, was eine offensichtliche Arbitragemöglichkeit ergeben würde.

Lässt sich in obiger Definition die Mittelwertsfunktion $\Lambda_{s,t}$ in der Form

$$\Lambda_{s,t} = \int_s^t \lambda(u)du \tag{1.112}$$

für eine stetige Funktion $\lambda : [0, \infty) \to [0, \infty)$ schreiben, so kann man mit Hilfe des folgenden Satzes zeigen, dass sich viele Eigenschaften inhomogener Poisson-Prozesse einfach aus denen von homogenen Poisson-Prozessen ergeben.

Satz 1.71 (Zeitwechsel für Poisson-Prozesse) *Sein $N(t)$ ein inhomogener Poisson-Prozess mit Mittelwertsfunktion der Form* (1.112) *für eine stetige Funktion $\lambda : [0, \infty) \to [0, \infty)$ und $\overline{N}(t)$ ein homogener Poisson-Prozess. Dann gilt:*

1. *Der Prozess $\left(\overline{N}(\Lambda_{0,t})\right)_{t\geq 0}$ ist ein inhomogener Poisson-Prozess mit Mittelwertsfunktion $\Lambda_{0,\cdot}$.*
2. *Der Prozess $(N(\Lambda_{0,t}^{-1}))_{t\geq 0}$ ist ein homogener Poisson-Prozess.*

Beweis Man beachte zuerst, dass per Definition (1.112) die Funktion Λ monoton wachsend und stetig auf $[0, \infty)$ für eine nicht-negative und stetige Intensitätsfunktion $\lambda : [0, \infty) \to [0, \infty)$ ist.

Zu 1.: Sei zuerst $(t_1, t_2, \cdots)$ eine Folge von Punkten aus $[0, \infty)$ mit $0 \leq t_1 < t_2 < \cdots$. Da Λ monoton wachsend ist, folgt daraus, dass $0 \leq \Lambda_{0,t_1} \leq \Lambda_{0,t_2} \leq \cdots$. Damit ist $(\overline{N}(\Lambda_{0,t_1}), \overline{N}(\Lambda_{0,t_2}) - \overline{N}(\Lambda_{0,t_1}), \cdots)$ eine Folge unabhängiger Zufallsvariablen, denn: Ist die Funktion λ konstant auf einem Intervall mit nichtleerem Inneren, so muss dort auch $\lambda \equiv 0$ sein und folglich ändert sich sich der Zeitindex von $\bar{N}(\cdot)$ erst wieder, wenn $\lambda(u) > 0$. Sind nun $s, t \in [0, \infty)$ beliebig mit $s < t$, so sind die Zuwächse $\overline{N}(\Lambda_{0,t}) - \overline{N}(\Lambda_{0,s})$ also unabhängig und Poisson-verteilt mit Parameter $\Lambda_{0,t} - \Lambda_{0,s}$.

Zu 2.: Sei nun zuerst $(u_1, u_2, \cdots)$ eine Folge von Punkten aus $[0, \infty)$ mit $0 \leq u_1 < u_2 < \cdots$. Da Λ monoton wachsend und stetig ist, existiert die Inverse Λ^{-1} und ist streng monoton wachsend, da diese Intervalle, auf denen $\lambda(u) \equiv 0$ konstant ist, auf eine Sprungstelle abbildet. Daraus folgt, dass $0 \leq t_1 := \Lambda_{0,u_1}^{-1} < t_2 := \Lambda_{0,u_2}^{-1} < \cdots$. Damit ist dann $(N(\Lambda_{0,u_1}^{-1}) := \overline{N}(t_1), N(\Lambda_{0,u_2}^{-1}) - N(\Lambda_{0,u_1}^{-1}) := \overline{N}(t_2) - \overline{N}(t_1), \cdots)$ eine Folge unabhängiger Zufallsvariablen, da per Voraussetzung $(\overline{N}(t_1), \overline{N}(t_2) - \overline{N}(t_1), \cdots)$ schon eine

Folge unabhängiger Zufallsvariablen war. Sind nun $u, v \in [0, \infty)$ beliebig mit $u < v$ und $s := \Lambda_{0,u}^{-1}$, $t := \Lambda_{0,v}^{-1}$, so sind die Zuwächse $N(\Lambda_{0,v}^{-1}) - N(\Lambda_{0,u}^{-1}) := \overline{N}(t) - \overline{N}(s)$ also unabhängig und Poisson-verteilt mit Parameter $\Lambda_{s,t} = \Lambda_{0,t} - \Lambda_{0,s} = v - u$. ■

Ein nützliches Werkzeug zur Charakterisierung von Poisson-Prozessen sind die sogenannten Zählprozesse.

Definition 1.72 (Zählprozess) Es sei $W_1, W_2, \ldots$ eine Folge von positiven unabhängig identisch verteilten Zufallsvariablen. Wir setzen

$$T_n := W_1 + \ldots + W_n , \quad n \geq 1 , \quad T_0 := 0 . \tag{1.113}$$

Dann heißt der Prozess $N(t)$ gegeben durch

$$N(t) := \#\{i \geq 1 : T_i \leq t\} , \quad t \geq 0 \tag{1.114}$$

Zählprozess mit zugehörigen *Wiederkehrzeiten* $(T_i)_{i \in \mathbb{N}}$. Oft werden Zählprozesse auch als *Erneuerungsprozesse* mit zugehöriger *Erneuerungsfolge* $(T_i)_{i \in \mathbb{N}}$ bezeichnet.

Ein Zählprozess zählt also die Anzahl der Ereignisse, die bis einschließlich zum Zeitpunkt t eingetreten sind. Mit obiger Definition können wir homogene Poisson-Prozesse nun als Zählprozess identifizieren:

Satz 1.73
1. *Ist die Folge* $(W_i)_{i \geq 1}$ *in* (1.113) *eine Folge exponentiell verteilter Zufallsvariablen mit* $W_i \sim Exp(\lambda)$, *dann ist der Zählprozess aus* (1.114) *ein homogener Poisson-Prozess mit Intensität* $\lambda > 0$.
2. *Sei* $N(t)$ *ein homogener Poisson-Prozess mit mit Intensität* λ *und zugehörigen Wiederkehrzeiten* $0 \leq T_1 \leq T_2 \leq \cdots$. *Dann hat* $N(t)$ *für eine Folge unabhängig identisch verteilter Zufallsvariablen* $(W_i)_{i \geq 1}$ *mit* $W_1 \sim Exp(\lambda)$ *die Darstellung wie durch* (1.113) *und* (1.114) *gegeben.*

Beweis Zu 1.: Wir zeigen, dass $N(t)$ definiert durch (1.113) und (1.114) die Eigenschaften eines homogenen Poisson-Prozesses erfüllt. Da $W_1 > 0$ ist, folgt, dass $N(0) = 0$. Per Konstruktion springt $N(t)$ an den Zeitpunkten T_i auf einen neuen Wert und ist konstant im Intervall $[T_i, T_{i+1})$. Damit hat $N(t)$ rechtsstetige Pfade und die linksseitigen Grenzwerte existieren. Als Nächstes zeigen wir, dass $N(t) \sim Pn(\lambda t)$: Aus der Konstruktion eines Zählprozesses erhalten wir zunächst, dass

$$\{N(t) = n\} = \{T_n \leq t < T_{n+1}\} , \quad n \geq 0. \tag{1.115}$$

Da nun $T_n := W_1 + \ldots + W_n$ die Summe n unabhängig identisch exponential verteilter Zufallsvariablen mit Parameter λ ist, wissen wir zusätzlich, dass die Wiederkehrzeiten $\Gamma(n, \lambda)$-verteilt sind (vgl. auch Übungsaufgabe 5), d. h.

$$\mathbb{P}(T_n \leq x) = 1 - e^{-\lambda x} \sum_{k=0}^{n-1} \frac{(\lambda x)^k}{k!}, \quad x \geq 0.$$

Damit folgt insgesamt, dass

$$\mathbb{P}(N(t) \leq n) = \mathbb{P}(T_n \leq t) - \mathbb{P}(T_{n+1} \leq t) = e^{-\lambda x} \frac{(\lambda x)^n}{n!},$$

was zeigt, dass $N(t)$ Poisson-verteilt ist. Als letzte Eigenschaft wollen wir die Unabhängigkeit der Zuwächse zeigen. Wir tun dies an dieser Stelle für zwei benachbarte Inkremente $N(t) = N((0,t])$ und $N(t, t+h] = N((t, t+h])$; der allgemeine Fall für endliche viele Inkremente folgt vollkommen analog unter höherem notationellem Aufwand. Wir müssen also zeigen, dass

$$\mathbb{P}(N(t) = k, N(t, t+h] = l) = e^{-\lambda(t+h)} \frac{(\lambda t)^k}{k!} \frac{(\lambda h)^l}{l!} \quad \text{für } k, l \in \mathbb{N}_0 .$$

Fall $l = 0, k = 0$: Wir erhalten sofort

$$\mathbb{P}(N(t) = 0, N(t, t+h] = 0) = \mathbb{P}(N(t) = 0, N(t, t+h] = 0) = e^{-\lambda(t+h)} .$$

Fall $l = 0, k > 0$: Wir benutzen den Zusammenhang

$$\mathbb{P}(N(t) = k, N(t, t+h] = l) = \mathbb{P}(N(t) = k, N(t+h) = k+l)$$

und erhalten

$$\begin{aligned}
\mathbb{P}(N(t) = k, N(t, t+h] = 0) &= \mathbb{P}(T_k \leq t < T_{k+1}, T_k \leq t+h < T_{k+1}) \\
&= \mathbb{P}(T_k \leq t, t+h < T_k + W_{k+1}) \\
&= \int_0^t e^{-\lambda z} \frac{\lambda(\lambda z)^{k-1}}{(k-1)!} \int_{t+h-z}^{\infty} \lambda e^{-\lambda x} \, dx \, dz \\
&= \int_0^t e^{-\lambda(t+h)} \frac{\lambda(\lambda z)^{k-1}}{(k-1)!} \, dz = e^{-\lambda(t+h)} \frac{(\lambda t)^k}{k!},
\end{aligned}$$

wobei wir verwendet haben, dass $T_k \sim \Gamma(k, \lambda)$ und $W_{k+1} \sim Exp(\lambda)$ gelten.

Fall $l \geq 1, k > 0$: Durch Bedingen und mit (1.115) erhalten wir

$$\begin{aligned}\mathbb{P}(N(t) = k, N(t, t+h] = l) &= \mathbb{P}(T_k \leq t < T_{k+1}, T_{k+l} \leq t+h < T_{k+l+1}) \\ &= \mathbb{E}\big[1_{\{T_k \leq t < T_{k+1} \leq t+h\}} \mathbb{P}(T_{k+l} - T_{k+1} \leq t+h-T_{k+1} \\ &\quad < T_{k+l+1} - T_{k+1} | T_k, T_{k+1})\big].\end{aligned}$$

Per Konstruktion sind T_{k+1} und $(T_{k+l} - T_{k+1}, T_{k+l+1} - T_{k+1})$ unabhängig. Wieder mit (1.115) folgt dann für eine unabhängige Kopie N' von N:

$$\begin{aligned}&\mathbb{P}(N(t) = k, N(t, t+h] = l) \\ &= \mathbb{E}\big[1_{\{T_k \leq t < T_{k+1} \leq t+h\}} \mathbb{P}(N'(t+h-T_{k+l}) = l-1 | T_{k+1})\big] \\ &= \int_0^t e^{-\lambda z} \frac{\lambda(\lambda z)^{k-1}}{(k-1)!} \int_{t-z}^{t+h-z} \lambda e^{-\lambda x} \mathbb{P}(N(t+h-z-x) = l-1 | T_{k+1})\, dx\, dz \\ &= \int_0^t e^{-\lambda z} \frac{\lambda(\lambda z)^{k-1}}{(k-1)!} \int_{t-z}^{t+h-z} \lambda e^{-\lambda x} e^{-\lambda(t+h-z-x)} \frac{(\lambda(t+h-z-x))^{l-1}}{(l-1)!}\, dx\, dz \\ &= e^{-\lambda(t+h)} \int_0^t \frac{\lambda(\lambda z)^{k-1}}{(k-1)!}\, dz \int_0^h \frac{\lambda(\lambda x)^{l-1}}{(l-1)!}\, dx = e^{-\lambda(t+h)} \frac{(\lambda t)^k}{k!} \frac{(\lambda h)^l}{l!}.\end{aligned}$$

Durch Kombinieren der drei Fälle ist dann insgesamt die Unabhängigkeit der Zuwächse bewiesen.

Zu 2.: Es sei $N(t)$ ein homogener Poisson-Prozess mit Wiederkehrzeiten $0 \leq T_1 \leq T_2 \leq \ldots$ und Intensität $\lambda > 0$. Wir müssen nun zeigen, dass es eine Folge unanbhängiger exponentiell verteilter Zufallsvariablen $(W_i)_{i \geq 1}$ mit $T_n = W_1 + \ldots + W_n$ gibt. D. h. wir müssen zeigen, dass

$$\begin{aligned}&\mathbb{P}(W_1 \leq x_1, W_1 + W_2 \leq x_2, \ldots, W_1 + \ldots + W_n \leq x_n) \\ &= \int_0^{x_1} \lambda e^{-\lambda w_1} \int_0^{x_2 - w_1} \lambda e^{-\lambda w_2} \ldots \int_0^{x_n - w_1 - \ldots - w_{n-1}} \lambda e^{-\lambda w_n}\, dw_n \cdots dw_1 .\end{aligned} \tag{1.116}$$

Um dies zu zeigen, verwenden wir den Zusammenhang

$$\begin{aligned}\mathbb{P}(W_1 \leq x_1, W_1 + W_2 \leq x_2, \ldots, W_1 + \ldots + W_n \leq x_n) \\ = \mathbb{P}(T_1 \leq x_1, W_1 + W_2 \leq x_2, \ldots, W_1 + \ldots + W_n \leq x_n) \\ = \mathbb{P}(N(x_1) \geq 1, N(x_2) \geq 2, \ldots, N(x_n) \geq n) .\end{aligned} \tag{1.117}$$

Per Induktion folgt die Gültigkeit von (1.116) nun mit Hilfe von (1.117):

$n = 1$: $\mathbb{P}(W_1 \le x_1) = \mathbb{P}(N(x_1) \ge 1) = \int_0^{x_1} \lambda e^{-\lambda w_1}\, dw_1$
$n - 1 \to n$ (der Einfachheit halber nur für $n = 2$):

$$\begin{aligned}
\mathbb{P}(W_1 \le x_1, W_1 + W_2 \le x_2) &= \mathbb{P}(N(x_1) \ge 1, N(x_2) \ge 2) \\
&= \mathbb{P}(N(x_2) \ge 2 | N(x_1) \ge 1)\mathbb{P}(N(x_1) \ge 1) \\
&= (1 - e^{-\lambda x_1} - \lambda x_1 e^{-\lambda x_2}) \\
&= \int_0^{x_1} \lambda e^{-\lambda w_1} \int_0^{x_2 - w_1} \lambda e^{-\lambda w_2}\, dw_2\, dw_1 \,. \qquad \blacksquare
\end{aligned}$$

Bemerkung 1.74 (Eigenschaften von Poisson-Prozessen) *Aus den beiden vorangegangenen Sätzen ergeben sich einige wichtige Eigenschaften eines Poisson-Prozesses:*

- *ein Poisson-Prozess ist ein Zählprozess,*
- *die Zwischenankunftszeit zwischen zwei Sprüngen eines homogenen Poisson-Prozesses folgt einer Exponentialverteilung mit Parameter* λ,
- *und insbesondere ist* $\mathbb{P}$*-f.s.* $T_i < T_{i+1}$ *für* $i \ge 1$, *d. h. die Sprunghöhe eines (homogenen) Poisson-Prozesses ist gleich* 1.

Abb. 1.1 zeigt einen Pfad eines homogenen Poisson-Prozesses mit Intensität $\lambda = 1$ (oben), und einen Pfad eines inhomogenen Poisson-Prozesses mit Intensität $\lambda = 1$ für $t \in [0, 5]$ und Intensität $\lambda = 10$ für $t \in [5, 10]$ (unten).

Um beliebige Sprunghöhen einzuführen, überlagern wir den Poisson-Prozess mit einer Wahrscheinlichkeitsverteilung auf $\mathbb{R}$ und führen den zusammengesetzten Poisson-Prozess ein.

Definition 1.75 (Zusammengesetzter Poisson-Prozess) $N(t)$ sei ein Poisson-Prozess mit Parameter λ, $Z_i, i = 1, 2, \ldots$ sei eine Familie unabhängig identisch verteilter Zufallsvariablen, die zusätzlich als unabhängig vom Poisson-Prozess $N(t)$ angenommen werden. Dann heißt der Prozess $X(t)$ mit

$$X(t) := \sum_{i=1}^{N(t)} Z_i \tag{1.118}$$

ein *zusammengesetzter Poisson-Prozess.*

Mit dem Erlauben negativer Sprunghöhen ist ein zusammengesetzter Poisson-Prozess natürlich nicht mehr notwendigerweise ein wachsender Prozess, bleibt aber weiter zwischen den Sprüngen konstant. Da Sprungzeit und Sprunghöhe unabhängig sind, ist die Simulation eines zusammengesetzten Poisson-Prozesses nicht wesentlich komplizierter als die eines gewöhnlichen Poisson-Prozesses. Lediglich an den Sprungzeitpunkten sind zusätzlich die Sprunghöhen zu simulieren.

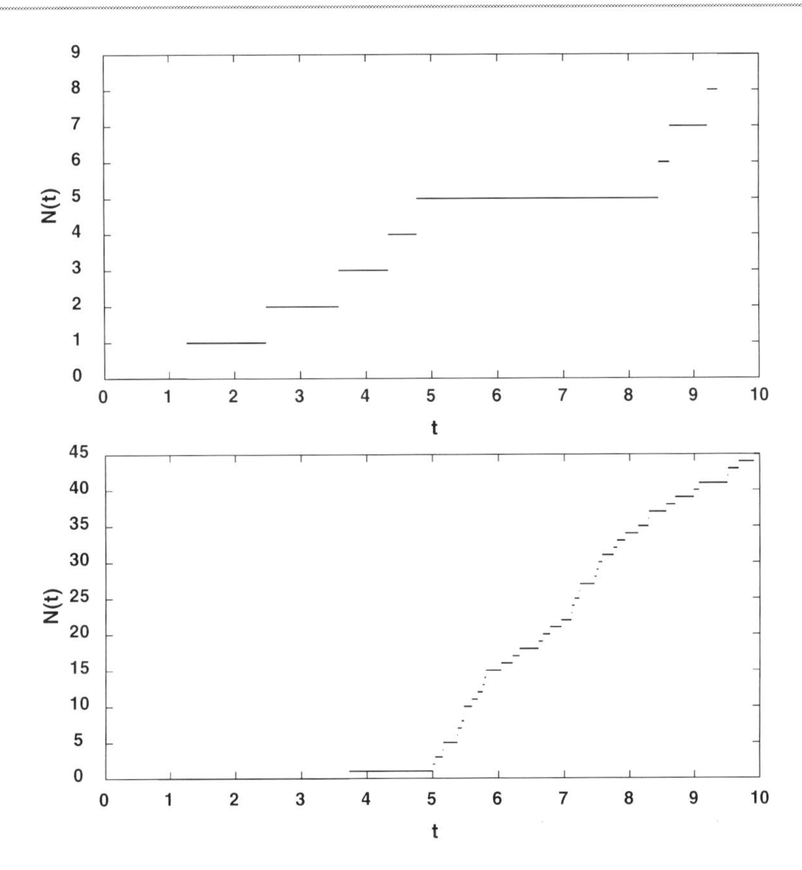

Abb. 1.1 Ein homogener Poisson-Prozess mit konstanter Intensität $\lambda = 1$ (*oben*) und ein inhomogener Poisson-Prozess mit zeitabhängiger Intensität $\lambda(t) = \lambda_1 \mathbb{1}\{0 \leq t \leq \frac{T}{2}\} + \lambda_2 \mathbb{1}\{\frac{T}{2} \leq t \leq T\}$ für $\lambda_1 = \lambda = 1$ und $\lambda_2 = 10 \cdot \lambda_1 = 10$ (*unten*)

Bemerkung 1.76 *Ein zusammengesetzter Poisson-Prozess mit Drift,*

$$Y(t) = y + ct - X(t) \tag{1.119}$$

(mit $X(t)$ wie in (1.118)) wird in der Risikotheorie gern zur Modellierung des Risikoprozesses eines Schadensversicherers verwendet. Hier stellen y das Anfangsvermögen, ct die proportional zur Zeit eingehenden Prämienzahlungen und $X(t)$ die ausgehenden Schadensleistungen dar.

Abb. 1.2 zeigt wieder entsprechende Pfade eines zusammengesetzten Poisson-Prozesses und eines zusammengesetzten Poisson-Prozesses mit Drift.

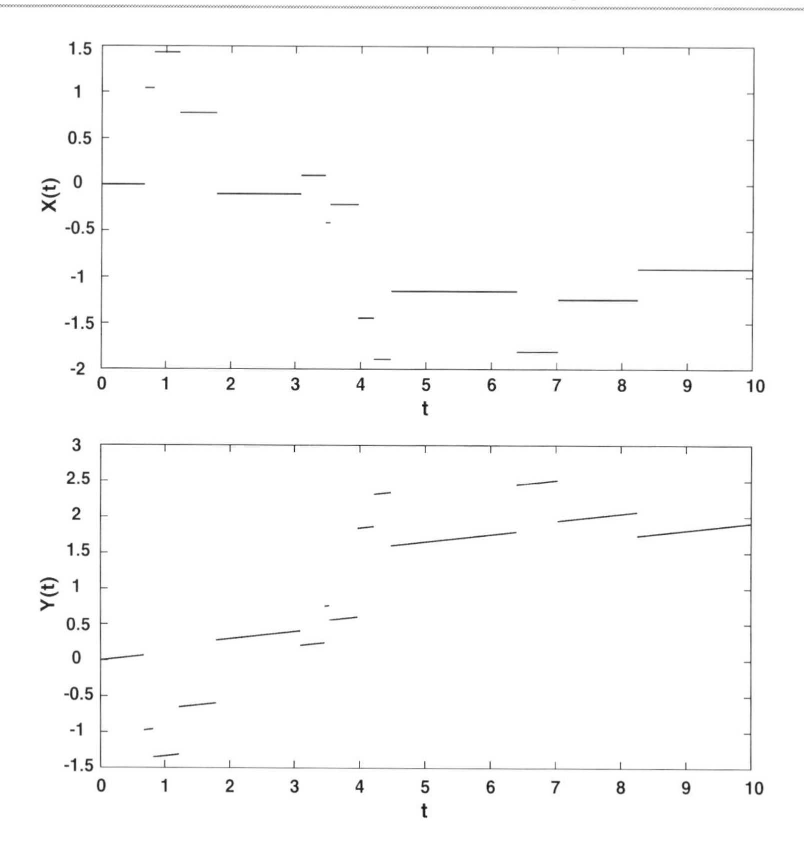

Abb. 1.2 Ein zusammengesetzter Poisson-Prozess mit Intensität $\lambda = 1$ und standardnormalverteilten Sprunghöhen (*oben*) und der dazugehörige zusammengesetzte Poisson-Prozess mit Drift $c = 0{,}1$ und Anfangsvermögen $y = 0$ (*unten*)

Stochastische Integrale bzgl. eines Poisson-Prozesses Um Sprungprozesse und speziell Poisson-Prozesse zur Modellierung von Aktienpreisdynamiken einsetzen zu können, müssen wir den Begriff des stochastischen Integrals geeignet erweitern.

Wir starten hierzu ganz naiv, indem wir das stochastische Integral eines reellwertigen stochastischen Prozesses Y bezüglich eines Poisson-Prozesses N als Summe

$$\int_0^t Y(s)dN_s := \sum_{i=1}^{N(t)} Y(t_i) \tag{1.120}$$

der Werte von Y zu den Sprungzeiten $t_1, \ldots, t_{N(t)}$ des Poisson-Prozesses definieren. Eine direkte Verallgemeinerung, wenn wir $N(t)$ durch einen zusammengesetzten Poisson-Prozess mit Sprunghöhen Z_i zu den Sprungzeiten t_i des Poisson-Prozesses ersetzen, ist

$$\int_0^t Y(s)dX(s) := \sum_{i=1}^{N(t)} Y(t_i) \cdot Z_i . \tag{1.121}$$

Natürlich wird dieses stochastische Integral im Allgemeinen kein Martingal sein, da schon der einfachste Integrator, der Standard-Poisson-Prozess kein Martingal ist. Um dies zu beheben, korrigieren wir den Poisson-Prozess geeignet.

Definition 1.77 (Kompensierter Poisson-Prozess) Zu einem Poisson-Prozess $N(t)$ mit Intensität λ definieren wir den *kompensierten Poisson-Prozess* $\tilde{N}(t)$ als

$$\tilde{N}(t) := N(t) - \lambda t . \tag{1.122}$$

Dass der kompensierte Poisson-Prozess ein Martingal ist, ist eine direkte Konsequenz der Eigenschaften von Poisson-Prozessen:

Proposition 1.78 *Der kompensierte Poisson-Prozess $\tilde{N}(t)$ wie in* (1.122) *definiert, ist ein Martingal bzgl. seiner Filterung $\{\mathcal{F}_t\}_{t\geq 0}$.*

Beweis Unter Verwendung der Eigenschaft, dass $\mathbb{E}[N(t)] = \lambda t$ und der Tatsache, dass ein Poisson-Prozess unabhängige Zuwächse besitzt, folgt für jedes $t > s \geq 0$:

$$\begin{aligned}\mathbb{E}\big[\tilde{N}(t) - \tilde{N}(s) \mid \mathcal{F}_s\big] &= \mathbb{E}[N(t) - \lambda t - (N(s) - \lambda s)|\mathcal{F}_s] \\ &= \mathbb{E}[N(t) - N(s)|\mathcal{F}_s] - \lambda(t-s) \\ &= \mathbb{E}[N(t) - N(s)] - \lambda(t-s) = \lambda(t-s) - \lambda(t-s) = 0 .\end{aligned}$$

Daraus folgt dann die Martingaleigenschaft $\mathbb{E}\big[\tilde{N}(t) \mid \mathcal{F}_s\big] = \tilde{N}(s)$. ■

Um dann das stochastische Integral richtig definieren zu können, brauchen wir zuerst noch den Begriff der Vorhersagbarkeit eines stochastischen Prozesses.

Definition 1.79 Es sei die Filterung $\{\mathcal{F}_t\}_{t\geq 0}$ gegeben. Ein stochastischer Prozess $\{(X(t), \mathcal{F}_t)\}_{t\geq 0}$ heißt *vorhersagbar* bzgl. der Filterung $\mathcal{F}$, wenn die Abbildung

$$X : [0, \infty) \times \Omega \to \mathbb{R}^d, \quad (t, \omega) \mapsto X(t, \omega) \tag{1.123}$$

messbar bzgl. der kleinsten σ-Algebra ist, die durch die linksstetigen Prozesse $\{(Y(t), \mathcal{F}_t)\}_{t\geq 0}$ der Form

$$Y(t, w) := Z(\omega)\, 1_{\{r<t\leq s\}}, \quad r, s \in \mathbb{R} \quad \text{und } Z \text{ ist } \mathcal{F}_r\text{-messbar}, \tag{1.124}$$

erzeugt wird.

Die Vorhersagbarkeit eines stochastischen Prozesses passt zu obiger Diskussion, dass der Wert des Prozesses und damit des Integranden fixiert sein muss, **bevor** man weiß, dass ein Sprung passiert. Dies ist insbesondere wichtig, wenn der Integrand als Handelsstrategie interpretiert wird, denn auf diese Weise ist sichergestellt, dass man nicht zuerst den Sprung abwarten und gleichzeitig zum alten Preis handeln kann.

Definition 1.80 Es sei X ein vorhersagbarer Prozess bzgl. einer Filterung $\mathcal{F}$, die die von $N(.)$ erzeugte Filterung enthält, und X sei integrierbar bzgl. des Lebesgue-Maßes. Dann definieren wir das stochastische Integral bzgl. des kompensierten Poisson-Prozesses als

$$\int_0^t X(s)d\tilde{N}(s) := \int_0^t X(s)dN(s) - \int_0^t X(s)\lambda ds \tag{1.125}$$

Die Konstruktion (1.125) unter Hilfe der Vorhersagbarkeit liefert uns dann auch die gewünschte Martingaleigenschaft:

Satz 1.81 *Das in Definition 1.80 eingeführte stochastische Integral bezüglich eines kompensierten Poisson-Prozesses ist wohl-definiert und ein Martingal auf* $[0, T]$ *bzgl.* $\mathcal{F}$.

Beweis Ist Y ein erzeugender Prozess der Form (1.124), dann gilt für $s < t$:

$$\mathbb{E}\big[Y(s)\big(\tilde{N}(t) - \tilde{N}(s)\big) \mid \mathcal{F}_s\big] = Y(s)\mathbb{E}\big[\big(\tilde{N}(t) - \tilde{N}(s)\big) \mid \mathcal{F}_s\big] = 0\,.$$

Der Beweis der Aussage für $\int_0^t X(s)d\tilde{N}(s)$ mit vorhersagbarem X erfolgt in Analogie zu Exkurs 2, Band 1, mittels Approximation durch einfache Prozesse und Grenzwertbildung (siehe auch Übung 6) unter Verwendung obiger Eigenschaft. Die Wohldefiniertheit ist dann eine direkte Konsequenz aus der Integrierbarkeit von X. ■

Markierte Punktprozesse Um das oben eingeführte stochastische Integral auch auf kompliziertere Sprungprozesse ausdehnen zu können, werden wir sogenannte Poissonsche Zufallsmaße einführen. Ein hierfür nützliches Konzept ist das der markierten Punktprozesse, bei dem man einen Sprungprozess auf die Angabe von Sprungzeitpunkten und Sprunghöhen (t_i, Y_i) reduziert. Hierdurch lässt sich z. B. ein zusammengesetzter Poisson-Prozess einfach darstellen. Als Erweiterung können in diesem Rahmen auch multivariate Sprungprozesse der Form

$$N(t) := \big(N^{(1)}(t), \ldots, N^{(m)}(t)\big)$$

einfach eingeführt werden. Als markierter Punktprozess werden sie mit den Sprungzeiten t_i sowie den Angaben $Y_i = k$ identifiziert, was gerade bedeutet, dass zur Zeit t_i genau die

i. Komponente des multivariaten Prozesses springt. In Formeln ausgedrückt erhält man dann die einzelnen Komponenten als

$$N^{(k)}(t) = \sum_{i \geq 1} 1_{t_i \leq t} 1_{Y_i = k} . \tag{1.126}$$

Dabei muss der Sprungprozess nicht notwendig ein Poisson-Prozess sein, darf aber nur die Sprunghöhen 1 in allen Komponenten aufweisen, und es dürfen keine gemeinsamen Sprünge verschiedener Komponenten vorkommen.

Nach diesen Vorüberlegungen geben wir die allgemeine Definition:

Definition 1.82 (E-markierter Punktprozess) $(E, \mathcal{E})$ sei ein Messraum mit $E \subseteq \mathbb{R}$. Weiter sei (t_i, Y_i) eine Folge von Paaren aus

- nicht-negativen Zufallsvariablen $0 < t_1 < t_2 < \ldots$ und
- E-wertigen Zufallsvariablen Y_i.

Eine solche Folge $(t_n, Y_n)_{n \in \mathbb{N}}$ heißt ein *E-markierter Punktprozess.*

Mit Hilfe der E-markierten Puntkprozesse können wir nun in Analogie zum Itô-Integral stochastische Integrale einführen, in dem wir ein geeignetes Zufallsmaß einführen. Wir betrachten hierzu zunächst den zu einer Menge $A \subseteq E$ mit $A \in \mathcal{E}$ aus dem markierten Punktprozess $(t_n, Y_n)_{n \in \mathbb{N}}$ abgeleiteten neuen markierten Punktprozess

$$N(t, A) = \sum_{i \geq 1} 1_{t_i \leq t} 1_{Y_i \in A}. \tag{1.127}$$

Indem man N als eine zweiparametrige Familie betrachtet, kann man die Filterung

$$F_t^N := \sigma\{N(s, A) | 0 \leq s \leq t, A \in \mathcal{E}\}, \tag{1.128}$$

und das zugehörige *Zufallsmaß*

$$p((0, t], A) := N(t, A), 0 \leq t, A \in \mathcal{E} \tag{1.129}$$

einführen. Dieses Maß zählt dann die Sprünge (wobei im Fall eines multivariaten Sprungprozesses der Sprung mit der Auswahl der k. Komponente zu identifizieren ist, die gerade springt) mit Sprunghöhe aus A bis zur Zeit t. Nimmt man zusätzlich an, dass sich die Sprungzeiten t_i nicht im Endlichen häufen, so lässt sich das stochastische Integral eines gegebenen vorhersagbaren Prozesses $H(t, x)$ definieren, bei dem die zweite Komponente die Abhängigkeit von der jeweiligen Sprunghöhe des Integrators zur Sprungzeit modellieren kann:

$$\int_0^t \int_E H(s, y) p(ds, dy) - \sum_{i \geq 1} H(t_i, Y_i) 1_{t_i \leq t} = \sum_{i=1}^{N(t,E)} H(t_i, Y_i) . \tag{1.130}$$

Im Spezialfall des zusammengesetzten Poisson-Prozesses zählt das obige Zufallsmaß $p((0,t], A)$ alle Sprünge des Poisson-Prozesses $N(.)$ auf $(0,t]$, die eine Sprunghöhe mit Werten in A aufweisen. Hierfür nehmen wir Unabhängigkeit zwischen der Sprunghöhenverteilung mit Wahrscheinlichkeitsmaß $m(dy)$ und dem Poisson-Prozess mit konstanter Sprungintensität λ an. Das so entstandene Zufallsmaß $p((0,t], A)$ ist ein *Poisson-Zufallsmaß*, d. h. $p((0,t], A)$ ist für alle $t \geq 0$, $A \in E$ eine Poisson-verteilte Zufallsvariable. Wie im Fall des Poisson-Prozesses definieren wir nun das *kompensierte Poisson-Zufallsmaß*

$$q((0,t], A) := \tilde{N}_t(A) := p((0,t], A) - \lambda \cdot t \cdot m(A), 0 \leq t, \ A \in \mathcal{R}. \tag{1.131}$$

Ist der Integrand $H(t,x)$ integrierbar bzgl. des gerade definierten kompensierten Poisson-Zufallsmaßes und besizt die Sprunghöhenverteilung den Träger E mit Erwartungswert $\mathbb{E}(Y)$, so ist

$$\int_0^t \int_E H(s,y) q(ds,dy) = \sum_{i \geq 1} H(t_i, Y_i) 1_{t_i \leq t} - \lambda t \mathbb{E}(Y) \tag{1.132}$$

ein Martingal, womit eine zum Fall des Itô-Integrals analoge Eigenschaft gilt.

Eine Sprung-Diffusion ist die Verallgemeinerung der Summe einer Brownschen Bewegung und eines Poisson-Prozesses. Genauer, sie ist die die Kombination eines stochastischen Integrals bzgl. eines zusammengesetzten Poisson-Prozesses (bzw. eines Poisson-Zufallsmaßes) und eines Diffusionsprozesses.

Wir nehmen an, dass ein Wahrscheinlichkeitsraum $(\Omega, \mathcal{F}, \mathbb{P})$ gegeben ist, auf dem sowohl eine (d-dimensionale) Brownsche Bewegung als auch ein (zusammengesetzter) Poisson-Prozess definiert sind.

Definition 1.83 (Sprung-Diffusionsprozess) Ein stochastischer Prozess $\{(X(t), \mathcal{F}_t)\}$, $t \in [0,T]$, mit der Darstellung

$$X(t) = X(0) + \int_0^t f(s)ds + \int_0^t g(s)dW(s) + \int_0^t \int_E h(s,y) p(ds,dy), \tag{1.133}$$

wobei $W(t)$ eine Brownsche Bewegung ist, die vom Poisson-Zufallsmaß $p(.,.)$, das zu einem zugrunde liegenden (zusammengesetzten) Poisson-Prozess gehört, unabhängig ist, heißt ein *Sprung-Diffusionsprozess*. Dabei soll der Träger der Sprunghöhenverteilung in E liegen, die Integranden $f(s)$, $g(s)$ progressiv messbar und $h(s,y)$ ein vorhersagbarer Prozess sein, die alle die nötigen Intergrierbarkeitsbedingungen erfüllen, so dass alle auftretenden Integrale definiert sind.

Der Sprungprozess in der Definition kann auch als Summe geschrieben werden

$$\int_0^t \int_E h(s,y)p(ds,dy) = \sum_{i=1}^{N(t)} h(t_i, Y_i), \tag{1.134}$$

wobei t_i die Sprungzeitpunkte und Y_i die Sprunghöhen des zusammen gesetzten Poisson-Prozesses N_t sind. In Analogie zum Black-Scholes-Rahmen verwenden wir auch für Sprung-Diffusionen die zugehörige Differentialschreibweise des Integrals in (1.133):

$$dX(t) = f(t)dt + g(t)dW(t) + \int_E h(t,y)p(dt,dy)\,. \tag{1.135}$$

Beispiel 1.84

1. Natürlich ist schon die Summe

$$X(t) = W(t) + N(t) \tag{1.136}$$

aus einer Brownschen Bewegung $W(t)$ und eines Poisson-Prozesses $N(t)$ mit Intensität λ, die voneinander unabhängig sind, eine nicht-triviale Sprung-Diffusion. Man erhält die Verteilungsfunktion von $X(t)$ durch Bedingen nach der Anzahl der Sprünge von $N(t)$ als

$$\mathbb{P}(X(t) \leq x) = \sum_{k=0}^{\infty} e^{-\lambda t} \frac{(\lambda t)^k}{k!} \Phi\left(\frac{x-k}{\sqrt{t}}\right). \tag{1.137}$$

Es ergibt sich also eine Mischung von Normalverteilungen, die gemäß den Wahrscheinlichkeiten für die jeweiligen Werte des Poisson-Prozesses gewichtet sind.

2. Durch die einfache Modifikation

$$X_t = x + \int_0^t s\,dW_s + N_t \tag{1.138}$$

erhält man bereits eine Sprung-Diffusion, die keine stationären Zuwächse besitzt.

Um mit Sprung-Diffusionen rechnen zu können, benötigen wir eine geeignete Verallgemeinerung der Itô-Formel.

Satz 1.85 (Itô-Formel für Sprung-Diffusionen) *Für einen Sprung-Diffusionsprozess $X(t)$ gemäß (1.133) und eine $C^{1,2}$-Funktion $F : [0, \infty) \times \mathbb{R} \to \mathbb{R}$ gilt*

$$
\begin{aligned}
F(t, X(t)) = F(0, X(0)) &+ \int_0^t F_x(s, X(s))g(s)dW(s) \\
&+ \int_0^t \left(F_t(s, X(s)) + F_x(s, X(s))f(s) + \frac{1}{2}F_{xx}(s, X(s))g^2(s) \right) ds \\
&+ \sum_{i=1}^{N(t)} (F(t_i, X(t_i-) + h(t_i, Y_i)) - F(t_i, X(t_i-))). \qquad (1.139)
\end{aligned}
$$

Beweis Man beachte zunächst, dass die Sprünge eines Poisson-Prozesses keinen Häufungspunkt in endlicher Zeit haben können. Zwischen zwei Sprüngen des Poisson-Prozesses ist $X(t)$ ein Itô-Prozess. Auf diesen können wir pfadweise die Itô-Formel für Itô-Prozesse anwenden. Man erhält dann den jeweiligen Wert nach Sprung in t_i, in dem man die durch den Sprung entstandene Differenz

$$
\begin{aligned}
F(t_i, X(t_i)) - F(t_i-, X(t_i-)) &= F(t_i, X(t_i)) - F(t_i, X(t_i-)) \\
&= F(t_i, X(t_i-) + h(t_i, Y_i)) - F(t_i, X(t_i-))
\end{aligned}
$$

zum Diffusionsprozess dazu addiert. ■

1.9 Sprung-Diffusionsmodelle als Aktienpreismodelle

Nachdem wir mit dem voran gegangenen Abschnitt die nötigen theoretischen Grundlagen gesammelt haben, können wir uns unserem eigentlichen Ziel, der Bewertung von Optionen in populären Sprung-Diffusionsprozessmärkten, widmen. Wir werden uns hierbei hauptsächlich auf das sogenannte Merton-Modell nach Merton (1976) konzentrieren, aber auch Varianten und Verallgemeinerungen hiervon betrachten, die ebenfalls in der Praxis gebräuchlich sind.

Bevor wir allerdings mit der expliziten Vorstellung der Modelle und der Bewertungsaspekte beginnen, wollen wir kurz auf die eigentliche, spezielle Motivation für Sprünge im Bereich der Optionsbewertung eingehen. Ein wesentlicher Kritikpunkt bei der Betrachtung von Volatilitätskurven und -flächen ist immer auch die sehr hohe implizite Volatilität für Optionen kurzer Laufzeit. Dies ist zum Beispiel darauf zurück zu führen, dass Optionen mit kurzer Laufzeit, die aus dem Geld sind, nach Black-Scholes fast keinen Wert mehr haben und bereits ein niedriger Marktpreis dazu führt, dass die implizite Volatilität hoch ist. Hier sollte die Berücksichtigung einer Sprungmöglichkeit zu einer entsprechenden Korrektur führen.

Ein vollständiges Sprung-Diffusionsmodell Wie wir in den für Praxis und Theorie wichtigen Beispielen sehen werden, sind Sprung-Diffusionsmodelle bzw. genauer, die jeweiligen Marktmodelle, bei denen ein Geldmarktkonto mit deterministischer Verzinsung und in Aktien, deren Preisentwicklung durch Sprung-Diffusionsprozesse modelliert werden, im Allgemeinen unvollständig. Zählt man allerdings die unabhängigen Quellen der Unsicherheit, so kann man heuristisch darauf hoffen, dass bei d Quellen der Unsicherheit und d Aktien ein vollständiger Markt vorliegen kann. Tatsächlich existiert auch ein entsprechendes Modell, das von Monique Jeanblanc und Monique Pontier in Jeanblanc-Picqué und Pontier (1990) vorgestellt wird. Es besteht aus einem Bond mit konstanter Zinsrate und zwei Aktien mit Preisen

$$dS_1(t) = S_1(t)[\sigma_1 dW(t) + \phi_1 dN(t)], \tag{1.140}$$

$$dS_2(t) = S_2(t)[\sigma_2 dW(t) + \phi_2 dN(t)], \tag{1.141}$$

wobei W eine Brownsche Bewegung, N ein Poisson-Prozess und σ_i, ϕ_i Konstanten sind.

In Jeanblanc-Picqué und Pontier (1990) werden Eigenschaften für die Arbitragfreiheit des Marktmodells, seine Vollständigkeit und auch die Lösung des Portfolio-Problems im Sprung-Diffusionsmodell detailliert erläutert. Wir wollen das hier nicht tun, da das Modell nicht sonderlich realistisch erscheint und deshalb auch keine Anwendung in der Praxis findet. Man beachte nämlich, dass sich zwischen zwei Sprüngen die Aktienkursentwicklung der zweiten Aktie direkt aus der der ersten ergibt. Lediglich die Unsicherheit, dass im nächsten Moment ein Sprung stattfinden kann, verhindert eine Arbitragemöglichkeit. Eine solche *stückweise Vorhersagbarkeit* des einen Aktienkurses aus dem andern ist im vollständigen Diffusionsmodell, bei dem die beiden zufälligen Komponenten unabhängige Brownsche Bewegungen sind, nicht gegeben.

Optionsbewertung im Sprung-Diffusionsmodell nach Merton Der Prototyp eines Sprung-Diffusionsmodells wurde bereits in Merton (1976) entwickelt. Die Modellierung des Aktienkurses setzt dabei zum einen dabei an, dass Sprünge mit variabler Sprunghöhe erlaubt sind und zum anderen aber ein doch dem Black-Scholes-Modell in vieler Hinsicht nahestehender Rahmen konstruiert wird. Der Kern des Modells ist die Wahl der Aktienpreisgleichung als

$$dS(t) = S(t-)((\mu - \lambda\kappa)dt + \sigma dW(t) + (Y(t) - 1)dN(t)), \tag{1.142}$$

wobei μ, σ die üblichen Drift- und Diffusionsparameter des Aktienpreises (wie im Black-Scholes-Modell) darstellen, W eine Brownsche Bewegung und N ein homogener Poisson-Prozess mit Parameter $\lambda > 0$ sind. Die Verteilung der Sprunghöhen $Y(t)$ wird als log-normal mit

$$\mathbb{E}(Y(t) - 1) = \kappa \tag{1.143}$$

und als unabhängig von der Brownschen Bewegung und vom Poisson-Prozess angenommen.

Auf der einen Seite ist die Wahl des Terms $Y(t) - 1$ in (1.143) natürlich zur Modellierung der Verluste durch Sprünge und auf der anderen Seite sichert die Wahl des Prozesses $Y(t)$ als log-normal analytische Handhabbarkeit und garantiert, dass

$$Y(t) - 1 > -1 \tag{1.144}$$

gilt. Damit kann der Aktienpreisprozess im Falle eines Sprunges nie auf einen nicht positiven Wert fallen. Insbesondere ist mit der Itô Formel für Sprung-Diffusionen die explizite Lösung der stochastischen Differentialgleichung gegeben durch

$$S(t) = S_0 \exp\left(\left(\mu - \lambda\kappa - \frac{1}{2}\sigma^2\right)t + \sigma W(t)\right) \cdot \prod_{i=1}^{N(t)} \tilde{Y}_i \,, \tag{1.145}$$

wobei $\tilde{Y}_i = Y(t_i)$ den Wert des Sprungprozesses zum i-ten Sprungzeitpunkt bezeichnet. Definiert man den Erwartungwert und die Varianz der Sprünge der logarithmierten Renditen $\ln(S(t_i)/S(t_i-)) = \ln(\tilde{Y}_i)$ als

$$\mathbb{E}\big(\ln(\tilde{Y}_i)\big) := \mu_J - \frac{1}{2}\sigma_J^2, \quad \mathbb{V}ar\big(\ln(\tilde{Y}_i)\big) := \sigma_J^2, \tag{1.146}$$

so folgt mit (1.143) die Beziehung

$$\kappa = \exp(\mu_J) - 1 \,, \tag{1.147}$$

wobei wir verwendet haben, dass $x \sim log\mathcal{N}(e^{a+\frac{1}{2}b^2}, e^{2a+b^2}(e^{b^2} - 1))$, wenn $\ln x \sim \mathcal{N}(a, b)$.

Durch die multiplikative Separation in einen stetigen Teil und in einen Sprungterm in (1.145) ist diese explizite Lösung sehr gut handbar. Insbesondere sind somit die Pfade der Lösung im Sprung-Diffusionsmodell nach Merton leicht zu simulieren.

Andererseits erhält man auf Grund dieser Struktur nicht ohne Weiteres einen eindeutigen Optionspreis. Man muss hier zusätzlich – wie schon in Merton (1976) erfolgt – annehmen, dass das Sprungrisiko des Aktienpreises durch ein entsprechend gewähltes Aktienportfolio replizierbar ist und damit nicht bewertet werden muss. Merton schlägt deshalb eine Duplizierungsstrategie vor, die das Diffusionsrisiko vollständig gegen Schwankungen absichert, jedoch das Sprungrisiko vollkommen ignoriert. Das bedeutet, dass im Merton Sprung-Diffusionsmodell die selbe Transformation wie im einfachen Black-Scholes Fall angewendet wird, d. h. die Drift μ transformiert sich zum risikolosen Zinssatz r und die anderen Modellparameter bleiben unverändert. Mit dieser Wahl kann nun der Optionspreis einer europäischen Call-Option im Merton Sprung-Difffusionsmodell berechnet werden, indem man auf die Anzahl und Höhe der Sprünge konditioniert und dann die Tatsache ausnutzt, dass die restlichen Teile des Aktienpreises einer geeignet gewählten log-normal Verteilung folgen. Insbesondere kann man durch diese Argumentation auch den klassischen Satz von Girsanov für Diffusionen und die entsprechende Feynman-Kac-Darstellung (vgl. Satz 3.42 aus Band 1) verwenden.

Satz 1.86 *Es sei der Callpreis-Operator im Black-Scholes Modell gegeben als*

$$C\left(S, K, r, \sigma^2; T\right) := S\Phi(d_1) - Ke^{(-rT)}\Phi(d_2)$$
$$d_1 = \frac{\ln(S/K) + \left(r + \frac{1}{2}\sigma^2\right)T}{\sigma\sqrt{T}}, \quad d_2 = d_1 - \sigma\sqrt{T}. \qquad (1.148)$$

Dann ist der Preis eines europäischen Calls im Sprung-Diffusionsmodell nach Merton durch folgende Darstellung gegeben:

$$C_{Merton}(0, S_0) = \sum_{n=0}^{\infty} e^{-\tilde{\lambda}T} \frac{1}{n!}\left(\tilde{\lambda}T\right)^n C\left(S, K, r_n, \sigma_n^2; T\right),$$
$$\tilde{\lambda} = \lambda(k+1), \quad r_n = r - \lambda k + n\frac{\mu_J}{T}, \quad \sigma_n^2 = \sigma^2 + n\frac{\sigma_J^2}{T}. \qquad (1.149)$$

Beweis Mit obigen Überlegungen zum Maßwechsel sind die Aktienpreisdynamiken unter Q gegeben als

$$S(t) = S_0 \exp\left(\left(r - \lambda\kappa - \frac{1}{2}\sigma^2\right)t + \sigma W(t)\right) \cdot \prod_{i=1}^{N(t)} \tilde{Y}_i$$
$$= S_0 \exp\left(\left(r - \lambda\kappa - \frac{1}{2}\sigma^2\right)t + \sigma W(t) + \sum_{i=1}^{N(t)} \ln \tilde{Y}_i\right).$$

Der Callpreis im Merton Sprung-Diffusionsmodell ergibt sich dann als

$$C_{\text{Merton}}(0, S_0) = e^{-rT}\, \mathbb{E}_Q\left[\left(S_0 e^{\left(r-\lambda\kappa-\frac{1}{2}\sigma^2\right)T+\sigma W(T)+\sum_{i=1}^{N(T)} \ln \tilde{Y}_i} - K\right)^+\right].$$

Bedingen auf die Anzahl der Sprünge $N(T) = n$ wie in Beispiel 1.84 liefert

$$C_{\text{Merton}}(0, S_0) = e^{-rT} \sum_{n=0}^{\infty} Q(N(T) = n)$$
$$\cdot\, \mathbb{E}_Q\left[\left(S_0 e^{\left(r-\lambda\kappa-\frac{1}{2}\sigma^2\right)T+\sigma W(T)+\sum_{i=1}^{n} \ln \tilde{Y}_i} - K\right)^+\right].$$

Unter Verwendung von

$$Q(N(T) = n) = e^{-\lambda T}\frac{1}{n!}(\lambda T)^n$$

erhält man dann

$$C_{\text{Merton}}(0, S_0) = e^{-rT} \sum_{n=0}^{\infty} e^{-\lambda T}\frac{1}{n!}(\lambda T)^n$$
$$\cdot\, \mathbb{E}_Q\left[\left(S_0 e^{\left(r-\lambda\kappa-\frac{1}{2}\sigma^2\right)T+\sigma W(T)+\sum_{i=1}^{n} \ln \tilde{Y}_i} - K\right)^+\right].$$

Mit Hilfe von (1.146) ist nun offensichtlich, dass

$$\begin{aligned} Z_1 &:= (r - \lambda\kappa - \tfrac{1}{2}\sigma^2)T + \sigma W(T) + \sum_{i=1}^{n} \ln \tilde{Y}_i \\ &\sim \mathcal{N}\big((r - \lambda\kappa - \tfrac{1}{2}\sigma^2)T + n\big(\mu_J - \tfrac{1}{2}\sigma_J^2\big), \sigma^2 T + n\sigma_J^2\big) \end{aligned}$$

und in Verteilung gleich der Zufallsvariablen

$$Z_2 := (r - \lambda\kappa - \tfrac{1}{2}\sigma^2)T + n(\mu_J - \tfrac{1}{2}\sigma_J^2) + \sqrt{\tfrac{\sigma^2 T + n\sigma_J^2}{T}} W(T)$$

ist. Also folgt

$$\begin{aligned} C_{\text{Merton}}(0, S_0) &= e^{-rT} \sum_{n=0}^{\infty} e^{-\lambda T} \frac{(\lambda T)^n}{n!} \\ &\quad \cdot \mathbb{E}_Q\Big[\Big(S_0 e^{\left(r-\lambda\kappa-\frac{1}{2}\sigma^2\right)T+n(\mu_J-\frac{1}{2}\sigma_J^2)+\sqrt{\sigma^2+\frac{n\sigma_J^2}{T}}W(T)} - K\Big)^+\Big], \end{aligned}$$

was sich mit

$$r_n := r - \lambda k + n\frac{\mu_J}{T} \quad \text{und} \quad \sigma_n^2 := \sigma^2 + n\frac{\sigma_J^2}{T}$$

schreiben lässt als

$$C_{\text{Merton}}(0, S_0) = e^{-rT} \sum_{n=0}^{\infty} e^{-\lambda T} \frac{(\lambda T)^n}{n!} \mathbb{E}_Q\Big[\Big(S_0 e^{\left(r_n-\frac{1}{2}\sigma_n^2\right)T+\sigma_n W(T)} - K\Big)^+\Big].$$

Mit $\tilde{\lambda} := \lambda(k+1) = \lambda \cdot e_J^{\mu}$ und der Definition des Black-Scholes Callpreis Operators (1.148) erhält man dann das gewünschte Ergebnis:

$$\begin{aligned} C_{\text{Merton}}(0, S_0) &= e^{-rT} e^{r_n T} \sum_{n=0}^{\infty} e^{-\lambda T} \frac{(\lambda T)^n}{n!} e^{-r_n T} \mathbb{E}_Q\Big[\Big(S_0 e^{\left(r_n-\frac{1}{2}\sigma_n^2\right)T+\sigma_n W(T)} - K\Big)^+\Big] \\ &= \underbrace{e^{-\tilde{\lambda}} \Big(\frac{\tilde{\lambda}}{\lambda}\Big)^n \sum_{n=0}^{\infty} \frac{(\lambda T)^n}{n!}}_{= \sum_{n=0}^{\infty} e^{-\tilde{\lambda} T} \frac{(\tilde{\lambda} T)^n}{n!}} \; \underbrace{e^{-r_n T} \mathbb{E}_Q\Big[\Big(S_0 e^{\left(r_n-\frac{1}{2}\sigma_n^2\right)T+\sigma_n W(T)} - K\Big)^+\Big]}_{= C(S, K, r_n, \sigma_n^2; T)} \qquad \blacksquare \end{aligned}$$

Die Darstellung (1.149) bedeutet, dass der Callpreis im Merton Sprungdiffussionsmodell als das gewichtete Mittel von klassischen Black-Scholes Callpreisen, bedingt auf die Sprünge bis zum Laufzeitende, interpretiert werden kann.

Mit Hilfe von (1.149) können wir nun das Modell zudem auch auf übliche Weise (vergleiche wieder Kap. 4 für Details) kalibrieren, d. h. wir bestimmen die unbekannten Modellparameter λ, σ^2, μ_J, σ_J^2 durch Anpassen an die Marktpreise von gehandelten Call-Optionen. Sind diese Parameter bestimmt, können dann im Anschluss wieder kompliziertere exotische Optionen z. B. durch Monte Carlo Simulation bewertet werden. Ein entsprechender Algorithmus zur Simulierung der Pfade der stochastischen Differentialgleichung (1.145) findet sich z. B. in Kap. 7 der Monographie Korn et al. (2010). Den Optionspreis erhält man dann wie üblich als arithmetisches Mittel über die resultierenden diskontierten Endauszahlungen.

Bemerkung 1.87

1. ***Bewertungsformel:*** *Die Optionspreisformel hängt von der (relativen) Drift der Sprünge μ_J und der mittleren Sprunghöhe κ ab. Da diese Parameter subjektiv und investorspezifisch sind, handelt es sich hier nicht mehr um eine Bewertung unter dem objektiven Maß wie im Black-Scholes Fall.*
2. ***Warum dann überhaupt Sprünge?*** *Der Hauptgrund für die Verwendung von Modellen mit Sprüngen für die Optionsbewertung ist, dass diffusions-basierte Modelle nicht die sehr hohe implizite Volatilität von Optionen mit sehr geriner Restlaufzeit erklären können. Tatsächlich erscheint es naheliegend, dass diese hohe implizite Volatilität nur durch die Angst vor einem plötzlichen Wertverlust des Aktienpreises kurz vor dem Laufzeitende erklärt werden kann.*
3. ***Weitere Ansätze:*** *Grünewald (1998) vergleicht den obigen Bewertungsansatz mit verschiedenen anderen Ansätzen der Optionsbewertung und des Hedgings im Merton Sprung-Diffusionsmodell. Zu ihnen gehört ein Ansatz von Schweizer (1991), der das Risiko lokal minimiert und ein Ansatz von Bates (1996), der auf einem Gleichgewichtsmodell beruht. Beide führen zu ähnlichen Ergebnissen, jedoch unterscheiden sie sich in der Art, wie das Sprungrisiko bewertet wird und liefern damit auch leicht verschiedene Optionspreise.*
4. ***Mehrdimensionale Underlyings:*** *Das obige Modell ist auch einer mehrdimensionalen Formulierung zugänglich: Dazu betrachtet man dann einen mehrdimensionalen Gauß-Poisson-Prozess der Form*

$$X_i(t) = x_i + \mu_i t + \sum_{j=1}^{d} \sigma_{ij} W_j(t) + \sum_{j=1}^{k} \sum_{m=1}^{N_j(t)} Y_m^j \,, \; i = 1, \ldots, n \,, \tag{1.150}$$

wobei $W(t)$ eine $d-$dimensionale Brownsche Bewegung ist und Y_m^j sind k unabhängige zusammengesetzte Poisson-Prozesse mit verschieden verteilten Sprunghöhen.

Das Doppel-Exponential-Sprungmodell Ein weiteres Sprung-Diffusionsmodell, das explizite Berechnungen zulässt, ist das Modell von Kou (2002), das doppelt exponentiell verteilte Sprünge annimmt.

Der Hauptunterschied zum Sprung-Diffusionsmodell nach Merton ist, dass das Modell nach Kou anstatt log-normal verteilter Sprunghöhen nun annimmt, dass der Logarithmus der Sprunghöhe $V = \ln(Y)$ die Dichtefunktion

$$f(v) = p \cdot \eta_1 e^{-\eta_1 v} 1_{\{v \geq 0\}} + (1-p) \cdot \eta_2 e^{\eta_2 v} 1_{\{v<0\}} \tag{1.151}$$

mit $\eta_1 > 1$, $\eta_2 > 0$, $p \in [0, 1]$ besitzt. Damit erhalten wir dann für den Erwartungswert der Sprunghöhen

$$\mathbb{E}(Y) = \mathbb{E}(e^V) = p\frac{\eta_1}{\eta_1 - 1} + (1-p)\frac{\eta_2}{\eta_2 + 1}. \tag{1.152}$$

Bemerkung 1.88 (Optionsbewertung im Doppel-Exponential-Sprungmodell) *Basierend auf der Arbeit Naik und Lee (1990), hat Kou die Methodik eines Gleichgewichtsmodells mittels rationaler Erwartungen verwendet, um eine Optionspreisformel in einem unvollständigen Marktmodell herzuleiten. Das Ergebnis ist eine explizite Lösung für europäische Calls, deren Struktur wieder sehr der Black-Scholes Formel ähnelt und somit wieder für die Kalibrierung an Marktdaten und die Bewertung von exotischen Optionen mittels Monte Carlo Simulation geeignet ist. Für Details verweisen wir an dieser Stelle auf Kou (2002).*

Stochastische Volatilität mit Sprüngen Da man das Merton-Modell als ein um Sprünge ergänztes Black-Scholes-Modell ansehen kann, liegt es nahe, auch weitere Diffusionsmodelle um Sprungprozesse zu ergänzen. Wie schon zu Beginn erwähnt, können stochastische Volatilitätsmodelle, wie z. B. das Heston-Modell, die sehr hohe Volatilität von Optionen mit kurzer Restlaufzeit nicht erklären. Um dem Abhilfe zu schaffen, wurde in Bates (1996) das Merton Sprung-Diffusionsmodell mit dem Heston-Modell – resultierend in einem stochastischen Volatilitätsmodell mit Sprüngen – kombiniert. Die stochastischen Prozesse für den Aktienpreis und die Volatilität sind also wie folgt gegeben:

$$dS(t) = S(t-)((r - \lambda\kappa)dt + \sigma(t)dW(t) + (Y(t) - 1)dN(t)), \tag{1.153}$$

$$d\sigma(t) = \theta(\sigma_\infty - \sigma(t))dt + \nu\sqrt{\sigma(t)}d\tilde{W}(t) \tag{1.154}$$

Dabei sind $r, \lambda, \kappa, \theta, \nu, \sigma_\infty$ passend gewählte, positive Konstanten und die Brownschen Bewegungen untereinander mit $\rho = Corr(W_t, \tilde{W}_t) \in [-1, 1]$ korreliert sowie unabhängig von dem zur Modellierung gewählten Poisson-Prozess. Bates (1996) leitet hier analog zum Vorgehen aus Kap. 1.7 für das Heston-Modell mit Hilfe der Fouriermethode (vgl. Kap. 1.6) eine geschlossene Formel für liquide Optionen her, so dass auch hier eine Kalibrierung an Marktpreise möglich ist. Auf Grund der Unabhängigkeit der Brownschen

Bewegungen vom Poisson-Prozess kann zur Simulation des Bates Modells jedes Modell im Sinne von Abschn. 1.7.6 zur Simulation des Heston-Teils verwendet werden und dann mit einem klassischen Algorithmus zur Simulation eines Sprung-Diffusionsmodells kombiniert werden.

Lévy-Modelle Eine weitere Modellklasse, die ganz allgemein Sprünge zulässt (in Kombination mit Diffusionen oder als eigenständiges Modell), ist die Klasse der Lévy-Modelle. Hierbei wird dann im Wesentlichen die Rolle der Brownschen Bewegung $W(t)$ im Black-Scholes-Modell von einem Lévy-Prozess $Z(t)$ übernommen. Dabei ist ein Lévy-Prozess ein stochastischer Prozess mit unabhängigen und stationären Zuwächsen, der mit $Z(0) = 0$ startet und Pfade besitzt, die fast sicher stetig sind. So ist natürlich auch eine Brownsche Bewegung ein Lévy-Prozess, aber die deutliche Mehrzahl der Lévy-Prozesse besitzt Pfade, die Sprünge aufweisen, wie z. B. auch die bereits vorgestellten Poisson-Prozesse aus dem vorigen Abschnitt. Durch die typischerweise große Anzahl von Parametern und ihre sonstigen Eigenschaften existieren Lévy-Modelle, die Verteilungen mit deutlich spitzeren Dichten mit gleichzeitig schwereren Flanken als die Normalverteilung besitzen und so auch extreme Aktienbewegungen erklären können, die das Black-Scholes-Modell nicht erklären kann.

Für eine Übersicht über die Anwendung von Lévy-Prozessen in der Finanzmathematik sei z. B. auf die Monographien Cont und Tankov (2003) oder Schoutens (2003) verwiesen. In der Theorie bekannte Modelle, die auch auf Marktdaten angewendet wurden, sind z. B. das hyperbolische Modell (siehe z. B. Eberlein und Keller (1995)), das Varianz-Gamma-Modell (siehe z. B. Madan und Seneta (1990)) oder das NIG-Modell (siehe z. B. Barndorff-Nielsen und Shephard (2001)). Bisher konnten sich die Lévy-Modelle allerdings noch nicht auf breiter Front in der Praxis durchsetzen, da durch die hohe Parametrisierung ein größerer Schätzaufwand, insbesondere bei der Kalibrierung der Modellparameter entsteht.

Übungsaufgaben

1. Man führe den Beweis von Lemma 1.21 durch Anwenden der Itô-Produktregel.
2. Man zeige: Mit den Bezeichnungen $x := X(0)$, $s_0 := B(0)$ gilt für eine Handelsstrategie $\varphi(t)$ (vgl. den Beweis von Satz 1.37):

$$\varphi(t) \text{ ist selbst-finanzierend} \quad \Leftrightarrow$$

$$\hat{X}(t) = \frac{x}{s_0} + \sum_{i=1}^{d} \int_0^t \varphi_i(s) d\hat{S}_i(s) \quad \mathbb{P}-\text{fast sicher für alle } t \in [0, T].$$

3. Man zeige, dass im allgemeinen Diffusionsmodell die diskontierten Aktienpreise unter Q die Dynamiken

$$d\hat{S}_i(t) = \hat{S}_i(t)\Big[\sum_{j=1}^{m} \sigma_{ij}(t)\Big] dW_j^Q(t) \quad , i = 1, \ldots, d$$

besitzen.
Hinweis: Man benötigt dazu den Satz von Girsanov sowie die Eigenschaften des Marktpreises des Risikos im allgemeinen Diffusionsmodell.
4. Man berechne im zweidimensionalen Black-Scholes-Modell den fairen Preis der Option mit Endzahlung

$$B = 1_{\{S_1(T) \geq S_2(T)\}} \, .$$

5. Es sei $X_1, \ldots, X_n$ eine Folge unabhängig exponential verteilter Zufallsvariablen. Man zeige, dass $Z := \sum_{i=1}^{n} X_i \sim \Gamma(\lambda, n)$ der Gammaverteilung folgt, d. h. Z hat
(a) die Verteilungsfunktion $\mathbb{P}(Z \leq x) = 1 - e^{-\lambda x} \sum_{k=0}^{n-1} \frac{(\lambda x)^k}{k!}$,
(b) und die Dichtefunktion $f(x) = \frac{\lambda}{(n-1)!} (\lambda x)^{n-1} e^{-\lambda x}$.
Hinweis: Induktion nach n und Berechnung der Faltung der Dichten.
6. Vervollständige den Beweis von Satz 1.81 durch explizites Ausführen des Approximationsargumentes.

Zinsmodellierung und Zinsprodukte 2

2.1 Motivation und Überblick

In den voran gegangenen Abschnitten haben wir die Modellierung der Entwicklung der Zinsen mehr oder weniger vernachlässigt. Vielfach wurde die Zinsrate als konstant angesetzt (z. B. im Black-Scholes-Modell). Damit war ein Bond- oder Festgeldinvestment immer vollkommen sicher und vorhersagbar, nicht nur im Hinblick auf die Zurückzahlung des Geldes, sondern auch bezüglich der Entwicklung des Werts des Investments über die Zeit hinweg.

Dies ist eine grobe Vereinfachung, denn es gibt einige wichtige Gründe, eine detaillierte Modellierung für die tatsächliche Entwicklung von Zinsraten bzw. von Zinsproduktpreisen vorzunehmen:

- Der Handel mit sogenannten *Fixed-Income-Produkten* (d. h. Produkte, die eine feste Auszahlung besitzen und deren Preis sich dann mittels geeigneter Abzinsung ergibt) hat ein deutlich größeres Volumen als z. B. Aktienkäufe und -verkäufe. Man denke dabei nur an die Gesamtheit der Lebensversicherer, die enorme Volumina in Anleihen investieren.
- Zinsraten sind in der Regel nicht so volatil wie Aktienpreise, doch die Entwicklung von Marktzinsen ist bei Weitem nicht konstant, wie z. B. in Abb. 2.1 für die Entwicklung des Zinses für eine Anlage mit einer Laufzeit von sechs Monaten im Zeitraum von September 1972–März 2012 zu sehen ist (erstellt auf der Basis von Daten der Deutschen Bundesbank).
- Die Finanzierung unserer Gesellschaft ist wesentlich von der Entwicklung der Zinsen abhängig, sowohl von Kreditzinsen, als auch von den vom Staat am Finanzmarkt erzielten Zinsrenditen bei der Ausgabe von Bundesanleihen.

S. Desmettre, R. Korn, *Moderne Finanzmathematik – Theorie und praktische Anwendung Band 2*, Studienbücher Wirtschaftsmathematik, https://doi.org/10.1007/978-3-658-21000-7_2

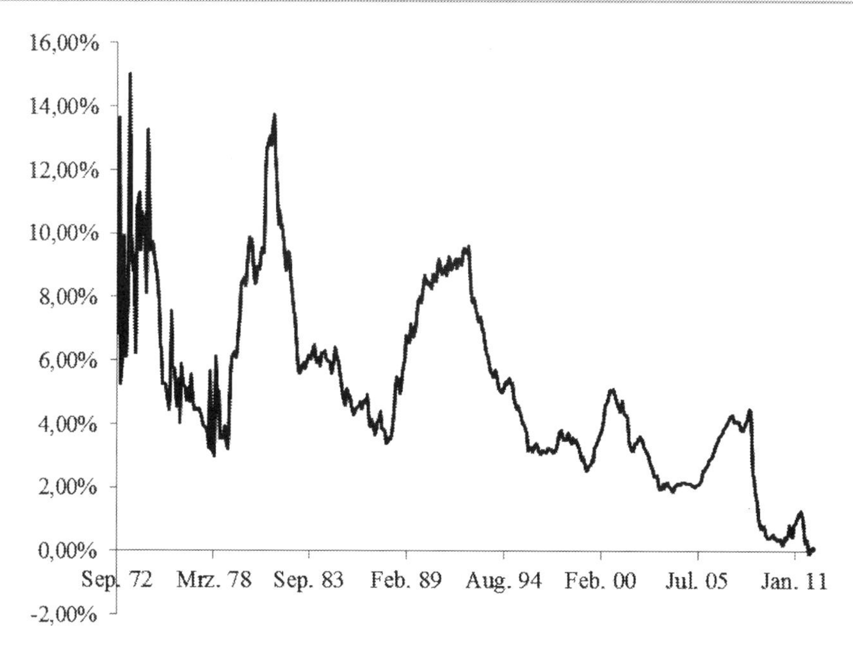

Abb. 2.1 Entwicklung des Sechs-Monats-Zinses im Zeitraum von September 1972–März 2012

Das mathematisch oft bewährte Vorgehen, ein vorhandenes dynamisches Modell z. B. für Aktienpreise auch für die Entwicklung von Zinsraten oder von Anleihepreisen nach geeigneter Modifikation zu verwenden, ist aus vielerlei Gründen problematisch.

So werden Zinsraten nicht gehandelt. Alle Zinsprodukte sind quasi Derivate auf die Entwicklung von Zinsraten über die Zeit hinweg. Während Aktienpreismodelle in der Regel einen tendenziell mit der Zeit steigenden Kursverlauf unterstellen, ist das für Zinsen unzweckmäßig. Im Gegenteil, man scheint ein natürliches Gefühl für die Höhe gewisser Zinssätze entwickelt zu haben, was sich in Begriffen wie *Niedrigzinsphase* oder *Hochzinsphase* widerspiegelt. Außerdem sind Anleihen eine Mischung aus riskantem und risikolosem Investment, selbst wenn wir unterstellen, dass sie mit Sicherheit zurück gezahlt werden. Zwar ist nämlich ihr Wert zur Fälligkeit heute bekannt, ihr Wert z. B. ein Jahr vor der Fälligkeit hingegen nicht. Deshalb ist ein Anleiheninvestment nur dann risikolos (vom Ausfallrisiko des Schuldners abgesehen), wenn die erworbene Anleihe bis zur Fälligkeit gehalten wird.

Neben der langen Laufzeit von Zinsprodukten bleibt auch die Frage, welcher Zins (Tageszins, Monatszins, Jahreszins, ...) oder welcher Zinsproduktpreis (Nullkuponanleihe, Kuponanleihe, ...) sich als Startpunkt einer Modellierung anbieten. Hier gibt es keine natürlich gegebene erste Wahl.

Sowohl in der Forschung als auch in der Praxis unterscheidet man prinzipiell – allerdings mit unterschiedlicher Gewichtung – drei Hauptkonzepte der Zinsmodellierung,

- den *Short-Rate-Ansatz* (oder Kassazinsratenansatz),
- den *Forward-Rate-Ansatz* (oder Terminzinsratenansatz), auch als *Heath-Jarrow-Morton-Modell* bezeichnet und
- das *LIBOR-Markt-Modell*, das z. T. auch als eine Variante des Heath-Jarrow-Morton-Ansatzes angesehen wird.

Wir werden diese verschiedenen Ansätze in diesem Kapitel detailliert vorstellen und dabei auch auf Aspekte der Anwendung eingehen.

Aus der weiterführenden Literatur zum Thema *Zinsmodellierung* wollen wir stellvertretend Björk (2004), Brigo und Mercurio (2001) und Zagst (2002) als lesenswerte Beispiele nennen. Für numerische Aspekte der Zinssimulation mittels Monte-Carlo-Methoden verweisen wir auf Korn et al. (2010). Schließlich wollen wir am Ende des Kapitels auch auf neuere Entwicklungen im Bereich der Zinsmodellierung eingehen.

2.2 Grundbegriffe der Zinsmodelle und einfache Zinsprodukte

Zwei besondere Aspekte der Zinsmodellierung liegen in dem vielfältigen Vokabular, das für die Beschreibung der verschiedenen Sachverhalte benötigt wird und in der nahezu unüberschaubaren Anzahl an Zinsprodukten, die auf dem Markt gehandelt werden. Wir wollen hier eine kurze und systematische Einführung geben und die wichtigsten Begriffe zusammen stellen. Dabei machen wir zunächst die zentrale Annahme des sicheren Anleiheinvestments:

Kein Ausfallrisiko Wir nehmen in diesem Kapitel an, dass ausgegebene Kredite/Anleihen alle vollständig zurück gezahlt werden, d. h. es besteht kein Ausfallrisiko für den Käufer.

Wir beginnen mit dem einfachsten am Zinsmarkt gehandelten Wertpapier, der *Nullkuponanleihe*. Aus ihr leiten sich fast alle Zinsbegriffe und -produkte ab:

Definition 2.1

a) Eine *Nullkuponanleihe* (auch: *Zero-Bond*) ist ein Vertrag, der seinem Halter zur Fälligkeit T die Zahlung einer Geldeinheit garantiert. Wir bezeichnen mit $P(t, T)$ den Preis zur Zeit $t \leq T$ eines Zero-Bonds mit Fälligkeit T. Um die Abhängigkeit der Nullkuponanleihe von ihrer Fälligkeit zu unterstreichen, sprechen wir auch von einem T-Bond.
b) Die Menge aller heutigen Zero-Bond-Preise $P(t, T), T \geq t$ zur festen Zeit t, die alle möglichen Fälligkeiten $T \geq t$ durchläuft, heißt die *Diskontfunktion* oder auch *Zinsstrukturkurve* (der Bondpreise).

Im Vergleich zu Aktienpreismodellen fällt direkt auf, dass die Gesamtheit der Bondpreise von zwei Zeitskalen abhängt, der laufenden Zeit (der *Kalenderzeit*) t und den Fälligkeiten

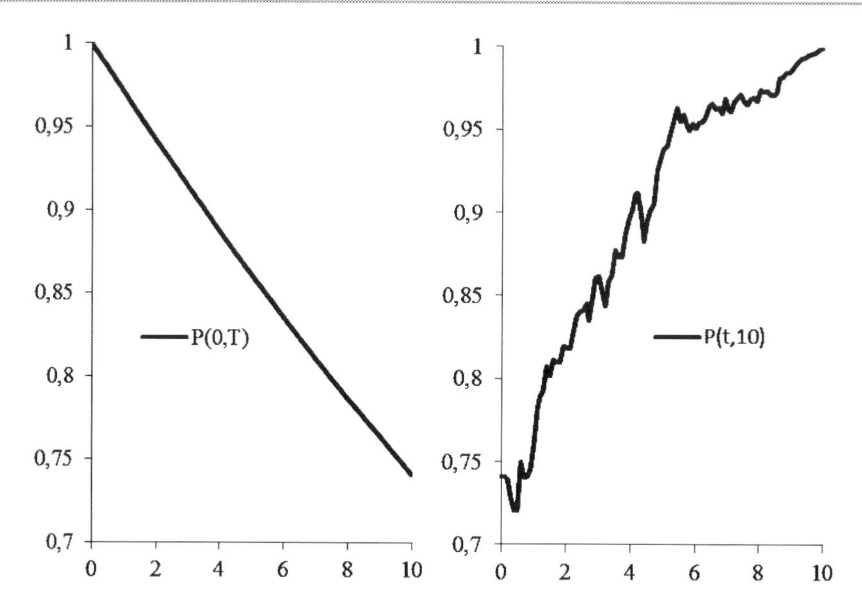

Abb. 2.2 Schematische Darstellung der Diskontfunktion und der Entwicklung des Preises einer Nullkuponanleihe mit 10-jähriger Laufzeit

T der jeweiligen Anleihen. Dies lässt sich an der Gegenüberstellung der beiden Kurven in Abb. 2.2 veranschaulichen:

Während alle Punkte auf der Diskontfunktion als heutige Bondpreise $P(0, T)$ bekannt sind (linkes Diagramm), sind bei der Preisentwicklung $P(t, 10)$, $0 \leq t \leq 10$ eines Zero-Bonds der zur Zeit $T = 10$ – gemessen ab seiner Ausgabe – fällig wird, lediglich der heutige Preis $P(0, 10)$ und der Endpreis $P(10, 10) = 1$ bekannt. Zwar gilt bei nichtnegativer Verzinsung noch $0 < P(t, 10) \leq 1$, doch ist noch nicht einmal die Monotonie der Preisentwicklung in der Kalenderzeit gesichert. So gesehen stellt eine Nullkuponanleihe eine Mischung aus sicherem Investment (falls man sie bis zur Fälligkeit hält) und riskantem Investment (wenn man nicht sicher ist, sie bis zur Fälligkeit halten zu können oder zu wollen) dar.

Die Entwicklung des Zinsmarktes wird durch die zeitliche Entwicklung der Zinsstrukturkurve $P(t, T)$, $0 \leq t \leq T$, als Ganzes beschrieben. Es ist somit immer die simultane Preisentwicklung einer (theoretisch) überabzählbaren Anzahl von Zero-Bonds zu modellieren. Oder anders ausgedrückt, wir modellieren die Entwicklungen von Funktionen in T über die Zeit hinweg und erhalten so zunächst ein unendlich-dimensionales Modellierungsproblem.

Wie man bereits im linken Teil von Abb. 2.2 sieht, lässt sich direkt aus der Diskontfunktion nur recht wenig Information über die Struktur der heutigen Nullkuponanleihenpreise entnehmen. Wir transformieren sie daher in die sogenannte *Zinsstrukturkurve der Renditen*, die zu den Nullkuponanleihenpreise die *äquivalenten festen Zinssätze* angibt, die zu den Preisen aus der Diskontfunktion führen würden, wenn man die Anleihen in eine festverzinsliche Anleihe umwandeln könnte.

Hierzu benötigen wir einige Begriffe.

Definition 2.2

a) Zu einem gegebenen Zero-Bond-Preis $P(t, T)$ ist die *effektive Rendite* (engl. Yield) $y(t, T)$ für den Zeitraum $[t, T]$ eindeutig durch die Beziehung

$$P(t, T) = \exp(-y(t, T) \cdot (T - t)) \tag{2.1}$$

gegeben.

b) Für festes $t \geq 0$ heißt die Funktion der effektiven Renditen $y(t, T)$ für $T \geq t$ die *Zinsstrukturkurve* (der effektiven Renditen) zur Zeit t.

Bemerkung 2.3 *Die effektive Rendite entspricht also wie gewünscht genau der äquivalenten festen Zinsrate, die man auf den Kaufpreis des Zero-Bonds erhält, wenn man die Anleihe bis zu ihrer Fälligkeit T hält. Die Zinsstrukturkurve der effektiven Renditen, die wir ab sofort nur noch die Zinsstrukturkurve nennen wollen, macht somit die Zero-Bonds verschiedener Laufzeit im Hinblick auf ihre effektive Rendite vergleichbar. Bezüglich der Form der Zinsstrukturkurve unterscheidet man die Grundformen einer steigenden (normalen), konstanten (flachen), fallenden (inversen) und gewölbten Zinsstruktur, so wie sie in Abb. 2.3 vorhanden sind. Bei der Wahl der Bezeichnung geht man in natürlicher Art und Weise davon aus, dass man im Regelfall eine höhere Rendite haben will, wenn man sein Geld länger anlegt. Natürlich sind auch weitere Formen der Zinsstrukturkurve denkbar, aber diese haben dann keinen Namen mehr.*

Wie erhält man die Zinsstrukturkurve? Zunächst erscheint es aufgrund der Definition der Zinsstrukturkurve sehr einfach zu sein, sie aus Marktdaten zu erhalten. Allerdings setzt diese Definition quasi die Existenz eines Kontinuums von Nullkuponanleihen und zugehörigen Preisen voraus, was offensichtlich eine Idealisierung ist. Wir wollen zunächst davon ausgehen, dass heute, zum Zeitpunkt $t = 0$ die Preise $P(0, t_i)$, $i = 1, \ldots, n$ von n Nullkuponanleihen gegeben sind. Es sind nun die folgenden Ansätze der Erzeugung der Zinsstrukturkurve aus diesen Preisen denkbar:

- *Lineare Interpolation* zwischen den durch $y(0, t_i) = -\frac{1}{t_i} \ln(P(0, t_i))$ gegebenen, aus den Preisen am Markt beobachtbaren effektiven Renditen.
- Parametrische Interpolation zwischen den beobachtbaren effektiven Renditen, die zu einer glatten Zinsstrukturkurve führt, wie z. B. eine Interpolation mit *kubischen Splines*.
- *Anpassen einer parametrisierten Kurve* an die beobachtbaren effektiven Renditen.

Während die lineare Interpolation zu einfach erscheint und auch wegen ihrer Nicht-Differenzierbarkeit in den gegebenen Renditen nicht die Gestalt der in Abb. 2.3 vorgestellten Formen der Zinsstruktur besitzt, erscheint die Interpolation mittels kubischer

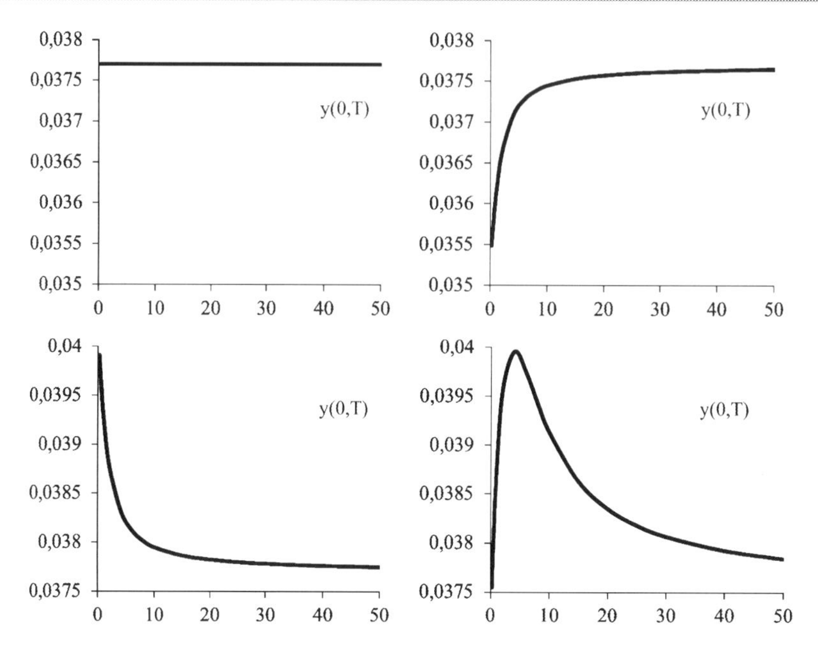

Abb. 2.3 Grundformen der Zinsstrukturkurve: Flache, normale, gewölbte und inverse Zinsstruktur (von *links oben* im Uhrzeigersinn betrachtet)

Splines (zweimal stetige Funktionen, die zwischen zwei gegebenen Renditen Polynome vom Höchstgrad 3 sind) zumindest diesen Formen nicht zu widersprechen, wenn man die lineare Fortsetzung am rechten Rand der Zinsstrukturkurve nach der größten gegebenen Rendite akzeptiert. Die Spline-Methodik ist deshalb auch durchaus in der Praxis gebräuchlich, wenn man sich auf die Bereiche zwischen gegebenen Renditen beschränkt.

Weit verbreitet ist in der Praxis allerdings auch der Ansatz, eine gegebene parametrisierte Form der Zinsstrukturkurve an die gegebenen Renditen anzupassen. Die populärste Form solcher Kurven ist durch die *Nelson-Siegel-Parametrisierung*

$$y_{\beta,\theta}(0,t) = \beta_0 + \beta_1 \frac{\theta}{t}\left(1 - e^{-t/\theta}\right) + \beta_2 \frac{\theta^2}{t}\left(1 - e^{-t/\theta}\left(1 + \frac{t}{\theta}\right)\right) \tag{2.2}$$

gegeben, wobei $\beta_0, \beta_1, \beta_2, \theta$ Konstanten sind, die so gewählt werden, dass die Summe der quadrierten Abweichungen zwischen den tatsächlich beobachteten Renditen $y(0,t_i)$ und den zugehörigen Nelson-Siegel-Renditen

$$abw^{(2)}(\beta_0, \beta_1, \beta_2, \theta) = \sum_{i=1}^{n} \left(y_{\beta,\theta}(0,t_i) - y(0,t_i)\right)^2 \tag{2.3}$$

minimal wird. Dabei können in der Fehlerquadratsumme auch noch Gewichtungen gemäß der Wichtigkeit der einzelnen Laufzeiten t_i vorgenommen werden.

Wir weisen darauf hin, dass es sich – trotz der einfach scheinenden Form der Fehlerquadratsumme – bei der zugehörigen Minimierung in den Parametern β und θ um ein hochgradig nichtlineares Optimierungsproblem handelt, das in der Regel nur numerisch zu lösen ist. Wir werden später in Kap. 4 weitere solche Probleme der Parameterkalibrierung sehen.

Die Interpretation der einzelnen Parameter in der Nelson-Siegel-Kurve wird nach der Einführung der Forward-Raten (siehe unten) einfacher. Allerdings sieht man auch schon jetzt durch Grenzbetrachtungen für die Laufzeiten t die folgenden Interpretationen:

- β_0 stellt die Rendite für eine sehr lang laufende Nullkuponanleihe dar, da man β_0 als Grenzwert in (2.2) für $t \to \infty$ enthält. Man sagt auch, dass β_0 das *lange Ende* der Zinsstrukturkurve bestimmt.
- $\beta_0 + \beta_1$ stellt die Rendite für eine sehr kurz laufende Nullkuponanleihe dar, da man $\beta_0 + \beta_1$ als Grenzwert in (2.2) für $t \downarrow 0$ enthält.
- Der Einfluss von β_2 ist für mittlere Werte von t am größten, wobei die Größenordnung der mittleren Werte von θ bestimmt wird. Daher wird β_2 insbesondere benötigt, um eine gewölbte Zinsstruktur zu erzeugen. Mit β_0, β_1 allein könnte man lediglich normale, flache und inverse Zinsstrukturen erzeugen.

Der Einfluss der einzelnen Parameter auf die Form der Nelson-Siegel-Kurve der effektiven Renditen wird auch in Abb. 2.4 veranschaulicht.

Bemerkung 2.4 (Wichtig!) *Man sieht leicht ein, dass die Nelson-Siegel-Kurve im Gegensatz zu den einfachen Interpolationsansätzen in der Regel nicht (!!!) in den Laufzeiten t_i mit den tatsächlich am Markt beobachteten effektiven Renditen $y(0, t_i)$ übereinstimmt. Die Nelson-Siegel-Kurve ist deshalb auch eher als beschreibendes Werkzeug zu sehen, deren Vorteil in der Konvergenz gegen einen endlichen Wert am langen Ende der Zinsstrukturkurve zu sehen ist.*

Auf weitere Verallgemeinerungen wie z. B. die Nelson-Siegel-Svensson-Kurve, bei der noch ein weiterer Term hinzugenommen wird, der dem dritten Term der Nelson-Siegel-Kurve entspricht, und die auch von der Bundesbank verwendet wird, soll hier nicht eingegangen werden.

Wie modelliert man die zeitliche Entwicklung der Zinsstrukturkurve? Zur Modellierung der zeitlichen Entwicklung der Zinsstrukturkurve führen wir zunächst die für unsere Modellierungsansätze fundamentalen Begriffe der *Short-Rate*, der *Forward-Rate* und der *LIBOR-Raten* ein.

Definition 2.5 $P(t, T)$ seien Zero-Bond-Preise mit Fälligkeiten $T \geq t$. Dann heißen

$$f(t, T) = -\frac{\partial}{\partial T}(\ln(P(t, T))) \tag{2.4}$$

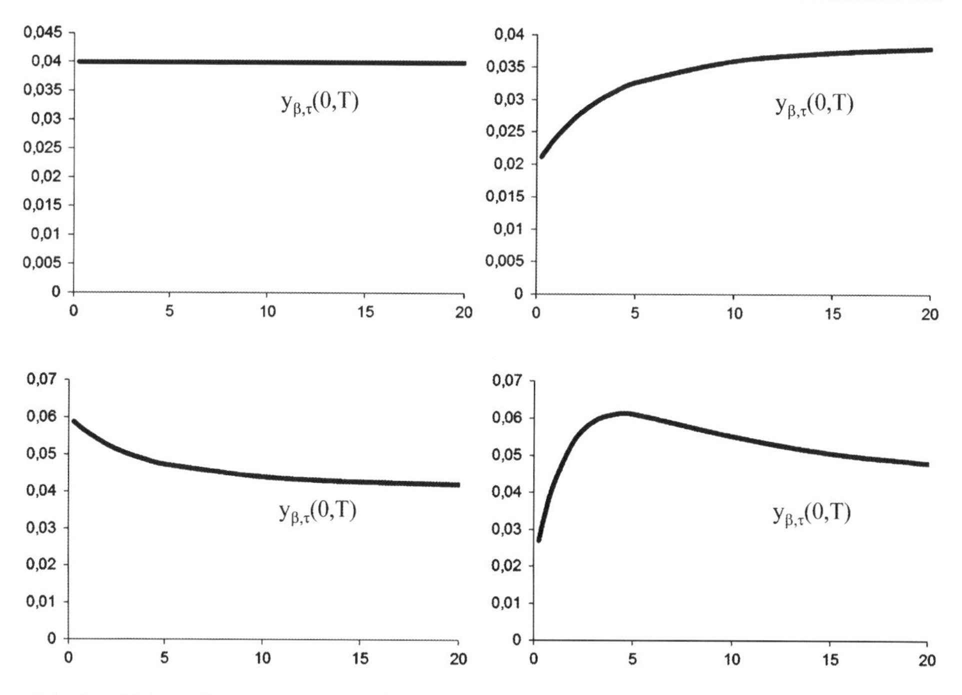

Abb. 2.4 Nelson-Siegel-Kurven für $\beta_0 = 0.04$, $\theta = 2$ mit $(\beta_1, \beta_2) = (0,0)$ (*links oben*), $(\beta_1, \beta_2) = (-0.02{,}0)$ (*rechts oben*), $(\beta_1, \beta_2) = (0.02{,}0)$ (*links unten*) und $(\beta_1, \beta_2) = (-0.02, 0.05)$ (*rechts unten*)

die *Forward-Rate* (oder Terminzinsrate) in T zur Zeit t,

$$r(t) = f(t,t) \tag{2.5}$$

die *Short-Rate* (oder Kassazinsrate) zur Zeit t und

$$L(t, T; \alpha) = \frac{1}{\alpha} \frac{P(t,T) - P(t, T+\alpha)}{P(t, T+\alpha)} \tag{2.6}$$

die α-*Forward-LIBOR-Rate* in T zur Zeit t mit Laufzeit α, sowie $L(t, t; \alpha)$ die α-*Spot-LIBOR-Rate* zur Zeit t.

Aus der Definition der Forward-Rate folgt die fundamentale Beziehung

$$P(t,T) = e^{-\int_t^T f(t,s)ds}, \tag{2.7}$$

aus der sich die Interpretation ergibt, dass die Forward-Rate $f(t,s)$ in s zur Zeit t die sich aus den Zero-Bond-Preisen zur Zeit t ergebende Einschätzung der Zinsrate für einen Kredit infinitesimaler Laufzeit (eine *Momentanverzinsung*) ist, der zur Zeit s beginnt und auch direkt danach endet. Wäre die Forward-Rate zur Zeit t auf $[t, T]$ konstant, so würde sie mit der effektiven Rendite für diesen Zeitraum übereinstimmen. Man beachte auch, dass die Kenntnis der heutigen Preise aller möglichen Nullkuponanleihen aufgrund von Gleichung (2.7) äquivalent zur Kenntnis aller Forward-Raten ist.

Die Short-Rate $r(t)$ ergibt sich entsprechend dann als die Zinsrate für ein sofort in t beginnendes und endendes Zinsgeschäft. Sowohl die Short-Rate als auch die Forward-Raten sind als infinitesimale Raten nicht direkt am Markt beobachtbare Größen, im Gegensatz zu den effektiven Renditen, die sich direkt aus den vorhandenen Zero-Bond-Preisen ergeben. Ein guter Schätzwert für die Short-Rate ergibt sich aber aus der Overnight-Rate, d. h. der Verzinsung für einen Kredit, der eine Nacht lang läuft.

Im Gegensatz zu Short- und Forward-Raten sind die LIBOR-Raten am Markt beobachtbar und jeweils einfache Zinsraten für den entsprechenden Zeitraum (d. h. es findet lediglich eine einmalige Zinszahlung am Ende der Periode statt, keine kontinuierliche Verzinsung mit fortlaufendem Zinseszins). Historisch stellen sie die Zinsraten dar, zu denen sich Banken untereinander für den entsprechenden Zeitraum Geld geliehen haben, was sich auch direkt aus ihrem Namen (LIBOR = **L**ondon **I**nter **B**ank **O**ffer **R**ate) ergibt. An der Frankfurter Börse heißen sie EURIBOR-Raten (= **EUR**o **I**nter **B**ank **O**ffer **R**ate). Je nachdem ob man Spot- oder Forward-Raten betrachtet sind sie entweder direkt für den heute beginnenden Zeitraum $[t, t + \alpha]$ gültig bzw. beschreiben die heutige Einschätzung für den zukünftigen Zeitraum $[T, T + \alpha]$. Dies setzte aber die Vernachlässigung des Ausfallrisikos von Banken voraus, was seit der Finanzkrise von 2008 nicht mehr gemacht wird. Auf den Zusammenhang zu den seit der Finanzkrise verstärkt verwendeten EONIA-Raten gehen wir am Ende des Kapitels kurz ein.

Bemerkung 2.6 *Die Nelson-Siegel-Kurve wurde ursprünglich für Forward-Raten spezifiziert (und wird auch z. T. so in der Praxis verwendet) und sieht dann wesentlich einfacher aus:*

$$f_{\beta,\theta}(0,t) = \beta_0 + \beta_1 e^{-t/\theta} + \beta_2 \frac{t}{\theta} e^{-t/\theta}. \tag{2.8}$$

Aus ihr ergeben sich direkt die Interpretationen für die Parameter $\beta_0, \beta_1, \beta_2, \theta$.

Beispiel 2.7 (Das Zinsgebirge und Modellierungsansätze) Als empirische Beispiele stellen wir die Zinsstrukturkurven deutscher Bundesanleihen in Abb. 2.5 vor (basierend auf Daten der Deutschen Bundesbank). Hierbei sind auf der x-Achse die Kalenderzeit t (in unserem Fall Juni 1986–August 2017), auf der y-Achse die Fälligkeiten $t + T$ (in unserem Fall bis zu $T = 25$ Jahren) und auf der z-Achse die Werte der effektiven Renditen $y(t, t + T)$ abgetragen. Man erhält also für festes t immer die jeweils gültige Zinsstrukturkurve über der y-Achse. Die Gesamtheit der über die (Kalender-)Zeit variierenden Zinsstrukturkurven nennt man auch das *Zinsgebirge*.

Man beachte, dass hier die Verwendung der Summe $t + T$ für die Fälligkeiten ab Zeit t nötig ist, da die Zeitspanne pro einzelner Zinsstrukturkurve immer bei der jeweiligen Kalenderzeit t (also z. B. $t = 1986\text{-}06$ für Juni 1986) beginnt und nicht bei $t = 0$, was

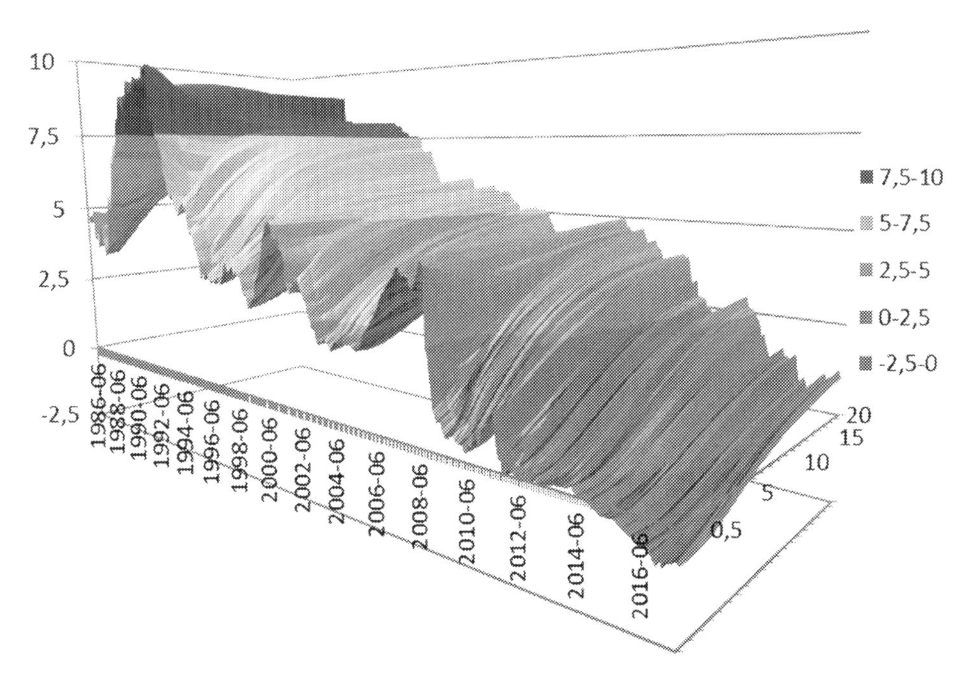

Abb. 2.5 Zinsstrukturkurven deutscher Bundesanleihen von Juni 1986–August 2017

wir aber bei unseren theoretischen Überlegungen aus Gründen der Einfachheit annehmen können.

Anhand des Zinsgebirges kann der konzeptionelle Unterschied zwischen den drei im weiteren Verlauf des Kapitels in separaten Abschnitten detailliert beschriebenen Hauptansätzen der Zinsmodellierung noch einmal anschaulich erklärt werden:

- Im Forward-Rate-Modell startet man mit der aus dem Markt erhaltenen Forward-Rate-Kurve, die gemäß Gleichung (2.7) äquivalent zur Zinsstrukturkurve ist und modelliert dann deren zeitliche Entwicklung über die Zeit hinweg durch ein parametrisches Modell. Folglich stimmt die Zinsstrukturkurve im Forward-Rate-Modell zumindest zu Beginn mit der tatsächlichen Zinsstrukturkurve überein.
- Im Short-Rate-Modell modelliert man nur die zeitliche Entwicklung des linken Rands der Zinsstrukturkurve $r(t) = y(t,t)$ über die Zeit hinweg. Die zugehörigen Zinsstrukturkurven ergeben sich dann aus den entsprechend berechneten Zero-Bond-Preisen. Im Short-Rate-Modell muss die Zinsstrukturkurve in keinem Punkt und zu keiner Zeit mit der tatsächlichen Zinsstrukturkurve übereinstimmen. Natürlich wird man die sie charakterisierenden Parameter so wählen (wollen), dass die zum Modell gehörigen Anleihenpreise möglichst gut zu den beobachteten Marktpreisen passen.
- Im LIBOR-Modell greift man sich einige am Markt relevante Zinsraten für jeweils feste Zeiträume (z. B. einen Monat, ein Quartal, ein Jahr ...) heraus und modelliert deren

gemeinsame Entwicklung über die Zeit hinweg. So gesehen kann man das LIBOR-Modell als einen Kompromiss zwischen Forward- und Short-Rate-Modell auffassen, wobei die Zinsraten im LIBOR-Modell den praktischen Vorteil besitzen, dass sie am Markt direkt quotiert werden, also beobachtbar sind.

Preise linearer Zinsprodukte Wir wollen diesen Abschnitt mit der Vorstellung einiger wichtiger Produkte am Zinsmarkt schließen, die sich aus den bisher eingeführten Begriffen ergeben. Dabei unterscheiden wir zwischen linearen Zinsprodukten, deren Preise sich als lineare Kombination aus vorhanden Zero-Bond-Preisen ohne zusätzliche Modellierung der zeitlichen Entwicklung der Zinsstruktur ergeben und nicht-linearen Produkten, bei denen dies nicht der Fall ist, sondern zu deren Bewertung Modellannahmen über die zeitliche Entwicklung der Zinsstrukturkurve bzw. abgeleiteter Größen zwingend erforderlich sind.

Das bekannteste lineare Wertpapier im Zinsbereich ist die klassische Anleihe mit Kuponzahlungen.

Definition 2.8 (Kuponbond) Ein *Kuponbond* mit Laufzeit T und Kupon $k \geq 0$ besteht aus Kuponzahlungen der Höhe k zu den Zeitpunkten $t_1 < t_2 < \ldots < t_n = T$ und der Zahlung einer Geldeinheit zur Fälligkeit T.

Interpretiert man einen Kuponbond als eine Summe von Vielfachen von Zero-Bonds mit jeweiligen Fälligkeiten t_i, so erhält man den Preis $P_{\text{kupon}}(t, T)$ eines Kuponbonds direkt als

$$P_{\text{kupon}}(t, T) = P(t, T) + k \sum_{i=1}^{n} P(t, t_i) 1_{\{t_i \geq t\}}(t). \tag{2.9}$$

Definition 2.9 (Termingeschäft) Ein *Termingeschäft* zwischen zwei Parteien A und B (auch als *Forward-Rate-Agreement* bezeichnet) besteht aus der Lieferung einer Nullkuponanleihe mit Fälligkeit T von A an B zur Zeit T_0 mit $T_0 < T$ zum heute bereits vereinbarten Preis P_F. Wird dabei P_F so gewählt, dass der Wert des Termingeschäfts bei Abschluss (heute) gleich Null ist, so heißt P_F der *T_0-Terminpreis* oder *Forward-Preis* der Nullkuponanleihe.

Mit Hilfe eines einfachen Duplikationsarguments lässt sich der Forward-Preis der Nullkuponanleihe als

$$P_F = \frac{P(0, T)}{P(0, T_0)} \tag{2.10}$$

bestimmen. Hierzu betrachte man die folgende Strategie für die Parteien A und B:

- A erwirbt heute (in $t = 0$) eine Nullkuponanleihe mit Fälligkeit T zum Preis $P(0, T)$, damit A zur Zeit T_0 seinen Lieferverpflichtungen nachkommen kann.

- Um den bereits feststehenden Kaufpreis P_F zur Zeit T_0 zahlen zu können, erwirbt B heute P_F Nullkuponanleihen mit Fälligkeit T_0. Dies führt heute zu Kosten der Höhe $P_F P(0, T_0)$.

Damit das Termingeschäft heute einen Wert von Null hat, müssen die Kosten dieser beiden Aktionen, die sich zur Zeit T_0 durch Tausch neutralisieren, heute gleich sein, woraus sich direkt die Form (2.10) von P_F ergibt.

Da beide Parteien bei einem Termingeschäft zur Fälligkeit ihren Verpflichtungen nachkommen müssen, also nicht wie im Fall einer Option eine Wahlmöglichkeit haben, ist es a priori nicht klar, ob sich aus einem Termingeschäft ein Gewinn oder ein Verlust ergeben wird. Für Partei A wäre das Termingeschäft genau dann ein Gewinn, wenn für den Preis der Nullkuponanleihe zur Zeit T_0 gerade $P(T_0, T) < P_F$ gelten würde. Partei A könnte dann nämlich die gerade gelieferte Nullkuponanleihe billiger am Markt wieder einkaufen und hätte zusätzlich noch die positive Differenz $P_F - P(T_0, T)$ als Bargeld.

Natürlich ist der Wert eines Termingeschäfts in der Regel nur zur Zeit $t = 0$ gleich Null. Mit der bei der Bestimmung des Forward-Preises analogen Argumentation kann man zeigen, dass sich der Wert eines Termingeschäfts für Partei A als

$$P_A(t, T_0) = P_F P(t, T_0) - P(t, T) = \frac{P(0, T)}{P(0, T_0)} P(t, T_0) - P(t, T) \tag{2.11}$$

ergibt. Je nach Entwicklung der Nullkuponanleihenpreise kann dieser Wert positiv oder negativ sein.

Will man eine variable Verzinsung, so kann man eine Floating-Rate-Note erwerben, die aus mehreren zukünftigen Zinszahlungen besteht, bei der aber nur die Höhe der ersten Zinszahlung zum Kaufzeitpunkt bekannt ist. Die nachfolgenden Zinszahlungen werden dann immer zu Beginn der jeweiligen Zinsperiode als Funktion des Werts eines Referenzzinssatzes festgelegt.

Geht man nun davon aus, dass der Markt arbitragefrei ist und die Zahlungen der Floating-Rate-Note kein Ausfallrisiko beinhalten, so lässt sich die jeweilige Zinszahlung $FL(t_i, t_{i+1})(t_{i+1} - t_i)$ zur Zeit t_{i+1} für die Zeitspanne $[t_i, t_{i+1}]$ eindeutig aus den Preisen der Nullkuponanleihen bestimmen. Es muss dann nämlich die Beziehung

$$1 + FL(t_i, t_{i+1})(t_{i+1} - t_i) = 1/P(t_i, t_{i+1}) \tag{2.12}$$

gelten, da sowohl die linke als auch die rechte Seite der Gleichung das Vermögen zur Zeit t_{i+1} einer zur Zeit t_i risikolosen Investition (dann ist ja der variable Zins für die Periode $[t_i, t_{i+1}]$ bereits festgelegt!) einer Geldeinheit darstellen.

Definition 2.10 (Floating-Rate-Note) Eine *Floating-Rate-Note* (mit Nennwert 1) mit Zeitpunkten $0 = t_0 \leq t_1 \leq t_2 \leq \ldots \leq t_n = T$ besteht aus der Zahlung von jeweils $FL(t_i, t_{i+1})(t_{i+1} - t_i)$ Geldeinheiten zu den Zeitpunkten t_{i+1} und einer zusätzlichen Geldeinheit zur Zeit T, wobei die Zahlungen $FL(t_i, t_{i+1})$ durch die Gleichung (2.12) gegeben sind.

Betrachtet man sich die Auszahlungen einer Floating-Rate-Note, so stellt man fest, dass man sie – wie bei einem Termingeschäft auch – zwar heute noch nicht bezüglich ihrer Vorteilhaftigkeit im Vergleich zu einem einfachen Kuponanleiheninvestment beurteilen, aber alle mit einer geeigneten Zusammenstellung von heute verfügbaren Nullkuponanleihen duplizieren kann. Um nämlich im Zeitpunkt t_{i+1} gerade den Betrag $FL(t_i, t_{i+1})(t_{i+1} - t_i)$ zu erhalten, benötigt man in $t_0 = 0$

- eine Nullkuponanleihe mit Laufzeit t_i und Preis $P(0, t_i)$, um zur Zeit t_i eine Geldeinheit zur Verfügung zu haben, die dann zum Kauf von $1/P(t_i, t_{i+1})$ Nullkuponanleihen mit Laufzeit t_{i+1} verwendet wird. Diese liefern dann in t_{i+1} die Zahlung von $1/P(t_i, t_{i+1})$.
- Um in t_{i+1} die noch fehlende Zahlung von -1 zu generieren, verkauft man in $t_0 = 0$ eine Nullkuponanleihe mit Laufzeit t_{i+1} zum Preis $P(0, t_{i+1})$.

Beachtet man, dass man für die Endzahlung von 1 in T eine Nullkuponanleihe mit Laufzeit T braucht, so benötigt man zu Beginn der Laufzeit $t_0 = 0$ der Floating-Rate-Note einen Betrag von

$$P(0, T) + \sum_{i=1}^{n} (P(0, t_{i-1}) - P(0, t_i)) = 1, \tag{2.13}$$

also genau den Nennwert der Floating-Rate-Note. Man erhält somit das folgende erstaunliche Ergebnis:

Proposition 2.11 *Der Preis einer Floating-Rate-Note in $t_0 = 0$ ist gleich 1.*

Schaut man sich die obige Argumentation genauer an, so stellt man fest, dass jeweils zu den Zeitpunkten t_i (nach gerade erfolgter Zinszahlung!), wenn also der Wert der nächsten Zinszahlung festgelegt wird, der Wert einer Floating-Rate-Note gleich 1 ist.

Um variable Zinszahlungen (wie z. B. bei einer Floating-Rate-Note) gegen feste Zinszahlungen tauschen zu können, existieren entsprechende Tauschverträge, sogenannte *Swaps*.

Definition 2.12 (Zinsswap) Ein (einfacher) Zinsswap zwischen den beiden Parteien A und B besteht aus einer Zahlungsreihe fixer Kupons der Rate p zu den Zeiten $t_i = i\alpha$, $i = 1, \ldots n$ jeweils für eine Anlage für die Dauer $\alpha > 0$ von A an B, wofür A im Tausch von B variable Zinszahlungen zu den Zeitpunkten $s_j = j\beta$, $j = 1, \ldots, k$ jeweils bezogen auf eine Anlage der Dauer $\beta > 0$ erhält. Zum Ende der Laufzeit des Zinsswaps tauschen beide Partner (formal) den Nennwert von 1.

Der feste Kuponzins $p = p_{\text{swap}}$, für den der Wert des Zinsswaps zum Vertragsabschluss gerade gleich Null ist, heißt seine *Swap-Rate*. Swap-Raten werden am Kapitalmarkt für verschiedene Laufzeiten quotiert und stellen eine wichtige Größe dar. Der formale Austausch der einen Geldeinheit zwischen beiden Partnern des Swaps mag zunächst überflüssig erscheinen, er ermöglicht aber eine einfache Bewertung des Zinsswaps.

Satz 2.13

a) Der Wert $S(0)$ eines Zinsswaps zur Zeit $t = 0$ aus der Sicht von Partei A ergibt sich als

$$S(0) = 1 - p \cdot \alpha \sum_{i=1}^{n} P(0, i\alpha) - P(0, T). \tag{2.14}$$

b) Die Swaprate p_{swap} des Zinsswaps ergibt sich als

$$p_{\text{swap}} = \frac{1 - P(0, T)}{\alpha \sum_{i=1}^{n} P(0, i\alpha)}. \tag{2.15}$$

Beweis Die Aussage in a) folgt aus der Tatsache, dass man – auch dank des formalen Austauschs des jeweiligen Nennwerts von 1 am Ende – die Zahlungsreihe eines Zinsswaps aus der Sicht von A mit dem Kauf einer Floating-Rate-Note und dem Verkauf eines Kupon-Bonds identifizieren kann. Bildet man die Differenz der zugehörigen Preise der Floating-Rate-Note und des Kupon-Bonds, so ergibt sich der Wert des Zinsswaps gemäß Aussage a). Die Aussage in b) ergibt sich durch Nullsetzen des in a) ermittelten Werts des Zinsswaps und Auflösen nach $p = p_{\text{swap}}$. ■

Bemerkung 2.14 (Bootstrapping der Zinsstruktur) *Man verwendet am Markt oft die Swapsätze, um aus ihnen iterativ Bestandteile der Zinsstruktur zu schätzen. Hierzu sei $p_{\text{swap}}(T)$ der Swapsatz zur Laufzeit T in Jahren. Formt man dann die Gleichung* (2.15) *für Swapsätze auf Kuponbonds mit jährlicher Zinszahlung (also $\alpha = 1$) um in*

$$1 = P(0, n) + p_{\text{swap}}(n) \sum_{i=1}^{n} P(0, i) \tag{2.16}$$

und verwendet die Darstellung

$$P(0, i) = e^{-y(0,i)i},$$

so erhält man für $n = 1$ aus Gleichung (2.16) *durch Auflösen nach $y(0, 1)$*

$$y(0, 1) = \ln\big(1 + p_{\text{swap}}(1)\big)$$

und allgemein

$$\begin{aligned} y(0, i) &= \ln\left(\frac{1 + p_{\text{swap}}(i)}{1 - p_{\text{swap}}(i) \sum_{j=1}^{i-1} P(0, j)}\right) \\ &= \ln\left(\frac{1 + p_{\text{swap}}(i)}{1 - p_{\text{swap}}(i) \sum_{j=1}^{i-1} e^{y(0,j)j}}\right). \end{aligned} \tag{2.17}$$

Man beachte insbesondere, dass in der letzten Darstellung keine (!) Zero-Bondpreise benötigt werden. Das iterative Hocharbeiten in diesem Verfahren von der Laufzeit 1 *bis zur Laufzeit n wird im Englischen als* Bootstrapping *bezeichnet.*

Da Swaps sehr liquide auf den Finanzmärkten gehandelt werden, existieren auch Optionen auf Swaps, genauer, Optionen darauf, zu einem festgelegten zukünftigen Zeitpunkt einen bereits heute spezifizierten Swap zu akzeptieren. Sie lassen sich aufgrund des Wahlrechts allerdings nicht mit einfachen Duplikationsargumenten modellunabhängig bewerten. Wir werden sie im Abschnitt über die LIBOR-Marktmodelle genauer betrachten.

Weitere populäre Zinsprodukte, die sich aufgrund eines Optionsrechts nicht modellunabhängig bewerten lassen, sind *Caps* und *Floors*, die als Zinssatz-Optionen dafür sorgen, Ober- und Untergrenzen für variable Zinsen zu erzeugen. Wir geben ihre Definition.

Definition 2.15 (Cap und Floor) Es seien $r(t_{i-1}, t_i)$ variable Zinssätze, die jeweils zu den Zeiten t_{i-1} bekannt sind und dann für eine Festgeldanlage auf dem Intervall $[t_{i-1}, t_i]$ für $i = 1, \ldots, n$ gelten.

a) Ein (Zins-)*Cap* zum Niveau R und Nennwert V ist ein Vertrag, der seinem Besitzer zu den Zeiten t_i, $i = 1, \ldots, n$, Zahlungen der Höhe

$$Cap_i(t_{i-1}; V, R) := V \cdot (r(t_{i-1}, t_i) - R)^+ (t_i - t_{i-1}) \tag{2.18}$$

liefert. Jede dieser Einzelzahlungen wird als *Caplet* bezeichnet.

b) Ein (Zins-)*Floor* zum Niveau R und Nennwert V ist ein Vertrag, der seinem Besitzer zu den Zeiten t_i, $i = 1, \ldots, n$, Zahlungen der Höhe

$$Floor_i(t_{i-1}; V, R) := V \cdot (R - r(t_{i-1}, t_i))^+ (t_i - t_{i-1}). \tag{2.19}$$

liefert. Jede dieser Einzelzahlungen wird als *Floorlet* bezeichnet.

In der Anwendung ist es oft gängige Praxis, anzunehmen, dass die variablen Zinssätze log-normal verteilt sind. Ignoriert man dann, dass der zur Bewertung benötigte Abzinsfaktor zufällig ist, so lässt sich eine Formel vom Black-Scholes-Typ herleiten, die sogenannte *Black'76-Formel* (siehe Black (1976)). Einen Modellrahmen, der die Verwendung der Black'76-Formel rechtfertigt, werden wir im Rahmen der LIBOR-Marktmodelle kennen lernen.

Je nachdem, ob im Rahmen eines Zinsmodells ein Zinssatz oder aber ein Bondpreis log-normal verteilt ist, besteht die Chance auf eine explizite Bewertungsformel vom Black-Scholes-Typ für Zinssatzoptionen wie Caps und Floors oder für Call- und Put-Optionen auf Bonds. Glücklicherweise besteht ein expliziter Zusammenhang zwischen dem Wert von Bond- und Zinssatzoptionen, der dafür sorgt, dass bei Vorhandensein einer expliziten Formel für den einen Optionstyp auch eine – typischerweise weniger explizite – Preisformel für den anderen Typ existiert.

Betrachtet man Calls/Puts mit Strike K und Fälligkeit T auf einen S-Bond mit Laufzeit $S \geq T$, so sind diese durch die Endzahlungen in T der Form

$$Call(T, S; K) = (P(T, S) - K)^+, \quad Put(T, S; K) = (K - P(T, S))^+ \tag{2.20}$$

gegeben. Es gilt dann die folgende Beziehung.

Proposition 2.16 *Es sei* $r(t_{i-1}, t_i) = FL(t_{i-1}, t_i)$ *die gemäß der definierenden Gleichung* (2.12) *gültige (aber heute noch unbekannte) variable Zinsrate. Es sei weiter* $\delta_i = t_i - t_{i-1}$. *Dann gelten für den Wert zur Zeit* t_{i-1} *der zugehörigen Caplet- bzw. Floorlet-Zahlungen zum Nennwert* V *und zur Grenze* R *in* t_i *die folgenden Zusammenhänge:*

$$Cap_i(t_{i-1}; V, R) = V \cdot (1 + \delta_i R) \cdot Put\left(t_{i-1}, t_i; \frac{1}{1 + \delta_i R}\right), \tag{2.21}$$

$$Floor_i(t_{i-1}; V, R) = V \cdot (1 + \delta_i R) \cdot Call\left(t_{i-1}, t_i; \frac{1}{1 + \delta_i R}\right). \tag{2.22}$$

D. h. der Wert der Caplet- bzw. Floorlet-Zahlungen zu Beginn der Periode, an deren Ende sie gezahlt werden, entspricht gerade einem geeigneten Vielfachen einer geeigneten Put- bzw. Call-Option mit Fälligkeit t_{i-1} *auf einen* t_i*-Bond.*

Beweis Man beachte, dass die Zahlungen zur Zeit t_i eines Caplets bzw. Floorlets bereits zur Zeit t_{i-1} komplett bestimmt sind. Da auch der zugehörige Abzinsfaktor für die Periode bis t_i in t_{i-1} bekannt ist, sind die Werte des Caplets bzw. Floorlets zur Zeit t_{i-1} durch

$$Cap_i(t_{i-1}; V, R) = P(t_{i-1}, t_i)V \cdot \delta_i (FL(t_{i-1}, t_i) - R)^+,$$
$$Floor_i(t_{i-1}; V, R) = P(t_{i-1}, t_i)V \cdot \delta_i (R - FL(t_{i-1}, t_i))^+$$

gegeben. Verwendet man nun die aus der definierenden Beziehung folgende Identität

$$FL(t_{i-1}, t_i) = \frac{1}{\delta_i} \frac{1 - P(t_{i-1}, t_i)}{P(t_{i-1}, t_i)},$$

so folgen direkt die behaupteten Beziehungen. ∎

Da sich also die Werte der Caplet- bzw. Floorlet-Zahlungen zu den Zeiten t_{i-1} als geeignete Put- bzw. Call-Optionen auf Bonds schreiben lassen, stimmen deren zugehörige Preise zu früheren Zeitpunkten überein. Somit kann man immer bei vorhandener Preisformel für entweder Zinssatz- oder Bondoptionen den jeweils anderen Optionstyp auch durch eine explizite Preisformel bewerten.

2.3 Forward-Rate-Modelle

Ähnlich wie in Band 1, wo wir die Martingalmethode der Optionsbewertung vor der Methode der risiko-neutralen Bewertung mit Hilfe partieller Differentialgleichungen, wie sie Black, Scholes und Merton verwendeten, vorstellten, werden wir auch im Zinsbereich mit der Übertragung der Martingalmethode, dem Forward-Rate-Ansatz, beginnen. Bei diesem Ansatz, der auf Heath et al. (1992) zurück geht, stehen die Sicherstellung der perfekten Kalibrierung der Anfangszinsstruktur durch einen geeigneten Modellierungsansatz und die Verwendung von Duplikationsargumenten bei der Bewertung im Vordergrund.

Dabei ist die Basis der perfekten Kalibrierung der Anfangszinsstruktur, also die Identität von Markt- und Modellpreisen heutiger Nullkuponanleihen, durch die Beziehung

$$P(t,T) = \exp\left(-\int_t^T f(t,s)ds\right) \tag{2.23}$$

zwischen den Nullkuponanleihepreisen und den Forward-Raten $f(t,s)$ gegeben. Sie zeigt an, dass die direkte Modellierung der Entwicklung der Forward-Raten äquivalent zur Modellierung der Entwicklung der Bondpreise ist.

Man beachte, dass die Forward-Raten als zweiparametriger Prozess ein deutlich komplizierteres Modellierungsobjekt darstellen als z. B. ein Aktienpreis. Um die Entwicklung der Forward-Raten durch die (Kalender-)Zeit zu modellieren, müssen wir die zeitliche Entwicklung einer Kurve beschreiben, der heutigen Terminzinsstruktur, also eines unendlichdimensionalen Objekts.

Wählt man im obigen Ansatz zur Zeit $t = 0$ die heutige Terminzinsstruktur aus den beobachteten Marktpreisen $P^{\text{Markt}}(0,T)$ gemäß

$$f(0,T) = -\frac{\partial \ln\left(P^{\text{Markt}}(0,T)\right)}{\partial T}, \tag{2.24}$$

so hat man die heutige Gleichheit zwischen den Marktpreisen und den Modellpreisen $P(0,T)$, die durch die Gleichung (2.23) gegeben sind, sicher gestellt.

Allerdings beachte man, dass das eher eine formelle Gleichheit ist, denn zur Bestimmung der heutigen Terminzinsstruktur über Gleichung (2.24) benötigt man eigentlich ein Kontinuum von Zero-Bond-Preisen, um die Ableitung nach der Fälligkeit T überhaupt bestimmen zu können.

Hat man nun die heutige Terminzinsstruktur $f(0,T)$ gewählt, so benötigt man als nächstes einen geeigneten stochastischen Prozess, mit dem man die zeitliche Entwicklung der Terminzinsstruktur $f(t,T), t \geq 0, T \geq t$, modellieren kann. Um die wesentliche Vorgehensweise zu demonstrieren, dabei aber zunächst einige technische Klippen zu vermeiden, verfolgen wir einen Ansatz der analog zur Vorgehensweise in Baxter und Rennie (1996) ist, in dem wir zuerst das einfachste Forward-Raten-Modell, das *Ho-Lee-Modell*, vorstellen. Wir werden dann auf die allgemeine Modellierung im Diffusionsfall eingehen und einige weiterführende Aspekte betrachten.

2.3.1 Das zeitstetige Ho-Lee-Modell

Ho und Lee entwickelten ihr Modell originär in einem zeitdiskreten Rahmen (siehe Ho und Lee (1986)), während die im Folgenden vorgestellte zeitstetige Variante in Heath et al. (1992) als ein explizites Beispiel für eine Realisierung eines Forward-Rate-Modells im Heath-Jarrow-Morton-Modellrahmen angegeben wurde. Wir wählen hier unter einem gegebenen Wahrscheinlichkeitsmaß $\mathbb{P}$ als Modellgleichung für die Forward-Raten

$$f(t,T) = f(0,T) + \int_0^t \alpha(s,T)ds + \sigma W(t), \tag{2.25}$$

wobei $f(0,T) = f^{\text{Markt}}(0,T)$ die zur Zeit $t = 0$ am Markt (prinzipiell) beobachteten Forward-Raten, $\alpha(s,T)$ eine beschränkte, deterministische Funktion, σ eine Konstante und $W(t)$ eine eindimensionale Brownsche Bewegung sind. Es ergibt sich damit die Form der Short-Rate als

$$r(t) = f(t,t) = f(0,t) + \int_0^t \alpha(s,t)ds + \sigma W(t). \tag{2.26}$$

Bemerkung 2.17 *Da wir für die Modellierung der Unsicherheit lediglich eine eindimensionale Brownsche Bewegung verwenden, bezeichnen wir das Ho-Lee-Modell als ein* 1-Faktor-Modell. *Man beachte auch, dass aus Gleichung* (2.25) *die folgenden Verteilungsaussagen für die Forward- und Short-Raten folgen (für $T > S$):*

$$f(t,T) \sim N\left(f(0,T) + \int_0^t \alpha(s,T)ds, \sigma^2 t\right), \tag{2.27}$$

$$f(t,T) - f(t,S) = f(0,T) - f(0,S) + \int_0^t (\alpha(s,T) - \alpha(s,S))ds, \tag{2.28}$$

$$r(t) = f(t,t) \sim N\left(f(0,t) + \int_0^t \alpha(s,t)ds, \sigma^2 t\right). \tag{2.29}$$

Es liegen also normal-verteilte Forward- und Short-Raten vor, was zum einen natürlich auch die Möglichkeit negativer Zinsen beinhaltet und zum anderen dem Modell eine analytische Handhabbarkeit verleiht, was wir im Folgenden oft ausnutzen können. Augenfällig sind noch zwei weitere Effekte, nämlich,

- *dass die Short-Rate und die Forward-Rate dieselbe Varianz besitzen und*
- *die Tatsache, dass die Differenz zwischen zwei Forward-Raten zu unterschiedlichen zukünftigen Zeitpunkten T und S nicht zufällig ist, die beiden Forward-Raten also perfekt korreliert sind, was eine zu starke Vereinfachung darstellt, da eine Forward-Rate*

in der fernen Zukunft (also eine, bei der T deutlich größer als t ist) sicher anders von heutigen Ereignissen beeinflusst wird als Forward-Raten der nahen Zukunft.

Sicherlich ist es ein Kritikpunkt, dass die Entwicklung der Forward-Raten (und auch des Spezialfalls der Short-Rate) nicht vom gegenwärtigen Wert abhängt. Dies widerspricht unserem Empfinden von Hoch- und Niedrigzinsphasen, die gerade durch den aktuellen Zinswert charakterisert sind. Abhängig von der Höhe der gegenwärtigen Zinsen erwartet man tendenziell eine Bewegung in Richtung zu einer Art Normalwert.

Wir können aus der Definition der Forward-Raten in Gleichung (2.25) direkt die Preisentwicklungen des Geldmarktkontos und die der T-Bonds berechnen.

Satz 2.18 *Im durch die Forward-Raten nach Gleichung* (2.25) *gegebenen Ho-Lee-Modell erhalten wir für $t \geq 0$ und alle Fälligkeiten $T \geq t \geq 0$*

$$B(t) = \exp\left(\int_0^t f(0,s)ds + \int_0^t \int_s^t \alpha(s,u)du\, ds + \sigma \int_0^t W(s)ds\right), \tag{2.30}$$

$$P(t,T) = \exp\left(-\int_t^T f(0,s)ds - \int_0^t \int_t^T \alpha(s,u)du\, ds - \sigma(T-t)W(t)\right). \tag{2.31}$$

Beweis Die Formel für den Wert $B(t) = \exp\left(\int_0^t r(s)\right)$ folgt direkt aus der obigen Form der Short-Rate in Gleichung (2.26) und der Anwendung des Satzes von Fubini

$$\int_0^t \int_0^u \alpha(s,u)ds\, du = \int_0^t \int_s^t \alpha(s,u)du\, ds.$$

Die Formel für den T-Bondpreis folgt aus der Basisbeziehung (2.23), der expliziten Form der Forward-Rate in (2.25) und einer analogen Anwendung des Satzes von Fubini beim Doppelintegral. ■

Wie im vorangegangenen Satz ersichtlich, sind die Bondpreise und das Geldmarktkonto log-normal verteilt. Es besteht somit auch Hoffnung auf eine Formel vom Black-Scholes-Typ für Call- und Put-Optionen auf Bonds, die wir unten angeben werden. Allerdings müssen wir uns noch Gedanken über die Begründung für den Optionspreis machen (wir haben ja bis jetzt unter $\mathbb{P}$ modelliert!) und dazu einige Überlegungen über die Eigenschaften des Marktmodells anstellen.

Als erste Zutat hierfür geben wir die Herleitung der Dynamik des Zero-Bond-Preises an.

Proposition 2.19 *Im Ho-Lee-Modell ist der Zero-Bond-Preis als die eindeutige Lösung der stochastischen Differentialgleichung*

$$dP(t) = P(t)\left[\left(r(t) - \int_t^T \alpha(t,u)du + \frac{1}{2}\sigma^2(T-t)^2\right)dt - \sigma(T-t)dW(t)\right] \quad (2.32)$$

mit $P(T,T) = 1$ gegeben.

Beweis Um in Satz 2.18 die Itô-Formel anzuwenden, setzen wir für festes T

$$P(t,T) =: g(Y(t)) := e^{-Y(t)} := e^{-\sigma(T-t)W(t)+\int_t^T f(0,u)du+\int_0^t\int_t^T \alpha(s,u)du\,ds}.$$

Aus der Produktregel erhalten wir dann

$$Y(t) = \int_0^t \sigma(T-s)dW(s) - \int_0^t \sigma W(s)ds + \int_t^T f(0,u)du + \int_0^t\int_t^T \alpha(s,u)du\,ds.$$

Für eine Differentialdarstellung von $Y(t)$ müssen wir beachten, dass die untere Grenze des inneren Integrals im Doppelintegral t ist. Eine geeignete Anwendung der (gewöhnlichen) Kettenregel auf

$$\int_0^t\int_t^T \alpha(s,u)du\,ds =: \int_0^t h(t,s)ds$$

ergibt

$$\frac{d}{dt}\int_0^t\int_t^T \alpha(s,u)du\,ds = h(t,t) + \int_0^t h_t(t,s)ds = \int_t^T \alpha(t,u)du - \int_0^t \alpha(s,t)ds,$$

so dass wir

$$\begin{aligned}
dY(t) &= \sigma(T-t)dW(t) - \left[\sigma W(t) + f(0,t) - \int_t^T \alpha(t,u)du + \int_0^t \alpha(s,t)ds\right]dt \\
&= \sigma(T-t)dW(t) - \left[r(t) - \int_t^T \alpha(t,u)du\right]dt
\end{aligned}$$

erhalten. Setzt man dies in die Itô-Formel ein, so ergibt sich die gewünschte Darstellung

$$
\begin{aligned}
dP(t,T) &= dg(Y(t)) \\
&= -g(Y(t))\sigma(T-t)dW(t) + g(Y(t))\left[r(t) - \int_t^T \alpha(t,u)du + \frac{1}{2}\sigma^2(T-t)^2\right]. \quad \blacksquare
\end{aligned}
$$

Mit diesem Hilfsresultat ausgestattet gehen wir formal wie im Duplikationsansatz der Optionsbewertung im Aktienmarkt von Band 1 vor, um eine zufällige, nicht-negative und geeignet messbare Endzahlung und speziell Optionen auf Bonds zu bewerten. Wir benötigen hierzu:

- ein *Vollständigkeitsresultat* für unseren betrachteten Ho-Lee-Zinsmarkt, genauer, die Existenz einer Duplikationsstrategie (φ, ψ) im Geldmarktkonto und einem festen T-Bond, um eine zufällige Endzahlung X vor T duplizieren zu können und
- ein zu $\mathbb{P}$ äquivalentes Martingalmaß Q, das uns (hoffentlich!) eine einfache Berechnungsmöglichkeit des Preises von X liefert.

Wir beginnen mit dem Beweis der Existenz des äquivalenten Martingalmaßes Q, wobei wir das Geldmarktkonto als Numéraire wählen. Die Forderung des äquivalenten Martingalmaßes ist dann durch die Positivität der Radon-Nikodym-Ableitung von Q nach $\mathbb{P}$ und die Q-Martingalität des Prozesses

$$
Z(t) := \frac{P(t,T)}{B(t)} \tag{2.33}
$$

beschrieben. Wir sagen dann auch, dass Q ein äquivalentes Martingalmaß für $Z(t)$ ist. Mit Hilfe der Differentialdarstellung des Zero-Bond-Preises und des Satzes von Girsanov erhalten wir das folgende Resultat.

Satz 2.20 (Existenz des äquivalenten Martingalmaßes im Ho-Lee-Modell)

a) *$Z(t)$ ist die eindeutige Lösung der stochastischen Differentialgleichung*

$$
dZ(t) = -Z(t)\left[\sigma(T-t)W(t) + \left[\int_t^T \alpha(t,u)du - \frac{1}{2}\sigma^2(T-t)^2\right]dt\right] \tag{2.34}
$$

mit Anfangsbedingung $Z(0) = P(0,T)$.

b) *Das Wahrscheinlichkeitsmaß Q, das mit Hilfe der Radon-Nikodym-Ableitung*

$$
\frac{dQ}{d\mathbb{P}} = e^{-\int_0^T \gamma(t)dW(t) - \frac{1}{2}\int_0^T \gamma(t)^2 dt} \tag{2.35}
$$

definiert ist mit

$$\gamma(t) = -\frac{1}{2}\sigma(T-t) + \frac{1}{\sigma(T-t)} \int_t^T \alpha(t,u)du, \tag{2.36}$$

ist ein äquivalentes Martingal mit Numéraire $B(t)$, $t \in [0, S]$ für $S < T$.

Beweis

a) Unter Verwendung von

$$B(t) = e^{\int_0^t r(s)ds} = e^{\int_0^t f(0,s) + \int_s^t \alpha(s,u)du\, ds + \sigma \int_0^t W(s)ds}$$

erhalten wir für eine fest gewähltes $T > 0$ (man beachte die Anwendung der Produktregel für das dritte Gleichheitszeichen)

$$\begin{aligned} Z(t) &= \frac{P(t,T)}{B(t)} \\ &= e^{-\left[\sigma(T-t)W(t) + \sigma \int_0^t W(s)ds + \int_0^T f(0,s)ds + \int_0^t \int_s^T \alpha(s,u)du\, ds\right]} \\ &= P(0,T) e^{-\int_0^t \sigma(T-s)dW(s) - \frac{1}{2}\sigma^2 \int_0^t (T-s)^2 ds} e^{\int_0^t \left[\frac{1}{2}\sigma^2(T-s)^2 + \int_s^T \alpha(s,u)du\right]ds} \\ &=: P(0,T) e^{\int_0^t a(s)dW(s) - \frac{1}{2}\int_0^t a(s)^2 ds + \int_0^t b(s)ds}. \end{aligned} \tag{2.37}$$

Dies ist aber genau die eindeutige Darstellung der Lösung der homogenen linearen stochastischen Differentialgleichung (2.34) mit der gegebenen Anfangsbedingung.

b) Da $\gamma(.)$ auf $[0, S]$ für alle $S < T$ beschränkt ist, ist für $t \in [0, S]$

$$W^Q(t) := W(t) + \int_0^t \gamma(s)ds$$

nach dem Satz von Girsanov gemäß Beweisteil a) eine Q-Brownsche Bewegung. Aus a) erhalten wir weiter, dass $Z(t)$ die Darstellung

$$dZ(t) = -Z(t)\sigma(T-t)dW^Q(t)$$

besitzt und somit ein Q-Martingal ist, woraus die Behauptung folgt. ■

Bemerkung 2.21 *Wir haben zwar die Existenz eines äquivalenten Martingalmaßes Q gezeigt, doch könnte dies noch von der Wahl des T-Bonds (und auch von S) abhängen. Dass dies nicht der Fall ist, werden wir unten zeigen.*

Nachdem wir gezeigt haben, dass im Ho-Lee-Modell ein äquivalentes Martingalmaß Q für den Numéraire $B(t)$ existiert (und evtl. noch von der Wahl des T-Bonds und von S abhängt), kümmern wir uns als nächstes um die Vollständigkeit des Marktes. Die Arbitragefreiheit des Marktes, die durch die Existenz des äquivalenten Martingalmaßes gesichert ist, rechtfertigt nun auch den Ansatz der Optionsbewertung über den Duplikationsansatz. Hierzu benötigt es zunächst noch der Definition einer Duplikationsstrategie und einer Option bzw. ihrer Verallgemeinerung, eines Contingent Claims, wobei wir analog zu Definition 1.58 vorgehen.

Definition 2.22 Es sei $(\Omega, \mathcal{F}, \mathbb{P})$ ein Wahrscheinlichkeitsraum, auf dem eine (eindimensionale) Brownsche Bewegung $(W(t), \mathcal{F}_t)_{t\geq 0}$ gegeben ist, wobei $\mathcal{F}_t \subseteq \mathcal{F}$ die Brownsche Filterung ist.

a) Dann heißt ein (bzgl. $\mathcal{F}_t$) progressiv messbarer Prozess $(\psi(t), \varphi(t))$, $t \in [0, T]$, mit $\mathbb{P}$-fast-sicher quadrat-integrierbaren Komponenten eine *Handelsstrategie* im Geldmarktkonto und in einem T-Bond, falls der zugehörige *Vermögensprozess*

$$X(t) := \psi(t)B(t) + \varphi(t)P(t, T) \tag{2.38}$$

die Selbstfinanzierbarkeitsbedingung

$$dX(t) = \psi(t)dB(t) + \varphi(t)dP(t, T) \tag{2.39}$$

erfüllt. Insbesonders sollen die auf der rechten Seite dieser Gleichung auftretenden (stochastischen) Integrale existieren.

b) Eine nicht-negative $\mathcal{F}_S$-messbare Zufallsvariable Y mit $S < T$ heißt eine *Option* (Contingent Claim), falls sie die Bedingung

$$\mathbb{E}_Q\left(\frac{Y}{B(T)}\right) < \infty \tag{2.40}$$

für ein äquivalentes Martingalmaß Q erfüllt.

c) Es sei Y eine Option. Dann heißt eine Handelsstrategie (ψ, φ) eine *Duplikationsstrategie* für Y, wenn für den zugehörigen Vermögensprozess X gilt:

$$X(S) = Y \quad \mathbb{P} - f.s. \tag{2.41}$$

Bemerkung 2.23 (Allgemeinere Handelsstrategien) *Die Definition einer Handelsstrategie ist stark auf ihre Rolle als Duplikationsstrategie in den folgenden konzeptionellen Überlegungen zugeschnitten. Gerade im Anleihenmarkt kann man in (nahezu) beliebig viele verschiedene Wertpapiere investieren wie z. B. die Zero-Bonds verschiedener Fälligkeiten. Die obige Definition kann deshalb auch einfach auf den Fall* $(\psi, \varphi_1, \ldots, \varphi_n)$

einer solchen Handelsstrategie ausgedehnt werden. Allerdings ist dies zu Zwecken der Duplikation im 1-Faktor-Modell unwesentlich, da zur Optionsbewertung bereits die obige, einschränkendere Definition ausreicht.

Mit Definition 2.22 können wir nun das gewünschte Vollständigkeitsresultat formulieren und beweisen.

Satz 2.24 (Vollständigkeit des Ho-Lee-Marktmodells)

a) *Es sei Y eine $\mathcal{F}_S$-messbare Zufallsvariable mit $S < T$, für die*

$$x := \mathbb{E}_Q\left(\frac{Y}{B(S)}\right) < \infty \tag{2.42}$$

gilt. Dann existiert eine (eindeutige) Duplikationsstrategie (φ, ψ) im Geldmarktkonto und im zu Q gehörenden T-Bond, so dass für den Vermögensprozess $X(t)$ zur Duplikationsstrategie gelten:

$$X(0) = x, \quad X(t) = B(t)\mathbb{E}_Q\left(\frac{Y}{B(S)}|\mathcal{F}_t\right), \quad X(S) = Y \quad Q - f.s. \tag{2.43}$$

Insbesondere ist der Markt, der aus dem Geldmarktkonto und dem T-Bond als Basisgütern erzeugt wird, in diesem Sinn vollständig.

b) *Der Preisprozess $V(t)$ einer europäischen Option mit Endzahlung Y zur Zeit S, die der Bedingung* (2.42) *genügt, ist durch*

$$V(t) = B(t)\mathbb{E}_Q\left(\frac{Y}{B(S)}|\mathcal{F}_t\right) \tag{2.44}$$

gegeben.

Beweis

b) Die Behauptungen in Teil b) folgen direkt aus a).

a) Die Anwendung des Korollars zum Martingaldarstellungssatz (siehe Band 1, Korollar 2.75) bzgl. Q liefert die Existenz eines progessiv-messbaren Prozesses $\psi^*(t)$ mit

$$\mathbb{P}\left(\int_0^S \psi^*(s)^2 ds < \infty\right) = 1$$

und der Martingaldarstellung

$$M(t) := \mathbb{E}_Q\left(\frac{Y}{B(S)}|\mathcal{F}_t\right) = x + \int_0^t \psi^*(s) dW^Q(s). \tag{2.45}$$

Beachtet man, dass die Darstellung des T-Bond-Preises mittels $W^Q(t)$ die Form

$$dP(t,T) = P(t,T)\big[r(t)dt - \sigma(T-t)dW^Q(t)\big]$$

besitzt, so erhält man (beachte auch $dB(t) = B(t)r(t)dt$) aus der Produktregel die Gleichheit

$$B(t)M(t) = x + \int_0^t M(s)B(s)r(s)ds + \int_0^t B(s)\psi^*(s)dW^Q(s). \tag{2.46}$$

Wir vergleichen diese Darstellung mit der allgemeinen Gleichung des Vermögensprozesses $X(t)$ zur selbstfinanzierenden Handelsstrategie (φ, ψ)

$$\begin{aligned} dX(t) &= \varphi(t)dB(t) + \psi(t)dP(t) \\ &= [\varphi(t)r(t)B(t) + \psi(t)r(t)P(t)]dt - \psi(t)\sigma(T-t)P(t,T)dW^Q(t) \\ &= r(t)X(t)dt - \psi(t)\sigma(T-t)P(t,T)dW^Q(t) \end{aligned} \tag{2.47}$$

und stellen dadurch fest, dass $B(t)M(t)$ der Vermögensprozess zur Strategie

$$\begin{aligned} \psi(t) &= -\frac{\psi^*(t)}{\sigma Z(t)(T-t)}, \\ \varphi(t) &= M(t) - \psi(t)Z(t) \end{aligned}$$

ist. Alle weiteren Behauptungen aus Teil a) folgen hieraus. ■

Bevor wir mit dem obigen Satz ausgestattet Optionspreise berechnen können, müssen wir uns noch Gedanken über die Wahl des Driftprozesses $\alpha(t,s)$ in der Forward-Raten-Modellierung machen. Hierbei ist man überraschenderweise sehr stark eingeschränkt. Der Grund liegt darin, dass sich in unserem arbitragefreien, vollständigen Marktmodell Preise von Derivaten als Erwartungswert ihrer geeignet abgezinsten Endzahlung B unter einem Martingalmaß ergeben und der Prototyp eines Derivats im Zinsmodell der Zero-Bond ist, bei dem die Endzahlung die spezielle Gestalt $B = 1$ besitzt. Für den Zero-Bond-Preis haben wir aber bereits in Satz 2.18 eine alternative explizite Preisformel gefunden, die aus Arbitragegründen mit der Darstellung des Preises als Erwartungswert übereinstimmen muss. Allgemein benötigen wir die folgende Forderung, die in einem arbitragefreien Zinsmarkt auf Basis eines Forward-Raten-Modells immer erfüllt sein muss:

$$\exp\left(-\int_t^T f(t,s)ds\right) = P(t,T) = \mathbb{E}_Q\left(\exp\left(-\int_t^T r(s)ds\right)|\mathcal{F}_t\right) \tag{2.48}$$

für ein äquivalentes Martingalmaß Q. Aus dieser Argumentation und aus den Ergebnissen von Satz 2.18 erhalten wir die spezielle Form dieser Bedingung im Ho-Lee-Modell:

$$\begin{aligned} &B(t)\mathbb{E}_Q(1/B(T)|\mathcal{F}_t) \\ &= \exp\left(-\int_t^T f(0,s)ds - \int_0^t \int_t^T \alpha(s,u)du\,ds - \sigma(T-t)W(t)\right). \end{aligned} \tag{2.49}$$

Wir werden jetzt detailliert aus der Gültigkeit der Formel (2.48) (bzw. (2.49)) eine Forderung an die Form des Driftprozesses $\alpha(t,T)$ herleiten. Es sei hierzu

$$Y(t) := \frac{P(t,S)}{B(t)}. \tag{2.50}$$

Die Anwendung der Itô-Formel liefert dann (siehe auch Gleichung (2.32))

$$\begin{aligned} dY(t) &= -Y(t)\left[\sigma(S-t)dW(t) + \int_t^S \alpha(t,u)du\,dt - \frac{1}{2}\sigma^2(S-t)^2dt\right] \\ &=: -\sigma Y(t)(S-t)\left[dW(t) + \gamma^S(t)dt\right] \\ &= -\sigma Y(t)(S-t)\left[dW^Q(t) + \left(\gamma^S(t) - \gamma(t)\right)dt\right], \end{aligned} \tag{2.51}$$

wobei wir

$$\gamma^S(t) = -\frac{1}{2}\sigma(S-t) + \frac{1}{\sigma(S-t)}\int_t^S \alpha(t,u)du \tag{2.52}$$

gesetzt haben. Da aufgrund der rechten Seite von Gleichung (2.48) $Y(t)$ ein Q-Martingal ist, muss aufgrund der rechten Seite von Gleichung (2.51)

$$\gamma^S(t) = \gamma(t) \tag{2.53}$$

für alle $t \in [0,S)$ gelten. Da die Wahl von T bisher beliebig war, gilt diese Gleichheit auch für alle $T > S$. Folglich erhält man

$$\frac{\partial}{\partial T}\gamma(t) = 0, \tag{2.54}$$

woraus sich direkt

$$\begin{aligned} \sigma\gamma(t) &= \frac{\partial}{\partial T}(\sigma(T-t)\gamma(t)) = \frac{\partial}{\partial T}\left(-\frac{1}{2}\sigma^2(T-t)^2 + \int_t^T \alpha(t,u)du\right) \\ &= -\sigma^2(T-t) + \alpha(t,T) \end{aligned} \tag{2.55}$$

als Bedingung an den Driftprozess ergibt. Insgesamt haben wir also das folgende Resultat gezeigt.

Satz 2.25 (Ho-Lee-Drift-Bedingung) *Um im Ho-Lee-Modell arbitragefreie Bondpreise zu erhalten, muss der Driftprozess $\alpha(t, T)$ der Forward-Raten die Darstellung*

$$\alpha(t, T) = \sigma^2(T - t) + \sigma\gamma(t) \tag{2.56}$$

für eine deterministische, beschränkte Funktion $\gamma(t)$ besitzen.

Bemerkung 2.26

a) *Bei gegebener Volatilität σ bestimmt die Wahl des Prozesses $\gamma(t)$ eindeutig das äquivalente Martingalmaß. Dies entspricht der Situation im Black-Scholes-Modell, in dem auch das äquivalente Martingalmaß im durch Volatilität, risikolosen Zins und Aktiendrift gegebenen Marktmodell eindeutig durch den (konstanten) Prozess $\theta(t) = (b - r)/\sigma$ festgelegt ist.*

b) *Insbesondere folgt aus der obigen Argumentation auch die Unabhängigkeit des äquivalenten Martingalmaßes Q von T und S und somit seine Eindeutigkeit.*

c) *Nach Gleichung* (2.56) *muss sich der Drift-Prozess $\alpha(t, T)$ als die Summe einer nur von t abhängigen Funktion $\gamma(t)$ und einem Term ergeben, der proportional zur Differenz $T - t$ ist. Dies ist natürlich eine starke Einschränkung. Der Prozess $\gamma(t)$, der – wie oben in a) beschrieben – den Maßwechsel von $\mathbb{P}$ zu Q eindeutig bestimmt, kann wie im Black-Scholes-Fall als ein* Marktpreis des Risikos *angesehen werden. Diese Interpretation lässt sich auch aus der stochastischen Differentialgleichung des Bondpreises unter $\mathbb{P}$, Gleichung* (2.32), *ablesen, wenn man dort die explizite Form von $\alpha(, t, T)$ einsetzt und*

$$dP(t, T) = P(t, T)(r(t)dt - \gamma(t)\sigma(T - t)dt - \sigma(T - t)dW(t))$$

erhält. Beachtet man, dass $-\sigma(T-t)$ genau der Volatilität σ im Black-Scholes-Modell entspricht, so entspricht $\gamma(t)$ dem dortigen Marktpreis des Risikos $(b-r)/\sigma$. Beachte ferner, dass der Marktpreis des Risikos $\gamma(t)$ aufgrund der obigen Preisgleichung für alle Zero-Bonds mit beliebiger Fälligkeit T identisch ist.

Bemerkung 2.27 (Modellierung im Ho-Lee-Modell) *Satz 2.25 zeigt insbesondere die eigentliche Modellierungsaufgabe im Ho-Lee-Modell auf. Es sind nämlich lediglich*

- *die Volatilität σ und*
- *der Marktpreis des Risikos $\gamma(t)$*

vorzugeben.

Bemerkung 2.28 (Ho-Lee-Größen unter Q) *Da wir im folgenden zumindest ein explizites Beispiel für einen Optionspreis angeben wollen, benötigen wir die Entwicklung der*

Short-Rate und die Darstellung des Bond-Preises unter Q. Hierbei beachten wir, dass unter Q der Marktpreis des Risikos Null ist, und wir deshalb

$$\alpha(t,T) = \sigma^2(T-t) \tag{2.57}$$

wählen müssen. Hieraus ergeben sich unter Q die folgenden Formeln:

$$r(t) = \sigma W^Q(t) + f(0,t) + \frac{1}{2}\sigma^2 t^2, \tag{2.58}$$

$$f(t,T) = \sigma W^Q(t) + f(0,T) + \sigma^2 t\left(T - \frac{1}{2}t\right), \tag{2.59}$$

$$\begin{aligned} P(t,T) &= \exp\left(-\int_t^T f(0,s)ds - \frac{1}{2}\sigma^2 Tt(T-t) - \sigma(T-t)W^Q(t)\right) \\ &= \frac{P(0,T)}{P(0,t)}\exp\left(-\frac{1}{2}\sigma^2 Tt(T-t) - \sigma(T-t)W^Q(t)\right), \end{aligned} \tag{2.60}$$

$$\int_0^t r(s)ds = \frac{1}{6}\sigma^2 t^3 + \int_0^t f(0,s)ds + \sigma\int_0^t W(s)ds. \tag{2.61}$$

Um nach all den Vorbemerkungen und Resultaten den Preis einer Call-Option mit Fälligkeit S und Strike K auf einen Zero-Bond mit Fälligkeit $T > S$ zu bestimmen, ist der Erwartungswert

$$C(0,r(0)) = \mathbb{E}_Q\left(e^{-\int_0^S r(s)ds}\left(\frac{P(0,T)}{P(0,S)}e^{-\frac{1}{2}\sigma^2 TS(T-S)-\sigma(T-S)W^Q(S)} - K\right)^+\right) \tag{2.62}$$

zu berechnen. Dabei ergibt sich im Vergleich zur Vorgehensweise bei der Black-Scholes-Formel im Aktienoptionsfall das Problem, dass der Abzinsfaktor zufällig ist und nicht vor den Erwartungswert gezogen werden kann. Mehr noch, der Abzinsfaktor und der Zero-Bond-Preis sind hochgradig abhängig, da sie beide die Q-Brownsche Bewegung W^Q als Bestandteil besitzen.

Es gibt zwei populäre Vorgehenweisen, um den Bondoptionspreis zu berechnen, zum einen einen geeigneten Maßwechsel, zum anderen die explizite Bestimmung der gemeinsamen Verteilung der Brownschen Bewegung und eines Itô-Integrals mit einem deterministischen Integranden.

Wir werden die Maßwechselmethode im Abschnitt über die Short-Rate-Modelle kennen lernen. Hier leiten wir die gemeinsame Verteilung der Brownschen Bewegung und des Itô-Integrals her.

Lemma 2.29 *Es sei $f(.)$ eine beschränkte deterministische Funktion auf $[0,\infty)$ und $W(.)$ eine Brownsche Bewegung.*

a) Dann ist das Itô-Integral $\int_0^t f(s)dW(s)$ normal verteilt mit

$$\int_0^t f(s)dW(s) \sim \mathcal{N}\left(0, \int_0^t f(s)^2 ds\right). \tag{2.63}$$

b) Weiter sind $\left(W(t), \int_0^t f(s)dW(s)\right)$ bivariat normal verteilt mit

$$\left(W(t), \int_0^t f(s)dW(s)\right) \sim \mathcal{N}\left(\begin{pmatrix} 0 \\ 0 \end{pmatrix}, \begin{pmatrix} t & \int_0^t f(s)ds \\ \int_0^t f(s)ds & \int_0^t f(s)^2 ds \end{pmatrix}\right). \tag{2.64}$$

Beweis

a) Für festes t betrachten wir zunächst den Fall, dass die Funktion f stückweise konstant ist und die Form

$$f(s) = \begin{cases} f_i, & s \in [t_i, t_{i+1}), \quad i = 1, 2, ..., n-1 \\ f_n, & s \in [t_n, t] \end{cases}$$

für $0 = t_1 < t_2 < ... < t_n \leq t_{n+1} = t$ besitzt. Dann gilt:

$$\begin{aligned} \int_0^t f(s)dW(s) &= \sum_{i=1}^n f_i \cdot (W(t_{i+1}) - W(t_i)) \\ &\sim \mathcal{N}\left(0, \sum_{i=1}^n f_i^2 (t_{i+1} - t_i)\right) = \mathcal{N}\left(0, \int_0^t f(s)^2 ds\right) \end{aligned}$$

Für den Fall einer allgemeinen, deterministischen und beschränkten Funktion f wählen wir eine approximierende Folge stückweise konstanter Funktionen, die in L^2 konvergiert. Wir erhalten dann Konvergenz der entsprechenden stochastischen Integrale in L^2 über die Itô-Isometrie und damit insbesondere auch Konvergenz in Verteilung gegen die gewünschte Normalverteilung.

b) Man beachte zunächst, dass die Brownsche Bewegung normal verteilt mit Erwartungswert 0 und Varianz t ist. Nach Teil a) ist das stochastische Integral ebenfalls normal verteilt mit Erwartungswert 0 und Varianz $\int_0^t f(s)^2 ds$. Aus der Gleichheit

$$aW(t) + b\int_0^t f(s)dW(s) = \int_0^t (a + bf(s))dW(s)$$

folgt, dass für alle $a, b \in \mathbb{R}$ die Linearkombination der Brownschen Bewegung und des Integrals univariat normal verteilt ist. Somit ist die Aussage der gemeinsamen Normalverteilung gezeigt.

Es bleibt also noch zu zeigen, dass die in Gleichung (2.64) angegebene Formel für die Kovarianz gilt. Dazu halten wir t fest und betrachten zunächst den Fall, dass die Funktion f stückweise konstant ist und die Form aus dem Beweisteil a) besitzt. In dem Fall gilt:

$$\mathbb{C}ov\left(W(t), \int_0^t f(s)dW(s)\right) = \tag{2.65}$$

$$= \mathbb{C}ov\left(\sum_{i=1}^n (W(t_{i+1}) - W(t_i)), \sum_{i=1}^n f_i(W(t_{i+1}) - W(t_i))\right) \tag{2.66}$$

$$= \sum_{i=1}^n f_i(t_{i+1} - t_i) = \int_0^t f(s)ds \tag{2.67}$$

Für allgemeines beschränktes, deterministisches $f(.)$ liefert eine Approximation des Itô-Integrals im L^2-Sinn durch eine Folge stückweise konstanter Integranden die gewünschte Aussage. ■

Wir haben nun unsere Vorarbeiten abgeschlossen und stellen den angekündigten Satz über eine Formel für Call-Optionen auf Zero-Bonds vor, die das Analogon zur Black-Scholes-Formel darstellt.

Satz 2.30 (Bondoptionspreisformel im Ho-Lee-Modell) *Zu $T > S > 0$ betrachten wir eine europäische Call-Option mit Fälligkeit S und Strike $K \geq 0$ auf einen Zero-Bond mit Fälligkeit T. Ihr Preis $C(t)$ zur Zeit $0 \leq t < S$ ist durch*

$$C(t) = P(t,T)\Phi(d_1(t)) - KP(t,S)\Phi(d_2(t)) \tag{2.68}$$

gegeben, wobei wir für $0 \leq t < S$ die Bezeichnungen

$$d_1(t) = \frac{\ln\left(\frac{P(t,T)}{KP(t,S)}\right) + \frac{1}{2}\sigma^2(S-t)(T-S)^2}{\sigma(T-S)\sqrt{S-t}}, \tag{2.69}$$

$$d_2(t) = d_1(t) - \sigma(T-S)\sqrt{S-t} \tag{2.70}$$

verwendet haben.

Beweis Wir untergliedern den Beweis der Übersichtlichkeit halber in mehrere Schritte. Der Einfachheit der Notation halber führen wir ihn nur für $t = 0$ (und oBdA $\sigma > 0$). Der Fall $t > 0$ folgt vollkommen analog.

i) Beachte, dass die Endauszahlung des Calls genau dann positiv ist, wenn gilt

$$W^Q(S) < W^* := \frac{\ln\left(\frac{P(0,T)}{KP(0,S)}\right) - \frac{1}{2}\sigma^2 TS(T-S)}{\sigma(T-S)}. \tag{2.71}$$

ii) Wir betrachten als Nächstes

$$\int_0^t W^Q(u)du = tW^Q(t) - \int_0^t u dW^Q(u) =: tX - Y. \tag{2.72}$$

Da nach Lemma 2.29

$$\mathbb{C}ov(X,Y) = \int_0^t u du = \frac{1}{2}t^2$$

gilt, kann Y mit einem von X unabhängigen $Z \sim \mathcal{N}(0,1)$ als

$$Y = \frac{1}{2}tX + \left(\sqrt{\frac{1}{3}t^3 - \frac{1}{4}t^3}\right)Z \tag{2.73}$$

dargestellt werden.

iii) Wir zerlegen jetzt den Erwartungswert zur Optionspreisberechnung. Beachte dazu zunächst, dass

$$\exp\left(-\int_0^S f(0,u)du\right) = P(0,S)$$

gilt. Damit erhalten wir:

$$\begin{aligned} C(0) = \mathbb{E}_Q\Big(& P(0,S)e^{-\frac{1}{6}\sigma^2 S^3 - \sigma \int_0^S W^Q(u)du} \\ & \cdot \left(\frac{P(0,T)}{P(0,S)} e^{-\frac{1}{2}\sigma^2 TS(T-S) - \sigma(T-S)W^Q(S)} - K\right) 1_{W^Q(S) < W^*}\Big) \\ =: & \; A + B. \end{aligned} \tag{2.74}$$

iv) Wir berechnen nun den Term A des Optionspreises und überlassen dem Leser den analogen (einfacheren!) Term B. Hierzu beachten wir zunächst, dass unter Verwendung der Zerlegung in Gleichung (2.73) gilt:

$$A = P(0,T)\mathbb{E}_Q\left(e^{-\frac{1}{6}\sigma^2 S^3 - \frac{1}{2}\sigma XS + \sigma\sqrt{\frac{S^3}{12}}Z} e^{-\frac{1}{2}\sigma^2 TS(T-S) - \sigma(T-S)X} 1_{X < W^*}\right).$$

Aus dieser Darstellung erhalten wir unter Verwendung der Beziehung

$$\mathbb{E}_Q\left(e^{\sigma\sqrt{\frac{S^3}{12}}Z}\right) = e^{\frac{1}{24}\sigma^2 S^3}$$

die Gleichheitskette

$$\begin{aligned}
A &= P(0,T)\mathbb{E}_Q\left(e^{-\frac{1}{8}\sigma^2 S^3 - \sigma X\left(T-\frac{1}{2}S\right) - \frac{1}{2}\sigma^2 TS(T-S)} 1_{X<W^*}\right) \\
&= P(0,T)\frac{1}{\sqrt{2\pi S}} \int_{-\infty}^{W^*} e^{-\frac{x^2 + 2x\sigma\left(T-\frac{1}{2}S\right)S + \sigma^2\left(T-\frac{1}{2}S\right)^2 S^2}{2S}} dx \\
&= P(0,T)\Phi\left(\frac{W^* + \sigma\left(T-\frac{1}{2}S\right)S}{\sqrt{S}}\right) \\
&= P(0,T)\Phi\left(\frac{\ln\left(\frac{P(0,T)}{KP(0,S)}\right) + \frac{1}{2}\sigma^2(T-S)^2 S}{\sigma(T-S)\sqrt{S}}\right). \qquad (2.75)
\end{aligned}$$

Damit hat A die behauptete Form. Der Beweis für die Form von B folgt analog. ■

2.3.2 Allgemeine d-Faktor-HJM-Modelle

Der Hauptgrund für unsere detaillierte Behandlung des Ho-Lee-Modells lag nicht in seiner Wichtigkeit für die Praxis, sondern darin, dass sich an ihm die nötigen theoretischen Schritte und Zutaten verdeutlichen lassen, ohne dass man zusätzliche komplizierte technische Hiflsmittel benötigt. Diese Hauptkonzepte eines HJM-Modells betrachten wir nun im allgemeinen d-Faktor-Modell. Sie bestehen aus

- der Modellierung des Forward-Raten-Prozesses,
- der Existenz eines äquivalenten Martingalmaßes Q,
- dem Nachweis der Vollständigkeit des Marktes,
- der sich aus der Forderung der Arbitragefreiheit ergebenden HJM-Drift-Bedingung und
- der Berechnung von Optionspreisen.

Dabei werden wir versuchen, die beiden Hauptnachteile des Ho-Lee-Modells zu beseitigen und

- durch die Wahl einer d-dimensionalen Brownschen Bewegung als Quelle der Unsicherheit eine realistischere Kovarianzstruktur der Forward-Raten zu erhalten
- und eine realistischere Dynamik für die Short-Rate als das Ho-Lee-Modell zu erzielen.

Wir werden die einzelnen Konzepte des HJM-Modells in diesem Abschnitt allgemein behandeln und uns im folgenden Abschnitt mit expliziten Beispielen von d-Faktor-HJM-Modellen beschäftigen.

Modellierung der Forward-Raten-Daynamik Die allgemeine Form der Forward-Raten-Gleichung im d-Faktor-HJM-Modell ist durch

$$df(t,T) = \sigma(t,T)'dW(t) + \alpha(t,T)dt \tag{2.76}$$

gegeben, wobei man die Anfangswerte $f(0,T)$ wieder aus den Marktpreisen der Zero-Bonds erhält. Hier ist $\sigma : [0,\infty) \times [0,\infty) \to \mathbb{R}^d$ ein $\mathbb{R}^d$-wertiger progressiv messbarer Prozess, passend zur d-dimensionalen Brownschen Bewegung $W(t)$. $\alpha : [0,\infty) \times [0,\infty) \to \mathbb{R}$ ist ein reellwertiger progressiv messbarer Prozess, so dass sowohl σ als auch α die notwendigen Integrierbarkeitsbedingungen erfüllen, dass die Forward-Raten-Gleichung eine eindeutige (starke) Lösung besitzt.

Um die weiteren Schritte in Analogie zum Ho-Lee-Modell ausführen zu können, benötigen wir aufgrund der nicht-konstanten Volatilität $\sigma(t,T)$ im Forward-Raten-Prozess im allgemeinen d-Faktor-HJM-Modell einen kurzen Exkurs über die Vertauschbarkeit von Itô- und Lebesgue-Integralen.

2.3.3 Exkurs 4: Fubinis Theorem für die Vertauschbarkeit von Itô- und Lebesgue-Integralen

Wir zitieren zunächst den folgenden Satz, der ein Spezialfall von Lemma 4.1 in Ikeda und Watanabe (1981) ist.

Theorem 2.31 (Satz von Fubini für Itô- und Lebesgue-Integrale) *Es sei $\{\phi(t,a)\}$ für $t \in [0,\infty), a \in \mathbb{R}$ eine Familie reellwertiger Zufallsvariablen mit:*

i) Die Abbildung $((t,\omega),a) \to \phi(t,a;\omega)$ ist progressiv messbar (bzgl. $\mathcal{F}_t \otimes \mathcal{B}$).
ii) Es existiert eine nicht-negative, Borel-messbare und integrierbare Funktion $f : \mathbb{R} \to [0,\infty)$ mit

$$|\phi(t,a;\omega)| \le f(a) \; \forall \; (t,a;\omega).$$

iii) Die Abbildung $(a,\omega) \to \int_0^t \phi(s,a)dW(s)$ ist $\mathcal{B} \otimes \mathcal{F}$ messbar, wobei $W(t)$ eine eindimensionale Brownsche Bewegung ist.

Dann gilt die Gleichheit

$$\int_0^t \int_{\mathbb{R}} \phi(s,a)da\, dW(s) = \int_{\mathbb{R}} \int_0^t \phi(s,a)dW(s)\, da. \tag{2.77}$$

Für unsere Zwecke ist oft bereits das folgende einfache Korollar ausreichend.

Korollar 2.32 *Für jede beschränkte, deterministische Funktion ϕ auf $[0,T]^2$ gilt*

$$\int_0^t \int_s^t \phi(s,u)du\,dW(s) = \int_0^t \int_0^u \phi(s,u)dW(s)\,du. \tag{2.78}$$

Beweis Wir betrachten die Gleichungskette

$$\begin{aligned}\int_0^t \int_s^t \phi(s,u)du\,dW(s) &= \int_0^t \int_{\mathbb{R}} \phi(s,u)1_{[s,t]}(u)du\,dW(s)\\ &= \int_{\mathbb{R}} \int_0^t \phi(s,u)1_{[s,t]}(u)dW(s)\,du\\ &= \int_0^t \int_0^t \phi(s,u)1_{[s,t]}(u)dW(s)\,du\\ &= \int_0^t \int_0^u \phi(s,u)dW(s)\,du,\end{aligned}$$

bei der wir für das zweite Gleichheitszeichen Satz 2.31 verwendet haben. ■

Bemerkung 2.33 *Unter geeigneten Messbarkeitsvoraussetzungen können sowohl der obige Satz als auch das Korollar direkt auf den Fall des Multi-Faktor-Modells verallgemeinert werden.*

Wir beenden den Exkurs und kehren zur Betrachtung des d-Faktor-HJM-Modells zurück. Dabei machen wir im Folgenden die

Annahme Für den Rest des Abschnitts über das HJM-Modell sei der Volatilitätsprozess $\sigma(t,T), 0 \le t \le T, T > 0$ hinreichend regulär, um Fubinis Theorem bzw. das entsprechende Korollar anwenden zu können.

In Analogie zum Ho-Lee-Modell erhalten wir – jetzt mit Fubinis Theorem – die Form des Geldmarktkontos als

$$\begin{aligned}B(t) &= e^{\int_0^t r(s)ds}\\ &= e^{\int_0^t \left[f(0,s)+\int_0^s \alpha(u,s)du+\int_0^s \sigma(u,s)'dW(u)\right]ds}\\ &= e^{\int_0^t f(0,s)ds+\int_0^t \int_s^t \alpha(s,u)du\,ds+\int_0^t \left(\int_s^t \sigma(s,u)du\right)'dW(s)}\end{aligned} \tag{2.79}$$

und die des Zero-Bond-Preises als

$$\begin{aligned} P(t,T) &= e^{-\int_t^T f(t,u)du} \\ &= e^{-\int_t^T f(0,u) - \int_0^t \left(\int_t^T \sigma(s,u)du\right)' dW(s) - \int_0^t \int_t^T \alpha(s,u)du\,ds} \end{aligned} \tag{2.80}$$

Aus diesen beiden expliziten Preisdarstellungen erhalten wir die zugehörigen Darstellungen als Lösungen (stochastischer) Differentialgleichungen (siehe Übung 1 für den Beweis).

Proposition 2.34 *Im d-Faktor-HJM-Modell ergeben sich die Preisentwicklungen des Geldmarktkontos und des Zero-Bonds als eindeutige Lösungen der stochastischen Differentialgleichungen*

$$dB(t) = B(t)r(t)dt, \quad B(0) = 1, \tag{2.81}$$

$$\begin{aligned} dP(t) = P(t)\Bigg[&\left(r(t) - \int_t^T \alpha(t,u)du + \frac{1}{2}\left\|\int_t^T \sigma(t,s)ds\right\|^2\right)dt \\ &- \left(\int_t^T \sigma(t,s)ds\right)' dW(t)\Bigg] \end{aligned} \tag{2.82}$$

mit $P(T,T) = 1$.

Existenz eines äquivalenten Martingalmaßes Um das gewünschte äquivalente Martingalmaß Q zu konstruieren, müssen wir beachten, dass in unserem Modell eine d-dimensionale Brownsche Bewegung die Quelle der Unsicherheiten ist. Wir benötigen deshalb (zunächst) d repräsentative Zero-Bonds mit Laufzeiten $0 < T_1 < \ldots < T_d$, um das äquivalente Martingalmaß zu bestimmen. Die natürliche Forderung an Q ist dann die, dass die mit dem Geldmarktkonto diskontierten Preisprozesse

$$Z_i(t) = \frac{P(t,T_i)}{B(t)}, \quad t < T_i \tag{2.83}$$

für $0 \leq t < T_1$ Martingale unter Q sein sollen. Beachtet man, dass $Z_i(t)$ der stochastischen Differentialgleichung

$$\begin{aligned} dZ_i(t) = Z_i(t)\Bigg[&\left(-\int_t^{T_i} \alpha(t,u)du + \frac{1}{2}\left\|\int_t^{T_i} \sigma(t,s)ds\right\|^2\right)dt \\ &- \left(\int_t^{T_i} \sigma(t,s)ds\right)' dW(t)\Bigg] \end{aligned} \tag{2.84}$$

mit $Z_i(0) = P(0, T_i)$ für $0 \leq t \leq T_i$ genügt, so erhalten wir das folgende Existenzresultat.

Proposition 2.35 (Äquivalentes Martingalmaß im allgemeinen HJM-Modell) *Zu den gegebenen Fälligkeiten $0 < T_1 < \ldots < T_d$ der ausgewählten Zero-Bonds sei die Matrix $\Sigma(t, T_1, \ldots, T_d)$ definiert gemäß*

$$\Sigma(t, T_1, \ldots, T_d)_{ij} := \sigma(t, T_i)_j, \quad i, j \in \{1, \ldots, d\} \tag{2.85}$$

regulär. Dann existiert ein progressiv messbarer, $\mathbb{R}^d$-wertiger stochastischer Prozess $\gamma(t)$, der die eindeutige Lösung der Gleichungen

$$\alpha(t, T_i) = \sigma(t, T_i)' \int_t^{T_i} \sigma(t, s) ds - \sigma(t, T_i)' \gamma(t), \quad i = 1, \ldots, d \tag{2.86}$$

ist. Ist dann der Prozess

$$\tilde{Z}(t) = \exp\left(- \sum_{i=1}^{d} \int_0^t \gamma_i(s) dW_i(s) - \frac{1}{2} \int_0^t \|\gamma(s)\|^2 ds \right). \tag{2.87}$$

ein Martingal unter $\mathbb{P}$, so definiert

$$\frac{dQ}{d\mathbb{P}}|_{\mathcal{F}_S} = \tilde{Z}(S) \tag{2.88}$$

mit $S < T_1$ ein äquivalentes Martingalmaß für die repräsentativen Zero-Bonds und den Numéraire $B(t)$.

Beweis Um die Martingalität der Prozesse $Z_i(t)$ zu erhalten, muss es möglich sein, solch eine Brownsche Bewegung mit Hilfe des Satzes von Girsanov zu konstruieren, dass die Drift-Komponente entfällt. Dies ist aber äquivalent zur Existenz eines Prozesses $\gamma(t)$, so dass die Beziehungen

$$- \int_t^{T_i} \alpha(t, u) du + \frac{1}{2} \left\| \int_t^{T_i} \sigma(t, s) ds \right\|^2 = \int_t^{T_i} \alpha(t, u) du' \gamma(t)$$

für $i = 1, \ldots, d$ gelten. Dies ist wiederum $\mathbb{P} - f.s.$ äquivalent zur durch Ableiten nach der jeweils oberen Integralgrenze erhaltenen Forderung in Form der Gleichungen (2.86). Deren eindeutige Lösung ergibt sich aus der Regularität der Matrix Σ.

Mit den oben eingeführten Bezeichnungen und Voraussetzungen gilt dann nach dem Satz von Girsanov, dass

$$W^Q(t) = W(t) - \int_0^t \gamma(s)ds \tag{2.89}$$

eine Q-Brownsche Bewegung ist. Hieraus folgen die gemachten Behauptungen direkt aus der Form der Prozesse $Z_i(t)$ in Gleichung (2.84). ■

Bemerkung 2.36 *Da man bei der tatsächlichen Modellierung statt $\alpha(t, T_i)$ die Volatilitätsstruktur $\sigma(t, T_i)$ und den Prozess $\gamma(t)$ vorgibt, kann die Martingalität von $\tilde{Z}(t)$ direkt aus der Vorgabe von $\gamma(t)$ verifiziert werden. Dies wird in den von uns unten gegebenen Beispielen leicht zu verifzieren sein, was dann dem Leser überlassen bleibt.*

In voller Analogie zum Beweis von Satz 2.24 erhalten wir die Vollständigkeit des zum d-Faktormodell gehörenden Marktes, wenn man die zusätzliche Annahme der Invertierbarkeit der Volatilitätsmatrix $\Sigma(t)$ für alle $t \geq 0$ macht.

Satz 2.37 (Vollständigkeit des d-Faktormodells) *Es seien die in Proposition 2.35 gemachten Annahmen erfüllt. Dann gelten:*

a) *Es sei Y eine $\mathcal{F}_S$-messbare Zufallsvariable mit $S < T_1$, für die*

$$x := \mathbb{E}_Q\left(\frac{Y}{B(S)}\right) < \infty \tag{2.90}$$

gilt. Dann existiert eine (eindeutige) Duplikationsstrategie $(\varphi, \psi_1, \ldots, \psi_d)$ im Geldmarktkonto und in den zu Q gehörenden T_i-Bonds, $i = 1, \ldots, d$, so dass für den Vermögensprozess $X(t)$ zur Duplikationsstrategie gelten:

$$X(0) = x, \quad X(t) = B(t)\mathbb{E}_Q\left(\frac{Y}{B(S)}|\mathcal{F}_t\right), \quad X(S) = Y \quad Q - f.s. \tag{2.91}$$

Insbesondere ist der Markt, der aus dem Geldmarktkonto und den T_i-Bonds als Basisgütern erzeugt wird, in diesem Sinn vollständig.

b) *Der Preisprozess $V(t)$ einer europäischen Option mit Endzahlung Y zur Zeit S, die der Bedingung (2.42) genügt, ist durch*

$$V(t) = B(t)\mathbb{E}_Q\left(\frac{Y}{B(S)}|\mathcal{F}_t\right) \tag{2.92}$$

gegeben.

Mit dem vorangegangenen Resultat haben wir alle Zutaten zusammen, um auch im d-Faktor-Modell die HJM-Drift-Bedingung herzuleiten. Man kann sich dabei auch wiederum leicht klar machen, dass alle unsere bisher gemachten Überlegungen unabhängig von der Wahl der repräsentativen Zero-Bonds sind, falls für beliebige Fälligkeiten T_i, $i = 1, \ldots, d$ die Volatilitätsmatrix $\Sigma(t)$ für alle $t < T_1$ invertierbar ist.

Satz 2.38 (HJM-Drift-Bedingung) *Unter den Bedingungen von Proposition 2.35 ist das d-Faktor-HJM-Modell arbitragefrei, falls der Driftprozess $\alpha(t, T)$ in der Modellierung der Forward-Rate in Gleichung (2.76) für alle $0 \leq t \leq T$ die Form*

$$\alpha(t, T) = \sigma(t, T)' \int_t^T \sigma(t, s) ds - \sigma(t, T)' \gamma(t) \tag{2.93}$$

für einen progressiv messbaren d-dimensionalen Prozess

$$\gamma(t) = (\gamma_1(t), \ldots, \gamma(t))' \tag{2.94}$$

besitzt, so dass das in Proposition 2.35 definierte Maß Q ein äquivalentes Martingalmaß (für die jeweils gewählten Referenzbonds und den Numéraire $B(t)$) ist. Man sagt dann, dass der Driftprozess der HJM-Drift-Bedingung *genügt.*

Insbesondere ergibt sich im Fall, dass die Forward-Raten bereits unter dem Martingalmaß Q modelliert wurden, in Gleichung (2.93) $\gamma(t) = 0$.

Beweis Die Forderung der Martingalität der mit dem Geldmarktkonto abgezinsten Zero-Bond-Preise führte bereits zur HJM-Drift-Bedingung. Umgekehrt folgt aus der Existenz des äquivalenten Martingalmaßes die Arbitragefreiheit des Marktmodells. Die Aussage über die Form des Driftprozesses bei einer Modellierung unter dem äquivalenten Martingalmaß ergibt sich direkt aus der Tatsache, dass dann bereits der nicht-diskontierte Zero-Bond eine Drift von $r(t)$ haben muss und aus der Form der Preisgleichung (2.82). ■

2.3.4 Beispiele und Aspekte von d-Faktor-Modellen in der Praxis

Das d-Faktor-Ho-Lee-Modell Wir beginnen mit der offensichtlichen Verallgemeinerung des Ho-Lee-Modells, eines Mehrfaktor-Ho-Lee-Modells, das der Wahl

$$\sigma_i(t, T) = \sigma_i > 0, \tag{2.95}$$

entspricht. Dieses Modell hat allerdings gegenüber dem Einfaktor-Ho-Lee-Modell keinerlei Vorteile, da aufgrund der zeitunabhängigen Koeffizienten der einzelnen Brownschen Bewegungen diese nicht zur speziellen laufzeitabhängigen Wahl genutzt werden können.

d-Faktor-Gauß-Modelle Wählt man als Volatilitätsfunktion $\sigma(t,T)$ eine deterministische, quadrat-integrierbare Funktion, so führt das dazu, dass im 1-Faktor-Gauß-Modell

$$\int_t^T \sigma(t,s)dW(s) \sim \mathcal{N}\left(0, \int_t^T \sigma(t,s)^2 ds\right) \tag{2.96}$$

gilt. Somit ist die Forward-Rate unter Q – und bei Wahl einer deterministischen Risikoprämie $\gamma(t)$ auch unter $\mathbb{P}$ – normal verteilt. Wir erhalten also log-normal verteilte Zero-Bondpreise.

Auch im d-Faktor-Gauß-Modell erhält man die Normalverteilung der Summe der stochastischen Integrale. Somit kann zumindest die gleiche Verteilung des stochastischen Integrals auch durch ein 1-Faktor-Gauß-Modell erhalten werden. Man hat allerdings im Mehrfaktormodell mehr Möglichkeiten bezüglich der Driftmodellierung.

Wie im Fall des 1-Faktor-Ho-Lee-Modells ergeben sich auch im d-Faktor-Gauß-Modell Preisformeln vom Black-Scholes-Typ für europäische Calls und Puts auf Zero-Bonds. Wir verzichten hier auf ihre Wiedergabe, werden aber im folgenden noch ein spezielles 1- und ein spezielles 2-Faktor-Gauß-Modell betrachten.

Exponentiell fallende Volatilität Da sich typischerweise die Einschätzung der zukünftigen Zinsentwicklung am kurzen Ende, also dem naheliegenden Zeitraum, schneller als am langen Ende (dem noch weit in der Zukunft liegenden Zeitraum) ändert, ist die Wahl einer mit der Fälligkeit abnehmenden Volatilität der Forward-Raten durchaus ökonomisch zu vertreten. Das einfachste Modell hierfür ist der Fall $d = 1$ mit der Wahl

$$\sigma(t,T) = \sigma \cdot e^{-\alpha(T-t)} \tag{2.97}$$

für positive Konstanten σ und α. Wir werden dieses Modell und seine Eigenschaften im Hinblick auf die Short-Rate-Dynamik im nächsten Abschnitt detailliert betrachten.

Ein ebenfalls noch später genauer betrachtetes Modell, das auch ein in der Literatur oft genanntes Beispiel eines Zweifaktor-Gauß-Modells ist, ist durch die folgenden Wahlen unter Q gegeben:

$$df(t,T) = \sum_{i=1}^{2}\left(\sigma_i(t,T)\int_t^T \sigma_i(t,u)du\right)dt + \sum_{i=1}^{2}\sigma_i(t,T)dW_i^Q(t), \tag{2.98}$$

$$\sigma_1(t,T) = \sigma_{11}e^{-\alpha_1\cdot(T-t)}, \tag{2.99}$$

$$\sigma_2(t,T) = \sigma_{21}e^{-\alpha_1\cdot(T-t)} + \sigma_{22}e^{-\alpha_2\cdot(T-t)}. \tag{2.100}$$

Durch die Wahlen der σ- und α-Komponenten lassen sich verschiedene Charakteristika der Forwardraten-Kurve modellieren.

Forward-Raten-Modellierung und Short-Rate-Dynamik Die Short-Rate spielte im HJM-Ansatz als Forward-Rate mit kürzester Laufzeit bisher in unseren Überlegungen keine große Rolle. Da sich aber die Preise p_B der meisten Zinsoptionsprodukte mit allgemeiner Endzahlung B zur Fälligkeit T nur numerisch über den Ansatz

$$p_B = \mathbb{E}_Q\left(e^{-\int_0^T r(s)ds} B\right) \tag{2.101}$$

bestimmen lassen, ist die Short-Rate-Dynamik – insbesondere unter Q – sehr wichtig für die praktische Anwendung. Dabei ist es sehr wünschenswert, dass die Short-Rate selbst ein Markov-Prozess ist oder sich zumindest als Funktion einer kleinen Anzahl von (ein-dimensionalen) Markov-Prozessen ergibt, um Baummethoden oder partielle Differentialgleichungsmethoden (PDE-Methoden) effizient einsetzen zu können. Dabei gilt i. A. die Faustregel, dass jeder ein-dimensionale Markov-Prozess eine weitere Dimension im Baumverfahren und eine weitere Variable bei PDE-Methoden erfordert.

Wir zeigen zunächst explizit am Beispiel der exponentiell abnehmenden Volatilität, wie sich die Volatilitätsmodellierung auf die Short-Rate-Dynamik auswirkt. Es seien also $d = 1$ und

$$\sigma(t, T) = \sigma \cdot e^{-\alpha(T-t)} \tag{2.102}$$

gewählt. Man erhält damit unter dem risiko-neutralen Maß Q

$$\begin{aligned} f(t, T) &= f(0, T) + \int_0^t \sigma e^{-\alpha(T-s)} \int_s^T \sigma e^{-\alpha(u-s)} du\, ds + \int_0^t \sigma e^{-\alpha(T-s)} dW^Q(s) \\ &= f(0, T) + \frac{\sigma^2}{2\alpha^2}\left(2e^{-\alpha T}\left(e^{\alpha t} - 1\right) - e^{-2\alpha T}\left(e^{2\alpha t} - 1\right)\right) \\ &\quad + \int_0^t \sigma e^{-\alpha(T-s)} dW^Q(s) \end{aligned} \tag{2.103}$$

und hieraus die Form der Short-Rate als

$$r(t) = f(t, t) = f(0, t) + \frac{\sigma^2}{2\alpha^2}\left(1 - e^{-\alpha t}\right)^2 + \int_0^t \sigma e^{-\alpha(t-s)} dW^Q(s). \tag{2.104}$$

Mittels Ketten- und Produktregel folgt dann als Dynamikgleichung

$$\begin{aligned} dr(t) &= \sigma dW^Q(t) \\ &\quad + \left[\frac{\partial}{\partial t} f(0, t) + \frac{\sigma^2}{\alpha}\left(1 - e^{-\alpha t}\right)e^{-\alpha t} - \alpha \int_0^t \sigma e^{-\alpha(t-s)} dW^Q(s)\right] dt \\ &= [\theta(t) - \alpha r(t)]dt + \sigma dW^Q(t). \end{aligned} \tag{2.105}$$

Dabei haben wir für die letzte Gleichheit die Bezeichnung

$$\theta(t) = \frac{\partial}{\partial t} f(0,t) + \alpha f(0,t) + \frac{\sigma^2}{2\alpha}\left(1 - e^{-2\alpha t}\right) \tag{2.106}$$

verwendet. Da $\theta(t)$ eine deterministische Funktion ist und σ konstant ist, ist $r(t)$ ein Markov-Prozess. Mehr noch, die Form der Dynamik-Gleichung (2.105) zeigt, dass eine – allerdings zeitabhängige – Mean-Reversion-Eigenschaft der Short-Rate um den Wert $\theta(t)/\alpha$ vorhanden ist: Für einen höheren Wert von $r(t)$ ist der Driftterm in der Dynamik-Gleichung negativ, für einen niedrigeren Wert von $r(t)$ positiv.

Wir werden sowohl die Mean-Reversion-Eigenschaft als auch das gerade betrachtete Modell im Abschnitt über Short-Rate-Modelle nochmals detaillierter behandeln, samt expliziter Formeln für die Bond- und die Bondoptionspreise. Dort wird das Modell auf eine andere Art und Weise hergeleitet und als *Hull-White-Modell* eingeführt werden.

Um das vorliegende Modell zu verallgemeinern, werfen wir zunächst einen Blick auf die allgemeine Gleichung der Short-Rate unter Q. Die Wahl der Volatilitätsfunktion $\sigma(t,T)$ führt bei hinreichender Differenzierbarkeit und Integrierbarkeit zur Gleichung

$$\begin{aligned} dr(t) = \sigma(t,t)dW^Q(t) + \Bigg[& \frac{\partial}{\partial t} f(0,t) \\ & + \int_0^t \frac{\partial}{\partial t}\left(\sigma(s,t)\int_s^t \sigma(s,u)du\right)ds + \int_0^t \frac{\partial}{\partial t}\sigma(s,t)dW^Q(s)\Bigg]dt, \end{aligned} \tag{2.107}$$

wobei wir wiederum die Ketten- und Produktregel verwendet haben. Die Form der Gleichung zeigt insbesondere an, dass im allgemeinen Fall $r(t)$ kein Markov-Prozess sein muss, da z. B. das im Driftterm vorkommende stochastische Integral für allgemeines $\sigma(s,t)$ für ein neues t komplett neu zu berechnen wäre.

Eine hinreichende Bedingung für die Markov-Eigenschaft In Carverhill (1994) wird gezeigt, dass im 1-Faktor-Modell für die multiplikative Form der Volatilität

$$\sigma(t,T) = g(T)h(t), \tag{2.108}$$

wobei sowohl g als auch h deterministische Funktionen sind, die Short-Rate ein Markov-Prozess ist. Diese Aussage gilt auch im d-Faktor-Modell unter der Annahme der komponentenweise multiplikativen Form

$$\sigma_i(t,T) = g_i(T)h_i(t), \quad i = 1,\ldots,d \tag{2.109}$$

für die Volatilität, wobei g_i und h_i deterministische Funktionen sind.

Das Cheyette-Modell Wie gerade oben im allgemeinen 1-Faktor-Fall gesehen, führt eine allgemeine Volatilitätsstruktur der Forward-Raten zu einer Short-Rate, die i. A. kein Markov-Prozess mehr ist. Umgekehrt kann die Annahme der Volatilitätsfunktion nach Carverhill, wie in (2.108) beschrieben, sehr einschränkend sein.

Ein praktisch relevantes Modell, das auf der einen Seite hinreichend flexibel ist, um eine realistische Volatilitätsstruktur anzupassen, aber auch gleichzeitig noch gutartig numerisch umsetzbar bleibt, sowie die Möglichkeit expliziter Preisformeln für Zero-Bonds und Bond-Optionen bietet, ist das Cheyette-Modell, das O. Cheyette in Cheyette (1992) vorstellt.

Wir behandeln hier nur einen Spezialfall detailliert, ein 2-Faktor-Gauß-Modell mit exponentiell fallender Volatilität, das wir bereits in den Gleichungen (2.98)–(2.100) erwähnt hatten. Wir wollen allerdings unsere Notation etwas vereinfachen und wählen

$$\sigma_1(t,T) = \sigma_1 \cdot e^{-\alpha_1(T-t)}, \quad \sigma_2(t,T) = \sigma_2 \cdot e^{-\alpha_2(T-t)} \tag{2.110}$$

für positive Konstanten α_1, α_2 und nicht-negative σ_1, σ_2. Aus der allgemeinen Form der Forward-Raten unter der entsprechenden HJM-Drift-Bedingung und der Preisdarstellung des Zero-Bonds mit Hilfe der Forward-Raten erhalten wir dann das folgende Resultat.

Satz 2.39 *Im 2-Faktor-Gauß-Modell mit exponentiell fallender Volatilität, die durch Gleichung* (2.110) *gegeben ist, besitzt die Forward-Rate unter dem Martingalmaß Q die Darstellung*

$$f(t,T) = f(0,T) + \sum_{i=1}^{2} e^{-\alpha_i(T-t)}[X_i(t) + b_i(t,T)Z_i(t)] \tag{2.111}$$

mit den Zustandsvariablen $X_1(t)$ und $X_2(t)$ und

$$b_i(t,T) = \frac{1 - e^{-\alpha_i(T-t)}}{\alpha_i}, \quad Z_i(t) = \frac{\sigma_i^2(1 - e^{-2\alpha_i t})}{2\alpha_i}, \quad i = 1, 2.$$

Unter Q sind $X_1(t)$ und $X_2(t)$ als eindeutige Lösungen der stochastischen Differentialgleichungen

$$dX_1(t) = (-\alpha_1 X_1(t) + Z_1(t))dt + \sigma_1 dW_1^Q(t), \quad X_1(0) = 0 \tag{2.112}$$

$$dX_2(t) = (-\alpha_2 X_2(t) + Z_2(t))dt + \sigma_2 dW_2^Q(t), \quad X_2(0) = 0 \tag{2.113}$$

gegeben. Weiter hat die Short-Rate die Form

$$r(t) = f(0,t) + X_1(t) + X_2(t) \tag{2.114}$$

und der Zero-Bond-Preis $P(t,T)$ zur Zeit t ergibt sich als

$$P(t,T) = \frac{P(0,T)}{P(0,t)} \cdot \exp\left(-b_1(t,T)X_1(t) - b_2(t,T)X_2(t) - \frac{1}{2}\sum_{i=1}^{2} b_i(t,T)^2 Z_i(t)\right). \quad (2.115)$$

Beweis Wir berechnen die einzelnen Zutaten zu den Behauptungen der Form der Forward-Rate, der Short-Rate und des Zero-Bond-Preises in einzelnen Schritten. Beachte hierzu, dass die Forward-Rate unter Q die folgende Darstellung besitzt:

$$f(t,T) = f(0,T) + \int_0^t \sigma_1(s,T)\int_s^T \sigma_1(s,u)du\,ds + \int_0^t \sigma_1(s,T)dW_1^Q(s) + \int_0^t \sigma_2(s,T)\int_s^T \sigma_2(s,u)du\,ds + \int_0^t \sigma_2(s,T)dW_2^Q(s).$$

Explizites Einsetzen der Volatilitätsfunktionen liefert:

$$\begin{aligned}\int_0^t \sigma_i(s,T)\int_s^T \sigma_i(s,u)duds &= \int_0^t \sigma_i e^{-\alpha_i(T-s)\int_s^T \sigma_i e^{-\alpha_i(u-s)}du}ds \\ &= \sigma_i^2\sigma_i e^{-\alpha_i T}\int_0^t \sigma_i e^{\alpha_i s}\frac{1-e^{\alpha_i(T-s)}}{\alpha_i}ds \\ &= \frac{\sigma_i^2}{2\alpha_i}e^{-\alpha_i(T-t)}\left[2\left(1-e^{-\alpha_i t}\right) - e^{-\alpha_i(T-t)}\left(1-e^{-2\alpha_i t}\right)\right],\end{aligned} \quad (2.116)$$

$$\int_0^t \sigma_i(s,T)dW_i^Q(s) = \sigma_i e^{-\alpha_i(T-t)}\int_0^t e^{-\alpha_i(t-s)}dW_i^Q(s). \quad (2.117)$$

Betrachtet man nun die expliziten Lösungen der stochastischen Differentialgleichungen für die $X_i(t)$-Faktoren (die z. B. mit Hilfe des Satzes über die Variation der Konstanten gegeben sind), so erhält man

$$\begin{aligned}X_i(t) &= \int_0^t e^{-\alpha_i(t-s)}\sigma_i dW_i^Q(s) + \int_0^t e^{-\alpha_i(t-s)}\frac{\sigma_i^2\left(1-e^{-2\alpha_i s}\right)}{2\alpha_i}ds \\ &= \int_0^t e^{-\alpha_i(t-s)}\sigma_i dW_i^Q(s) + \frac{\sigma_i^2}{2\alpha_i^2}\left(1-e^{-\alpha_i t}\right)^2.\end{aligned}$$

Addieren der Terme in den Gleichungen (2.116) und (2.117) in der Darstellung der Forward-Rate und ein Vergleich mit der durch Einsetzen der expliziten Formeln für die X_i-, b_i- und Z_i-Terme auf der rechten Seite von Gleichung (2.111) erhaltenen Form, beweist die Darstellung (2.111) der Forward-Rate. Die Form der Short-Rate folgt dann sofort aus der Beziehung $r(t) = f(t,t)$.

Die Form des Bond-Preises ergibt sich direkt durch Integrieren aus dem Einsetzen der Darstellung (2.111) in die Bondpreisdarstellung

$$P(t,T) = e^{-\int_t^T f(t,s)ds}. \qquad \blacksquare$$

Bemerkung 2.40 *Zwar ist die Annahme exponentiell fallender Volatilität von einfacher Struktur, aber sie hat bereits nicht mehr die nach Carverhill hinreichende multiplikative Form, um die Markov-Eigenschaft der Short-Rate zu garantieren. Allerdings lässt sich die Short-Rate nach Gleichung* (2.114) *als Summe der beiden Markov-Prozesse* $X_1(t)$ *und* $X_2(t)$ *(und* $f(0,t)$*) schreiben, die beide eine Mean-Reversion-Eigenschaft um den jeweiligen Prozess* $Z_i(t)/\alpha_i$ *besitzen. Folglich erlaubt das 2-Faktor-Gauß-Modell mit exponentiell fallender Volatilität ein effizientes numerisches Vorgehen bei der Bewertung komplizierter Derivate.*

Bemerkung 2.41 *Das Vorgehen bei obigem Modell kann weiter verallgemeinert werden. So wurde in Ritchken und Sankarasubramanian (1995) gezeigt, dass im 1-Faktor-Modell eine Volatilität der Form*

$$\sigma(t,T) = \sigma_r(t)\exp\left(-\int_t^T \kappa(x)dx\right) \tag{2.118}$$

für eine deterministische Funktion $\kappa(x)$ *und einen geeigneten adaptierten, hinreichend integrierbaren stochastischen Prozess* $\sigma_r(t)$ *äquivalent dazu ist, dass die Zinsstruktur durch einen zweidimensionalen Markov-Prozess bestimmt ist. Mehr noch, die Autoren zeigen, dass dann der Zero-Bondpreis die Form*

$$P(t,T) = \frac{P(0,T)}{P(0,t)}\exp\left(-\frac{1}{2}\beta^2(t,T)\phi(t) + \beta(t,T)\left(f^M(0,t) - r(t)\right)\right) \tag{2.119}$$

mit

$$\beta(t,T) = \int_t^T e^{-\int_t^u \kappa(x)dx}du, \quad \phi(t) = \int_0^t \sigma^2(s,t)ds. \tag{2.120}$$

besitzt.

Eine weitere Verallgemeinerung des obigen Ansatzes wird in Cheyette (1995) gegeben, die zeigt, wie sich bei geeigneter Vorgabe der Volatilitätsstruktur die Short-Rate als eine Summe von Markov-Prozessen ergibt.

2.4 Short-Rate-Modelle: 1-Faktor-Modelle

Wir führen die Übersicht über die Modellierungsansätze zur zeitlichen Entwicklung der Preise von Nullkuponanleihen und somit auch der Entwicklung der gesamten Zinsstruktur mit den Short-Rate-Modellen fort. Dabei erscheint es zunächst stark vereinfachend, sich nur um die Modellierung der Short-Rate, also des gegenwärtigen Zinssatzes für einen Kredit zu kümmern, der jetzt gegeben und direkt zurück gezahlt wird. Allerdings sind Short-Rate-Modelle aufgrund ihrer oft guten analytischen Handhabbarkeit in der Praxis weit verbreitet, gerade auch in der Anwendung bei Lebensversicherern, insbesondere auf der Produktentwicklungs- und Bewertungsseite. Nicht zuletzt aufgrund dieser Beliebtheit in der Anwendung werden Short-Rate-Modelle nach wie vor untersucht und weiterentwickelt, obwohl sie konzeptionell den Forward-Rate-Modellen unterlegen zu sein scheinen.

Während bei den Forward-Rate-Modellen der explizite Zusammenhang zwischen den Zero-Bond-Preisen und der Gesamtheit der Forward-Raten der Ausgang der Modellierung ist, steht beim Short-Rate-Ansatz der Arbitragegedanke im Mittelpunkt. So ergibt sich durch die Einführung des Geldmarktkontos mit der zeitlichen Entwicklung

$$B(t) = B_0 e^{\int_0^t r(s)ds} \tag{2.121}$$

und der Interpretation eines Zero-Bonds als Option mit einer sicheren Endzahlung 1 zur Fälligkeit T der Preis eines Zero-Bonds im Short-Rate-Modell aus Arbitragegründen als

$$P(t,T) = \mathbb{E}_Q\left(\exp\left(-\int_t^T r(s)ds\right)1\right), \tag{2.122}$$

wobei Q ein ebenfalls zu modellierendes bzw. zu wählendes äquivalentes Martingalmaß ist. Wir erläutern dies unten nochmals im Zusammenhang mit der sogenannten Zinsstrukturgleichung.

Der Hauptteil der Modellierung besteht nun in der Vorgabe einer stochastischen Differentialgleichung der Form

$$dr(t) = \mu(t,r(t))dt + \sigma(t,r(t))dW(t) \tag{2.123}$$

für die zeitliche Entwicklung der Short-Rate. Dabei seien die Koeffizientenfunktionen der Gleichung so gewählt, dass eine eindeutige Lösung der Gleichung existiert. Ist $W(t)$ dabei eine eindimensionale Brownsche Bewegung, so sprechen wir von einem *1-Faktor-Modell*, bei einer d-dimensionalen Brownschen Bewegung dann entsprechend von einem d-Faktor-Modell oder auch *Mehrfaktor-Modell*.

Bevor wir auf die Wahl der Form der Short-Rate-Gleichung oder die zu wählende Zahl der Faktoren eingehen, wollen wir einige wünschenswerte Eigenschaften der Short-Rate sammeln, die oft auch für andere Ansätze der Zinsmodellierung gelten:

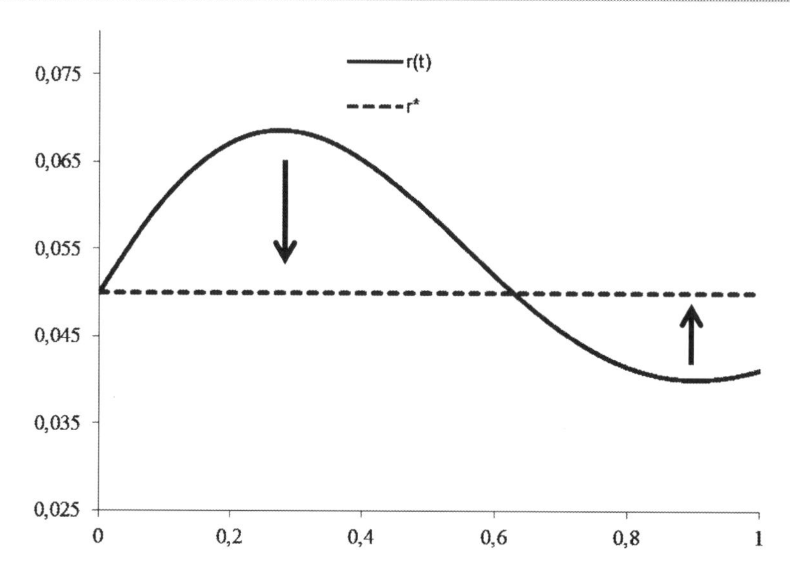

Abb. 2.6 Schematische Darstellung der Wirkung der Mean-Reversion-Eigenschaft

- Die Short-Rate sollte nicht-negativ sein.
- Die Short-Rate sollte die Mittelwertumkehreigenschaft (*Mean-Reversion-Eigenschaft*) besitzen, d. h. oberhalb eines bestimmten Levels sollte sie tendenziell fallen, während sie unterhalb eine wachsende Tendenz besitzen sollte. Argumente für diese Tatsache spiegeln sich auch darin wider, dass oft von einer Hochzins- oder einer Niedrigzinsphase gesprochen wird, man also glaubt, einen Referenzwert für einen *Normalzins* zu kennen. Wir veranschaulichen diese Forderung auch in Abb. 2.6, in der die Pfeile jeweils die Tendenz für die Entwicklung des schematischen Short-Rate-Prozesses hin zum *Normalzins* r^* andeuten.
- Das Short-Rate-Modell sollte für Zero-Bonds und einfache Derivate (wie Bondoptionen, Caps/Floors oder Swaptions) geschlossene Bewertungsformeln besitzen.
- Im Modell berechnete Nullkuponanleihenpreise sollten heutige Marktpreise so gut wie möglich erklären können.
- Die zeitliche Dynamik der Modellpreise soll den Bewegungen auf dem realen Markt entsprechen.

Hierbei ist festzustellen, dass gerade die erste Forderung nach einer nicht-negativen Short-Rate in der gegenwärtigen Niedrigzinsphase am deutschen Markt fast ad absurdum geführt wird und so quasi der Aufbewahrungsfunktion einer Bank für Geldbeträge fast schon wieder ein Wert zugemessen wird. Umgekehrt liefert gerade diese Niedrigzinsphase Argumente für Modelle mit normal verteilter Short-Rate, die wir im weiteren Verlauf auch betrachten werden.

Die Zinsstrukturgleichung Der Short-Rate-Ansatz lässt sich methodisch analog zum Ansatz der risiko-neutralen Bewertung in der Originalarbeit von Black und Scholes zur Black-Scholes-Formel (siehe Black und Scholes (1973)) vorstellen. So werden wir zur Preisbestimmung einfacher Zinsderivate die sogenannte Zinsstrukturgleichung (engl. *Term Structure Equation*) herleiten. Sie stellt das Analogon zum Cauchy-Problem im Black-Scholes-Modell dar. Wir benötigen zu ihrer Herleitung die folgende

Annahme Der Markt für T-Bonds und das Geldmarktkonto sei arbitragefrei und die T-Bondpreise haben die Form

$$P(t,T) = F(t,r(t);T), \tag{2.124}$$

wobei F eine geeignete glatte Funktion ist, die die Anwendung der Itô-Formel erlaubt und $F(T,r;T) = 1$ für alle $r \in \mathbb{R}$ erfüllt.

Wie bei der Original-Herleitung der Black-Scholes-Formel wird nun auch versucht, ein risikoloses Portfolio zu erzeugen, das aus variablen Positionen in (gehandelten) S- und T-Bonds besteht. Es sei hierzu eine selbstfinanzierende Strategie $\left(\phi^{(S)},\phi^{(T)}\right)$ mit Vermögensprozess

$$X(t) = \phi^{(S)}(t)P(t,S) + \phi^{(T)}(t)P(t,T) \tag{2.125}$$

gegeben. Die Anwendung der Itô-Formel liefert zunächst

$$\begin{aligned} dP(t,T) &= dF(t,r(t);T) \\ &= F(t,r(t);T)\left[\frac{F_t + \mu F_r + \frac{1}{2}\sigma^2 F_{rr}}{F}dt + \frac{\sigma F_r}{F}dW(t)\right] \\ &=: F(t,r(t);T)[\alpha(t;T,r(t))dt + \beta(t;T,r(t))dW(t)], \end{aligned} \tag{2.126}$$

wobei wir aus drucktechnischen Gründen bei der zweiten Gleichheit einige (offensichtliche) Argumente weggelassen haben. Mit der analogen Gleichung für $P(t,S)$ und der Tatsache, dass die Handelsstrategie als selbstfinanzierend vorausgesetzt wird, erhalten wir

$$\begin{aligned} dX(t) &= \phi^{(S)}(t)dF(t,r(t);S) + \phi^{(T)}(t)dF(t,r(t);T) \\ &= X(t)\big[\{\pi^{(S)}(t)\alpha(t;S,r(t)) + \pi^{(T)}(t)\alpha(t;T,r(t))\}dt \\ &\quad + \{\pi^{(S)}(t)\beta(t;S,r(t)) + \pi^{(T)}(t)\beta(t;T,r(t))\}dW(t)\big], \end{aligned} \tag{2.127}$$

wobei $\pi^{(S)}(t) := \phi^{(S)}(t)F(t,r(t);S)/X(t)$ und $\pi^{(T)}(t)$ mit analoger Definition die Komponenten des Portfolioprozesses zur Handelsstrategie darstellen. Nutzt man die Beziehung $\pi^{(S)}(t) + \pi^{(T)}(t) = 1$ und die Forderung, dass der Diffusionsterm in Gleichung (2.127) verschwinden soll, so erhält man

$$\pi^{(S)}(t) = \frac{\beta(t;T,r(t))}{\beta(t;T,r(t)) - \beta(t;S,r(t))}, \quad \pi^{(T)}(t) = \frac{-\beta(t;S,r(t))}{\beta(t;T,r(t)) - \beta(t;S,r(t))}. \tag{2.128}$$

Mit dieser Darstellung und der Forderung $dX(t) = X(t)r(t)dt$ einer risikolosen Vermögensentwicklung erhält man aus Gleichung (2.127) die Beziehung

$$\frac{\alpha(t;S,r(t))\beta(t;T,r(t)) - \alpha(t;T,r(t))\beta(t;S,r(t))}{\beta(t;T,r(t)) - \beta(t;S,r(t))} = r(t) \tag{2.129}$$

bzw. die äquivalente Formulierung

$$\frac{\alpha(t;S,r(t)) - r(t)}{\beta(t;S,r(t))} = \frac{\alpha(t;T,r(t)) - r(t)}{\beta(t;T,r(t))}. \tag{2.130}$$

Hieraus ergibt sich direkt der folgende Satz.

Satz 2.42 *Unter den Annahmen dieses Abschnitts an die Form des T-Bondpreises $P(t,T)$ ist der Marktpreis des Risikos für alle T-Bonds identisch, genauer: Es existiert ein Prozess $\lambda(t)$ mit*

$$\frac{\alpha(t;S,r(t)) - r(t)}{\beta(t;S,r(t))} = \lambda(t) \ \forall\ 0 \le t, S \le T. \tag{2.131}$$

Setzt man wiederum die explizite Definition für die Prozesse α, β ein, so erhält man mit dem eben erzielten Resultat den fundamentalen Satz über die Zinsstrukturgleichung.

Satz 2.43 (Die Zinsstrukturgleichung) *Die Prozesse μ, σ und λ aus Gleichung* (2.131) *seien so gewählt, dass die* Zinsstrukturgleichung

$$F_t + \{\mu - \lambda\sigma\}F_r + \frac{1}{2}\sigma^2 F_{rr} - rF = 0, \tag{2.132}$$

$$F(T,r;T) = 1 \tag{2.133}$$

eine eindeutige Lösung besitzt. Dann stimmt diese mit $F(t,r;T)$ überein.

Beweis Mit der Beziehung

$$\lambda(t) = \frac{\alpha(t;T,r(t)) - r(t)}{\beta(t;T,r(t))} = \frac{F_t + \mu F_r + \frac{1}{2}\sigma^2 F_{rr} - rF}{\sigma F_r}$$

folgt, dass die Bondpreisfunktion $F(t,r;T)$ die Zinsstrukturgleichung (2.132) löst. Diese ist dann nach Voraussetzung auch eindeutig. ■

Bemerkung 2.44

a) *Damit man die T-Bondpreise aus der Zinsstrukturgleichung erhalten kann, muss man den Marktpreis des Risikos $\lambda(t)$ wählen. Dies entspricht der Wahl eines zu $\mathbb{P}$ äquivalenten Martingalmaßes Q, also des zweiten Modellierungsteils im Short-Rate-Ansatz neben der Vorgabe der Dynamik der Short-Rate.*

b) *Da der Marktpreis des Risikos für alle (Rest-)Laufzeiten von Bonds gleich ist, kann er bereits aus dem (Markt-)Preis eines gehandelten T-Bonds gewonnen werden. Natürlich müssen dann alle weiteren Bonds und Derivate im Markt mit Hilfe dieses Marktpreises des Risikos bewertet werden, um Arbitragemöglichkeiten zu vermeiden.*

c) *Die im Satz gemachte abstrakte Annahme über die Form der Prozesse μ, σ, λ, die eine eindeutige Lösung der Zinsstrukturgleichung sichern, wird z. B. für die Wahl, dass all diese Prozesse konstant sind, erfüllt. Es gibt deutlich mehr mögliche Wahlen, wie wir auch im Spezialfall affin-linearer Modelle sehen werden. Sind z. B. durch die Wahl der drei Prozesse die Voraussetzungen für die Anwendung des Feynman-Kac-Darstellungssatzes erfüllt, so sichert dieser auch wegen der Form des Bondpreises als*

$$F(t, r(t); T) = \mathbb{E}^{(t, r(t))}\left(e^{-\int_t^T r(s)ds} 1\right),$$

dass die Aussage von Satz 2.43 gilt.

Die Konsequenz aus der letzten Bemerkung führt direkt zur Berechnung von Optionspreisen aus der Zinsstrukturgleichung, bei der lediglich die Endbedingung statt der Konstanten 1 im Bondpreisfall durch die Endauszahlung einer Zinssatzoption ersetzt werden muss:

Satz 2.45 (Optionspreise) *Es seien die Annahmen von Satz 2.43 erfüllt. Der Preis $F^X(t, r(t); T)$ zur Zeit t einer in T fälligen Option mit Endzahlung*

$$X = \Psi(r(T)), \tag{2.134}$$

wobei Ψ eine nicht-negative Funktion ist, ist dann als die eindeutige Lösung $F(t, r(t); T)$ der Zinsstrukturgleichung gegeben, die die Endbedingung

$$F^X(T, r; T) = \Psi(r(T)) \ \forall \ r \in \mathbb{R} \tag{2.135}$$

erfüllt, sofern diese Lösung existiert.

Martingalmodellierung und die Wahl des Marktpreises des Risikos Zur Bewertung von Bonds und anderen Derivaten im Zinsmarkt sind Erwartungswerte unter einem Martingalmaß zu berechnen. Statt nun eine zeitliche Dynamik für die Short-Rate anzunehmen und dann für Zwecke der Bewertung zu einem Martingalmaß über zu gehen, werden wir im Folgenden die Short-Rate direkt unter einem Martingalmaß spezifizieren. Wir müssen dann also zu Zwecken der Preisberechnung keinen Wechsel des Maßes mehr durchführen. Dies entspricht der Wahl des Marktpreises des Risikos von Null.

2.4.1 Affin-lineare Short-Rate-Modelle

Eine naheliegende Wahl für eine Form der Short-Rate-Dynamik (2.123) ist eine, für die sich die Zinsstrukturgleichung geschlossen lösen lässt. Eine zugehörende allgemeine Familie ist die der *affin-linearen Modelle*. Wir betrachten hierzu zunächst den 1-Faktor-Fall. Die Klasse der affin-linearen Modelle (unter einem äquivalenten Martingalmaß gemäß der Bemerkungen im vorangegangenen Abschnitt) ist dann durch die Gleichung

$$dr(t) = (\nu(t)r(t) + \eta(t))dt + \sqrt{\gamma(t)r(t) + \delta(t)}dW(t) \tag{2.136}$$

charakterisiert, wobei W eine eindimensionale Brownsche Bewegung ist. Hierbei nehmen wir weiter an, dass die gegebenen deterministischen Funkionen $\nu(t)$, $\eta(t)$, $\gamma(t)$, und $\delta(t)$ alle Annahmen erfüllen, so dass die Gleichung eine eindeutige Lösung besitzt. Wir werden diese Annahmen hier nicht explizit formulieren, sondern statt dessen auf die später behandelten konkreten Wahlen verweisen.

Die für die Praxis attraktive Eigenschaft affin-linearer Modelle besteht darin, dass in ihrem Rahmen jeweils eine einfache geschlossene Formel für einen Zero-Bond-Preis existiert, was im folgenden Satz gezeigt werden wird.

Satz 2.46 *In einem affin-linearen Short-Rate-Modell sind die Preise von Zero-Bonds durch*

$$P(t,T) = e^{-B(t,T)r(t)+A(t,T)} \tag{2.137}$$

gegeben, wenn $A(t,T)$ und $B(t,T)$ die eindeutigen Lösungen des Systems gewöhnlicher Differentialgleichungen

$$B_t(t,T) + \nu(t)B(t,T) - \tfrac{1}{2}\gamma(t)B(t,T)^2 + 1 = 0, \quad B(T,T) = 0, \tag{2.138}$$
$$A_t(t,T) - \eta(t)B(t,T) + \tfrac{1}{2}\delta(t)B(t,T)^2 = 0, \quad A(T,T) = 0 \tag{2.139}$$

sind. In diesem Fall genügt der T-Bondpreis der stochastischen Differentialgleichung

$$dP(t,T) = P(t,T)\Big[r(t)dt - B(t,T)\sqrt{\gamma(t)r(t) + \delta(t)}dW(t)\Big]. \tag{2.140}$$

Beweis Wir wählen den Ansatz

$$P(t,T) = e^{-B(t,T)r(t)+A(t,T)},$$

setzen ihn in die Zinsstrukturgleichung ein und erhalten (nach Division durch den allen Ausdrücken gemeinsamen, positiven Term $P(t,T)$) die gewöhnliche Differentialgleichung (wobei wir bei A und B die Argumente weglassen)

$$-B_t r + A_t - (\nu(t)r + \eta(t))B + \frac{1}{2}(\gamma(t)r + \delta(t))B^2 - r =$$

$$\left(-B_t - \nu(t)B + \frac{1}{2}\gamma(t)B^2 - 1\right)r + \left(A_t - \eta(t)B + \frac{1}{2}\delta(t)B^2\right) = 0 \qquad (2.141)$$

für $0 \leq t < T$ und $r \in \mathbb{R}$. Damit die enstandende Differentialgleichung eine Lösung besitzt, müssen die Koeffizientenfunktionen von r^j, $j = 0, 1$, beide identisch Null sein. Folglich müssen $A(t, T)$, $B(t, T)$ Lösungen des obigen Differentialgleichungssystems sein, wobei sich die jeweiligen Endbedingungen aus $P(T, T) = 1$ ergeben.

Um die stochastische Differentialgleichung für den T-Bondpreis zu erhalten wende man die Itô-Formel auf

$$P(t, T) = e^{X(t)} := e^{-B(t,T)r(t)+A(t,T)}$$

an, wobei t die laufende Zeitvariable ist und T festgehalten wird. Dabei berücksichtige man, dass die Funktionen A, B die Lösung des Differentialgleichungssystems (2.138), (2.139) sind und verwende ihre affin-lineare Darstellung:

$$\begin{aligned}
dP(t, T) &= P(t, T)\left(A_t(t, T) - B_t(t, T)r(t) + \frac{1}{2}B(t, T)^2\sigma(t)^2\right)dt \\
&\quad - P(t, T)B(t, T)dr(t) \\
&= P(t, T)\Bigg[\left(A_t(t, T) - B(t, T)\eta(t) + \frac{1}{2}\delta(t)B(t, T)^2\right) \\
&\quad - \left(B_t(t, T) + B(t, T)\nu(t) - \frac{1}{2}\gamma(t)B(t, T)^2\right)r(t)\Bigg]dt \\
&\quad - P(t, T)B(t, T)\sqrt{\gamma(t)r(t) + \delta(t)}dW(t) \\
&= P(t, T)\left[r(t) - B(t, T)\sqrt{\gamma(t)r(t) + \delta(t)}dW(t)\right].
\end{aligned}$$

Hiermit sind alle Behauptungen des Satzes gezeigt. ∎

Bemerkung 2.47 *Die Bedeutung von Satz 2.46 ist offensichtlich: Ist man in der Lage, die Zinsstrukturgleichung zu lösen, so hat man vollständig explizite Formeln für die Preise von Nullkuponanleihen für alle möglichen Laufzeiten und alle Werte der gegenwärtigen Short-Rate. Satz 2.46 besagt gerade, dass im Fall affin-linearer Short-Rate-Modelle bereits ein Großteil dieser Arbeit erledigt ist, indem nämlich die Lösung der allgemeinen partiellen Differentialgleichung auf die Lösung der beiden gekoppelten gewöhnlichen Differentialgleichungen reduziert wurde. Wir werden dies am Beispiel einiger spezieller Formen affin-linearer Short-Rate-Modelle detailliert vorstellen.*

Des Weiteren unterstreicht die Form der stochastischen Differentialgleichung (2.140), *dass – bei entsprechenden Regularitätsannahmen an die Koeffizienten der Short-Rate-Gleichung – der mit dem Geldmarktkonto abgezinste Bondpreis ein Martingal ist.*

Das Forward-Maß als Schlüssel zur Preisberechnung für Zinsprodukte Im Black-Scholes-Modell hatten wir für die Herleitung der Resultate über den fairen Preis einer Option und speziell die Black-Scholes-Formel zunächst den Martingalansatz präsentiert und dann erst die Methode der partiellen Differentialgleichungen vorgestellt. Dies ließ sich unter anderem damit begründen, dass die Martingalmethode konzeptionelle Vorteile besitzt, aber auch damit, dass die Verwendung partieller Differentialgleichungen für die Optionspreisberechnung zwar durchaus ein geeignetes Hilfsmittel aus der Analysis ist, man aber auch die relevanten Erwartungswerte direkt – ohne Lösen partieller Differentialgleichungen – berechnen konnte.

Im Fall von Zinsoptionen ist für eine direkte Berechnung bereits bei den Preisen der Nullkuponanleihen eine technische Hürde zu überwinden. Während nämlich der Abzinsfaktor im Black-Scholes-Modell bei der Berechnung von Aktienoptionspreisen keine große Rolle spielte, stellt er hingegen im Zinsbereich ein großes technisches Hindernis dar, was sofort auffällt, wenn man sich die allgemeine Bewertungsformel

$$X(0) = \mathbb{E}_Q\left(\exp\left(-\int_0^T r(s)ds\right)X\right) \tag{2.142}$$

für eine Zinsoption mit Endzahlung X ansieht. Da die Endzahlung typischerweise auch von der Short-Rate abhängt, wird die gemeinsame Verteilung von X und dem kompletten Pfad der Short-Rate benötigt. Da diese selbst für einfache Auszahlungen X in der Regel nicht explizit gegeben ist, hat man einen sehr eleganten Ausweg der Elimination des Abzinsfaktors gefunden, den Wechsel zum sogenannten *Forward-Maß* (auch: Terminzinsmaß).

Hierfür führt man eine geeignete Girsanov-Transformation des Bewertungsmaßes Q durch, die mit Hilfe der Darstellung des Preises eines T-Bonds erhalten wird:

$$\begin{aligned} X(0) &= \mathbb{E}_Q\left(\exp\left(-\int_0^T r(s)ds\right)\frac{P(0,T)}{P(0,T)}P(T,T)X\right) \\ &= P(0,T)\mathbb{E}_Q\left(X\frac{\exp\left(-\int_0^T r(s)ds\right)P(T,T)}{P(0,T)}\right) =: P(0,T)\mathbb{E}_{Q_T}(X) \end{aligned} \tag{2.143}$$

Wie bereits aus den Anwendungen im Aktienfall bekannt, erhält man das Maß Q_T über die Radon-Nikodym-Ableitung

$$dQ_T = Z(T)dQ \tag{2.144}$$

mit

$$Z(t) = \exp\left(-\int_0^t r(s)ds\right)\frac{P(t,T)}{P(0,T)} \tag{2.145}$$

Man beachte, dass per Konstruktion $\mathbb{E}_Q(Z(T)) = 1$ gilt. Der Satz von Girsanov liefert dann eine Q_T-Brownsche Bewegung W^{Q_T},

$$W^{Q_T}(t) = W(t) + \int_0^t \beta(s,T)\sigma(s,r(s))ds, \tag{2.146}$$

wobei sich $\beta(t,T)$ aus der Darstellung des T-Bond-Preises unter Q

$$dP(t,T) = P(t,T)[r(t)dt - \beta(t,T)\sigma(t,r(t))dW(t)] \tag{2.147}$$

ergibt. So gilt z. B. im affin-linearen Modell aufgrund von Gleichung (2.140) gerade $\beta(t,T) = B(t,T)$. Man beachte, dass wir eine solche Darstellung für $P(t,T)$ unter Q immer erreichen können, da der Bondpreis positiv ist. Des Weiteren erhalten wir:

Satz 2.48 *Es sei W_T die Brownsche Bewegung unter dem Forward-Maß Q_T. Dann gelten die Darstellungen*

$$dr(t) = \big(\mu(t,r(t)) - \beta(t,T)\sigma^2(t,r(t))\big)dt + \sigma(t,r(t))dW^{Q_T}(t), \tag{2.148}$$

$$\begin{aligned} dP(t,S) = {} & P(t,S)\big[\big(r(t) + \beta(t,S)\beta(t,T)\sigma^2(t,r(t))\big)dt\big] \\ & - P(t,S)\beta(t,S)\sigma(t,r(t))dW^{Q_T}(t) \end{aligned} \tag{2.149}$$

für $S \leq T$. Des Weiteren ist $P(t,S)/P(t,T)$ ein Q_T-Martingal.

Beweis Die beiden Gleichungen folgen direkt aus der Form von $W^{Q_T}(t)$. Zum Beweis der Martingaleigenschaft wendet man die Itô-Formel auf den Quotienten $P(t,S)/P(t,T)$ an. ■

Die letzte Aussage des Satzes rechtfertigt die Bezeichnung *Forward-Maß*, da man nun Q_T-Martingale bei Verwendung des T-Bonds als Abzinsfaktor erhält. Wir werden in unseren Anwendungsbeispielen sehen, wie sich der Satz in Zusammenwirkung mit Gleichung (2.143) bei der Berechnung von Preisen von Zinsderivaten als vorteilhaft erweisen wird.

Bemerkung 2.49 *Aufgrund seiner Konstruktion stimmt das Forward-Maß Q_T im Fall deterministischer Zinsentwicklung mit dem ursprünglichen äquivalenten Martingalmaß überein.*

2.4.2 Affin-lineare 1-Faktor-Short-Rate-Modelle

Wir wollen nun die populärsten Short-Rate-Modelle, die sich für spezielle Wahlen der Koeffizientenfunktionen im allgemeinen affin-linearen Modell ergeben, explizit vorstellen.

Das Vasicek-Modell Das Vasicek-Modell (vgl. Vasicek (1977)) ist durch die Wahl der Short-Rate-Dynamik (unter einem äquivalenten Martinglamaß) von

$$dr(t) = \kappa(\theta - r(t))dt + \sigma dW(t) \tag{2.150}$$

mit reellen, positiven Konstanten κ, θ, σ und einer eindimensionalen Brownschen Bewegung gegeben. Aus dem Satz über die Variation der Konstanten folgt, dass die eindeutige Lösung dieser Gleichung gegeben ist als

$$r(t) = r_0 e^{-\kappa t} + \theta\left(1 - e^{-\kappa t}\right) + \sigma \int_0^t e^{-\kappa(t-u)} dW(u). \tag{2.151}$$

Folglich ist die Short-Rate normal verteilt mit

$$r(t) \sim N\left(r_0 e^{-\kappa t} + \theta\left(1 - e^{-\kappa t}\right), \frac{\sigma^2}{2\kappa}\left(1 - e^{-2\kappa t}\right)\right). \tag{2.152}$$

Weiter folgt aus der Form der Dynamikgleichung (2.150), dass die Short-Rate im Vasicek-Modell mittelwertumkehrend um den Wert θ ist, da ihr Driftkoeffizient negativ ist, solange $r(t)$ oberhalb θ ist und positive Werte unterhalb annimmt. Da θ gleich dem asymtotischen Erwartungswert in der obigen Normalverteilung ist, kann θ als die langfristige mittlere Short-Rate angesehen werden.

Durch die Normalverteilung der Short-Rate im Vasicek-Modell ergeben sich oft Vorteile im Hinblick auf explizite Rechnungen. Sie birgt auch die Möglichkeit in sich, dass die Short-Rate negativ werden kann. Schließlich ist das Vasicek-Modell ein affin-lineares Short-Rate-Modell mit

$$\eta(t) = \kappa\theta, \quad \nu(t) = -\kappa, \quad \gamma(t) = 0, \quad \delta(t) = \sigma^2, \tag{2.153}$$

woraus sich der folgende Satz über die Form expliziter Preisformeln für die wichtigsten Standardzinsprodukte im Vasicek-Modell ergibt.

Satz 2.50 (Bondpreise im Vasicek-Modell) *Im durch Gleichung* (2.150) *gegebenen Vasicek-Modell erhält man die folgende explizite Form für die T-Bond-Preise*

$$P(t, T) = e^{-B(t,T)r(t)+A(t,T)}, \tag{2.154}$$

wobei A und B als

$$B(t,T) = \frac{1}{\kappa}\left(1 - e^{-\kappa(T-t)}\right), \tag{2.155}$$

$$A(t,T) = \left(\theta - \frac{\sigma^2}{2\kappa^2}\right)(B(t,T) - T + t) - \frac{\sigma^2}{4\kappa}B(t,T)^2 \tag{2.156}$$

gegeben sind.

Beweis Wir erhalten die T-Bond-Preise aus dem allgemeinen Resultat für T-Bond-Preise in affin-linearen Modellen, Satz 2.46, in dem wir beachten, dass die zu lösenden Differentialgleichungen für A und B jetzt als

$$B_t(t,T) - \kappa B(t,T) + 1 = 0, \; B(T,T) = 0, \tag{2.157}$$

$$A_t(t,T) - \kappa\theta B(t,T) + \tfrac{1}{2}\sigma^2 B(t,T)^2 = 0, \; A(T,T) = 0, \tag{2.158}$$

gegeben sind. Direktes Verifizieren zeigt, dass A, B, wie in der Behauptung des Satzes angegeben, die (eindeutigen) Lösungen dieser Differentialgleichungen sind. ■

Satz 2.51 (Optionspreise im Vasicek-Modell) *Im Vasicek-Modell erhält man explizite Formeln für*

a) Preise für Bond-Call- und Bond-Put-Optionen auf einen T-Bond mit Strike K und Fälligkeit $S > T$ der Form

$$Call(t,T,S,K) = P(t,S)\Phi(d_1(t)) - KP(t,T)\Phi(d_2(t)), \tag{2.159}$$

$$Put(t,T,S,K) = KP(t,T)\Phi(-d_2(t)) - P(t,S)\Phi(-d_1(t)) \tag{2.160}$$

mit

$$d_{1/2}(t) = \frac{\ln\left(\frac{P(t,S)}{P(t,T)K}\right) \pm \frac{1}{2}\bar{\sigma}^2(t)}{\bar{\sigma}(t)}, \; \bar{\sigma}(t) = \sigma\sqrt{\frac{1-e^{-2\kappa(T-t)}}{2\kappa}}B(T,S), \tag{2.161}$$

b) Preise für Caps mit Nennwert V, Level L, Zahlungszeiten $t_1 < \ldots < t_n$ der Form

$$Cap(t;V,L,\sigma) = V\sum_{i=1}^{n}\left(P(t,t_{i-1})\Phi\left(\tilde{d}_{1,i}(t)\right) - (1+\delta_i L)P(t,t_i)\Phi\left(\tilde{d}_{2,i}(t)\right)\right) \tag{2.162}$$

für $t < t_0 < t_1$ mit

$$\tilde{d}_{1/2,i}(t) = \frac{1}{\bar{\sigma}_i(t)}\ln\left(\frac{P(t,t_{i-1})}{(1+\delta_i L)P(t,t_i)}\right) \pm \tfrac{1}{2}\bar{\sigma}_i(t), \tag{2.163}$$

$$\bar{\sigma}_i(t) = \sigma\sqrt{\frac{1-e^{-2\kappa(t_{i-1}-t)}}{2\kappa}}B(t_{i-1},t_i), \quad \delta_i = t_i - t_{i-1}. \tag{2.164}$$

Beweis

a) Wir betrachten nur den Call-Optionspreis. Die Formel für den Preis der Put-Option ergibt sich in analoger Art und Weise. Um den Call-Preis zu bestimmen, wechseln wir zunächst zum T-Forward-Maß Q_T:

$$\begin{aligned} Call(t,T,S,K) &= \mathbb{E}\left(e^{-\int_t^T r(s)ds}\left(e^{A(T,S)-B(T,S)r(T)} - K\right)^+ |\mathcal{F}_t\right) \\ &= P(t,T)\mathbb{E}_T\left(\left(e^{A(T,S)-B(T,S)r(T)} - K\right)^+ |\mathcal{F}_t\right) \end{aligned}$$

Man beachte, dass die Short-Rate $r(T)$ unter Q_T weiterhin normalverteilt ist, sie aber dann der stochastischen Differentialgleichung

$$dr(t) = \kappa\left(\theta - r(t) - \frac{B(t,T)\sigma^2}{\kappa}\right)dt + \sigma dW^{Q_T}(t) \tag{2.165}$$

genügt. Explizites Lösen dieser Gleichung mit Variation der Konstanten ergibt

$$r(T) \sim N\left(r_t e^{-\kappa(T-t)} + Z(t,T), \frac{\sigma^2}{2\kappa}\left(1 - e^{-2\kappa(T-t)}\right)\right)$$

unter Q_T mit

$$Z(T,t) = \left(\theta - \frac{\sigma^2}{\kappa^2}\right)\left(1 - e^{-\kappa(T-t)}\right) + \frac{\sigma^2}{2\kappa^2}\left(1 - e^{-2\kappa(T-t)}\right).$$

Setzt man nun in der log-normalen Bewertungsformel aus Lemma 2.52

$$y = e^{A(T,S)},\ m = -(r(t)e^{-\kappa(T-t)} + Z(t,T))B(T,S),\ v = \sigma\sqrt{\frac{1 - e^{-2\kappa(T-t)}}{2\kappa}}B(T,S),$$

so folgt die gewünschte Form des Call-Preises aus der dortigen expliziten Form für den gewünschten Erwartungswert. Man beachte hierzu insbesondere auch

$$P(t,S) = P(t,T)e^{A(t,S)-A(t,T)+r(t)(B(t,S)-B(t,T))}.$$

b) Zur Bewertung eines Caps reicht es aus, ein einzelnes Caplet zu betrachten, da sich dann die Cap-Formel aus der Additivität des Erwartungswerts (unter Q) ergibt. Die Preisformel für die einzelnen Caplets folgt aus dem allgemein gültigen Zusammenhang zwischen den Preisen von Caplets und Bond-Putoptionen (siehe Proposition 2.16) und der Put-Preisformel aus Teil a). ■

Lemma 2.52 (log-normale Bewertungsformel) *Es sei* $X \sim N(0,1)$, $m \in \mathbb{R}$, $v, K \geq 0$. *Dann erhält man:*

$$\mathbb{E}\Big(\big(ye^{m+vX} - K\big)^+\Big) = ye^{\tilde{m}}\Phi(d_1) - K\Phi(d_1 - v), \tag{2.166}$$

$$\tilde{m} = m + \frac{1}{2}v^2, \quad d_1 = \frac{\ln(y/K) + (m + v^2)}{v}. \tag{2.167}$$

Beweis Der Beweis der Aussage erfolgt mittels expliziter Berechnung des Erwartungswerts in vollständiger Analogie zum Beweis der Black-Scholes-Formel in Kap. 3, Band 1 (siehe auch Übung 2). ■

Weitere Aspekte des Vasicek-Modells

1. Wirkweise der Mean-Reversion Der Parameter κ im Vasicek-Modell stellt die Geschwindigkeit der Mean-Reversion dar, also quasi die Anziehungskraft des asymptotischen Mittelwerts θ der Short-Rate. Dabei nehmen wir immer an, dass κ nicht-negativ ist. Ist er Null, so ist keine Mean-Reversion vorhanden, Ist er sehr groß, so besteht eine starke Tendenz der Short-Rate, sich hin zu θ zu bewegen. Allerdings ist das Attribut *stark* relativ zur Volatilität σ zu sehen, die die Schwankungsbreite der Zuwächse der Short-Rate bestimmt und die wir als positiv vorausgesetzt haben. Eine große Volatilität kann den Mean-Reversion-Effekt, dessen Stärke im Parameter θ ausgedrückt wird, komplett (über-)kompensieren.

Wir illustrieren dies in den folgenden Abbildungen, zu deren Erzeugung wir den Pfad einer Brownschen Bewegung $W(t)$ simuliert und fest gehalten haben. In all unseren Beispielen startete die Short-Rate in $r_0 = 0{,}03$, es wurden $\theta = 0{,}05$ und ein Zeithorizont von $T = 1$ angenommen. In den Abb. 2.7, 2.8 und 2.9 wurde zusätzlich mit einem festen Wert von $\sigma = 0{,}005$ gearbeitet. Der Einfluss der Mean-Reversion wächst in diesen Abbildungen deutlich sichtbar mit den Werten von $\kappa = 0, 1, 100$. Während im zweiten Fall zumindest ein Hinziehen in Richtung des Mean-Reversion-Wertes von $\theta = 0{,}05$ erkennbar ist, so scheint im letzten Fall die Short-Rate schon nach kurzer Zeit kaum noch signifikant von $\theta = 0{,}05$ abweichen zu können.

Erhöht man allerdings die Volatilität auf $\sigma = 0{,}05$, so lässt die Wirkung der Mean-Reversion direkt wieder deutlich nach, wie aus Abb. 2.10 ersichtlich ist. Allerdings bezieht sich das fast nur auf die Schwankungsbreite, das Niveau der Short-Rate bleibt auch hier nach kurzer Zeit in der Nähe von $\theta = 0{,}05$.

Man sieht diesen Effekt auch in der asymptotischen Varianz der Short-Rate von $\sigma^2/(2\kappa)$, die von beiden Parametern direkt und in entgegengesetzter Tendenz abhängt.

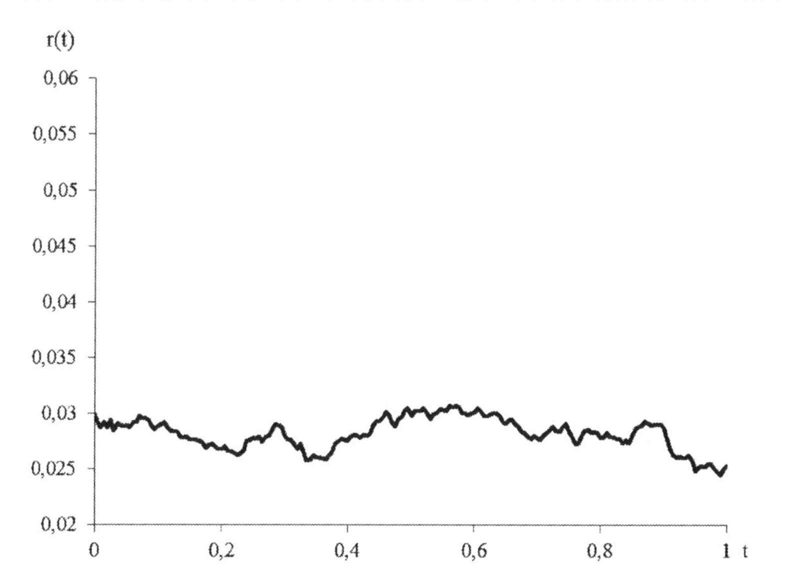

Abb. 2.7 Vasicek-Short-Rate r(t) ohne Mean-Reversion ($\kappa = 0$)

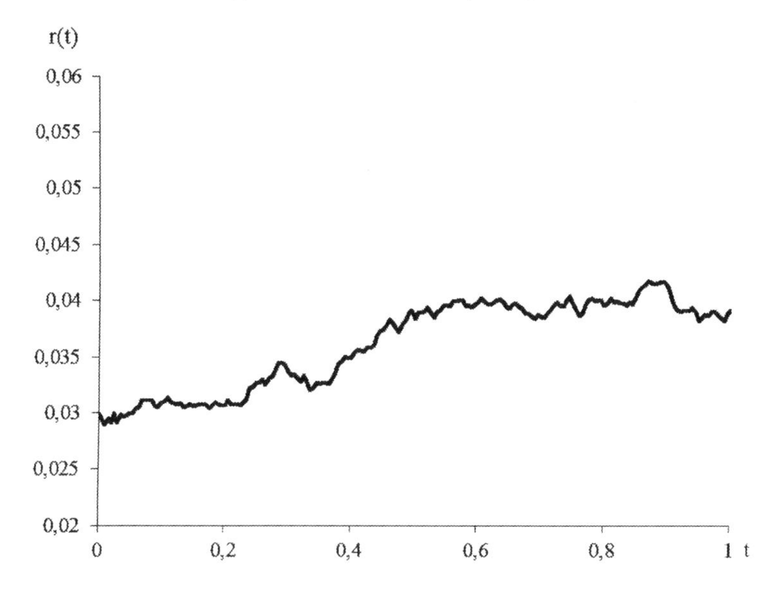

Abb. 2.8 Vasicek-Short-Rate $r(t)$ mit Mean-Reversion ($\kappa = 1$)

2. Mögliche Formen der Zinsstrukturkurve Wir haben im einführenden Abschnitt die vier Grundformen der Zinsstrukturkurve, nämlich normal, invers, gewölbt und flach, kennen gelernt. Dabei sind auch noch beliebig viele weitere Formen denkbar.

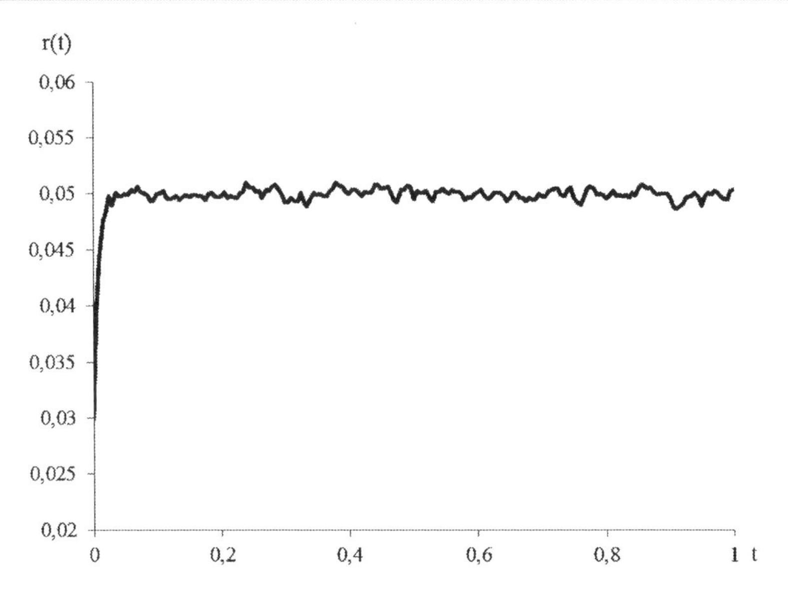

Abb. 2.9 Vasicek-Short-Rate $r(t)$ mit starker Mean-Reversion ($\kappa = 100$)

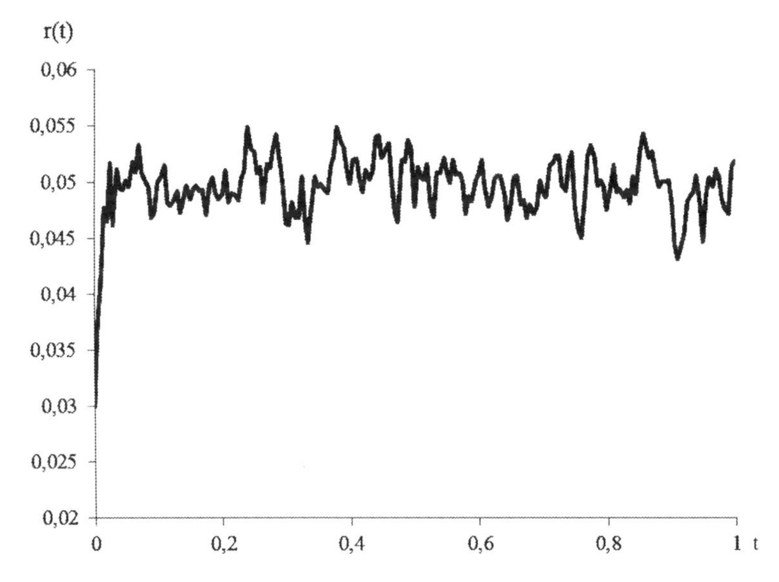

Abb. 2.10 Vasicek-Short-Rate $r(t)$ mit starker Mean-Reversion ($\kappa = 100$) und Volatilität ($\sigma = 0{,}025$)

Im Vasicek-Modell können allerdings nur die klasssichen Formen auftreten, wie der unten stehende Satz 2.53 zeigt. Um ihn zu formulieren ist es günstig, die neue Variable

$$x := T - t$$

als (Rest-)Laufzeit der Nullkuponanleihen einzuführen. Man erhält dann mit der Form der Zero-Bond-Preise

$$P(t, t+x) = e^{A(t,t+x)-B(t,t+x)r(t)} =: e^{A(x)-B(x)r(t)} \tag{2.168}$$

und den expliziten Formen von $A(x)$ und $B(x)$ im Vasicek-Fall die Zinsstrukturkurve als

$$\begin{aligned} y(x) &= \frac{1}{x}(B(x)r(t) - A(x)) \\ &= \theta - \frac{\sigma^2}{2\kappa^2} + \frac{B(x)}{x} \cdot \left[r(t) - \theta + \frac{\sigma^2}{2\kappa^2} + \frac{\sigma^2}{4\kappa^2} B(x) \right]. \end{aligned} \tag{2.169}$$

Da $B(x) = (1 - \exp(-\kappa x))/\kappa$ positiv und beschränkt ist und auch

$$\frac{B(x)}{x} \stackrel{x\to\infty}{\longrightarrow} 0$$

gilt, folgt somit

$$y(x) \stackrel{x\to\infty}{\longrightarrow} \theta - \frac{\sigma^2}{2\kappa^2} =: \bar{r}\ . \tag{2.170}$$

Satz 2.53 (Vasicek-Zinsstruktur) *Es sei $\kappa > 0$. Weiter sei $\bar{r}$ wie oben definiert.*

a) Ist zusätzlich $\sigma > 0$, so gilt für die Zinsstrukturkurven zur Zeit t im Vasicek-Modell:

$$\textit{Die Zinsstrukturkurve ist normal} \Leftrightarrow r(t) \le \bar{r} - \frac{\sigma^2}{4\kappa^2}. \tag{2.171}$$

$$\textit{Die Zinsstrukturkurve ist invers} \Leftrightarrow r(t) \ge \bar{r} + \frac{\sigma^2}{2\kappa^2} = \theta. \tag{2.172}$$

$$\textit{Die Zinsstrukturkurve ist gewölbt} \Leftrightarrow \bar{r} - \frac{\sigma^2}{4\kappa^2} < r(t) < \theta. \tag{2.173}$$

Dabei verstehen wir unter einer gewölbten Zinsstrukturkurve gerade eine solche, die genau ein lokales Maximum und kein lokales Minimum in $(0, \infty)$ annimmt. Unter einer normalen Zinsstrukturkurve verstehen wir eine streng monoton wachsende, nach oben beschränkte Kurve, während wir unter einer inversen Zinsstrukturkurve eine streng monoton fallende, nach unten beschränkte Kurve verstehen.

b) Ist $\sigma = 0$, so ist die Zinsstruktrukurve für $r(t) = \theta$ flach, für größere Werte von $r(t)$ invers und für kleinere normal.

Beweis

b) Wir zeigen zunächst die Aussage im einfachen deterministischen Fall von Teil b) der Behauptung. Hierzu sind lediglich die sich ergebende Form der Differentialgleichung der Short-Rate von

$$dr(t) = \kappa(\theta - r(t)), \quad r(0) = r_0$$

und ihre zugehörige Lösung der Gestalt

$$r(t) = (r_0 - \theta)e^{-\kappa t} + \theta$$

zu betrachten. Liegt r_0 unterhalb von θ, so steigt die Short-Rate streng monoton an, bleibt aber unterhalb θ. Gilt $r_0 = \theta$, so folgt $r(t) = \theta$ für alle $t > 0$. Liegt r_0 oberhalb von θ, so fällt die Short-Rate streng monoton, bleibt aber oberhalb θ. In allen drei Fällen folgt dann die jeweilige Behauptungen aus dem resultierenden Zero-Bond-Preis (man beachte, dass im Fall des deterministischen Zinses kein Erwartungswert zu bilden ist!) von

$$P(t, t + x) = e^{-\int_t^{t+x} r(s)ds},$$

da sich die jeweilige Monotonie der Short-Rate auf die Rendite als (Durchschnitt der) Funktion von x überträgt.

a) Wir untergliedern den Beweis gemäß der Struktur der Behauptung in drei Teile und beginnen zunächst mit einigen Vorbemerkungen:
Aufgrund der in Gleichung (2.170) gezeigten Konvergenz von $y(x)$ für $x \to +\infty$ folgt die Beschränktheit der jeweiligen Zinsstrukturkurven immer schon aus deren Stetigkeit.
Man beachte weiter, dass $B(x)/x$ nicht-negativ für $x \geq 0$ ist und streng monoton fällt mit

$$\lim_{x\to\infty} \frac{B(x)}{x} = 0, \quad \lim_{x\downarrow 0} \frac{B(x)}{x} = 1.$$

Dabei folgt die Tatsache, dass $B(x)/x$ streng monoton fallend ist, daraus, dass Nenner und Zähler in $x = 0$ übereinstimmen, aber der Zähler für alle positiven x eine kleinere Ableitung als der Nenner besitzt. Wir führen als Nächstes eine für den Beweis geeignete Parametrisierung ein,

$$y_c(x) := \bar{r} - \frac{1}{4}\frac{\sigma^2}{\kappa^2}\frac{B(x)}{x}[c - (1 - e^{-\kappa x})],$$

wobei c eine geeignete reelle Zahl und x im Folgenden immer positiv ist. Es gelten dann die folgenden Beziehungen:

$$\frac{B(x)}{x}[c-(1-e^{-\kappa x})] \text{ wächst in } c \text{ für alle } x>0, \tag{2.174}$$

$$\frac{d}{dc}\left[\left(\frac{B(x)}{x}[c-(1-e^{-\kappa x})]\right)'\right] = \frac{d}{dx}\frac{B(x)}{x} = -\frac{1-e^{-\kappa x}(1+\kappa x)}{\kappa x^2} < 0\,. \tag{2.175}$$

Die zweite Beziehung besagt insbesondere, dass die Ableitung des Ausdrucks innerhalb der eckigen Klammern für alle positiven x in c abnimmt. Dies ergibt mit der Bezeichnung

$$K_c(x) = \left(\frac{B(x)}{x}[c-(1-e^{-\kappa x})]\right)'$$

die folgende

Konsequenz

K1) Ist für ein $\bar{c}$ gezeigt, dass $K_{\bar{c}}(x) > 0$ gilt, so gilt dies für alle $c \leq \bar{c}$.

K2) Ist für ein $\bar{c}$ gezeigt, dass $K_{\bar{c}}(x) < 0$ gilt, so gilt dies für alle $c \geq \bar{c}$.

Damit haben wir unsere Vorbemerkungen abgeschlossen und können nun die einzelnen Behauptungen aus Teil a) zeigen:

Beweis der Normalität für $c \geq \bar{c} = 1$: Man beachte zunächst, dass die Wahl von $c = 1$ genau zur Wahl von $r(t) = \bar{r} - \frac{\sigma^2}{4\kappa^2}$ gehört. Da die Funktion $f(y) = e^{-y}(1+y)$ für positive y fallend ist, gilt:

$$K_1(x) = -\frac{1}{\kappa x^2}\left[e^{-\kappa x}(1+\kappa x) - e^{-2\kappa x}(1+2\kappa x)\right] < 0\,. \tag{2.176}$$

Folglich ist für alle $c \geq 1$ die Ableitung von $y_c(x)$ nach x positiv, also die zugehörige Zinsstrukturkurve normal.

Beweis der inversen Zinsstruktur für $c \leq \bar{c} = -2$: Die Wahl von $c = -2$ gehört genau zur Wahl von $r(t) = \theta$. Wieder betrachten wir für diesen Wert $K_{-2}(x)$:

$$\begin{aligned}
K_{-2}(x) &= \left[\frac{1-e^{-\kappa x}}{\kappa x}(-3+e^{-\kappa x})\right]' \\
&= -\frac{1}{\kappa x^2}((1-e^{-\kappa x}(1+\kappa x))(-3+e^{-\kappa x}) + \kappa x e^{-\kappa x}(1-e^{-\kappa x})) \\
&= -\frac{1}{\kappa x^2}\left(-3+e^{-\kappa x}(4+4\kappa x) - e^{-2\kappa x}(1+2\kappa x)\right)\,.
\end{aligned} \tag{2.177}$$

Zum einen gilt also $K_{-2}(0) = 0$, zum anderen fallen die beiden restlichen Terme in Gleichung (2.177) monoton in $x > 0$ und nehmen jeweils ihr Maximum in $x = 0$ an. Da aber für die Differenz ihrer Ableitungen

$$-4\kappa^2 x e^{-\kappa x} + 4\kappa^2 x e^{-2\kappa x} < 0$$

für $x > 0$ gilt, folgt daraus zusammen mit $K_{-2}(0) = 0$, dass für $x > 0$

$$K_{-2}(x) > 0$$

gilt, und somit insgesamt die behauptete inverse Gestalt der Zinsstruktur für $c = -2$ und damit auch für alle kleineren Werte von c gezeigt ist.

Beweis der gewölbten Zinsstruktur für $-2 < c < 1$: Der betrachtete Parameterbereich für c deckt nun genau den Bereich für die Werte der Short-Rate $r(t)$ ab, die laut Behauptung zu einer gewölbten Zinsstrukturkurve führen sollen. Wir berechnen zuerst die allgemeine Form von $K_c(x)$ und erhalten:

$$K_c(x) = -\frac{c - 1 + (2-c)e^{-\kappa x}(1 + \kappa x) - e^{-2\kappa x}(1 + 2\kappa x)}{\kappa x^2} =: -\frac{h(x)}{\kappa x^2}\,. \tag{2.178}$$

Eine Anwendung der Regel von de l'Hopital liefert dann

$$K_c(0) = -\frac{4\kappa - (2-c)\kappa}{2} = -\kappa\left(1 + \frac{c}{2}\right)$$

und damit insbesondere

$$K_c(0) < 0 \;\forall\; c > -2\,. \tag{2.179}$$

Also steigen für $r(t) < \theta$ alle Zinsstrukturkurven in $x = 0$. Im Fall $0 \leq c < 1$ steigt die Zinsstrukturkurve bis zum Punkt

$$\bar{x} = -\frac{1}{\kappa}\ln(1-c)$$

an (beachte, dass bis dorthin $c - 1 + e^{-\kappa x} \geq 0$ gilt) und stimmt dort mit $\bar{r}$ überein. Durch Einsetzen von $\bar{x}$ in K_c lässt sich sogar verifizieren, dass dort auch die Ableitung der Zinsstrukturkurve weiterhin positiv ist. Im Fall $-2 < c < 0$ gilt $K_c(0) > 0$. Mit diesen beiden Eigenschaften folgt aus der Differenzierbarkeit der Zinsstrukturkurve und ihrer Konvergenz gegen $\bar{r}$ für $x \to \infty$, dass für jedes c mit $-2 < c < 1$ eine Nullstelle $x^* > 0$ von K_c existieren muss. Wir haben also unsere gewünschte Behauptung über die gewölbte Form der Zinsstrukturkurve gezeigt, wenn wir zeigen können:

$K_c(x)$ hat höchstens eine Nullstelle in $(0, \infty)$ für $-2 < c < 1$.

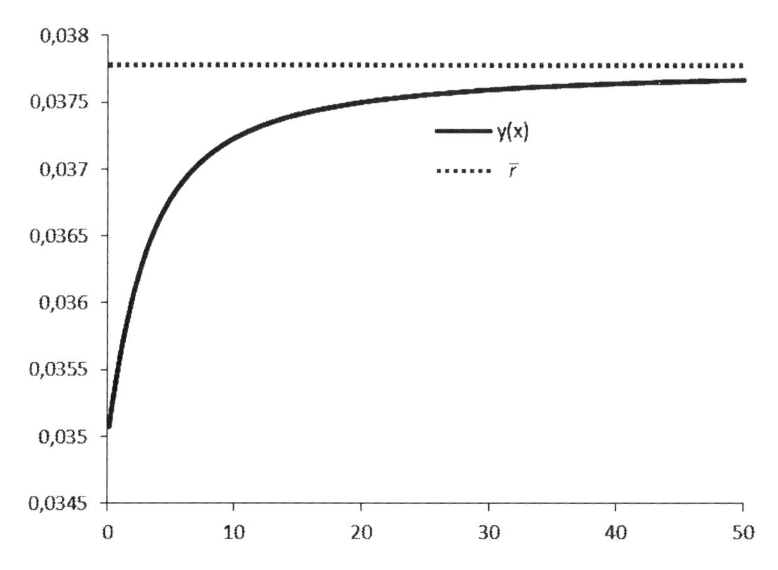

Abb. 2.11 Normale Zinsstruktur im Vasicek-Modell mit $r(0) = 0{,}035$

Da $K_c(x) = 0$ nur im Fall $h(x) = 0$ erfüllt sein kann, reicht es, die Nullstellen von $h(x)$ zu betrachten. Aufgrund von $K_c(0) < 0$ für $c > -2$ liefert die Nullstelle $x = 0$ von $h(x)$ nicht die gewünschte Nullstelle. Betrachtet man aber

$$h'(x) = \kappa^2 x e^{-\kappa x}(4e^{-\kappa x} - (2 - c)),$$

so stellt man fest, dass $h(x)$ bis zum Wert

$$\hat{x} = -\frac{1}{\kappa} \ln\left(\frac{2-c}{4}\right) > 0 \quad \text{für } c > -2$$

ansteigt und dort positiv ist. Danach fällt $h(x)$ streng monoton, so dass höchstens eine Nullstelle von $h(x)$ auf $(0, \infty)$ existieren kann. Mit den bereits gemachten Vorbemerkungen ist somit die Existenz von genau einer Nullstelle x^* von $K_c(x)$ auf $(0, \infty)$ und damit die Aussage über die gewölbte Zinsstruktur gezeigt. ■

Man beachte, dass die Form der Zinsstruktur im Vasicek-Modell nur von der Höhe der aktuellen Short-Rate abhängt. Ein globales Verschieben der gesamten Zinsstrukturkurve nach oben oder nach unten kann durch das Vasicek-Modell also nicht realisiert werden.

Wir illustrieren das Verhalten der Vasicek-Zinsstruktur in den Abb. 2.11, 2.12 und 2.13. Hierbei wählen wir als Parameter

$$\kappa = 0{,}3, \quad \sigma = 0{,}02, \quad \theta = 0{,}04,$$

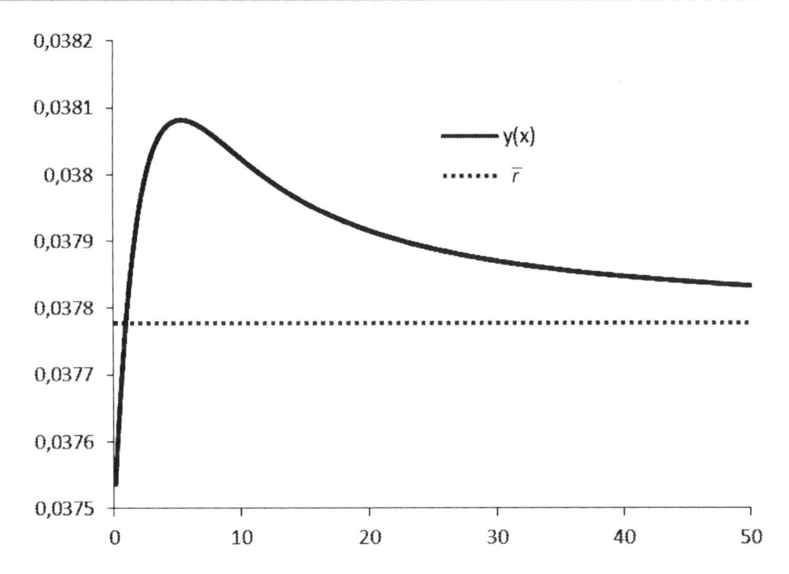

Abb. 2.12 Gewölbte Zinsstruktur im Vasicek-Modell mit $r(0) = 0{,}0375$

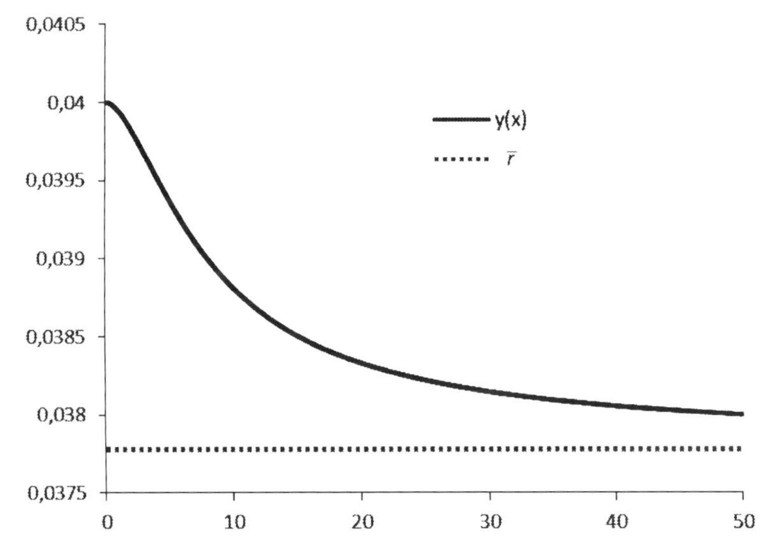

Abb. 2.13 Inverse Zinsstruktur im Vasicek-Modell mit $r(0) = 0{,}04$

woraus sich der Wert der Grenzrendite als

$$\bar{r} = 0{,}03778$$

ergibt. Gemäß Satz 2.53 entsteht dann für die für die einzelnen Bilder gewählten Werte der Short-Rate von $r(0) = 0{,}035$ eine normale, von $r(0) = 0{,}0375$ eine gewölbte und von $r(0) = 0{,}04$ eine inverse Zinsstruktur.

Für allgemeine Resultate über die Form von Zinsstrukturen affiner Zinsmodelle verweisen wir auf Keller-Ressel und Steiner (2008), in der die entsprechenden Aussagen unter Verwendung der Theorie von Diffusionsprozessen hergeleitet werden.

3. Entwicklung der Vasicek-Zinsstruktur in der Zeit Eine natürliche Frage ist die, ob die heutige Zinsstruktur für immer beibehalten wird bzw. wie sie sich über die Zeit hinweg entwickelt. Zur Illustration des zeitlichen Verhaltens eignet sich das Vasicek-Modell sehr gut, da die gesamte Zinsstruktur zur Zeit t vollständig von der Short-Rate $r(t)$ bestimmt wird und diese aufgrund der expliziten affin-linearen Struktur monoton in $r(t)$ ist. Genauer: Für einen höheren Wert von $r(t)$ liegt die gesamte Zinstruktur über der zu einem niedrigeren Wert gehörenden. Wir können somit von Quantile der Zinsstrukturkurven sprechen, in dem wir sie mit den Quantilen von $r(t)$ identifizieren. Zur Quantilsbestimmung benötigt man dann nur noch die bekannte Verteilung von $r(t)$ als

$$r(t) \sim \mathcal{N}\left(r(0)e^{-\kappa t} + \theta\big(1 - e^{-\kappa t}\big), \frac{\sigma^2}{2\kappa}\big(1 - e^{-2\kappa t}\big)\right)$$

Wir wollen dabei einen besonderen Effekt hervorheben, wofür wir zunächst noch einige Grenzbeziehungen zeigen wollen. Dabei beschränken wir uns auf den Fall, dass wir im risiko-neutralen Modell bleiben, also Preise und Entwicklung der Short-Rate unter Q betrachten. Wir gehen am Ende des Abschnitts auf die Effekte zusätzlicher Driftparameter und somit die Entwicklung der Short-Rate unter einem subjektiven Maß ein.

Zunächst weisen wir auf das Verhalten des Erwartungswerts der Short-Rate hin, der wegen

$$\mathbb{E}(r(t)) = \theta + (r(0) - \theta)e^{-\kappa t} \overset{t\to\infty}{\longrightarrow} \theta \tag{2.180}$$

streng monoton von unten (im Fall $r(0) < \theta$) oder streng monoton von oben (im Fall $r(0) > \theta$) konvergiert. Mit der expliziten Form von $A(t, T)$ und $B(t, T)$ erhält man die zweite wichtige Beziehung, nämlich den Grenzwert der Rendite

$$y(t, T) = \frac{1}{T - t}(r(t)B(t, T) - A(t, T)) \overset{T\to\infty}{\longrightarrow} \theta - \frac{1}{2}\frac{\sigma^2}{\kappa^2} =: \bar{r} \tag{2.181}$$

für Bonds mit beliebig langer Laufzeit. Wir sehen also, dass der Grenzwert des Erwartungswerts der Short-Rate, also des Erwartungswert des Zinses am kurzen Ende, höher als die Rendite für sehr lange Anleihen ist. Dies führt dazu, dass man mit fortschreitender Zeit tendenziell mehr inverse und gewölbte Zinsstrukturkurven als normale Zinsstrukturkurven im Vasicek-Modell beobachtet. Wir wollen dieses Verhalten an einem Beispiel mit den Parametern

$$r(0) = 0{,}01, \quad \theta = 0{,}02, \quad \sigma = 0{,}02, \quad \kappa = 0{,}3$$

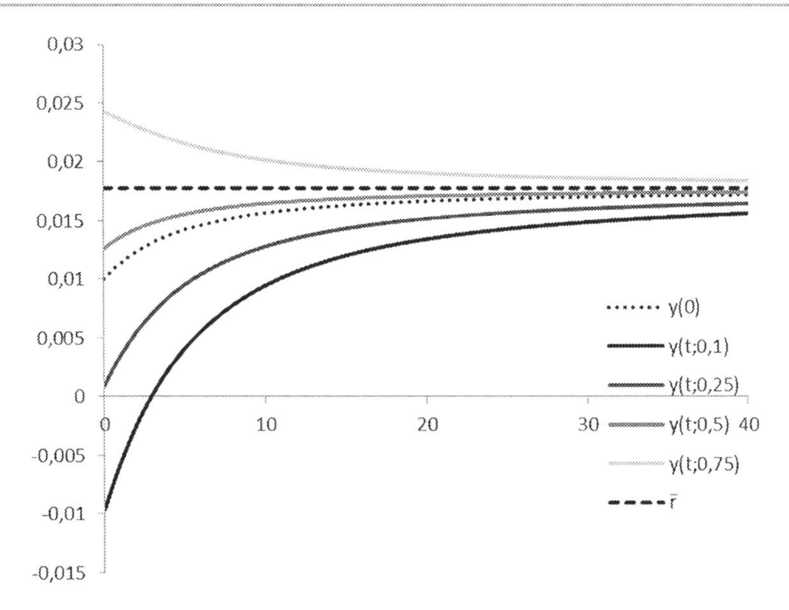

Abb. 2.14 Vasicek-Zinsstruktur in $t = 0$ und Quantile der Zinsstruktur zum Niveau 10 %, 25 %, 50 % und 75 % in $t = 1$

verdeutlichen. Hierfür zeigt Abb. 2.14 sowohl die Ausgangszinsstruktur als auch die zu den 10 %-, 25 %-, 50 %- und 75 %-Quantilen von $r(t)$ in $t = 1$ gehörenden Zinsstrukturkurven, die wir jeweils mit $y(t;\alpha)$ bezeichnen, wobei α das Quantilsniveau ist. Da $r(0)$ noch deutlich unterhalb von $\bar{r}$ lag, ist es nicht weiter erstaunlich, dass mehr als 50 % der möglichen Zinsstrukturkurven unterhalb von $\bar{r}$ liegen. Das Bild ändert sich aber schon für $t = 10$ deutlich (siehe Abb. 2.15). Hier liegt bereits $\mathbb{E}(r(10))$ oberhalb vom $\bar{r}$. Damit liegen dann auch mehr als die Hälfte aller Zinsstrukturkurven oberhalb von $\bar{r}$ und haben gemäß Satz 2.53 eine gewölbte oder inverse Zinsstruktur. Wir wollen die für die beiden Abbildungen und Bemerkungen verwendeten Vorüberlegungen in der folgenden Proposition noch einmal explizit zusammen fassen, die sich direkt aus der Verteilung der Short-Rate im Vasicek-Modell und Satz 2.53 ergibt.

Proposition 2.54 *Wir betrachten ein Vasicek-Zinsmodell mit Startwert $r(0)$ der Short-Rate mit zugehöriger (theoretischer) Anfangszinsstruktur.*

a) Dann existiert bei risiko-neutraler Entwicklung der Short-Rate in der Zeit im Fall $r(0) < r^* := \bar{r} - \sigma^2/(4\kappa^2)$ der Wert

$$t^* = -\frac{1}{\kappa} \ln\left(\frac{r^* - \theta}{r(0) - \theta} \right), \tag{2.182}$$

ab dem mindestens 50 % gewölbte und inverse Zinsstrukturkurven erwartet werden. Im Fall $r(0) \geq r^*$ gilt diese Aussage für alle $t > 0$.

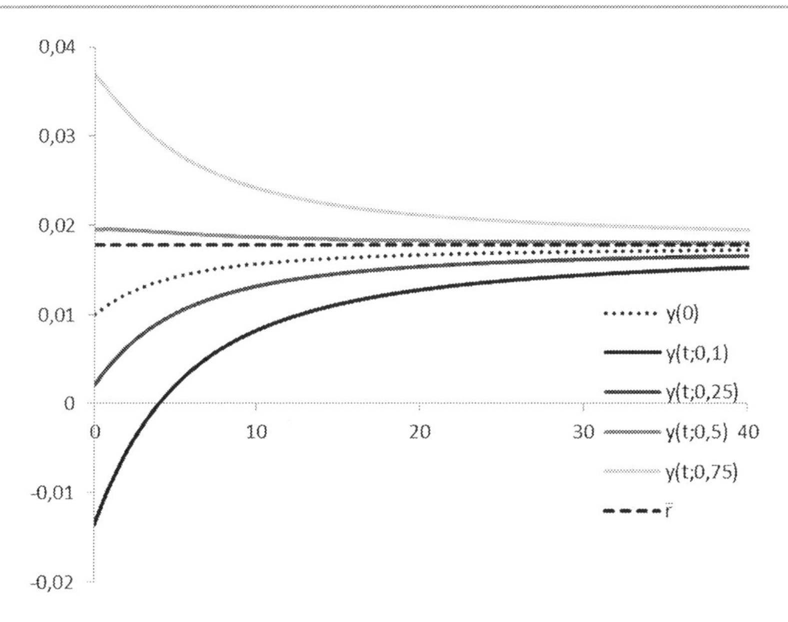

Abb. 2.15 Vasicek-Zinsstruktur in $t = 0$ und Quantile der Zinsstruktur zum Niveau 10 %, 25 %, 50 % und 75 % in $t = 10$

b) Unter den Voraussetzungen von a) wird für ein festes $t > 0$ und beliebiges $r(0)$ ein Anteil von gewölbten und inversen Zinsstrukturkurven erwartet, der

$$q_{gi} = \Phi\left(\frac{r^* - \theta + (r(0) - \theta)e^{-\kappa t}}{\sigma\sqrt{(1 - e^{-2\kappa t})/(2\kappa)}}\right) \tag{2.183}$$

beträgt.

Die Proposition erlaubt insbesondere im Fall der Simulation zukünftiger Zinsentwicklungen unter dem risiko-neutralen Maß abzuschätzen, ob zukünftige simulierte Zinsstrukturen eher normal oder invers sein werden. Da allerdings solche Simulationen in der Regel unter einer subjektiven Einschätzung, also unter einem Maß $\mathbb{P}$, gemacht werden, ist es wichtig, das Resultat auf diesen Fall auszudehnen. Allerdings folgt dies bei den üblichen Übergängen von Q zu $\mathbb{P}$ recht einfach.

Würde man nämlich die Short-Rate nun noch mit einer zusätzlichen Drift d unter einem subjektiven Maß $\mathbb{P}$ versehen, so würde man in der Regel entweder κ durch $\tilde{\kappa} = \kappa + d$ oder θ durch $\tilde{\theta} = \theta + d$ ersetzen. In beiden Fällen ergibt sich die Wirkung auf den Erwartungswert, die Varianz und generell die Verteilung von $r(t)$ direkt aus den oben gemachten Angaben (vgl. auch Übung 5).

4. Vasicek-Preise und Marktpreise Man kann nicht erwarten, dass sich durch das mittels der lediglich vier Parameter θ, κ, σ und $r(0)$ bestimmte Vasicek-Modell jede beliebige

Anfangszinsstruktur erklären lässt. Als Konsequenz hieraus stimmen bereits zum Anfangszeitpunkt $t = 0$ nicht notwendigerweise alle mit dem Vasicek-Modell berechneten T-Bond-Preise $P(0, T)$ mit den dann am Markt beobachteten Preisen $P^{\text{Markt}}(0, T)$ überein. Natürlich wird man versuchen, die Parameter des Vasicek-Modells so zu wählen, dass eine geeignete Differenz zwischen den Marktpreisen und den zu den Parametern gehörenden theoretischen Preisen so klein wie möglich wird. Die Wahl dieser Differenz sowie das Bestimmen der im zugehörenden Sinn besten Parameter wird im allgemeineren Rahmen der *Kalibrierung der Modellparameter* (siehe Kap. 4) behandelt.

Das Cox-Ingersoll-Ross-Modell (CIR) Neben der Beibehaltung der Eigenschaft der Mittelwertumkehr des Vasicek-Modells besteht die Haupteigenschaft des **C**ox-**I**ngersoll-**R**oss-Modells (siehe Cox et al. (1985)) darin, dass die Short-Rate nicht-negativ ist. Genauer, das CIR-Modell ist durch die Dynamikgleichung

$$dr(t) = \kappa(\theta - r(t))dt + \sigma\sqrt{r(t)}dW(t) \tag{2.184}$$

mit positiven Konstanten κ, θ, σ und einer eindimensionalen Brownschen Bewegung $W(t)$ gegeben. Es stellt also wiederum ein affin-lineares Short-Rate-Modell dar.

Wir wissen bereits aus dem Abschnitt über das stochastische Volatilitätsmodell nach Heston, Abschn. 1.7, dass die Dynamikgleichung im CIR-Modell zwar eine (pfadweise) eindeutige, nicht-negative, aber nicht explizit gegebene (schwache) Lösung besitzt. Mehr noch, es gilt (siehe z. B. Cox et al. (1985) oder aber explizites Nachrechnen mit Hilfe von Lemma 1.26, Satz 1.20 und dem in Abschnitt gezeigten Zusammenhang zwischen Bessel-Prozessen und der Lösung der CEV-Gleichung für den Fall $\alpha = 1/2$) , dass $e^{\kappa t}g(t)r(t)$ eine nicht-zentrale Chi-Quadrat-Verteilung mit Nicht-Zentralitätsparameter λ und d Freiheitsgraden besitzt mit

$$g(t) = \frac{4\kappa e^{-\kappa t}}{\sigma^2(1 - e^{-\kappa t})}, \quad \lambda = r_0 g(t), \ d = 4\kappa\theta/\sigma^2. \tag{2.185}$$

Aus den allgemeinen Formeln für Erwartungswert und Varianz einer Chi-Quadrat-Verteilung folgen dann mit den Darstellungen in (2.185) und Grenzübergang die Beziehungen

$$\lim_{t\to\infty} E(r(t)) = \theta \ , \quad \lim_{t\to\infty} Var(r(t)) = \frac{\theta\sigma^2}{2\kappa} \ . \tag{2.186}$$

Wie bereits im Heston-Modell gezeigt ist die Short-Rate im CIR-Modell sogar strikt positiv, wenn die Feller-Bedingung gilt:

$$2\kappa\theta > \sigma^2. \tag{2.187}$$

Losgelöst von der Tatsache, dass keine explizite Form der Short-Rate im CIR-Modell existiert, gilt natürlich weiter das allgemeine Resultat Satz 2.46 für die Form der T-Bond-Preise, was zu Teil a) des folgenden Satzes führt. Wir werden den zugehörigen Beweis ebenso wenig wie den Beweis für die angegebene Darstellung des Bondoptionspreises führen (siehe Cox et al. (1985) für die Originalquelle), da beide recht technisch sind, aber auch das CIR-Modell in unseren weiteren Überlegungenn keine zentrale Rolle spielen wird.

Satz 2.55 (Bond- und Bondoptionspreise im CIR-Modell) *Im CIR-Modell, das gemäß Gleichung* (2.184) *gegebenen ist, erhält man die folgenden Preisformeln:*

a) T-Bond-Preise der Form

$$P(t,T) = e^{-B(t,T)r(t)+A(t,T)} \tag{2.188}$$

mit

$$B(t,T) = \frac{2[\exp((T-t)h)-1]}{2h+(\kappa+h)[\exp((T-t)h)-1]}, \tag{2.189}$$

$$A(t,T) = \ln\left(\left[\frac{2h\exp((T-t)(\kappa+h)/2)}{2h+(\kappa+h)[\exp((T-t)h)-1]}\right]^{2\kappa\theta/\sigma^2}\right), \tag{2.190}$$

$$h = \sqrt{\kappa^2+2\sigma^2}, \tag{2.191}$$

b) Preise für Bond-Call-Optionen auf einen T-Bond mit Strike K und Fälligkeit $S > T$ der Form

$$C(t,T,S,K) = P(t,S)\chi^2(a_1;d,\lambda_1) - KP(t,T)\chi^2(a_1;d,\lambda_2), \tag{2.192}$$

wobei $\chi^2(x;d,\lambda)$ die Verteilungsfunktion der nichtzentralen Chi-Quadrat-Verteilung mit d Freiheitsgraden und Nichtzentralitätsparameter λ ist und wir weiter setzen:

$$d = 4\kappa\theta/\sigma^2, \quad a_1 = 2\bar{r}(\rho+\psi+B(T,S)), \quad a_2 = a_1 - 2\bar{r}B(T,S), \tag{2.193}$$

$$\bar{r} = \frac{\ln(A(T,S)/K)}{B(T,S)}, \quad \psi = \frac{\kappa+h}{\sigma^2}, \quad \rho = \frac{2h}{\sigma^2(\exp(h(T-t))-1)}, \tag{2.194}$$

$$\lambda_1 = \frac{2\rho^2 r(t)\exp(h(T-t))}{\rho+\psi+B(T,S)}, \quad \lambda_2 = \frac{2\rho^2 r(t)\exp(h(T-t))}{\rho+\psi}. \tag{2.195}$$

Bemerkung 2.56 (Eigenschaften des CIR-Modells) *Auf den ersten Blick scheint die Nicht-Negativität der Short-Rate das CIR-Modell zu einem attraktiveren Modell als das Vasicek-Modell zu machen. Allerdings erfordert das CIR-Modell einiges an numerischem Aufwand, da sich die Short-Rate-Gleichung nicht explizit lösen lässt und man somit bei Verwendung numerischer Methoden zur Optionspreisberechnung auf Diskretisierungsverfahren für die Lösung der Short-Rate-Gleichung angewiesen ist. Hier ist dann besonders* *darauf zu achten, dass man negative Werte in der Iteration vermeidet. Mehr noch, die jeweilige Methode der Vermeidung solcher negativen Werte kann große Auswirkungen auf den Optionspreis haben (vgl. den entsprechenden Abschnitt in Korn et al. (2010) und die dort genannten weiteren Quellen).*

Ein weiteres Problem besteht in der Verteilung der Short-Rate, wenn es um die Erweiterung des CIR-Modells geht. Während beim Vasicek-Modell die multivariate Normalverteilung eine einfache Möglichkeit der Betrachtung mehrerer Faktoren bietet, ist die mehrdimensionale Variante der nicht-zentralen Chi-Quadrat-Verteilung, die Wishart-Verteilung, deutlich komplizierter.

Perfekte Kalibrierung der Zinstrukturkurve: Deterministische Verschiebung und der Hull-White-Ansatz Natürlich erscheint es ein echtes Manko zu sein, dass viele Short-Rate-Modell noch nicht einmal die am Markt beobachtbaren Bondpreise reproduzieren können. Deshalb sind Varianten der bisher behandelten Modelle, die die perfekte Anpassung der Modellpreise an die heutige Zinsstrukturkurve garantieren, in der Praxis sehr beliebt. Wir stellen zwei populäre Verfahren vor, die genau das leisten. Allerdings wollen wir auch darauf hinweisen, dass eine perfekte Anpassung der Modelle an die heutige Zinsstrukturkurve nicht um jeden Preis erstrebenswert erscheint. Gründe dafür sind u. a., dass der Anpassungsfehler oft auf ein zu einfaches Modell zurückzuführen ist, die Variante das Modell dann auch nur marginal besser macht und dass man bei der perfekten Kalibrierung davon ausgehen muss, dass die heutige Zinsstrukturkurve alle Informationen der Zukunft wiederspiegelt.

Die Hull-White-Methode Die Hull-White-Methode (Hull und White, 1990) basiert auf der simplen Überlegung, dass in den bisher präsentierten Short-Rate-Modellen einfach zu wenig freie Parameter vorhanden sind, um eine beliebige Anfangszinsstrukturkurve durch Wahl eben dieser freien Parameter perfekt durch die Modellpreise zu treffen. Deshalb werden freie Parameter in affin-linearen Modellen einfach durch zeitabhängige Funktionen ersetzt und somit quasi eine unendliche Anzahl von Parametern eingeführt.

Wir demonstrieren die Vorgehensweise hier nur am Vasicek-Modell. Das so erhaltene Modell wird dann auch oft als (Einfaktor-)*Hull-White-Modell* bezeichnet. Wir wählen dafür eine leicht abweichende Notation für die Short-Rate-Gleichung im Vasicek-Modell

$$dr(t) = (\theta(t) - ar(t))dt + \sigma dW(t), \ a > 0, \tag{2.196}$$

die natürlich für konstantes $\theta(t)$ sehr leicht in die Original-Vasicek-Form überführt werden kann. Dabei ist $\theta(t)$ jetzt die zeitabhängige Funktion, die wir so wählen wollen, dass die heutigen Zero-Bond-Preise $P(0, T)$ im Modell mit den Marktpreisen $P^M(0, T)$ übereinstimmen. Die explizite Lösung der Short-Rate-Gleichung ändert sich gegenüber der

Vasicek-Gleichung nicht wesentlich. Der Satz über die Variation der Konstanten liefert

$$r(t) = r_0 e^{-at} + \int_0^t e^{-a(t-s)}\theta(s)ds + \sigma \int_0^t e^{-a(t-u)}dW(u), \tag{2.197}$$

und man erhält somit wiederum, dass die Short-Rate normal verteilt ist mit

$$r(t) \sim N\left(r_0 e^{-at} + \int_0^t e^{-a(t-s)}\theta(s)ds, \frac{\sigma^2}{2a}\left(1 - e^{-2at}\right)\right). \tag{2.198}$$

Wäre $\theta(t)$ explizit gegeben, so würden wir aus Satz 2.46 für affin-lineare Modelle und der Normalität der Short-Rate direkt ein zum Vasicek-Fall analoges Resultat erhalten. Es ist allerdings noch zusätzlich die Funktion $\theta(t)$ so zu bestimmen, dass eine perfekte Übereinstimmung zwischen den Marktpreisen $P^M(0,T)$ von T-Bonds und den zugehörigen Modellpreisen besteht. Durch Lösen dieses Zusatzproblems erhalten wir dann den folgenden Satz.

Satz 2.57 (Bond- und Optionspreise im Hull-White-Modell) *Zu gegebenen Marktpreisen $P^M(0,t)$ von t-Bonds und heutigen am Markt beobachteten Forward-Raten $f^M(0,T) := -\frac{\partial \ln P^M(0,T)}{\partial T}$ für die Zeit t gelten im Hull-White-Modell mit der durch Gleichung* (2.197) *gegebenen Short-Rate-Dynamik:*

a) Mit der Wahl der Funktion

$$\theta(t) = \frac{\partial f^M(0,t)}{\partial T} + a f^M(0,t) + \frac{\sigma^2}{2a}\left(1 - e^{-2at}\right) \tag{2.199}$$

stimmen die T-Bond-Preise $P(0,T)$ im Hull-White-Modell mit den Marktpreisen $P^M(0,T)$ überein.

b) Die Preise der Zero-Bonds sind gegeben durch

$$P(t,T) = e^{-B(t,T)r(t)+A(t,T)}, \tag{2.200}$$

$$B(t,T) = \frac{1}{a}\left(1 - e^{-a(T-t)}\right), \tag{2.201}$$

$$A(t,T) = \ln\left(\frac{P^M(0,T)}{P^M(0,t)}\right) + f^M(0,t)B(t,T) - \frac{\sigma^2}{4a}\left(1 - e^{-2at}\right)B(t,T)^2 \tag{2.202}$$

c) Bond-Calloptionspreise sind gegeben durch

$$C(t,T,S,K) = P(t,S)\Phi(d_1(t)) - KP(t,T)\Phi(d_2(t)), \tag{2.203}$$

$$d_{1/2}(t) = \frac{\ln\left(\frac{P(t,S)}{P(t,T)K}\right) \pm 1/2\bar{\sigma}^2(t)}{\bar{\sigma}(t)}, \quad \bar{\sigma}(t) = \sigma\sqrt{\frac{1-e^{-2a(T-t)}}{2a}}B(T,S) \tag{2.204}$$

wobei K der Strike und T die Fälligkeit des Calls sowie $S \geq T$ die Fälligkeit des zugrunde liegenden S-Bonds ist.

Beweis

a) Die Behauptung wurde bereits im Abschnitt über die allgemeinen Forward-Rate-Modelle bei der Herleitung der Short-Rate-Dynamik für das 1-Faktor-Modell mit exponentiell fallender Volatilität gezeigt (vgl. Gleichung (2.106)).
b) Die Form von $B(t,T)$ folgt daraus, dass exakt die Gleichung für $B(t,T)$ wie im Vasicek-Fall vorliegt, wenn man beachtet, dass jetzt a die Rolle von κ eingenommen hat. Man erhält nun $A(t,T)$ durch explizites Integrieren seiner Differentialgleichung, in die bereits die explizite Form von $B(t,T)$ eingesetzt wurde, also durch Berechnen von

$$\begin{aligned} A(t,T) &= -\int_t^T \theta(s)B(s,T)ds + \frac{1}{2}\sigma^2 \int_t^T B(s,T)^2 ds \\ &=: Int_1 + Int_2. \end{aligned}$$

Beachte hierzu, dass gilt:

$$\begin{aligned} \int_t^T \frac{\partial f^M(0,s)}{\partial T} B(s,T)ds &= -f^M(0,t)B(t,T) - \int_t^T f^M(0,s)B_t(s,T)ds \\ &= -f^M(0,t)B(t,T) + \int_t^T a f^M(0,s)B(s,T)ds - \int_t^T f^M(0,s)ds. \end{aligned}$$

Verwenden der expliziten Form von $\theta(t)$ führt folglich zu

$$Int_1 = f^M(0,t)B(t,T) + \ln\left(\frac{P^M(0,T)}{P^M(0,t)}\right) - \frac{\sigma^2}{2a}\int_t^T \left(1 - e^{-2as}\right)B(s,T)ds.$$

Beachtet man nun

$$\begin{aligned} &Int_2 - \frac{\sigma^2}{2a}\int_t^T \left(1 - e^{-2as}\right)B(s,T)ds \\ &= \frac{\sigma^2}{2a^2}\int_t^T \left(1 - e^{-a(T-s)}\right)\left(e^{-2as} - e^{-a(T-s)}\right)ds \\ &= -\frac{\sigma^2}{4a^3}\left[e^{-2aT} - e^{-2at} + 2e^{-2aT} - 2e^{-a(T+t)} + 2 - 2e^{-a(T-t)} - 1 + e^{-2a(T-t)}\right] \\ &= -\frac{\sigma^2}{4a}\left(1 - e^{-2at}\right)B(t,T)^2, \end{aligned}$$

so folgt die behauptete Form von $A(t,T)$.

c) Die Form des Calloptionspreises folgt durch explizite Rechnung mit Hilfe der log-normalen Bewertungsformel Lemma 2.52 (siehe auch Übung 3). ■

Bemerkung 2.58 (Eigenschaften des Hull-White-Modells)

1. *Da die log-normalen T-Bond-Preise im vorangegangenen Satz zu einer Optionspreisformel vom Black-Scholes-Typ führten, liegt somit ein Modell vor, das analytisch ähnlich gut handhabbar wie das Vasicek-Modell ist, aber zusätzlich die gewünschte Eigenschaft der anfangs perfekten Anpassung an die gegebene Zinsstruktur besitzt. Dies macht das Hull-White-Modell zu einem in der Praxis sehr beliebten Modell. Man beachte allerdings, dass die tatsächliche Wahl der Funktion $\theta(t)$ nicht nur die nur im Prinzip am Markt beobachtbaren Forward-Raten (man bräuchte zu ihrer exakten Bestimmung ein (differenzierbares) Kontinuum an T-Bondpreisen), sondern sogar noch deren Ableitungen benötigt. Man wird also nicht umhin kommen, hier zusätzliche Annahmen über die Form der Forward-Raten (und somit der Bondpreise) zu machen.*
2. *Die perfekte Anpassung an die Anfangszinsstruktur hat auch einen konzeptionellen Nachteil. Die Eigenschaft der Mittelwertumkehr im Sinn der fortwährenden Bewegung der Short-Rate hin zu einem langfristig als richtig angesehenen Wert ist im Hull-White-Modell nicht mehr explizit gegeben, da die Rolle dieses Werts jetzt formal von der nicht-konstanten Funktion $\theta(t)/a$ übernommen wurde.*
3. *Auch vom Hull-White-Modell existieren in der Anwendung populäre Mehr-Faktor-Varianten, auf die wir später im Abschnit eingehen werden.*

Perfekte anfängliche Kalibrierung durch deterministisches Verschieben Die obige Methode nach Hull-White ist nicht die einzige Variante vorhandener Short-Rate-Modelle, um eine perfekte Anpassung an die anfangs vorhandene Marktzinsstruktur zu erzielen. Wir stellen als eine weitere einfache Möglichkeit die Einführung einer deterministischen Verschiebung der Short-Rate vor. Hierbei addieren wir zu einem vorgegebenen Short-Rate-Prozess $r(t)$ eine deterministische Funktion $h(t)$ mit dem Ziel, dass die verschobene Short-Rate $r_h(t)$

$$r_h(t) = r(t) + h(t) \tag{2.205}$$

zu einer perfekten anfänglichen Kalibrierung der Zinsstruktur führt. Die Idee geht auf Dybvig (1997), Avellaneda und Newman (1998) und Brigo und Mercurio (2001) zurück. Sie ist im Gegensatz zur Hull-White-Methode auf beliebige, auch nicht-affin-lineare Short-Rate-Modelle anwendbar.

Es sei hierzu ein Short-Rate-Modell mit einem T-Bond-Preis der Form $P(t,T)$ gegeben. $C(t;T,S,K)$ sei der Preis eines Bond-Calls mit Strike K und Fälligkeit T auf einen S-Bond in diesem Modell und

$$f(0,t) = -\frac{\partial ln(P(0,t))}{\partial t} \tag{2.206}$$

die Forward-Rate zur Zeit t. Den T-Bond-Preis und den Bond-Call-Preis im neuen Modell mit der um $h(t)$ verschobenen Short-Rate bezeichnen wir mit $P_h(t,T)$ bzw. $C_h(t;T,S,K)$. Mit all diesen Notationen erhalten wir das folgende gewünschte Resultat.

Satz 2.59 *Mit dem (verschobenen) Short-Rate-Prozess $r_h(t) = r(t) + h(t)$ erhalten wir:*

a) Der T-Bond-Preis $P_h(t,T)$ zur Zeit t ergibt sich als

$$P_h(t,T) = \exp\left(-\int_t^T h(s)ds\right) P(t,T). \tag{2.207}$$

b) Mit der Markt-Forward-Rate $f^M(0,t) = \partial ln(P^M(0,t))/\partial t$ zur Zeit t ist

$$h(t) = f^M(0,t) - f(0,t) \tag{2.208}$$

die (f.s.) eindeutige Wahl einer deterministischen Verschiebungsfunktion $h(.)$, so dass sich eine vollständige Übereinstimmung zwischen den anfänglichen Markt- und Modellpreisen aller T-Bonds im verschobenen Modell ergibt.

c) Der Preis eines europäischen Calls zur Zeit t mit Fälligkeit T und Strike K auf einen S-Bond mit $S > T$ ergibt sich als

$$C_h(t,T,S,K) = e^{-\int_t^S h(s)ds} C\left(t,T,S,Ke^{\int_T^S h(s)ds}\right). \tag{2.209}$$

Beweis

a) folgt aus der allgemeinen Form des T-Bond-Preises und der oben eingeführten Notation als

$$P_h(t,T) = \mathbb{E}_Q\left(e^{-\int_t^T r_h(s)ds}\right) = e^{-\int_t^T h(s)ds} P(t,T).$$

b) Mit Teil a) ergibt sich aus der Forderung

$$e^{-\int_0^T f^M(0,t)dt} = P^M(0,T) = P_h(0,T) = e^{-\int_0^T h(s)ds} e^{-\int_0^T f(0,t)dt}$$

gerade die (bzgl. dem Lebesgue-Maß fast überall) eindeutige behauptete Form von $h(t)$.

c) folgt analog zum Beweisteil a) gemäß

$$\begin{aligned} C_h(t;T,S,K) &= \mathbb{E}_Q\left(e^{-\int_t^T r_h(s)ds}(P_h(T,S) - K)^+\right) \\ &= \mathbb{E}_Q\left(e^{-\int_t^T r(s)ds} e^{-\int_t^S h(s)ds}\left(P(T,S) - Ke^{\int_T^S h(s)ds}\right)^+\right) \\ &= e^{-\int_t^S h(s)ds} C\left(t;T,S,Ke^{\int_T^S h(s)ds}\right) \end{aligned}$$

■

Bemerkung 2.60

1. *Man beachte, dass man immer dann einfache Formeln für die Bond- bzw. Call-Preise im verschobenen Modell erhält, wenn die entsprechenden Preise bereits im Ursprungsmodell einfache explizite Preisformeln hatten. Die Aussagen im obigen Satz gelten unabhängig hiervon.*
2. *Auch für die Methode der deterministischen Verschiebung gilt wieder die Einschränkung, dass jeder Wert der am Markt anfangs beobachteten Forward-Rate benötigt wird. Allerdings lässt sich hier z. B. die vereinfachende Annahme machen, dass die Forward-Rate stückweise konstant ist, und zwar immer auf Intervallen der Form* (T_{i-1}, T_i), *wobei die* T_i *gerade die aufsteigend geordneten verschiedenen (Rest-)Laufzeiten der am Markt zur Zeit* $t = 0$ *gehandelten Zero-Bonds sind. Diese Annahme war im Hull-White-Ansatz nicht möglich, da dort eine differenzierbare Anfangs-Forward-Rate-Kurve benötigt wurde.*
3. *Ist die Verschiebungsfunktion sogar differenzierbar, so erhält man direkt die folgende stochastische Differentialgleichung für die verschobene Short-Rate*

$$\begin{aligned} dr_h(t) &= (h_t(t) + \mu(t, r_h(t) - h(t)))dt + \sigma(t, r_h(t) - h(t))dW(t) \\ &=: \mu_h(t, r_h(t))dt + \sigma_h(t, r_h(t))dW(t), \end{aligned} \tag{2.210}$$

wobei $\mu(.,.)$, $\sigma(.,.)$ *die Koeffizientenfunktionen der ursprünglichen Short-Rate-Gleichung für* $r(t)$ *sind. Analog erhält man im Fall eines affin-linearen Modells die folgende Darstellung für die Bond-Preise im verschobenen Modell*

$$dP(t, T) = P(t, T)(r_h(t)dt - B(t, T)\sigma_h(t, r_h(t))dW(t)) \tag{2.211}$$

wobei $B(t, T)$ *in Satz 2.46 für das ursprünglichen Short-Rate-Modell* $r(t)$ *gegeben ist.*
4. *Durch die obige Wahl der Verschiebungsfunktion* $h(.)$ *kann nicht sicher gestellt werden, dass ein ursprünglich nicht-negatives Short-Rate-Modell wie z. B. das CIR-Modell nach der Verschiebung nicht-negativ bleibt. Dies kann dann unter Umständen zu nicht-definierten Werten im verschobenen Modell führen.*

Short-Rate- und Forward-Rate-Modelle Ein weiteres simples Einfaktor-Short-Rate-Modell ist das Ho-Lee-Modell, das wir bereits aus dem Abschnitt über die Forward-Rate-Modelle kennen. Es ist sogar ein affin-lineares Modell mit der Wahl unter Q von

$$dr(t) = \left(f_t(0, t) + \sigma^2 t\right)dt + \sigma dW(t), \tag{2.212}$$

das in seiner eigentlichen Entwicklung als Forward-Rate-Modell die Anfangszinsstruktur exakt wiedergibt. Natürlich ist es als Short-Rate-Modell auch nicht besser, als es als Forward-Rate-Modell beurteilt wurde, aber es zeigt – neben dem oben schon behandelten Hull-White-Modell – auf, dass es eine einfache Beziehung zwischen Short-Rate und

Forward-Rate-Modellen gibt, die unter Q durch

$$r(t) = f(0,t) + \int_0^t \sigma(s,t) \int_s^t \sigma(s,u)du\, ds + \int_0^t \sigma(s,t)dW(s) \tag{2.213}$$

gegeben ist. Man beachte hierfür, dass zum einen die Gleichheit $r(t) = f(t,t)$ und zum anderen die HJM-Driftbedingung unter Q verwendet wurden.

Dabei behält jedes Forward-Rate-Modell die Eigenschaft der perfekten Anfangskalibrierung natürlich auch als Short-Rate-Modell bei. Allerdings ist die obige Darstellung nicht immer einfach in eine explizite Form oder in eine einfache stochastische Differentialgleichung für die Short-Rate überführbar.

Während sich zumindest die Darstellung der Short-Rate eines Forward-Rate-Modells in Gleichung (2.213) direkt hinschreiben lässt, ist die Umkehrung, d. h. die Darstellung eines Short-Rate-Modells als Forward-Rate-Modell nicht ganz so einfach. Dabei ist auch zu beachten, dass die Transformation eines Short-Rate-Modells, das keine Möglichkeit der perfekten Anfangskalibrierung beinhaltet, in ein Forward-Rate-Modell dort natürlich auch keine perfekte Anfangskalibrierung erzeugt. Man muss das entstandene Forward-Rate-Modell als ein verallgemeinertes Modell auffassen, bei dem auch evtl. die Forward-Raten zum Zeitpunkt $t = 0$ schon nicht mit denen des Marktes übereinstimmen.

Das weitaus größere Problem ist allerdings, dass es keine einfache Beziehung zwischen $r(t)$ und $f(t,T)$ gibt. Wir geben für den Spezialfall eines Short-Rate-Prozesses, der ein Markov-Prozess ist, eine Kontruktionsvorschrift für eine Forward-Raten-Darstellung dieses Modells an (siehe auch Baxter und Rennie (1996), Kapitel 5.4). Dabei ist das wesentliche Hilfsmittel die Beziehung zwischen der Forward-Rate und der Ableitung des Log-Preises eines T-Bonds nach der Fälligkeit T.

Satz 2.61 *Es seien $\rho(t,x)$ und $\nu(t,x)$ deterministische, reellwertige Funktionen, so dass die Gleichung*

$$dr(t) = \nu(t,r(t))dt + \rho(t,r(t))dW(t) \tag{2.214}$$

für die Short-Rate $r(t)$ eine eindeutige Lösung besitzt. Des Weiteren sei die Funktion der Log-T-Bond-Preise

$$g(t,x,T) := -\ln\Big(\mathbb{E}_Q\Big(e^{-\int_t^T r(s)ds}|r(t) = x\Big)\Big) \tag{2.215}$$

dreimal stetig partiell differenzierbar. Dann liefert das (formelle) Forward-Rate-Modell $f(t,T)$, das durch die Wahl der Volatilität von

$$\sigma(t,T) = \rho(t,r(t))\frac{\partial^2 g}{\partial x \partial T}(t,r(t),T) \tag{2.216}$$

und der Anfangswerte der Forward-Rate von

$$f(0, T) = \frac{\partial g}{\partial T}(0, r_0, T) \tag{2.217}$$

bestimmt ist, dieselben T-Bond-Preise wie das durch $r(t)$ gegebene Short-Rate-Modell. Dabei stimmen die Anfangswerte der Forward-Rate-Kurve nicht notwendigerweise mit den Anfangswerten der Markt-Forward-Rate überein.

Beweis Die Form der Anfangswerte der Forward-Rate-Kurve $f(0, T)$ entspricht genau der Definition der Forward-Rate, wenn man die Definition von $g(t, r, T)$ berücksichtigt. Um die Form der in Gleichung (2.216) angegebenen Volatilität herzuleiten, beachten wir zunächst, dass die Beziehung

$$\int_t^T f(t, s)ds = -\ln(P(t, T)) = g(t, r(t), T)$$

– zumindest im Modell – gelten muss. Da nach Voraussetzung hinreichende Glattheit von $g(t, r, T)$ gegeben ist, kann die Itô-Formel auf

$$f(t, T) = \frac{\partial g}{\partial T} g(t, r(t), T)$$

angewendet werden. Man erhält damit (beachte auch die Darstellung von $dr(t)$)

$$\begin{aligned} df(t, T) = &\left[\frac{\partial^2 g}{\partial t \partial T} + \frac{\partial^2 g}{\partial x \partial T}\nu + \frac{1}{2}\frac{\partial^3 g}{\partial x^2 \partial T}\rho^2\right]dt \\ &+ \frac{\partial^2 g}{\partial x \partial T}(t, r(t), T)\rho(t, r(t))dW(t) \end{aligned} \tag{2.218}$$

als Differentialdarstellung der Forward-Rate, aus der sich dann die gewünschte Form der Volatilität als der Integrand des stochastischen Integrals ergibt. Man beachte weiter, dass man aus dieser Darstellung auch die HJM-Driftbedingung mit Hilfe der Zinsstrukturgleichung herleiten kann, da ja

$$F(t, r(t); T) = P(t, T) = e^{-g(t, r(t), T)}$$

gilt. ■

Bemerkung 2.62 (Das Vasicek-Modell als Forward-Rate-Modell) *Mit Hilfe der in obigem Satz angegebenen Beziehung und der expliziten Darstellung der T-Bond-Preise im Vasicek-Modell erhalten wir*

$$\sigma(t, T) = \sigma e^{-\kappa(T-t)}$$

und somit die uns bereits aus dem Hull-White-Modell bekannte Darstellung als Forward-Rate-Modell mit exponentiell fallender Forward-Rate-Volatilität. Die sich ergebenden Anfangswerte der Forward-Rate-Kurve

$$f(0,T) = \theta + e^{-\kappa T}(r_0 - \theta) - \frac{\sigma^2}{2\kappa^2}\left(1 - e^{-\kappa T}\right)^2$$

stimmen in der Regel nicht mit den Markt-Forward-Raten überein.

Die entsprechenden Beziehungen zwischen Forward- und Short-Rate-Darstellung im Hull-White-Modell wurden bereits weiter oben und insbesondere im Abschnitt über die Forward-Rate-Modelle explizit gegeben. Für das CIR-Modell besteht eine ähnliche, etwas kompliziertere Umrechnungsbeziehung (siehe Baxter und Rennie (1996), Kap. 5.4).

2.4.3 Weitere 1-Faktor-Short-Rate-Modelle

Das Merton-Modell Dieses sehr einfache Modell, das durch eine Short-Rate der Form

$$dr(t) = \alpha dt + \sigma dW(t), \tag{2.219}$$

also eine einfache Brownsche Bewegung mit Drift, gegebene Modell geht auf Merton (1973) zurück. Es besitzt zwar wenige attraktive Eigenschaften, um ein gutes Zinsmodell zu sein, aber seine T-Bondpreisformel von

$$P(t,T) = e^{\frac{1}{6}\sigma^2(T-t)^3 - \frac{1}{2}\alpha(T-t)^2 - (T-t)r(t)} \tag{2.220}$$

zeigt an, dass man

$$P(t,T) > 1 \iff r(t) < \frac{1}{6}\sigma^2(T-t)^2 - \frac{1}{2}\alpha(T-t) \tag{2.221}$$

hat. Es braucht also eine hinreichend große Short-Rate, falls die Laufzeit des Bond noch lang ist, um einen Bondpreis kleiner 1 zu erhalten.

Es bieten sich natürlich weitere, über die affin-linearen Ansätze hinausgehende Short-Rate-Modelle an. In der Forschung lag gegen Ende des vorigen Jahrhunderts ein Schwerpunkt auf Modellen, die positive Zinsraten sicherstellen sollten. Wir werden einige Ansätze hierzu recht knapp vorstellen.

Log-normale und verwandte Zinsmodelle Im Aktienfall war die Wahl einer geometrischen Brownschen Bewegung der natürliche Ansatz, um einen positiven Modellpreis zu sichern. Einen ähnlichen Ansatz verfolgt man bei der Wahl eines log-normalen Modells für die Short-Rate-Entwicklung. Das einfachste log-normale Modell geht auf Dothan

((Dothan, 1978)) zurück und nimmt an, dass sich die Short-Rate durch eine geometrische Brownsche Bewegung beschreiben lässt, also der Beziehung

$$dr(r) = r(t)(\alpha dt + \sigma dW(t)), \quad r(0) = r_0 > 0 \tag{2.222}$$

genügt. Natürlich ist damit eine positive Short-Rate gesichert, aber man hat sich direkt die folgende äußerst unangenehme Eigenschaft eingehandelt:

Proposition 2.63 *Im durch Gleichung* (2.222) *gegebenen* Dothan-Modell *mit* $\sigma \neq 0$ *ist der Erwartungswert des Geldmarktkontos unendlich, genauer: Für* $0 \leq \tau < t < T$ *gilt*

$$\mathbb{E}_Q^{\tau,r(\tau)}\left(\mathbb{E}_Q^{t,r(t)}\left(e^{\int_t^T r(s)ds}\right)\right) = \infty. \tag{2.223}$$

Zum Beweis der gerade gemachten Behauptung benötigen wir das folgende Resultat aus Hogan und Weintraub (1993):

Satz 2.64 *Falls für die Short-Rate eine der beiden folgenden Modellannahmen*

$$dr(t) = r(t)[\alpha dt + \sigma dW(t)], \tag{2.224}$$

$$d\ln(r(t)) = \kappa(\theta - \ln(r(t)))dt + \sigma dW(t), \tag{2.225}$$

gilt, so gilt für $0 \leq \tau < t < T$ *für den Preis eines* T*-Bonds*

$$\mathbb{E}_Q^{(\tau,r(\tau))}\left(P(t,T)^{-1}\right) = \infty. \tag{2.226}$$

Beweis (von Proposition 2.63) Wir verwenden die Aussage des vorangegangenen Satzes, die Definition des Bondpreises und die Jensensche Ungleichung, um die folgende Beziehung zu zeigen:

$$\begin{aligned} \infty &= \mathbb{E}_Q^{(\tau,r(\tau))}\left(P(t,T)^{-1}\right) \\ &= \mathbb{E}_Q^{\tau,r(\tau)}\left(\left(\mathbb{E}_Q^{t,r(t)}\left(e^{-\int_t^T r(s)ds}\right)\right)^{-1}\right) \\ &\leq \mathbb{E}_Q^{\tau,r(\tau)}\left(\mathbb{E}_Q^{t,r(t)}\left(e^{\int_t^T r(s)ds}\right)\right) \end{aligned}$$

■

Neben der Eigenschaft des (im Erwartungswert) explodierenden Geldmarktkontos hat das Dothan-Modell auch noch die beiden Nachteile, dass es weder die Mean-Reversion-Eigenschaft noch die Möglichkeit der perfekten Anpassung an eine gegebene Anfangszinsstruktur besitzt. In Dothan (1978) wird gezeigt, dass eine recht komplizierte explizite Form für den Preis eines T-Bonds im Dothan-Modell existiert.

Das sogenannte *Brennan und Schwartz-Modell* (siehe Brennan und Schwartz (1979)) stellt eine Verallgemeinerung des Dothan-Modells dar, da es in der Gleichung für die Short-Rate

$$dr(t) = \alpha(\theta - r(t))dt + \sigma r(t)W(t), \tag{2.227}$$

zusätzlich die Möglichkeit der Mean-Reversion vorsieht, aber dafür im Vergleich zum Dothan-Modell die explizite Darstellung des Preises des T-Bonds verliert.

Das in der Theorie und vor allem in der Praxis populärste log-normale Short-Rate-Modell, dass sowohl eine – wenn auch eingeschränkte – Mean-Reversion-Eigenschaft als auch die Möglichkeit der perfekten Kalibrierung der Anfangszinsstruktur besitzt, ist das *Black-Karasinski-Modell* (siehe Black und Karasinski (1991)), bei dem $r(t)$ gemäß

$$r(t) = \exp(\tilde{r}(t)), \tag{2.228}$$

$$d\tilde{r}(t) = \kappa(t)(\ln(\theta(t)) - \tilde{r}(t))dt + \sigma(t)dW(t) \tag{2.229}$$

modelliert wird, wobei $\kappa(t)$, $\theta(t)$, $\sigma(t)$ deterministische Funktionen sind, mit deren Hilfe man eine perfekte Anpassung der Modellpreise an die anfänglichen Marktpreise der (Zero-)Bonds erreichen will und gleichzeitig noch weitere Ziele verfolgen kann (man hat zusätzlich zu θ auch noch κ und σ als zeitabhängig angenommen und somit noch mehr Parameter(-funktionen) zur Verfügung!), auf die wir hier nicht weiter eingehen wollen (siehe hierzu Black und Karasinski (1991) für den interessierten Leser).

Der Hauptgrund, warum wir das Modell nicht weiter betrachten, ist, dass es trotz seiner großen Beliebtheit in der Praxis gleich mehrere theoretische und praktische Schwächen aufweist:

- Da keine expliziten Preisformeln für Zero-Bonds, Bond-Optionen oder Caps vorliegen, ist die Kalibrierung der Parameter im Modell numerisch durchzuführen. Dies könnte über einen Monte Carlo-Ansatz geschehen, aber Black und Karasinski schlagen ein Baum-Verfahren vor, das zu sehr guten Kalibrierungen führt, was in Anbetracht der Vielzahl freier Parameter nicht überrascht. Diese sehr guten Kalibrierungsergebnisse sind zusammen mit der Log-Normalität der Short-Rate Gründe für die Beliebtheit des Modells in der Praxis.
- Der entscheidende konzeptionelle Nachteil des Black-Karasinski-Modells ist, dass auch bei ihm der Erwartungswert des Geldmarktkontos in endlicher Zeit explodiert, da hierfür in unserem Resultat beim Dothan-Modell nur die Log-Normalität der Short-Rate benötigt wurde. Hier zeigt sich aber auch, ein weiterer Schwachpunkt des Modells. Die oben genannte hervorragende Kalibrierung und die sonstigen positiven Eigenschaften ergeben sich in der Praxis durch die Verwendung eines diskretisierten Modells, nicht des Originalmodells. Mehr noch, im dort verwendeten Baummodell sind natürlich alle Werte und Erwartungswerte beschränkt und somit insbesondere endlich.

- Eine in der Praxis auch oft beobachtete Unart besteht darin, sich zu verschiedenen Zwecken Pfade der Short-Rate nach dem Black-Karasinski-Modell zu simulieren, diese aber nach oben abzuschneiden, wenn für die Short-Rate (nicht aber für das Modell!) ungewöhnlich hohe Werte beim Simulieren auftreten. So gesehen wird kein Black-Karasinski-Modell sondern ein gekapptes Modell verwendet, was wiederum die konzeptionellen Nachteile des Modells aufzeigt, trotz perfekter Kalibrierung.

Wir formulieren abschließend die Eigenschaft des im Erwartungswert explodierenden Geld-Markt-Kontos auch nochmal für das Black-Karasinski-Modell. Auch hier ist wieder Satz 2.64 das entscheidende Hilfsmittel im Beweis, der damit analog zum Beweis von Proposition 2.63 verläuft.

Proposition 2.65 *Im Black-Karasinski-Modell sei* $\sigma(t) \geq c$ *für eine positive Zahl* c. *Dann gilt für* $0 \leq \tau < t < T$

$$\mathbb{E}_Q^{\tau,r(\tau)}\left(\mathbb{E}_Q^{t,r(t)}\left(e^{\int_t^T r(s)ds}\right)\right) = \infty. \tag{2.230}$$

Weitere positive Short-Rate-Modelle Gegen Ende des letzten Jahrhunderts war die Suche nach einem Short-Rate-Modell, das auf natürliche Art und Weise eine nicht-negative Short-Rate garantieren und dabei gleichzeitig noch eine sehr gute empirische Performance haben sollte, das Thema im Zinsmodellierungsbereich. Prominente Modelle sind dabei das Modell von Flesaker und Hughston (siehe Flesaker und Hughston (1996)) und insbesondere der beeindruckende Potentialansatz von L.C.G. Rogers (siehe Rogers (1997)), der unter Nutzung theoretischer Resultate aus dem Bereich der Theorie der Diffusionsprozesse einen ganzen Rahmen von Modellen liefert, z. B. auch die Möglichkeit, mit wenigen Parametern und Prozessen einen kompletten multinationalen Finanzmarkt zu modellieren. Dabei nutzt der Potentialansatz die Äquivalenz der Bewertung mittels äquivalentem Martingalmaß mit der Bewertung über einen Zustandspreiskern aus, der bereits in Constantinides (1992) beschrieben wurde.

Die Darstellung von Details zu den beiden erwähnten Modellen sprengt den Rahmen des vorliegenden Buchs, zumal vor dem Hintergrund der Problematik aktuell negativer Zinsen am Markt die Bemühung um Modelle, die genau diese ausschließen, nicht sonderlich groß ist. Eine detaillierte Beschreibung sowohl des Flesaker-Hughston-Modells als auch von Rogers' Potentialansatz wird im Buch von Cairns gegeben (siehe Cairns (2004)), wo auch eine spezielle von Cairns entwickelte Realsierung des Potentialansatzes beschrieben wird.

2.5 Short-Rate-Modelle: Mehr-Faktor-Varianten

Neben dem Wunsch nach perfekter Kalibrierung der anfänglichen Zinsstrukturkurve gibt es noch weitere Argumente für eine komplexere Modellierung des Short-Rate-Prozesses als durch ein 1-Faktor-Modell. Zu nennen sind hier:

- eine realistischere Korrelationsstruktur zwischen der Entwicklung von Bondpreisen mit deutlich verschiedener Laufzeit,
- die bessere strukturelle Anpassung an eine gegebene Zinsstrukturkurve durch weitere freie Parameter,
- eine bessere Anpassung an Marktpreise von Zinssatz- und Bondoptionen.

Wir werden im Folgenden zunächst ein allgemeines mehrdimensionales Gauß-Modell als Verallgemeinerung sowohl des Vasicek-Modells als auch seiner Hull-White-Variante vorstellen und dann speziell eine zwei-dimensionale Anwendung im Detail betrachten, die nahe an einer tatsächlich in Deutschland populär verwendeten Version liegt.

Vorher wollen wir kurz auf einen allgemeineren Rahmen eingehen, der die mehrdimensionale Verallgemeinerung der affin-linearen Modelle im Eindimensionalen darstellt. Das zentrale Resultat hierzu wird von uns nicht im Rahmen dieses Buchs bewiesen. Wir verweisen auf die Originalarbeit Duffie und Kan (1996) für einen Beweis.

Satz 2.66 (Satz von Duffie und Kan) *Falls unter der Annahme, dass sich die Short-Rate gemäß einer von einer mehrdimensionalen Brownschen Bewegung $W(t)$ getriebenen stochastischen Differentialgleichung entwickelt, eine Bondpreisdarstellung der affin-linearen Form*

$$P(t,T) = e^{A(T-t)+B(T-t)'X(t)} \tag{2.231}$$

mit stetigen Funktionen $A(t)$ und $B(t) = (B_1(t),\ldots,B_n(t))'$ vorliegt, so muss der stochastische Prozess $X(t)$ die eindeutige Lösung der stochastischen Differentialgleichung

$$dX(t) = (\alpha + \beta X(t))dt + S \cdot D(X(t))dW^Q(t) \tag{2.232}$$

sein. Dabei sind $\alpha \in \mathbb{R}^n$, $\beta, S \in \mathbb{R}^{n,n}$ Konstanten entsprechender Dimension, während die matrixwertige Funktion $D(x)$ die Diagonalgestalt

$$D(x) = diag_n\Big(\sqrt{\gamma_i{}'x + \delta_i}\Big) \tag{2.233}$$

besitzt, wobei δ_i reelle Konstanten und $\gamma_i \in \mathbb{R}^n$ Vektoren sind.

Man beachte, dass die Aussage des Satzes nicht in beide Richtungen geht. Dafür bedarf es noch zusätzlicher Forderungen, z. B. damit die Argumente unter den Wurzeln immer nicht-negativ bleiben.

Wir werden als Spezialfall des Satzes von Duffie und Kan in den nächsten Abschnitten zeigen, dass die Aussage im Gauß-Modell, bei dem sowohl die $\gamma^{(i)}$ als auch α jeweils Null sind, richtig ist.

Als eine Referenz für einen Überblick über allgemeine Drei-Faktor-Modelle, die affin-linear sind, wollen wir hier Dai und Singleton (2000) nennen. Eine Variante eines n-Faktor-CIR-Modells, das aus unabhängigen eindimensionalen CIR-Prozessen $X_i(t)$ gebildet wird, wird in Duffie (1996) beschrieben.

Ein mehrdimensionales Gauß-Modell

Wir betrachten eine Erweiterung des Vasicek-Modells, bei der die Short-Rate nicht nur von einem Ornstein-Uhlenbeck-Prozess beeinflusst wird, sondern sich als Linearkombination von mehreren, möglicherweise korrelierten Ornstein-Uhlenbeck-Prozessen ergibt. Wir setzen diese in der Form

$$dx_i(t) = -a_i x_i(t)dt + \sigma_i dW_i(t) \tag{2.234}$$

an, wobei wir $a_i > 0$ annehmen und korrelierte Brownsche Bewegungen W_i betrachten mit

$$\rho_{ij} := \frac{1}{t}\mathbb{C}ov\big(W_i(t), W_j(t)\big). \tag{2.235}$$

Eine solche korrelierte Brownsche Bewegung mit Korrelationsmatrix ρ erhält man z. B., in dem man die Cholesky-Zerlegung von ρ

$$\rho = CC' \tag{2.236}$$

bestimmt und dann

$$W(t) = CZ(t) \tag{2.237}$$

für eine n-dimensionale Standard-Brownsche Bewegung Z, die aus unabhängigen Komponenten besteht, setzt. Wir werden im Folgenden zeigen, dass man mit der Konstruktion der Short-Rate über

$$r(t) := \psi(t) + \sum_{i=1}^{n} x_i(t) \tag{2.238}$$

mit einer deterministischen Funktion $\psi(t)$, die z. B. durch Anpassungen an Marktdaten vorgegeben sein kann, wieder eine normal verteilte Short-Rate und somit auch wieder explizite Zero-Bond-Preise erhält. Hierzu stellen wir einige Vorüberlegungen und Hilfsrechnungen zusammen. So gilt zunächst nach dem Satz über die Variation der Konstanten

$$\begin{aligned} x_i(t) &= x_i(s)e^{-a_i(t-s)} + \sigma_i \int_s^t e^{-a_i(t-u)} dW_i(u) \\ &\sim \mathcal{N}\left(x_i(s)e^{-a_i(t-s)}, \sigma_i^2 \frac{1-e^{-2a_i(t-s)}}{2a_i} \right). \end{aligned} \tag{2.239}$$

Des Weiteren liefert eine Anwendung des Korollars 2.32 zum Satz von Fubini die Normalität des integrierten Faktors gemäß

$$\begin{aligned} \int_s^t x_i(u)du &= \int_s^t \left(x_i(s)e^{-a_i(u-s)} + \sigma_i \int_s^u e^{-a_i(u-v)} dW_i(v) \right) du \\ &= x_i(s)\frac{1-e^{-a_i(t-s)}}{a_i} + \sigma_i \int_s^t \left(\int_v^t e^{-a_i(u-v)} du \right) dW_i(v) \\ &= x_i(s)\frac{1-e^{-a_i(t-s)}}{a_i} + \frac{\sigma_i}{a_i} \int_s^t \left(1 - e^{a_i(t-v)}\right) dW_i(v) \\ &\sim \mathcal{N}(M_i(s,t), V_i(s,t)), \end{aligned} \tag{2.240}$$

wobei wir in der letzten Zeile die Abkürzungen

$$M_i(s,t) = x_i(s)\frac{1-e^{-a_i(t-s)}}{a_i} \tag{2.241}$$

$$V_i(s,t) = \frac{\sigma_i^2}{a_i^2}\left(t - s - \frac{3}{2a_i} + 2e^{-a_i(t-s)} - \frac{1}{2a_i}e^{-2a_i(t-s)} \right) \tag{2.242}$$

verwendet haben. Aus diesen Vorüberlegungen heraus erhalten wir das folgende Resultat.

Satz 2.67 *Die Short-Rate sei durch die Gleichung* (2.238) *gegeben. Dann gelten:*

a) Die Short-Rate und die integrierte Short-Rate sind bedingt auf die Information zur Zeit $s < t$ normal verteilt mit

$$\begin{aligned} r(t) &\sim \mathcal{N}\left(\psi(t) + \sum_{i=1}^n \left(x_i(s)e^{-a_i(t-s)} \right), \sigma_r^2(s,t) \right), \\ \int_s^t r(u)du &\sim \mathcal{N}\left(\int_s^t \psi(u)du + M(s,t), V(s,t) \right) \end{aligned}$$

mit den Bezeichnungen

$$\sigma_r^2(s,t) = \sum_i^n \frac{\sigma_i^2}{2a_i}\left(1 - e^{-2a_i(t-s)}\right) + 2\sum_{i<j} \frac{\rho_{ij}\sigma_i\sigma_j}{a_i + a_j}\left(1 - e^{-(a_i+a_j)(t-s)}\right), \tag{2.243}$$

$$M(s,t) = \sum_i^n M_i(s,t), \tag{2.244}$$

$$V(s,t) = \sum_i^n V_i(s,t) \tag{2.245}$$

$$+ 2\sum_{i<j} \frac{\rho_{ij}\sigma_i\sigma_j}{a_i a_j}\left(t - s - \frac{1 - e^{-a_i(t-s)}}{a_i} - \frac{1 - e^{-a_j(t-s)}}{a_j} + \frac{1 - e^{-(a_i+a_j)(t-s)}}{a_i + a_j}\right).$$

b) *Der T-Bond-Preis ist gegeben durch*

$$P(t,T) = e^{-\int_t^T \psi(s)ds - \sum_{i=1}^n \left(x_i(t)\frac{1-e^{-a_i(T-t)}}{a_i}\right) + \frac{1}{2}V(t,T)}. \tag{2.246}$$

Beweis Die Behauptungen unter a) folgen alle direkt aus den Vorüberlegungen. Die Form des Bondpreises folgt aus der in a) bewiesenen Normalverteilung der Short-Rate, der Definition des Bondpreises und der Tatsache, dass

$$\mathbb{E}\left(e^Z\right) = e^{\mathbb{E}(Z) + \frac{1}{2}\mathbb{V}ar(Z)}$$

für eine normal verteilte Zufallsvariable Z gilt. ■

Bemerkung 2.68 (Bondoptionspreise im Gauß-Modell) *Es lassen sich in Analogie zum Vasicek- oder zum Hull-White-Modell auch explizite Formeln für die Preise von Bondcall-optionen herleiten, da hierfür lediglich die Normalität der Short-Rate benötigt wurde, doch wollen wir das hier nicht wiederholen, da die entsprechende Formel zwar länger wird, aber keine zusätzliche Einsicht liefert.*

2.5.1 Chancen- und Risikobeurteilung von Finanzprodukten: Ein Zweifaktor-Modell in der Anwendung

Wir wollen ein Anwendungsbeispiel aus dem Bereich der Altersvorsorge geben, die sich mit der Beurteilung von geförderten Produkten beschäftigt. Altersvorsorgeprodukte sind aufgrund ihrer z. T. sehr langen Laufzeit (zwischen den ersten Prämieneinzahlungen und den letzten Rentenzahlungen können durchaus 60–70 Jahre liegen!) die typischen Beispiele von Finanzprodukten, bei deren Bewertung und Beurteilung man nicht der Einfachheit halber Annahmen über einen während ihrer Laufzeit konstanten Zins machen kann. Da außerdem Altersvorsorgeprodukte wie z. B. klassische Lebensversicherungen Bestandteile des normalen Lebens sind, wollen wir uns in diesem Abschnitt der Vorstellung eines konzeptionellen Rahmens zur Bewertung der Chancen und Risiken, die sie beinhalten, widmen.

Will man die Chancen und Risiken eines Finanzproduktes beurteilen, so kommt man nicht umhin, es in ein Kapitalmarktmodell einzubetten und sieht sich direkt mehreren zu lösenden Fragen gegenüber gestellt, die wir in der Reihenfolge unserer Bearbeitung formulieren:

- Welches Kapitalmarktmodell lege ich meinem Konzept zu Grunde?
- Welche Parameter wähle ich für das Kapitalmarktmodell?
- Wie kann ich die Zahlungsströme einzelner Produkte simulieren?
- Wie messe ich die Chancen und die Risiken des Finanzprodukts?
- Wie entscheide ich zwischen verschiedenen Produkten?

Die Frage nach der Beurteilung erscheint dabei zunächst eine Frage der Portfolio-Optimierung zu sein, wie wir sie bereits in Kapitel 5, Band 1, in stetiger Zeit bzw. Kapitel 1, Band 1, in diskreter Zeit behandelt haben. Im praktischen Hintergrund der privaten Altersvorsorge ist es aber eher relevant, ein einzelnes Produkt auszuwählen, das quasi die Rolle des Portfolios übernimmt, da der Kunde in der Regel mit einem Finanz- bzw. Versicherungsprodukt versorgt sein will.

Wir werden die Beurteilung von Altersvorsorgeprodukten auch zum Anlass nehmen, um einzelne Aspekte eines geeigneten Modellrahmens im Hinblick auf ihre praktische Anwendbarkeit hin zu untersuchen. Dabei werden in den folgenden Überlegungen die staatliche Förderung, die gerade für den Normalverdiener ein ganz wesentlicher Aspekt der Vorteilhaftigkeit eines geförderten Altersvorsorgeprodukts sein kann, außer Acht gelassen. Diese Vorgehensweise ist analog zu der vom Bundesministerium der Finanzen vorgegebenen Methodik zur Einordnung von geförderten Altersvorsorgeprodukten in sogenannte *Chancen-Risiko-Klassen*.

Wir werden innerhalb des Buchs nur anhand eines starkt vereinfachten Produkts auf die Aspekte seiner Simulation eingehen, aber nicht einzelne existierende Klassen von Altersvorsorgeprodukten betrachten, da die Betrachtung und Umsetzung aller zugehörigen Aspekte den Rahmen des Buchs sprengen würde. Wir beginnen damit, ein Kapitalmarktmodell vorzustellen, das sich an das vom Fraunhofer Institut für Techno- und Wirtschaftsmathematik (ITWM) in Kaiserslautern für die Produktinformationsstelle Altersvorsorge gGmbH (PIA) gewählte Modell (siehe auch www.produktinformationsstelle.de) stark anlehnt.

Schritt 1: Das Kapitalmarktmodell Wie bereits oben erwähnt, macht es die lange Laufzeit von Altersvorsorgeprodukten zwingend notwendig, dass ein zugrunde liegendes Kapitalmarktmodell eine stochastische Modellierung der Zinsentwicklung beinhaltet. Dabei sollte das Zinsmodell mindestens ein 2-Faktor-Modell sein, um eine perfekte Korrelation zwischen der Entwicklung der Zinsen für kurze und lange Laufzeiten zu vermeiden.

Die einfachste Wahl hierfür ist ein 2-Faktor-Gauß-Modell als Spezialfall des im vorangegangenen Abschnitt entwickelten n-Faktor-Gauß-Modells. Hierfür stellt man die Short-Rate als

$$r(t) = x(t) + y(t) + \psi(t) \tag{2.247}$$

dar, wobei die einzelnen Prozesse die folgenden Darstellungen besitzen:

$$dx(t) = -ax(t)dt + \sigma dW_1(t), \quad x(0) = 0, \tag{2.248}$$

$$dy(t) = -by(t)dt + \eta\Big(\rho dW_1(t) + \sqrt{1-\rho^2}dW_2(t)\Big), \quad y(0) = 0 \tag{2.249}$$

für a, b, σ, η positive Konstanten, $-1 \leq \rho \leq 1$ und unabhängige, eindimensionale Brownsche Bewegungen $W_i(t)$. $\psi(t)$ ist eine deterministische Funktion, die wir zunächst noch nicht weiter spezifizieren.

Man beachte, dass wir wegen der leichteren Lesbarkeit im Zweifaktor-Modell von der x_i-Schreibweise des allgemeinen Modells zur x-y-Schreibweise übergegangen sind, aber natürlich die Formeln aus dem allgemeinen Teil mit den offensichtlichen Modifikationen verwenden werden.

Mit dieser Parametrisierung erhalten wir die aus dem vorangehenden Abschnitt bekannte Darstellung für die Preise von Nullkuponanleihen

$$P(t,T) = \exp^{\left(-\int_t^T \psi(u)du - \frac{1-e^{-a(T-t)}}{a}x(t) - \frac{1-e^{-b(T-t)}}{b}y(t) + \frac{1}{2}V(t,T)\right)}, \tag{2.250}$$

wobei die Funktion $V(t)$ durch

$$\begin{aligned} V(t,T) = {} & \frac{\sigma^2}{a^2}\left[T - t + \frac{2}{a}e^{-a(T-t)} - \frac{1}{2a}e^{-2a(T-t)} - \frac{3}{2a}\right] \\ & + \frac{\eta^2}{b^2}\left[T - t + \frac{2}{b}e^{-b(T-t)} - \frac{1}{2b}e^{-2b(T-t)} - \frac{3}{2b}\right] \\ & + 2\rho\frac{\sigma\eta}{ab}\left[T - t + \frac{e^{-a(T-t)} - 1}{a} + \frac{e^{-b(T-t)} - 1}{b} - \frac{e^{-(a+b)(T-t)} - 1}{a+b}\right] \end{aligned} \tag{2.251}$$

gegeben ist.

Bemerkung 2.69 (Das 2-Faktor-Hull-White-Modell) *Passt man das Zwei-Faktor-Modell mit Hilfe der Funktion $\psi(t)$ bzw. einer geeigeten Variante davon so an, dass eine perfekte Kalibrierung der Anfangszinsstruktur erreicht wird, so wird das Modell als* GS2++-Modell *bezeichnet (siehe z. B. Brigo und Mercurio (2001)).*

Es lässt sich zeigen (siehe z. B. Brigo und Mercurio (2001)), dass es äquivalent zum 2-Faktor-Hull-White-Modell (siehe Hull und White (1994)) ist, das durch die beiden stochastischen Differentialgleichungen

$$dr(t) = \kappa(\theta(t) + u(t) - r(t))dt + \sigma_1 dZ_1(t), \; r(0) = r_0, \tag{2.252}$$

$$du(t) = -\nu u(t)dt + \sigma_2\left(\rho^* dZ_1(t) + \sqrt{1-(\rho^*)^2} dZ_2(t)\right), \; u(0) = 0 \tag{2.253}$$

beschrieben wird, wobei $r(t)$ die Short-Rate und $u(t)$ den stochastisch schwankenden Anteil der Mean-Reversion modellieren. $Z_i(t)$ sind unabhängige, eindimensionale Brownsche Bewegungen, die die stochastischen Treiber der Short-Rate und von $u(t)$ sind. κ modelliert die Rückkehrintensität der Short-Rate zum (formalen) Langfristmittel $\theta(t)$, das durch die Forderung der perfekten Kalibrierung an die Anfangszinsstruktur bestimmt ist. ρ^* stellt die Korrelation der stochastischen Treiber der Short-Rate und von $u(t)$. σ_1, σ_2 sind die Volatilitäten von $r(t)$ bzw. $u(t)$.

In Hull und White (1994) wird auf die gute Performance des Modells hingewiesen. Gleichzeitig wird auch oft in der Literatur ein Phänomen des Modells – und somit auch des GS2++-Modells – beschrieben, nämlich, dass die Korrelation zwischen der Short-Rate und $u(t)$ im 2-Faktor Hull-White-Modell bzw. zwischen $x-$ und $y-$Prozess im GS2++-Modell in der praktischen Umsetzung oft sehr nahe bei -1 liegt. Es ist allerdings ein Fehlschluss, anzunehmen, dass ein 1-Faktor-Hull-White-Modell dadurch bereits als zur Modellierung ausreichend oder gar von analoger Qualität zum GS2++-Modell angesehen werden kann, da im 2-Faktor-Modell ja auch noch der Driftteil der zweiten stochastischen Differentialgleichung zu einer höheren Anpassungsgüte an den Zinsmarkt beiträgt.

Bisher haben wir in unserem Modellrahmen die Short-Rate zum Zweck der Herleitung von Nullkuponanleihenpreisen – ohne es explizit zu vermerken – unter dem risikolosen Bewertungsmaß Q modelliert. Dies beschreibt jedoch im Allgemeinen nicht, wie sich die Short-Rate tatsächlich am Markt bewegt. Insbesondere werden unsere persönlichen Ansichten über die zukünftige Entwicklung der Short-Rate, die ein entscheidendes Kriterium für die subjektive Beurteilung eines Produkts sind, in der risiko-neutralen Modellierung gerade nicht berücksichtigt. Wir wollen deshalb die zukünftige Entwicklung unseres betrachteten Kapitalmarkts unter dem subjektiven Maß $\mathbb{P}$ modellieren.

In diesem Zusammenhang ist ein weiterer Vorteil des GS2++-Modellrahmens, dass es zwei übliche einfache Varianten des Übergangs von der risiko-neutralen zur subjektiven Modellierung gibt, bei denen man von einem GS2++-Modell zu einem anderen wechseln kann, also nicht die Modellfamilie verlässt.

Im 1-Faktor-Vasicek-Modell ersetzt man üblicherweise den Wert des Langfristmittels θ unter Q durch

$$\tilde{\theta} := \theta + \lambda_Z$$

mit einer Konstanten λ_Z und verwendet das modifizierte Langfristmittel $\tilde{\theta}$ zur Simulation unter $\mathbb{P}$. Dies entspricht der Wahl eines konstanten Marktpreises des Risikos. Will man einen in der Short-Rate linearen Marktpreis des Risikos, so bietet sich die Modifikation der Rückkehrgeschwindigkeit κ zur Simulation unter $\mathbb{P}$ an, also die Verwendung von

$$\tilde{\kappa} := \kappa + \lambda_Z \sigma$$

mit einer Konstanten λ_Z, so dass $\tilde{\kappa}$ positiv bleibt. Bei beiden Methoden sind zur Simulation und zur Berechnung von Bond- und Bondoptionspreisen lediglich die entsprechenden Parameter zu ersetzen, und man kann die üblichen Resultate des Vasicek-Modells verwenden.

Will man die beiden Vorgehensweisen im 2-Faktor-Modell GS2++ anwenden, so sind sie direkt separat auf die beiden Faktoren $X(t)$ und $Y(t)$ anzuwenden. Die Entscheidung, welche Methode man anwendet und auch welche Parameter man addiert, hängen vom verfolgten Zweck ab. So kann man durch eine Wahl einer jeweiligen Zusatzdrift oder einer geänderten Rückkehrgeschwindigkeit in den Faktoren z. B. erreichen, dass die Short-Rate zu einem festen zukünftigen Zeitpunkt einen vorgegebenen Erwartungswert und eine vorgegebene Varianz erhält.

Addiert man z. B. zu den beiden Faktoren im GS2++-Modell jeweils eine konstante Zusatzdrift λ_x bzw λ_y hinzu, so erhalten sie die neuen expliziten Formen

$$x(t) := x(t) + \lambda_x \cdot \left(1 - e^{-at}\right), \quad y(t) := y(t) + \lambda_y \cdot \left(1 - e^{-bt}\right), \tag{2.254}$$

die man dann auch in die Darstellung der Short-Rate einsetzt.

Da sowohl moderne Altersvorsorgeprodukte (wie z. B. ein Dreitopf-Hybrid-Produkt) als auch klassische Fondssparpläne die Möglichkeit des Investments in Aktien vorsehen, benötigt ein realistisches Kapitalmarktmodell auch die Modellierung eines Aktienpreises oder eines Aktienindices. Wir sprechen im Folgenden immer der Einfachheit halber von einer Aktie. Wir wählen für deren Preisentwicklung ein verallgemeinertes Black-Scholes-Modell, indem wir dem Aktienpreis einen Driftprozess geben, der eine konstante Überrendite λ_S über die Short-Rate hinaus besitzt. Somit simulieren wir auch direkt unter $\mathbb{P}$. Genauer, der Aktienpreis folgt der Gleichung

$$dS(t) = S(t)[(r(t) + \lambda_S)dt + \sigma_1 dW_1(t) + \sigma_2 dW_2(t) + \sigma_3 dW_3(t)] \tag{2.255}$$

mit Konstanten σ_i und unabhängigen Brownschen Bewegungen. Es liegt also sowohl im Drift- als auch im Diffusionsteil eine Korrelation zur Zinsentwicklung vor, die man variabel gestalten kann.

Schritt 2: Kalibrierung der Modellparameter Damit wir im Rahmen unseres Kapitalmarktmodells die verschiedenen Verläufe der zu beurteilenden Produkte simulieren können, benötigen wir die relevanten Parameter im Modell. Hierauf wollen wir nicht detailliert eingehen, da dieser Problematik Kap. 4 gewidmet ist. Wir können auch im vorgeschlagenen Kapitalmarktmodell direkt die in Kap. 4 entwickelten Schätz- und Kalibrierungsprozeduren anwenden.

Lediglich um die für das 2-Faktor-Modell zu verwendende Funktion ψ wollen wir uns in diesem Abschnitt explizit kümmern. Um nämlich Chancen und Risiken eines Produkts zu beurteilen, sollte man sich mit der Simulation der sich aus dem Produkt ergebenden Zahlungen stark am Kapitalmarkt orientieren. Wir werden dabei einen weiteren Vorteil der x-y-Parametrisierung kennen lernen, die einfache Möglichkeit der Einführung einer perfekten Kalibrierung der Anfangszinsstruktur mittels einer Hull-White-Variante, die wir im Folgenden vorstellen werden. Hier spielt wieder die bekannte Beziehung zwischen den (Markt-)Preisen von Nullkuponanleihen $P(t,T)$ und den Forward-Raten $f(t,T)$

$$P(t,T) = e^{\left(-\int_t^T f(t,u)du\right)}$$

eine wichtige Rolle. Man sieht an der Darstellung (2.250) für die Nullkuponanleihenpreise direkt, wie man die deterministische Funktion $\psi(t)$ wählen muss, um zur Zeit $t = 0$ einen perfekten Fit der Preise an die Marktpreise $P_M(0,T)$ der Nullkuponanleihen zu erzielen, nämlich gemäß

$$e^{-\int_t^T \psi(u)du} = \frac{P_M(0,T)}{P_M(0,t)} e^{-\frac{1}{2}(V(0,T)-V(0,t))}. \tag{2.256}$$

Hieraus ergibt sich insbesondere, dass man für die perfekte Anfangskalibrierung gar nicht die Funktion $\psi(t)$ selbst sondern nur die rechte Seite von Gleichung (2.256) benötigt. Deren Zutaten sind aber entweder schon über $V(t,T)$ bekannt oder direkt am Markt beobachtbar. Und selbst diese Zutaten benötigt man nur für die benötigten Zeiten, zu denen man Zahlungen simuliert. Man kann somit das Verwenden von Ableitungen der Zinsstrukturkurve vermeiden und umgeht einen der Hauptkritikpunkte am Hull-White-Ansatz, der eine kontiuierliche und differenzierbare Anfangszinsstruktur benötigt.

Will man hingegen die explizite Form der Short-Rate $r(t)$ in seinen Simulationen verwenden, so wird $\psi(t)$ wiederum explizit benötigt. Diese explizite Form von $\psi(t)$ ist dann gegeben als (man verwende die Beziehung (2.256) zur Herleitung):

$$\begin{aligned}\psi(t) = f_M(0,t) + \frac{\sigma^2}{2a^2}\left(1 - e^{-at}\right)^2 + \frac{\eta^2}{2b^2}\left(1 - e^{-bt}\right)^2 \\ + \rho\frac{\sigma\eta}{ab}\left(1 - e^{-at}\right)\left(1 - e^{-bt}\right).\end{aligned} \tag{2.257}$$

Dabei sind $f_M(0,t)$ die heutigen Forward-Raten sind, die sich (theoretisch) aus den aktuell gültigen Marktpreisen der Nullkuponanleihen ergeben. Hier tritt dann wieder direkt die Problematik der benötigten Ableitung von $\psi(t)$ auf.

Als Alternative zur Schätzung der Ableitung der heutigen Forward-Raten kann man das Modell an die mit Hilfe der Nelson-Siegel-Svensson-Parametrisierung geglättete Zinsstrukturkurve der Deutschen Bundesbank als Synonym für die Marktzinsstrukturkurve anpassen. Dies hat zum einen den Vorteil, dass man eine allgemein präsente Zinsstrukturkurve verwenden kann, auch wenn diese nicht unbedingt eine perfekte Kalibrierung nach sich zieht. Zum anderen kennt man damit die Parameter der Nelson-Siegel-Svensson-Kurve, weiß dass sie differenzierbar ist und hat nicht die Glättungs- und Gewichtungsprobleme, die sich ergeben, wenn man direkt an den Markt kalibrieren würde.

Die restlichen Parameter des GS2++-Modells kann man dann mit Hilfe der expliziten Preisdarstellungen für einfache Bondoptionen sowie für Caplets und somit auch für Caps an den dortigen Märkten kalibrieren (eine mögliche Methodik ist die Methode der kleinsten Quadrate, die in Kap. 4 vorgestellt wird).

Schritt 3: Aspekte der Simulation der Vermögensverläufe der Produkte Wir wollen nicht auf die konkrete Simulation des sogenannten Sicherungsvermögens einer Lebensversicherung, das aus einem Portfolio aus Anleihen, Aktien, Unternehmensbeteiligungen und weiterer Vermögensgegenstände besteht oder auf die Simulation ihrer Produkte eingehen. Dies geht – wie schon oben erwähnt – über den Rahmen dieses Buchs hinaus. Wir verweisen für Arbeiten auf diesem Bereich z. B. auf Bauer et al. (2006) oder Kling et al. (2007).

Um statt dessen das angekündigte stark vereinfachte Produkt simulieren und beurteilen zu können, müssen wir allerdings noch eine spezielle Aufgabenstellung betrachten, in der das gemischte Kapitalmarktmodell, das sowohl Aktien als auch eine stochastische Zinsentwicklung enthält, zunächst eine neue Problematik aufwirft, nämlich die Bewertung einer Aktienoption. Hier ist die zur üblichen Aktienoptionspreisbestimmung neue Zutat durch die stochastische Short-Rate gegeben. Das entscheidende technische Hilfsmittel wird wiederum ein Maßwechsel zu einem geeigneten Forward-Maß sein.

Als Vorbemerkung wollen wir noch die stochastische Differentialgleichung für den Preis des T-Bonds unter Q, also ohne Zusatzdrift, angeben, die sich durch explizites Anwenden der Itô-Formel auf die Preisformel (2.250) ergibt:

$$dP(t,T) = P(t,T)\left[r(t)dt - \sum_{i=1}^{2} \sigma_i(t)dW_i(t)\right] \tag{2.258}$$

Dabei haben wir die folgenden beiden Abkürzungen verwendet:

$$\sigma_1(t) := \sigma\frac{1-e^{-a(T-t)}}{a} + \eta\rho\frac{1-e^{-b(T-t)}}{b}, \quad \sigma_2(t) := \eta\sqrt{1-\rho^2}\frac{1-e^{-b(T-t)}}{b} \tag{2.259}$$

Satz 2.70 (Optionspreis im gemischten Kapitalmarktmodell) *Der Preis $C(t)$ einer europäischen Calloption mit Endzahlung $(S(T)-K)^+$ im betrachteten Kapitalmarktmodell dieses Abschnitts ist durch*

$$C(t) = P(t,T)[F(t,T)\Phi(d(t)) - K\Phi(d(t)-v(t))] \tag{2.260}$$

gegeben, wobei die einzelnen Bezeichnungen die expliziten Formen

$$F(t,T) = \frac{S(t)}{P(t,T)}, \tag{2.261}$$

$$v(t)^2 = \int_t^T (\sigma_1 + \sigma_1(s))^2 ds + \int_t^T (\sigma_2 + \sigma_2(s))^2 ds + \sigma_3^2(T-t), \tag{2.262}$$

$$d(t) = \frac{\ln(F(t,T)/K) + \frac{1}{2}v(t)^2}{v(t)} \tag{2.263}$$

haben.

Bevor wir den Satz beweisen, mache man sich klar, dass die obige Optionspreisformel im Black-Scholes-Modell mit der Black-Scholes-Formel identisch ist.

Beweis Wir unterteilen den Beweis der Übersichtlichkeit halber in vier Schritte:

i) Es existiert ein eindeutiges Martingalmaß Q im betrachteten Kapitalmarktmodell, das durch die Forderungen, dass alle mit dem Geldmarktkonto abgezinsten S-Bonds für $S \leq T$ Martingale und der abgezinste Aktienpreis $S(t)/B(t)$ ein Martingal ist, bestimmt ist. Gemäß unserer ursprünglichen Modellierung des GS2++-Modells ohne die Zusatzdriftparameter können $W_1(t)$ und $W_2(t)$ bereits als Q-Brownsche Bewegungen angenommen werden. Wir erhalten dann deshalb aus

$$\frac{S(t)}{B(t)} = S(0)e^{\lambda_S t + \sum_{i=1}^3 \left(\sigma_i W_i(t) - \frac{1}{2}\sigma_i^2 t\right)}$$

die Forderung, dass die $\mathbb{P}$-Brownsche Bewegung $W_3(t)$ durch die Q-Brownsche Bewegung

$$\tilde{W}_3(t) = W_3(t) + \frac{\lambda_S}{\sigma_3} t$$

zu ersetzen ist. Wir können somit zum Zweck der Optionsbewertung wieder annehmen, dass (unter Q) der Aktienpreis durch

$$S(t) = S(0)e^{\int_0^t r(s)ds + \sum_{i=1}^3 \left(\sigma_i W_i(t) - \frac{1}{2}\sigma_i^2 t\right)}$$

gegeben ist.

ii) Mit Hilfe des Martingaldarstellungssatzes (siehe Kapitel 3, Band 1) kann wieder die Existenz einer Duplikationsstrategie für die Endzahlung $(S(T) - K)^+$ (unter Q und somit auch unter $\mathbb{P}$) gezeigt werden. Dabei werden zum Hedgen der durch die dreidimensionale Brownsche Bewegung generierten Unsicherheit jetzt eine Duplikationsstrategie in der Aktie, dem Geldmarktkonto und zwei Zerobonds mit Laufzeiten $U_i \geq T$, $U_1 > U_2$ benötigt.

iii) Um den Optionspreis $B(t)\mathbb{E}_Q\big((S(T)-K)^+/B(T)|\mathcal{F}_t\big)$ berechnen zu können, gehen wir wieder zum Forward-Maß Q_T über, das wie im reinen Zinsmodell definiert ist. Hierbei beachte man, dass die dritte Komponente der Brownschen Bewegung unter Q unter Q_T identisch bleiben kann, denn es gilt (man verwende insbesondere die Darstellung (2.258)):

$$d\left(\frac{S(t)}{P(t,T)}\right) = \frac{S(t)}{P(t,T)}\Big((\sigma_1(t)^2+\sigma_2(t)^2+\sigma_1(t)\sigma_1+\sigma_2(t)\sigma_2\big)dt \\ +(\sigma_1(t)+\sigma_1)dW_1(t)+(\sigma_2(t)+\sigma_2)dW_2(t)+\sigma_3 dW_3(t)) \\ = \frac{S(t)}{P(t,T)}\Big((\sigma_1(t)+\sigma_1)d\hat{W}_1(t)+(\sigma_2(t)+\sigma_2)d\hat{W}_2(t)+\sigma_3 d\hat{W}_3(t)\Big).$$

Während also $\hat{W}_3(t) = W_3(t)$ gilt, sind die anderen beiden Q_T-Brownschen Bewegungen durch

$$\hat{W}_i(t) = W_i(t) + \int_0^t \sigma_i(s)ds,\ i = 1,2$$

gegeben. Mit der Verwendung dieser Zutaten gilt nun

$$C(t) = P(t,T)\mathbb{E}_T\big((S(T)-K)^+|\mathcal{F}_t\big) \tag{2.264}$$

iv) Mit der Darstellung

$$S(T) = \frac{S(T)}{P(T,T)} \\ = \frac{S(0)}{P(0,T)}e^{\int_0^T(\sigma_1(s)+\sigma_1)d\hat{W}_1(s)+\int_0^T(\sigma_2(s)+\sigma_2)d\hat{W}_2(s)+\sigma_3\hat{W}_3(T)} \\ \cdot e^{-\frac{1}{2}\left[\int_0^T(\sigma_1(s)+\sigma_1)^2ds+\int_0^T(\sigma_2(s)+\sigma_2)^2ds+\sigma_3^2T\right]} \tag{2.265}$$

folgt die Behauptung durch Anwendung der log-normalen Bewertungsformel Lemma 2.52, die insbesondere anwendbar ist, da alle Volatilitätsfunktionen deterministisch sind. ■

Eine weitere Problematik, die sich auf natürliche Art und Weise bei einer Simulation ergibt, die auch die Entwicklung einer Option beinhaltet, ist der *Wechsel zwischen Simulation und Bewertung*. Hierbei muss sorgfältig zwischen der Verwendung des subjektiven Maßes $\mathbb{P}$ und des risiko-neutralen Maßes Q unterschieden werden. Um dies zu illustrieren, stellen wir unser stark vereinfachtes Beispiel mit einer lediglich zweijährigen Laufzeit, bei dem nur zu Beginn der Laufzeit des Produkts eine Prämie der Höhe x gezahlt wird (man spricht von einem Einmalprämienprodukt), vor. Dieser Geldbetrag x wird vollständig in einen zweijährigen Kupon-Bond mit jährlicher Kuponzahlung $C \cdot x$ investiert. Dabei nehmen wir an, dass die Kuponzahlung gerade der Swap-Rate entspricht, wir also den Kupon-Bond zum Preis 1 kaufen können und somit Kuponzahlungen der Höhe

$$C \cdot x = x \frac{1 - P(0,2)}{P(0,1) + P(0,2)} \tag{2.266}$$

erhalten. Wir nehmen weiter an, dass $C > 0$ gilt (man beachte, dass der Preis der zweijähirgen Nullkuponanleihe im verwendeten Zinsmodell auch größer 1 werden kann und somit $C < 0$ gelten würde!) und nur in diesem Fall das Produkt angeboten wird. Im Fall $C > 0$ wird nach einem Jahr der Betrag $C \cdot x$ zum Kauf einer entsprechenden Anzahl von Call-Optionen einjähriger Laufzeit mit Strike $K = S(1)$ auf die Aktie verwendet. Man hat also folgende Vermögensentwicklung und die auftretetenden Simulations- und Bewertungsaufgaben vorliegen:

- **t=0:** Investiere x in einen Kupon-Bond zweijähriger Laufzeit.
- **t=1:** Erhalte das Vermögen $X(1) = x \cdot (1 + C)$ nach Kuponzahlung. Um den Optionskauf zu tätigen, ist der Preis der Option zu bestimmen. Hierzu:
  - Simuliere $S(1)$ und $r(1)$ unter $\mathbb{P}$.
  - Berechne den Preis einer Calloption mit Fälligkeit in $T = 2$ und Strike $K = S(1)$ unter Q als $C(1)$ gemäß Satz 2.70.
  - Kaufe $\tilde{C} = C/C(1)$ solcher Calloptionen.
- **t=2:** Berechne das Endvermögen $X(2)$ über:
  - Simuliere $S(2)$ unter $\mathbb{P}$.
  - Berechne die Optionszahlung in $T = 2$ (unter $\mathbb{P}$) als $O(2) = (S(2) - S(1))^+$.
  - Erhalte zusätzlich die Kuponzahlung $x \cdot C$ und den Nennwert x des Kuponbonds.

  Man erhält somit insgesamt $X(2) = x \cdot (1 + C) + \tilde{C} \cdot O(2)$.

Zwar sind die Simulationen realer Versicherungskontrakte in den Details komplexer, aber das Prinzip bleibt gleich. Man beachte insbesondere den Wechsel zwischen den beiden Wahrscheinlichkeitsmaßen $\mathbb{P}$ und Q im ersten Schritt. Es wird prinzipiell immer unter $\mathbb{P}$ simuliert, aber dort, wo ein Preis berechnet werden muss, also ein Finanzprodukt bewertet – nicht beurteilt – werden muss, ist der Preis unter Q zu bestimmen. Im Extremfall kann hierfür sogar eine separate Monte Carlo-Simulation nötig sein, je nachdem welche numerische Methode sich zur Bewertung des entsprechenden Produkts gerade anbietet.

Schritt 4: Chance- und Risikokonzept Es bleibt in unserem Beispiel noch die Beurteilung der Chancen- und Risiken des Produkts durchzuführen. Dabei sollen zur Beurteilung einfach verständliche Maßzahlen verwendet werden. Als Chance-Maß für das Produkt bietet sich die zum Erwartungswert des Endvermögens gehörende äquivalente Rendite

R_X an, die sich aus der Beziehung

$$xe^{R_X \cdot 2} = \mathbb{E}(X(2)) \tag{2.267}$$

ergibt. Für die Beurteilung des Risikos wäre zunächst die Varianz der Rendite eine naheliegende Wahl. Da aber Abweichungen nach oben vom Chance-Maß kein wirkliches Risiko des Kunden darstellen, erscheint es natürlicher, die Performance des Produkts bei einer ungünstigen Kapitalmarktentwicklung anzuschauen. Hierzu betrachtet man die Rendite, die zu den 20 % schlechtesten Endvermögen des betrachteten Altersvorsorgeprodukts gehört. Mit der Bezeichnung $X_{20}(2)$ für das 20 %-Quantil des Endvermögens bestimmt sich das Risikomaß $R_{20}(X)$ aus der Beziehung

$$xe^{R_{20}(X) \cdot 2} = \mathbb{E}(X(2)|X(2) \leq X_{20}(2)). \tag{2.268}$$

Da man bei den meisten Altersvorsorgeprodukten – auch aufgrund der laufenden Prämieneinzahlungen der Kunden – in der Regel nicht die explizite Verteilung des Ablaufvermögens $X(T)$ kennt, muss man hierzu – wie auch im einfachen Beispiel – hinreichend viele Realisierungen des Ablaufvermögens simulieren. Man bestimmt dann die empirischen Gegenstücke der Chance- und Risiko-Maße mit Hilfe geeigneter Mittelwerte. Dabei ist es wichtig, dass in den Gleichungen (2.267) und (2.268) zunächst die Erwartungswerte auf den rechten Seiten durch die zugehörigen Mittelwerte zu ersetzen sind und dann erst die Renditen auf den linken Seiten ermittelt werden. Eine Renditeermittlung für jedes einzelne simulierte Ablaufvermögen und eine abschließende Renditemittelung liefert aufgrund der Jensenschen Ungleichung falsche Werte.

Schritt 5: Die Entscheidung So wie bei jeder Entscheidung, die auf der Basis zweier Merkmale zu treffen ist, ist es auch hier nur dann einfach, sich zwischen zwei Produkten zu entscheiden, wenn das eine sowohl im vollständigen Mittelwert als auch beim Mittelwert über die 20 % schlechtesten Ablaufvermögen die höheren Werte liefert. Dies wird aber selten der Fall sein. Da auch hier empirisch im Regelfall die allgemeine Weisheit gültig sein wird, dass höherer Ertrag nur durch höheres Risiko zu erhalten ist, muss man seine Präferenzen genau abwägen.

Ein Hilfsmittel zur Entscheidung ist die Einteilung in verschiedene Chancen-Risiko-Klassen, bei denen Produkte mit gleichem Verhältnis von Chancen zu Risiko zu einzelnen Klassen zusammen gefasst werden. Wir wollen hierauf aber nicht weiter eingehen.

2.5.2 Quadratische Mehrfaktormodelle

Eine weitere Modellklasse, die weder affin-linear noch vom Gauß-Typ ist, ist die der quadratischen Mehrfaktormodelle, speziell die der *quadrierten Gauß-Modelle*. Sie sind z. B. in Rogers (1997) als prominentes Anwendungsbeispiel des Potentialansatzes als auch in Ahn et al. (2002) in Form einer detaillierten empirischen Untersuchung einer Drei-Faktor-Variante ausführlich behandelt. Dabei wird insbesondere in Ahn et al. (2002) das sehr gute empirische Abschneiden des Modells gelobt. Wir wollen hier nur die Grundlagen des Modellrahmens vorstellen, da explizite Rechnungen eher länglich sind bzw. numerisch durchgeführt werden müssen.

Die Basis des quadrierten Gauß-Modells stellt ein mehrdimensionaler Ornstein-Uhlenbeck-Prozess $Y(t)$ dar, der als N-Faktor-Gaußprozess

$$dY(t) = (\mu + AY(t))dt + \Sigma dW(t) \tag{2.269}$$

gegeben ist. Hier sind $\mu \in \mathbb{R}^N$, $A, \Sigma \in \mathbb{R}^{N,N}$, wobei wir Σ der Einfachheit halber als regulär annehmen. Analog zum Mehrfaktor-Gaußmodell setzen wir dann die Short-Rate als gewichtete Summe der Komponenten des Y-Prozesses an, genauer:

$$r(t) = r_0 + \beta' Y(t) + Y(t)' \Gamma Y(t). \tag{2.270}$$

Ist Γ positiv definit, so ergibt sich, dass $r(t)$ nicht-negativ ist, falls

$$r_0 \geq \frac{1}{4}\beta' \Gamma \beta \tag{2.271}$$

gilt. Ein Vorteil einer solchen quadratischen Form eines Gauß-Vektors liegt darin, dass seine Verteilung mit Hilfe einer geeigneten Chi-Quadrat-Verteilung ausgedrückt werden kann und somit noch in beschränktem Maße analytisch behandelbar ist. So lässt sich auch eine geschlossene Form für den T-Bond-Preis als

$$P(t,T) = e^{A(T-t)+B(T-t)'Y(t)+Y(t)'C(T-t)Y(t)} \tag{2.272}$$

finden, wobei $A(t)$, $B(t)$ und $C(t)$ Funktionen der jeweiligen Dimension sind und $C(t)$ zusätzlich positiv definit ist. Man erhält sie mittels Lösen von gewöhnlichen Differentialgleichungen, worauf wir hier aber nicht eingehen wollen.

2.6 Einige weitere Aspekte zur Modellierung der Zinsstrukturkurve

Nachdem wir die benötigten Begriffe und Prinzipien der Modellierung von Forward- und Short-Rate-Modellen kennen gelernt haben, wollen wir in diesem Abschnitt noch einige Aspekte von eher ökonomischer Natur beleuchten. Zu ihnen gehören eine exakte Formulierung des Zusammenhangs der heutigen Form der Zinsstrukturkurve – ausgedrückt durch die Forward-Raten – mit der Markterwartung an die zukünftige Shortrate, die Frage nach der geeigneten Anzahl der zu verwendenden Faktoren in einem Short- oder Forward-Rate-Modell und ein fundamentales Resultat über die sogenannte Long-Rate als langfristiges Gegenstück zur Short-Rate.

Wie hängen Forward- und Short-Rate zusammen? Man kann diese konkrete Fragestellung auch etwas weiter mit dem Informationsgehalt der heutigen Zinsstrukturkurve über die Zukunft umschreiben. Die heutige Zinsstrukturkurve enthält natürlich implizite Informationen über die erwartete Zinsentwicklung in der Zukunft. So ist die Interpretation der Forward-Rate $f(0, T)$ diejenige der heutigen Sicht der zum Zeitpunkt T gültigen Short-Rate $r(T)$. Da allerdings $r(T)$ aus heutiger Sicht unbekannt ist und somit als Zufallsvariable modelliert wird, stellt sich die Frage der exakten Formulierung des eben angedeuteten Zusammenhangs zwischen Forward-Raten und zukünftiger Short-Rate, insbesondere der Korrektheit der gerade implizit gemachten *Erwartungswerthypothese*.

Neben der trivialen Beziehung

$$r(t) = f(t, t)$$

haben die Short- und die Forward-Rate für zukünftige Zeitpunkte t einen auf den ersten Blick natürlichen interpretatorischen Zusammenhang, der sich aus der Beziehung

$$e^{-\int_t^T f(t,s)ds} = P(t, T) = \mathbb{E}_Q\left(e^{-\int_t^T r(s)ds} | \mathcal{F}_t\right) \tag{2.273}$$

herleiten zu lassen scheint. Man sieht aber auch mit Hilfe der Jensenschen Ungleichung, dass aus dieser Beziehung direkt

$$e^{-\int_t^T f(t,s)ds} \geq e^{-\mathbb{E}_Q\left(\int_t^T r(s)ds | \mathcal{F}_t\right)} \tag{2.274}$$

folgt und man damit

$$\int_t^T f(t,s)ds \leq \mathbb{E}_Q\left(\int_t^T r(s)ds | \mathcal{F}_t\right) \tag{2.275}$$

erhält, woraus sich nicht die gewünschte Interpretation der Forward-Rate als erwartete Short-Rate ergibt.

Allerdings lässt sich (unter geeigneten Integrierbarkeitsbedingungen) eine modifizierte Erwartungswerthypothese mit Hilfe des T-Forward-Maßes zeigen (siehe z. B. Björk (2004)):

Satz 2.71 (Erwartungswerthypothese) *Für $T > 0$ sei $r(T)/B(T)$ unter Q integrierbar, und es gelte*

$$\frac{\partial}{\partial T} P(t, T) = \mathbb{E}_Q\left(\frac{\partial}{\partial T} e^{-\int_t^T r(s)ds} | \mathcal{F}_t\right). \tag{2.276}$$

Dann gilt mit dem T-Forward-Maß Q_T

$$f(t, T) = \mathbb{E}_T(r(T) | \mathcal{F}_t) \quad \forall\, 0 \leq t \leq T. \tag{2.277}$$

Beweis Unter Verwendung der Beziehung

$$B(t)\mathbb{E}_Q\left(\frac{r(T)}{B(T)}|\mathcal{F}_t\right) = P(t,T)\mathbb{E}_T(r(T)|\mathcal{F}_t)$$

ergibt sich

$$\begin{aligned}
\mathbb{E}_T(r(T)|\mathcal{F}_t) &= \frac{1}{P(t,T)}\mathbb{E}_Q\Big(r(T)e^{-\int_t^T r(s)ds}|\mathcal{F}_t\Big) \\
&= -\frac{1}{P(t,T)}\mathbb{E}_Q\left(\frac{\partial}{\partial T}e^{-\int_t^T r(s)ds}|\mathcal{F}_t\right) \\
&= -\frac{1}{P(t,T)}\frac{\partial}{\partial T}\mathbb{E}_Q\Big(e^{-\int_t^T r(s)ds}|\mathcal{F}_t\Big) \\
&= -\frac{1}{P(t,T)}\frac{\partial}{\partial T}P(t,T) = f(t,T).
\end{aligned}$$

■

Man beachte, dass man nun zwar eine Erwartungswerthypothese der gewünschten Form vorliegen hat, aber das auftretende Forward-Maß auch von der aktuellen Zeit T der betrachteten Short-Rate abhängig ist. Man hat also quasi in jedem Zeitpunkt eine andere Sichtweise auf den Erwartungswert der zukünftigen Short-Rate. Eine detaillierte Betrachtung von Beziehungen der Erwartungswerthypothese aus Satz 2.71 mit anderen Formulierungen von Erwartungswerthypothesen findet sich z. B. in Ma (2011).

Einen anderen Zugang zur Beziehung zwischen der Short-Rate und der Forward-Rate, der auf die Verwendung der Familie der Forward-Maße verzichtet, wollen wir direkt am Vasicek-Modell verdeutlichen. Wir wollen dort die explizite Form des Bondpreises

$$e^{-\int_0^T f(o,s)ds} = P(0,T) = e^{A(0,T)-B(0,T)r(0)}$$

nutzen, um durch Ableiten nach der Fälligkeit T die Beziehung

$$\begin{aligned}
f(0,T) &= -\frac{1}{P(0,T)}\frac{\partial}{\partial T}P(0,T) = -(A_T(0,T) - B_T(0,T)r(0)) \\
&= \theta + (r_0 - \theta)e^{-\kappa T} - \frac{1}{2}\left(\frac{1-e^{-\kappa T}}{\kappa}\right)^2
\end{aligned} \tag{2.278}$$

zu erhalten. Man sieht also, dass sich die Forward-Rate $f(0,T)$ als der Erwatungswert der entsprechenden Short-Rate $r(T)$ unter dem risiko-neutralen Maß Q abzüglich einer sogenannten Konvexitätskorrektur ergibt, die gerade die durch die Jensensche Ungleichung erzeugte Ungleichung (2.275) korrigiert.

Man kann die Rolle der Konvexitätskorrektur in allgemeinen Gauß-Modellen, in denen die integrierte Short-Rate unter Q normal verteilt ist, also

$$\int_0^t r(s)ds \sim \mathcal{N}\left(\mathbb{E}_Q\left(\int_0^t r(s)ds\right), \mathbb{V}ar_Q\left(\int_0^t r(s)ds\right)\right)$$

gilt, auch explizit an der Darstellung

$$\begin{aligned} e^{-\int_0^t f(0,s)ds} &= P(0,t) = \mathbb{E}_Q\left(e^{-\int_0^t r(s)ds}\right) \\ &= e^{-\mathbb{E}_Q\left(\int_0^t r(s)ds\right)+\frac{1}{2}\mathbb{V}ar_Q\left(\int_0^t r(s)ds\right)} \end{aligned} \tag{2.279}$$

erkennen, die dem Varianzterm im letzten Exponenten die Rolle der Konvexitätskorrektur zuschreibt.

Wie viele Faktoren soll ein gutes Short- oder Forward-Rate-Modell aufweisen? Wir haben uns in den beiden vorangegangenen Abschnitten mit theoretischen und teilweise auch praktischen Aspekten von Short-Rate- und Forward-Rate-Modellen befasst. Solche Aspekte waren z. B. das Vorhandensein geschlossener, einfacher Preisformeln für Bonds oder Bondoptionen, die Mean-Reversion-Eigenschaft der Short-Rate oder die Möglichkeit einer perfekten Anpassung an die initiale Zinsstruktur. Wenn wir nun annehmen, dass wir uns aufgrund der uns bekannten Eigenschaften für eine bestimmte Modellfamilie entschieden haben, so muss noch die Beantwortung der Frage nach der Anzahl der Faktoren entschieden werden.

In einer oft zitierten empirischen Analyse von Erträgen aus US-Staatsanleihen schlagen Litterman und Scheinkman vor (siehe Litterman und Scheinkman (1991)), ein 3-Faktor-Modell zur Modellierung der Erträge zu wählen. Mittels einer Varianzzerlegung zeigen sie, dass durch eine Wahl eines 3-Faktor-Modells im Sinne einer Hauptkomponentenanalyse im Mittel über alle Laufzeiten der Anleihen mehr als 98 % der Schwankungen der Zinsstrukturkurve erklärt werden können. Dabei ist der erste Faktor für fast 90 %, der zweite für 8 % und der dritte für über 1 % der erklärten Varianz zuständig.

Wir wollen hier nicht auf die Interpretation und Bedeutung der Faktoren eingehen (sie werden oft als *Verschiebung*, *Steilheit* und *Twist* bezeichnet, obwohl auch in Litterman und Scheinkman (1991) auf die mögliche Missverständlichkeit dieser Namen hingewiesen wird), aber die obigen Zahlen als heuristische Motivation dafür hernehmen, dass bereits ein erfolgreich an den Markt kalibriertes 2-Faktor-Modell eine sehr gute empirisch Performance haben kann.

Auch in Cairns (2004) wird mit dem Verweis auf eine Hauptkomponentenanalyse des empirischen Verhaltens der Entwicklung von Zinsstrukturkurven auf die Anwendbarkeit von 2-Faktor-Modellen hingewiesen. Speziell wird auf das 2-Faktor-Gauß-Modell mit abnehmender Forward-Rate-Volatilität hingewiesen, das in seiner Short-Rate-Interpretation die Grundlage der Zinsmodellierung im Abschn. 2.5.1 ist.

Der Satz von Dybvig-Ingersoll-Ross In diesem Abschnitt wollen wir ein etwas überraschendes Resultat für das Verhalten des Grenzwerts der Bondrendite für lange Laufzeiten vorstellen. Wir betrachten dazu wieder die Rendite $R(t, T)$ als äquivalente konstante Verzinsung für einen T-Bond, der heute in t erworben und bis zur Fälligkeit T gehalten wird. Aus den vorausgehenden Abschnitten wissen wir, dass die sich hieraus ergebende Zinsstrukturkurve $R(t, T)$ als Funktion der Restlaufzeit $T - t$ sowohl steigend als auch fallend oder eine Mischung von beiden Verhalten sein kann, ohne dass dadurch zwangsläufig Arbitragemöglichkeiten entstehen müssen.

Betrachtet man allerdings die sogenannte *Langzeitrate* (Long-Term Short-Rate) $R_L(t)$ definiert als

$$R_L(t) = \lim_{T\to\infty} R(t, T), \tag{2.280}$$

falls der Grenzwert existiert, so kann diese als Funktion der (Kalender-) Zeit t unter der Annahme der Arbitragefreiheit des Zinsstrukturmodells nur ein bestimmtes Verhalten haben, was wir unten zeigen werden.

Wir wollen die Langzeitrate zunächst beispielhaft im Vasicek-Modell ausrechnen. Man beachte hierzu, dass allgemein für affin-lineare Short-Rate-Modelle

$$R(t, T) = -\frac{A(t, T) - B(t, T)r(t)}{T - t} \tag{2.281}$$

gilt. Im speziellen Fall des Vasicek-Modells gilt wegen

$$\lim_{T\to\infty} \frac{B(t, T)}{T - t} = \lim_{T\to\infty} \frac{1 - e{-}\kappa(T - t)}{\kappa(T - t)} = 0 \tag{2.282}$$

aufgrund der expliziten Form von $A(t, T)$

$$\begin{aligned} \lim_{T\to\infty} \frac{A(t, T)}{T - t} &= \lim_{T\to\infty} \frac{B(t, T) - (T - t)}{T - t)} \left(\theta - \frac{\sigma^2}{2\kappa^2}\right) - \frac{\sigma^4}{4\kappa} \frac{B(t, T)^2}{T - t} \\ &= -\left(\theta - \frac{\sigma^2}{2\kappa^2}\right), \end{aligned} \tag{2.283}$$

woraus sich schließlich direkt die Vasicek-Langzeitrate als

$$R_L^{\text{Vasicek}}(t) = \theta - \frac{\sigma^2}{2\kappa^2} \tag{2.284}$$

und somit als Konstante, unabhängig von der zukünftigen Entwicklung der Short-Rate $r(t)$, ergibt.

Wir wollen noch ein zweites, sehr einfaches Beispiel vorstellen, an dem man sieht, dass die Langzeitrate nicht in der Zeit konstant sein muss. Dazu betrachten wir die Situation, dass

- die heutige Short-Rate r_0 konstant ist und auf dem Zeitintervall $[0, 1)$ ihren Wert nicht ändert,
- danach aber einen von n möglichen Werten $r(t) = r_0 + r_i,\ i = 1, \ldots, n,\ t \geq 1$ mit

$$Q(r(1) = r_0 + r_i) = q_i > 0, \quad i = 1, \ldots, n, \quad \sum_{i=1}^{n} q_i = 1$$

annimmt.

Es gilt dann offensichtlich für $t \geq 1$

$$R_L(t) = \lim_{T\to\infty} R(t, T) = r_0 + r, \tag{2.285}$$

da die Short-Rate ab $t = 1$ konstant ist. r ist dabei gerade die Zufallsvariable mit Werten $r_1, \ldots, r_n$, die gemäß dem Maß Q angenommen werden. Offensichtlich kann die Langzeitrate somit also auch eine nicht-entartete Zufallsvariable sein und muss nicht zwingend eine Konstante sein. Wir berechnen jetzt noch $R_L(0)$. Hierzu nehmen wir an, dass

$$r_1 < r_2 < \ldots < r_n$$

gilt. Man beachte dann, dass aus der Definition von $R(0, T)$

$$e^{-R(0,T)T} = \mathbb{E}_Q\left(e^{-\int_0^T r(s)ds}\right) = e^{-r_0 T} \sum_{i=1}^{n} q_i e^{-r_i\cdot(T-1)} \tag{2.286}$$

folgt. Auflösen nach $R(0, T)$ und geeignetes Umformen liefern dann

$$\begin{aligned} R(0, T) &= r_0 - \frac{1}{T} \ln\left(\sum_{i=1}^{n} q_i e^{-r_i\cdot(T-1)}\right) \\ &= r_0 - \frac{1}{T} \ln\left(e^{-r_1\cdot(T-1)} \cdot \sum_{i=1}^{n} q_i e^{-(r_i - r_1)\cdot(T-1)}\right) \\ &= r_0 + r_1 \frac{T-1}{T} - \frac{1}{T} \ln\left(\sum_{i=1}^{n} q_i e^{-(r_i - r_1)\cdot(T-1)}\right). \end{aligned} \tag{2.287}$$

Man beachte, dass in der letzten Gleichung alle Summanden mit Ausnahme des ersten innerhalb der Logarithmusfunktion gegen Null gehen, wenn T gegen unendlich geht. Lediglich der erste Summand bleibt konstant. Folglich ist die Summe als Funktion von T beschränkt, und somit konvergiert ihr Produkt mit $1/T$ für T gegen Unendlich gegen Null. Wir haben damit dann auch die Langzeitrate in $t = 0$ bestimmt:

$$R_L(0) = \lim_{T\to\infty} R(0, T) = r_0 + r_1. \tag{2.288}$$

Hieraus folgt dann sofort, dass auch $R_L(t) = R_L(0)$ für alle $t < 1$ gilt, womit wir insgesamt

$$R_L(t) \leq R_L(s), \quad 0 \leq t \leq s \tag{2.289}$$

gezeigt haben. Die Langzeitrate ist also nicht fallend in der Zeit. Insbesondere sieht man in diesem Modell, dass die kleinste Realisierung der Short-Rate im nächsten Wechselzeitpunkt die Langzeitrate in $t = 0$ bestimmt.

Nach den beiden Beispielen ist das folgende allgemeine Resultat, der Satz von Dybvig, Ingersoll und Ross (siehe Dybvig et al. (1996) für einen Beweis), nicht mehr ganz so überraschend, wie es auf den ersten Blick, ohne die beiden voran gestellten Beispiele, gewesen wäre. Wir wollen es hier nicht in seiner vollen Allgemeinheit formulieren, sondern nur einen Spezialfall wiedergeben, der die Situation der in diesem Kapitel präsentierten Beispiele abdeckt.

Satz 2.72 (Satz von Dybvig-Ingersoll-Ross) *Wir nehmen an, dass die Entwicklung der Zinsstruktur arbitragefrei ist und ein äquivalentes Martingalmaß Q existiert. Existiert dann die Langzeitrate für alle $t \geq 0$ als Grenzwert und ist endlich und gilt weiter für alle $t > 0$ $Q - f.s.$*

$$0 < B(t) = e^{\int_0^t r(s)ds} < \infty, \tag{2.290}$$

dann ist die Langzeitrate $R_L(t)$ fast sicher nicht-fallend als Funktion von t.

Für einen rigirosen technischen Beweis in einer allgemeineren Semimartingalmodellierung verweisen wir auf Hubalek et al. (2002), wo sowohl die Situation in einem zeitdiskreten als auch in einem zeitstetigen Kontext betrachtet wird.

Generell ist der Satz von Dybvig-Ingersoll-Ross ein Thema, das wohl auch aufgrund seiner auf den ersten Blick erstaunlichen Aussage, immer wieder aktuelle Forschungsbeiträge motiviert. So werden zum einen in Karadas und Platen (2012) die Annahmen für die Gültigkeit des Satzes abgeschwächt, auch Modelle jenseits der Zinsmärkte betrachtet und zum anderen untersucht, wie groß für große, aber endliche T die Abweichungen zwischen $R(s, T)$ und $R(t, T)$ werden können.

Erweiterungen populärer Zinsstrukturmodelle (wie z. B. das Vasicek-Modell mit zeitabhängigen Koeffizienten) benötigen Verallgemeinerungen des Dybvig-Ingersoll-Ross Satzes. Hierfür verweisen wir auf Goldammer und Schmock (2012).

Zinsmodellierung in mehreren Ländern: Multi-Kurven-Modelle Um die Zinsentwicklung in mehreren Ländern gleichzeitig zu modellieren, bietet es sich an, einfach mehrere Ein- oder Mehr-Faktormodelle gleichen Typs mit evtl. unterschiedlichen Parametern für die Zinsentwicklung in jedem einzelnen Land zu verwenden und dann eine geeignete Korrelation zwischen den Ländern zu modellieren. Dabei muss man natürlich zwischen Ländern mit gleicher Währung (wie z. B. im Euro-Raum) und solchen mit verschiedener Währung unterscheiden. Im zweiten Fall benötigt man in der Regel noch die Modellierung eines Wechselkurses. In Brigo und Mercurio (2001) wird exemplarisch ein Multi-Kurven-Modell, das aus zwei 2-Faktor-Gauß-Modellen besteht, beschrieben. Für weitere Aspekte der Bewertung über mehrere Länder hinweg verweisen wir z. B. auf Boenkost und Schmidt (2005).

2.7 LIBOR-Marktmodelle

Die von Miltersen, Sandmann und Sondermann ((Miltersen et al., 1997)) und von Brace, Gatarek und Musiela ((Brace et al., 1997)) eingeführten *LIBOR-Markt-Modelle* sind in der Praxis sehr populär, da sie zum einen kompatibel mit der am Markt für die Bestimmung von Cap- und Caplet-Preisen verwendeten Black'76-Formel (siehe Black (1976)) sind und zum anderen, da in ihnen direkt am Markt beobachtbare, einfache Zinsraten (z. B. die LIBOR- oder EURIBOR-Raten) modelliert werden. Während die erste Eigenschaft so die Marktpraxis der Verwendung der Black'76-Formel legitimiert, hilft die zweite Eigenschaft direkt bei der Kalibrierung des Modells.

Bevor wir auf spezielle Modellierungsansätze eingehen, wiederholen wir die explizite Definition der Forward-LIBOR-Raten. Genauer, der Wert zur Zeit t der für das Zeitintervall $[t_{i-1}, t_i]$ gültigen LIBOR-Rate ist für $t < t_{i-1} < t_i$ durch

$$L_i(t) := \frac{1}{\delta_i} \frac{P(t, t_{i-1}) - P(t, t_i)}{P(t, t_i)} \tag{2.291}$$

gegeben, wobei wir $\delta_i := t_i - t_{i-1}$ gesetzt haben.

Bemerkung 2.73 ($L_i(t)$ ist ein Q_i-Martingal) *Es ist für die weitere Modellierung von fundamentaler Bedeutung, dass $L_i(t)$ aufgrund der Definition als Quotient mit Nenner $P(t, t_i)$ ein Martingal bzgl. des t_i-Forward-Maßes Q_i ist, da auch der Zähler im Markt gehandelt werden kann, da wir die Existenz von Nullkuponaleihen mit den Fälligkeiten t_i annehmen. Die Martingalität wird sich im Folgenden des Öfteren als sehr nützlich erweisen.*

Log-normale Forward-LIBOR-Modellierung

Während es aufgrund (im Mittel) explodierender Geldmarktkonten konzeptionell nicht vorteilhaft erschien, die Short-Rate als log-normal verteilt zu modellieren, stellt sich das analoge Problem bei den LIBOR-Raten als einfache Raten nicht, so dass mit diesem Ansatz positive LIBOR-Raten sicher gestellt werden können. Für das entsprechende Modell betrachten wir eine gegebene Menge aufsteigender Zeitpunkte (engl. *Tenor Structure*) mit $t = t_0 < t_1 < \ldots < t_N$ und nehmen des Weiteren – wie bereit oben bemerkt – an, dass Nullkuponanleihen mit Fälligkeiten zu den jeweiligen Zeitpunkten t_i am Markt gehandelt werden.

Wie bereits oben bemerkt, ist die i. Forward-LIBOR-Rate ein Q_i-Martingal. Will man also im Diffusionsmodell bleiben und gleichzeitig annehmen, dass $L_i(t)$ log-normal verteilt ist, so wählt man unter Q_i, $i = 1, \ldots, n$, die folgende Entwicklung

$$dL_i(t) = L_i(t)\sigma_i(t)dW^{(i)}(t), \tag{2.292}$$

wobei $W^{(i)}(.)$ eine (eindimensionale) Brownsche Bewegung unter Q_i und $\sigma_i(t)$ eine beschränkte, deterministische Funktion sind.

Man beachte, dass wir mit diesem Modellierungsansatz verschiedene Forward-LIBOR-Raten zunächst immer auch unter verschiedenen Wahrscheinlichkeitsmaßen modellieren. Dies mag auf den ersten Blick kompliziert erscheinen, hat aber bei bzgl. der verschiedenen LIBOR-Raten additiven Optionstypen den Vorteil einer sehr einfachen Bewertung. Das Paradebeispiel hierfür ist die sogenannte *Black-76-Formel* für den Preis eines Zins-Caps, die ein Spezialfall des folgenden Resultats darstellt.

Satz 2.74 (Bewertung von Caps und die Black-76-Formel) *Wir nehmen an, dass sich zu gegebenen Zeitpunkten $t_1 < \ldots < t_N$ die Forward-LIBOR-Raten $L_i(t)$ gemäß der stochastischen Differentialgleichungen* (2.292) *für $t < t_1$ entwickeln. Dann gelten:*

a) Der Preis $C_i(t, \sigma_i(t))$ eines zur Zeit t_i fälligen Caplets mit Endzahlung $\delta_i \cdot (L_i(t_i) - L)^+$ ist durch

$$C_i(t, \sigma_i(t)) = \delta_i P(t, t_i)[L_i(t)\Phi(d_1(t)) - L\Phi(d_2(t))], \tag{2.293}$$

$$d_1(t) = \frac{\ln\left(\frac{L_i(t)}{L}\right) + \frac{1}{2}\bar{\sigma}_i^2(t)}{\bar{\sigma}_i(t)}, \quad d_2(t) = d_1(t) - \bar{\sigma}_i(t), \tag{2.294}$$

$$\bar{\sigma}_i^2(t) = \int_t^{t_{i-1}} \sigma^2(s)ds \tag{2.295}$$

gegeben.

b) Der Preis eines Caps im Forward-LIBOR-Modell $Cap_{FL}(t; V, L)$, der aus Caplets mit Fälligkeiten $t_1 < \ldots < t_N$ und jeweiligem Zinsniveau L besteht, ergibt sich als

$$Cap_{FL}(t; V, L) = V \cdot \sum_{i=1}^{N} C_i(t, \sigma_i(t)). \tag{2.296}$$

Falls zusätzlich alle Volatilitätsfunktionen konstant sind, also $\sigma_i(t) = \sigma$ für ein positives σ gilt, so erhält man

$$Cap_{FL}(t; V, L) = V \cdot \sum_{i=1}^{N} C_i(t, \sigma) =: Cap_{Black}(t, V, L, \sigma). \tag{2.297}$$

Die so entstandene Formel wird als Black-76-Formel bezeichnet.

Beweis

b) Da die Zahlungen aus einem Cap gerade die Summe der Zahlungen seiner Caplets zu den jeweiligen Fälligkeiten sind, ergeben sich die Aussagen aus Teil b) direkt aus der Behauptung in Teil a) und der Linearität des Erwartungswerts.

a) Wie bereits bei den Short-Rate-Modellen bewährt, verwenden wir auch jetzt die Vorzüge des t_i-Forward-Maßes und erhalten zunächst

$$\begin{aligned} C_i(t, \sigma_i(t)) &= V \cdot P(t, t_i) E_{Q_i}(L_i(t_{i-1}) - L)^+ \\ &= V \cdot P(t, t_i)\big(E_{Q_i}\big(L_i(t_{i-1}) 1_{L_i(t_{i-1})>L}\big) - L Q_i(L_i(t_{i-1}) > L)\big). \end{aligned}$$

Da $L_i(t_{i-1})$ unter Q_i log-normal verteilt ist mit

$$\ln(L_i(t_{i-1})) \sim N\left(\ln(L_i(t)) - \frac{1}{2}\int_t^{t_i-1} \sigma_i^2(s)ds, \int_t^{t_i-1} \sigma_i^2(s)ds\right),$$

folgt die explizite Form des Caplet-Preises in völliger Analogie zu den Rechnungen beim Beweis der Black-Scholes-Formel bzw. durch einfache Anwendung der log-normalen Bewertungsformel (siehe Übung 4). ■

Bemerkung 2.75 (Bond-Preise und Geldmarktkonto im LIBOR-Modell)

a) Wir haben die LIBOR-Raten mit Hilfe von Nullkuponanleihenpreisen definiert, dann aber tatsächlich die Dynamik der LIBOR-Raten als log-normal verteilt modelliert und die Preisentwicklung der Nullkuponanleihen mehr oder weniger ignoriert. Daraus ergibt sich dann aufgrund des Zusammenhangs zwischen den LIBOR-Raten und den Bondpreisen (i. A.) keine Log-Normalverteilung für die Bondpreise. Die Bondpreise ergeben sich quasi als Abfallprodukt und werden in Proposition 2.76 explizit formuliert.

b) Des Weiteren ist auch die natürliche Rolle des Geldmarktkontos nicht mehr gegeben, da keine Short-Rate modelliert wurde. Im vorliegenden Kontext des LIBOR-Marktes mit den Fälligkeiten $t_0 < t_1 < \ldots < t_N$ ergibt es nur für die vollständigen Intervalle $[t_{i-1}, t_i]$ Sinn, von einem (lokal) risikolosen (im Sinne von deterministischen) Investment zu sprechen, da dann mit der entsprechenden LIBOR-Rate ein Zinssatz für die Laufzeit des Intervalls fixiert ist. Investiert man nun zur Zeit t_0 eine Geldeinheit zum Zins $L_1(t_0)$, so erhält man sie in t_1 entsprechend verzinst wieder und kann sie zum dann bekannten Zins $L_2(t_1)$ anlegen. Induktive Überwälzung des Geldbetrags über Investitionen mit jeweils bekanntem Zins motiviert die Definition des (diskreten) Geldmarktkontos *als*

$$B(t_0) = 1, \tag{2.298}$$

$$B(t_i) = (1 + \delta_i L_i(t_{i-1})) B(t_i) = \prod_{k=1}^{i} (1 + \delta_k L_k(t_{k-1})) \tag{2.299}$$

Man erhält nun aus analogen Überlegungen explizite Darstellungen für die Preise von Nullkuponanleihen als Funktion der (Forward-)LIBOR-Raten.

Proposition 2.76 *Im durch die Zeitpunkte $t_0 < t_1 < \ldots < t_N$ und die entsprechenden LIBOR-Raten gegebenen Modell gelten für die Preise der Nullkuponanleihen mit Fälligkeiten t_k und t_{k-j} für $t \leq t_{k-j}$*

$$\frac{P\left(t, t_{k-j}\right)}{P(t, t_k)} = \prod_{i=k-j+1}^{k} (1 + \delta_i L_i(t)). \tag{2.300}$$

Insbesondere ergeben sich

$$P\left(t_{k-j}, t_k\right) = \frac{1}{\prod_{i=k-j+1}^{k} \left(1 + \delta_i L_i\left(t_{k-j}\right)\right)}, \tag{2.301}$$

$$P(t_0, t_k) = \frac{1}{\prod_{i=1}^{k} (1 + \delta_i L_i(t_0))}. \tag{2.302}$$

Beweis Es seien $j, k \in \{0, 1, \ldots, N\}$ mit $j \leq k, t \leq t_{k-j}$. Wir beweisen die behauptete Darstellung aus Gleichung (2.300) mittels Induktion nach j. Die weiteren Darstellungen aus der Behauptung folgen direkt, wenn man $P(t_{k-j}, t_{k-j}) = 1$ berücksichtigt und für die letzte Darstellung zusätzlich $k = j$ wählt.

Für die Induktion nach j beachte man, dass für $j = 0$ das leere Produkt als 1 definiert ist. Für $j = 1$ ergibt sich aus der Definition der LIBOR-Rate

$$\frac{P(t, t_{k-1})}{P(t, t_k)} = 1 + \delta_k L_k(t)$$

und somit die Behauptung. Für den Induktionsschritt von j auf $j + 1$ beachte man, dass mit Hilfe der Induktionsannahme für j und der erneuten Verwendung der Definition der LIBOR-Rate

$$\begin{aligned}\frac{P\left(t, t_{k-(j+1)}\right)}{P(t, t_k)} &= \frac{P\left(t, t_{k-(j+1)}\right)}{P\left(t, t_{k-j}\right)} \frac{P\left(t, t_{k-j}\right)}{P(t, t_k)} \\ &= \left(1 + \delta_{k-j} L_{k-j}(t)\right) \prod_{i=k-j+1}^{k} (1 + \delta_i L_i(t))\end{aligned}$$

folgt, so dass die Behauptung bewiesen ist. ■

Bemerkung 2.77 (Gemeinsame Entwicklung von LIBOR-Raten)

a) *Bis jetzt haben wir die von uns betrachteten Forward-LIBOR-Raten mehr oder weniger separat behandelt. Eine explizite Berücksichtigung der Abhängigkeitsstruktur zwischen den einzelnen Raten war aufgrund der einfachen additiven Struktur der Zahlung eines Caps nicht notwendig. So wäre es für den Preis des Caps tatsächlich unerheblich gewesen, ob die einzelnen Forward-LIBOR-Raten von jeweils unabhängigen Brownschen Bewegungen (in dem man die* i*. Komponente einer* N*-dimensionalen Brownschen Bewegung als Basis für die Transformation in* $W^{(i)}$ *verwendet hätte) oder von einer gemeinsamen eindimensionalen Brownschen Bewegung* W *erzeugt worden wären, die unter dem jeweiligen Forward-Maß* Q_i *eine Brownsche Bewegung mit evtl. nicht-linearer Drift wäre.*

b) *Um Optionen auf LIBOR-Raten zu bewerten, die eine allgemeinere Struktur als ein Cap oder ein Floor besitzen und deren Endzahlung von der gemeinsamen Verteilung mehrerer Forward-LIBOR-Raten abhängt, benötigen wir allerdings die gemeinsame Verteilung der LIBOR-Raten.*

Wir wählen im Folgenden eine etwas allgemeinere Vorgehensweise als in Gleichung (2.292) für die Modellierung der Unsicherheit und lehnen uns dabei stark an die in Björk (2004) beschriebene Methodik an. Unser Ziel ist es dabei, die Entwicklung der Forward-LIBOR-Raten gemeinsam unter einem Wahrscheinlichkeitsmaß so zu modellieren, dass die $L_i(t)$ unter dem jeweiligen Forward-Maß Q_i log-normal verteilt sein können.

Als ersten Schritt verallgemeinern wir unser Modell, in dem wir in den Gleichungen für die Entwicklungen der Forward-LIBOR-Raten jeweils k-dimensionale Brownsche Bewegungen $W^{(i)}(t)$ sowie entsprechende beschränkte deterministische $\mathbb{R}^k$-wertige Funktionen $\sigma_i(t)$ verwenden. Dies ist für die einzelnen LIBOR-Raten aufgrund der Eigenschaft der Normalverteilung keine Änderung, lässt aber eine allgemeinere Korrelationsstruktur zwischen den LIBOR-Raten zu.

Für die gemeinsame Modellierung aller Forward-LIBOR-Raten nehmen wir das *terminale* Forward-Maß Q_N als Ausgangspunkt und setzen an, dass sich die Entwicklung der i. Forward-LIBOR-Rate durch eine stochastische Differentialgleichung der Form

$$dL_i(t) = L_i(t)\big(\mu(t, L(t))dt + \sigma_i(t)' dW^{(N)}(t)\big) \tag{2.303}$$

beschreiben lässt. Um die explizite Form der Driftfunktion μ zu bestimmen, ist zunächst ein Maßwechsel von Q_N nach Q_i durchzuführen, so dass im Anschluss mit Hilfe des Satzes von Girsanov die Q_i-Brownsche Bewegung $W^{(i)}(t)$ durch die Q_N-Brownsche Bewegung $W^{(N)}(t)$ mit einer (nicht-linearen) Drift dargestellt werden kann.

Wir führen dies schrittweise durch und beachten aber zunächst, dass aufgrund der Definition des Forward-Maßes in Gleichung (2.144) die folgende Beziehung zweier Forward-Maße über ihre Radon-Nikodym-Ableitung

$$\frac{dQ_j}{dQ_i} = \frac{dQ_j}{dQ}\frac{dQ}{dQ_i} = \frac{P\big(t, T_j\big)}{P\big(0, T_j\big)}\frac{P(0, T_i)}{P(t, T_i)} =: Z_i^j(t) \tag{2.304}$$

eingeschränkt auf die σ-Algebra $\mathcal{F}_t$ für $t < T_{\min\{i,j\}}$ gilt. Hieraus erhalten wir direkt die zur Radon-Nikodym-Dichte $Z_i^j(t)$ gehörende stochastische Differentialgleichung und die Darstellungen der Q_i-Brownschen Bewegungen unter Q_N, was in der folgenden Proposition zusammengefasst wird.

Proposition 2.78 *Mit den oben eingeführten Bezeichnungen gelten im log-normalen LIBOR-Modell*

$$dZ_i^{i-1}(t) = Z_i^{i-1}(t)\frac{\delta_i L_i(t)}{1+\delta_i L_i(t)}\sigma_i(t)' dW^{(i)}(t), \quad Z_i^{i-1}(0) = 1 \tag{2.305}$$

und

$$dW^{(i)}(t) = dW^{(N)}(t) - \sum_{k=i+1}^{N} \frac{\delta_k L_k(t)}{1+\delta_k L_k(t)}\sigma_k(t)dt \tag{2.306}$$

Beweis Wir zeigen zunächst die Darstellung für $Z_i^{i-1}(t)$. Beachte hierzu zunächst, dass mit der Definition des Forward-LIBOR

$$Z_i^{i-1}(t) = \frac{P(0,T_i)}{P(0,T_{i-1})}\frac{P(t,T_{i-1})}{P(t,T_i)} = c_i(1+\delta_i L_i(t))$$

gilt, wobei wir $c_i = P(0,T_i)/P(0,T_{i-1})$ gesetzt haben. Hieraus ergibt sich dann

$$\begin{aligned} dZ_i^{i-1}(t) &= c_i\delta_i dL_i(t) = c_i\delta_i L_i(t)\sigma_i(t)' dW^{(i)}(t) \\ &= \frac{Z_i^{i-1}(t)}{Z_i^{i-1}(t)} c_i\delta_i L_i(t)\sigma_i(t)' dW^{(i)}(t) \\ &= Z_i^{i-1}(t)\frac{\delta_i L_i(t)}{1+\delta_i L_i(t)}\sigma_i(t)' dW^{(i)}(t). \end{aligned}$$

Mit der Darstellung der $dZ_i^{i-1}(t)$ liefert nun der Satz von Girsanov, dass man die folgende Beziehung zwischen einer Q_i- und einer Q_{i-1}-Brownschen Bewegung erhält

$$dW^{(i)}(t) = \frac{\delta_i L_i(t)}{1+\delta_i L_i(t)}\sigma_i(t)dt + dW^{(i-1)}(t).$$

Induktives Vorgehen liefert die gewünschte Darstellung (2.306). ∎

Wir haben jetzt alle Voraussetzungen geschaffen, um zu zeigen, dass es eine gemeinsame Modellierung der Forward-LIBOR-Raten $L_i(t)$ unter dem Forward-Maß Q_N gibt, die mit der anfangs gemachten Annahme der Log-Normalität und Martingalität der einzelnen Raten unter ihrem jeweiligen Forward-Maß kompatibel ist.

Satz 2.79 *Zu einem gegebenen Satz von Fälligkeiten* $t_0 < t_1 < \ldots < t_N$, *einer durch die beschränkten und deterministischen Funktionen* $\sigma_i(t)$ *gegebenen Volatilitätsstruktur, einem Wahrscheinlichkeitsmaß* Q_N *und einer gegebenen* k*-dimensionalen Brownschen Bewegung* $W^{(N)}(t)$ *seien die Prozesse* $L_1(t), \ldots, L_N(t)$ *definiert durch*

$$dL_i(t) = L_i(t)\left(\sigma_i(t)' dW^{(N)}(t) - \sum_{k=i+1}^{N} \frac{\delta_k L_k(t)}{1 + \delta_k L_k(t)} \sigma_k(t)' \sigma_i(t) dt\right) \tag{2.307}$$

für $0 \le t \le t_i$. *Dann erhält man unter dem durch die Radon-Nikodym-Ableitung*

$$\frac{dQ_i}{dQ_N} = \frac{P(0, T_N)}{P(0, T_i)} \frac{P(t, T_i)}{P(t, T_N)} =: Z_N^i(t) \tag{2.308}$$

eingeschränkt auf die σ*-Algebra* $\mathcal{F}_t$ *für* $t < T_i$ *eingeführten Forward-Maß* Q_i *die Darstellung*

$$dL_i(t) = L_i(t)\sigma_i(t)' dW^{(i)}(t) \tag{2.309}$$

mit einer Q_i*-Brownschen Bewegung* $W^{(i)}(t)$. *Insbesondere existiert das gewünschte LIBOR-Marktmodell.*

Beweis Wir zeigen zunächst die Existenz der eindeutigen Lösungen der einzelnen Gleichungen (2.307) per Induktion. Hierbei folgt der Induktionsanfang für $i = N$ direkt aus der Form der Gleichung

$$dL_N(t) = L_N(t)\sigma_N(t)' dW^{(N)}(t)$$

mit Hilfe des Satzes über die Variation der Konstanten.

Wir nehmen nun an, dass die Existenz bereits für $i = k + 1$ gezeigt wurde. In der Gleichung für $i = k$

$$dL_k(t) = L_k(t)\left(\sigma_k(t)' dW^{(N)}(t) - \sum_{j=k+1}^{N} \frac{\delta_j L_j(t)}{1 + \delta_j L_j(t)} \sigma_j(t)' \sigma_k(t) dt\right)$$

hängt der Driftkoeffizient nur von Werten der LIBOR-Raten mit Index größer als k vom Zufall ab. Diese LIBOR-Raten sind aber alle per Induktion – aufgrund der für sie bereits gezeigten Q_i-Darstellung (2.309) – nicht-negativ, so dass der Driftkoeffizient aufgrund seiner Form beschränkt ist (beachte, dass auch die deterministischen σ-Funktionen alle als beschränkt angenommen sind!). Damit ist aber wiederum der Satz über die Variation der Konstanten anwendbar und die Gleichung besitzt auch für $i = k$ eine eindeutige, nicht-negative Lösung.

Die noch fehlende Aussage über die Q_i-Dynamik von $L_i(t)$ ergibt sich aus den Vorbemerkungen und der Definition von $W^{(i)}(t)$ mittels dem Satz von Girsanov. ■

Man beachte, dass im Hinblick auf die Abhängigkeit zwischen den LIBOR-Raten bei einer Modellierung unter Q_N eine klare Asymmetrie vorliegt. Alle LIBOR-Raten mit höherem Index beeinflussen die Entwicklung von $L_i(t)$, während $L_i(t)$ (formal) keinen Einfluss auf die LIBOR-Raten mit höherem Index besitzt.

Man kann hier Abhilfe schaffen, in dem man ein anderes Forward-Maß, z. B. Q_i als Ausgangspunkt wählt und dann analog zu oben, jetzt aber in beide zeitliche Richtungen, vorgeht und mit analoger Vorgehensweise die folgende Proposition erhält.

Proposition 2.80 *Unter dem Forward-Maß Q_i besitzen die log-normalen Forward-LIBOR-Raten $L_k(t)$ die folgenden Darstellungen in den Fällen $i < k$, $i = k$, und $i > k$*

$$dL_k(t) = L_k(t)\left(\sigma_k(t)'dW^{(i)}(t) + \sum_{j=i+1}^{k} \frac{\delta_j L_j(t)}{1+\delta_j L_j(t)}\sigma_j(t)'\sigma_k(t)dt\right), \tag{2.310}$$

$$dL_k(t) = L_k(t)\sigma_k(t)'dW^{(k)}(t), \tag{2.311}$$

$$dL_k(t) = L_k(t)\left(\sigma_k(t)'dW^{(i)}(t) - \sum_{j=k+1}^{i} \frac{\delta_j L_j(t)}{1+\delta_j L_j(t)}\sigma_j(t)'\sigma_k(t)dt\right). \tag{2.312}$$

Will man den dominierenden Einfluss einer LIBOR-Rate bei der Modellierung vermeiden, so bietet es sich an, das sogenannte *Spot-LIBOR-Maß* als Ausgangspunkt der Modellierung zu verwenden. Es ist dadurch charakterisiert, dass das (diskrete) Geldmarktkonto als Numéraire gewählt wird. Wir wollen hierauf aber genauso wenig detailliert eingehen wie auf die Wahl der einzelnen Funktionen $\sigma_i(t)$.

In Schoenmakers (2007) werden Beispiele konkreter Wahlen der $\sigma_i(t)$ und weitere Aspekte der Praxis detailliert beschrieben. Diese findet man ebenso in Kap. 6 von Brigo und Mercurio (2001).

Für die numerische Berechnung der Preise von nicht-linearen LIBOR-Derivaten wie z. B. Auto-Caps oder Target-Redemption-Notes mittels Monte Carlo-Techniken verweisen wir auf Abschnitt 5.19.3 in Korn et al. (2010).

Bemerkung 2.81 (Alternativen zu log-normalen LIBOR-Modellen)

a) *Mit dem verstärkten Auftreten negativer Zinsen am kurzen Ende der Zinsstrukturkurve musste dem in der Modellierung in der Praxis ebenfalls Rechnung getragen werden. Insbesondere wurde hierdurch die so attraktiv erscheinende, natürlich gegebene Positivität der LIBOR-Raten im log-normalen Modell plötzlich zum Problem, so dass gerade in der Praxis auch vermehrt eine normale Modellierung von LIBOR-Raten gewählt wird. Wir wollen hierauf nicht eingehen, zumal gerade im Abschnitt über*

Short-Rate-Modelle schon vielfach normal verteilte Modelle betrachtet wurden und die Übertragung auf den LIBOR-Fall einfach ist.

b) *Eine Alternative zur normalen LIBOR-Modellierung besteht in einer hinreichenden Verschiebung, also quasi dem Einführen einer unteren, negativen Grenze für die LIBOR-Raten. Das so entstandene Modell ist ein Spezialfall einer allgemeinen Klasse, die in Andersen und Andreasen (2000) eingeführt wurde und der die folgende Dynamik zugrunde liegt:*

$$dL_i(t) = f(L_i(t))\sigma_i(t)dW_i(t), t < t_i. \qquad (2.313)$$

Hier ist f zunächst eine allgemeine Funktion, die lediglich die Existenz und Eindeutigkeit der Lösung der stochastischen Differentialgleichung garantieren soll. Die speziell oben beschriebene verschobene Diffusion (engl. Displaced Diffusion*) ergibt sich mit der Wahl*

$$f(x) = ax + b \qquad (2.314)$$

für geeignete Konstanten a, b.

c) *Schon vor dem Auftreten negativer LIBOR-Raten wurde – wie auch bei Aktien – bemerkt, dass es empirische Probleme mit der Annahme log-normaler LIBOR-Raten gab und man deshalb auch versuchte, Volatilitätssmiles und -schiefen in die Modellierung einzubeziehen (vgl. Piterbarg (2003) für eine Übersicht). Dies passt auch in den Rahmen von Gleichung* (2.313)*. Eine populäre Wahl vom CEV-Typ erhält man mittels*

$$f(x) = x^\gamma \qquad (2.315)$$

für ein geeignetes $\gamma \geq 0$.

Modellierung des Swaptionmarkts im LIBOR-Stil Die zweite große Klasse von am Markt stark gehandelten Zinssatzoption neben den Caps und Floors sind die Optionen auf Zinsswaps, sogenannte *Swaptions*. Auch für sie existiert die Marktpraxis der Verwendung einer Formel vom Black'76-Typ. Es liegt daher nahe, in Analogie zum LIBOR-Modell vorzugehen.

Wir betrachten deshalb eine Swaption und ihre Zutaten noch einmal etwas genauer. Es seien die Zahlungszeitpunkte $t_1 < \ldots < t_N$ gegeben. Die zugehörigen variablen Zinsraten werden immer am Zeitpunkt vorher, also an $t_0 < \ldots < t_{N-1}$ festgesetzt. Es seien außerdem

$$\delta_i = t_i - t_{i-1}.$$

Des Weiteren betrachten wir einen sogenannten *Payer-Swap*, d. h. an den Zahlungszeitpunkten zahlt der Halter des Swaps den festen Betrag $\delta_i\ p$ und erhält im Gegenzug die variable Zinszahlung $\delta_i\ L(t_{i-1}; t_{i-1}, t_i)$. Daraus ergibt sich der der heutige Wert eines entsprechenden Swaps als

$$\begin{aligned} S_{(t_1,\ldots,t_N)}(t) &= \sum_{i=1}^{N} P(t,t_i)\delta_i(L_i(t) - p) \\ &= \sum_{i=1}^{N} (P(t,t_{i-1}) - (1+\delta_i p)P(t,t_i)). \end{aligned} \tag{2.316}$$

Man erhält dann die zugehörige *(Forward-) Swaprate* $p_{\text{forward}}(t; t_1, \ldots, t_N)$ für die Zahlungen zu den Zeitpunkten $t_1, \ldots, t_N$ als

$$p_{\text{fsr}}(t) := p_{\text{fsr}}(t; t_1, \ldots, t_N) = \frac{P(t,t_0) - P(t,t_N)}{\sum_{i=1}^{N} \delta_i P(t,t_i)}. \tag{2.317}$$

Die Swaprate (oder auch der Swapsatz) ist somit genau der feste Zinssatz, der den Wert des Swap auf Null setzt.

Besteht der Swap lediglich aus dem Tausch einer einzigen Zinszahlung zu einem Zeitpunkt t_1, so heißt die zugehörige Swaprate auch die t_1-Jahres-Swaprate. Damit haben wir alle Zutaten für das Einführen einer Swaption zusammen.

Eine **Swaption** (mit den Zahlungszeitpunkten $t_1 < \ldots < t_N$) ist eine Option darauf, zur Zeit $T = t_0$ einen Swap zum festen Zins p eingehen zu dürfen. Man kann also die Swaption mit einer Zahlung in t_0 der Höhe

$$B_{\text{swaption}} = (p_{\text{fsr}}(t_0) - p)^+ \sum_{i=1}^{N} \delta_i P(t_0, t_i) \tag{2.318}$$

identifizieren.

Mit der Definition der Swaprate ergibt sich das zur LIBOR-Situation analoge Vorgehen durch die folgenden Schritte:

- Mit dem Numéraire $\sum_{i=1}^{N} \delta_i P(t,t_i)$ erhält man durch Maßwechsel von Q aus das geeignete Bewertungsmaß $Q_{1,N}$, das die Rolle der Forward-Maße im LIBOR-Fall übernimmt. Unter diesem Maß ist die Forward-Swaprate per Konstruktion ein Martingal.
- Man modelliert dann die Entwicklung der Forward-Swaprate unter $Q_{1,N}$ gemäß

$$dp_{\text{fsr}}(t) = p_{\text{fsr}}(t)\sigma^{(1,N)}(t)dW^{(1,N)}(t), \tag{2.319}$$

wobei $\sigma^{(1,N)}(t)$ eine beschränkte, deterministische Funktion und $W^{(1,N)}(t)$ eine $Q_{1,N}$-Brownsche Bewegung sind.

- Hiermit hat man eine log-normale Forward-Swaprate und kann dank der geschickten Wahl des Numéraires den Swaptionpreis mit Hilfe der log-normalen Bewertungsformel bestimmen.

Man erhält somit in vollständiger Analogie zur Black'76-Formel für Caps eine Black'76-Formel für den Swaptionpreis:

Satz 2.82 (Black'76-Swaptionpreisformel) *Unter der Annahme log-normal-verteilter Swapraten gemäß Gleichung* (2.319) *ergibt sich der Preis zur Zeit* $t < t_0$ *einer Swaption mit Zahlung* $B_{swaption}$ *zur Zeit* t_0*, die durch Gleichung* (2.318) *gegeben ist, als*

$$Swapt(t; p, t_1, \ldots, t_N; t_0) = \beta(t)\left[p_{fsr}(t)\Phi(d_1(t)) - p\Phi(d_2(t))\right] \tag{2.320}$$

$$\beta(t) = \sum_{i=1}^{N} \delta_i P(t, t_i), \quad \bar{\sigma}_i^2(t) = \int_t^{t_0} \sigma^{(1,N)}(s)^2 ds, \tag{2.321}$$

$$d_1(t) = \frac{\ln\left(p_{fsr}(t)/p\right) + \frac{1}{2}\bar{\sigma}_i^2(t)}{\bar{\sigma}_i(t)}, \; d_2(t) = d_1(t) - \bar{\sigma}_i(t). \tag{2.322}$$

Zwar wurde mit dem vorangegangen Satz wiederum eine Marktpraxis rigoros bestätigt, doch sollte man auch die zugehörige Modellannahme hinterfragen. Die natürliche Frage, die sich stellt, ist nämlich, ob es möglich ist, dass gleichzeitig Forward-LIBOR- und Forward-Swapraten log-normal verteilt sein können. Hierzu beachten wir zunächst, dass aufgrund ihrer Definition in Abhängigkeiten von Bondpreisen, genauer der Definition der Forward-LIBOR-Raten in Gleichung (2.291) und der Forward-Swapraten in Gleichung (2.317), die Gleichheit

$$p_{\text{fsr}}(t) = \frac{1 - \prod_{j=1}^{N} \frac{1}{1+\delta_j L_j(t)}}{\sum_{i=1}^{N} \delta_i \prod_{j=1}^{i} \frac{1}{1+\delta_j L_j(t)}} \tag{2.323}$$

aus der Beziehung

$$\frac{P(t, t_i)}{P(t, t_0)} = \prod_{j=1}^{i} \frac{1}{1 + \delta_j L_j(t)}, \quad t < t_0 \tag{2.324}$$

folgt. Setzt man des Weiteren die erste Darstellung in Gleichung (2.316) für den Wert eines Terminkontrakts gleich Null, so erhält man eine zweite Beziehung zwischen den Forward-Swap- und Forward-LIBOR-Raten:

$$p_{\text{fsr}}(t) = \sum_{i=1}^{N} \frac{\delta_i P(t, t_i)}{\sum_{j=1}^{N} \delta_j P\left(t, t_j\right)} L_i(t) =: \sum_{i=1}^{N} \omega_i(t) L_i(t), \quad t < t_0. \tag{2.325}$$

Die letzte Beziehung hat mehrere wichtige Konsequenzen. So kann z. B. bei der Annahme log-normal verteilter Forward-LIBOR-Raten die Forward-Swaprate als deren gewichtete Summe i.a. nicht ebenfalls log-normal verteilt sein und umgekehrt. So kann es in einem Markt nur eine Black'76-Formel für Caps oder für Swaptions geben, nicht aber simultan für beide. Es ist daher gängige Marktpraxis, für die Forward-LIBOR-Raten eine log-normale Modellierung anzusetzen und die Preise von Swapderivaten mittels Approximationsformeln oder numerisch zu berechnen.

Als positive Konsequenz aus den beiden Darstellungen erhält man, dass es in einem gemeinsamen Markt schon genügt, entweder die Forward-Swapraten oder die Forward-LIBOR-Raten zu modellieren. Die jeweils anderen ergeben sich dann aus den obigen beiden Beziehungen. Dies ist z. B. bei der Monte Carlo-Simulation zur Berechnung von Preisen entsprechender Derivate von Bedeutung.

Ein für die Praxis naheliegendes Approximationsverfahren, das auch so verwendet wird und empirisch zu zufriedenstellenden Resultaten führt, ist die Verwendung der Approximation

$$p_{\text{fsr}}(t) \approx \sum_{i=1}^{N} \omega_i(0) L_i(t), \quad t < t_0 \tag{2.326}$$

der Forward-Swaprate als Summe der Forward-LIBOR-Raten mit konstanten Gewichten.

2.8 Ein Favorit der Praxis: Das SABR-Modell

In alle Zinsmodellen ließe sich – wie auch im Aktienfall – noch eine stochastische Volatilität einbauen und dann in Analogie z. B. zum Heston-Modell versuchen, die Theorie entsprechend zu verallgemeinern. Wie auch im Aktienfall bezieht der Wunsch nach einer stochastischen Volatilität der Forward- oder der Short-Rate seine Hauptbegründung aus beobachteten Smile- oder Schiefe-Effekten. Genauer, man transferiert am Markt beobachtete Preise von Zinssatz- oder Bondoptionen mittels Inversion einer geschlossenen Formel wie z. B. der Black'76-Formel in eine Volatlitätsfläche, indem man die erhaltenen Volatilitäten als Funktion von (Rest-)Laufzeit und Verhältnis von jeweils aktuellem Wert des Zinses oder des Optionspreises und Strikes ansieht.

Ein in der Praxis besonders beliebtes Model ist das sogenannte *SABR-Modell* (*Stochastic Alpha Beta Rho*), das in Hagan et al. (2002) eingeführt wurde. Dabei weisen wir bereits im Voraus darauf hin, dass das SABR-Modell in vielen Aspekten (z. B. der Modellkalibrierung, der Verwendung der Black'76-Formel und auch der Herleitung der SABR-Volatilitätsformel) eher auf Vorgehensweisen, die in der Praxis bewährt sind, als auf rigoroser theoretischer Herleitung basiert. Wir stellen es im Kontext von Zinssatzoptionen vor. Das SABR-Modell besteht prinzipiell aus zwei Bausteinen,

1. der strikten Anwendung der Black'76-Formel und

2. einem speziellen Verfahren zur Herleitung der in die Black'76-Formel einzusetzenden Volatilität, um die (approximativen) Modellpreise für Calls, Caplets oder Caps zu erhalten.

Dabei wird die Black-76'Formel als gegebenes Werkzeug benutzt und nicht (!) als explizite Preisformel für eine Call-Option (oder ein Caplet oder einen Cap), die sich im gegebenen Modell aus den Voraussetzungen herleiten lässt. Wir wollen das dadurch verdeutlichen, dass wir die Formel noch einmal explizit im SABR-Kontext formulieren:

Black'76-Formel im SABR-Modell Für eine gegebene Forward-Rate $f = f(0, T)$, einen Ausübungspreis von K und eine Volatilität von σ sagen wir, dass der Preis einer europäischen Call-Option mit Laufzeit T und Endzahlung $(f(T, T) - K)^+$ durch die Black'76-Formel gegeben ist, wenn wir als Preis

$$C_B(f, K, \sigma, T) = P(0, T)[f\Phi(d_1) - K\Phi(d_2)] \tag{2.327}$$

mit den Bezeichnungen

$$d_1 = \frac{\ln(f/K) + \frac{1}{2}\sigma^2 T}{\sigma\sqrt{T}}, \quad d_2 = d_1 - \sigma\sqrt{T} \tag{2.328}$$

ansetzen.

Man beachte, dass neben den direkt beobachtbaren Parametern f, K, T und $P(0, T)$ nur die Volatilität σ als Input benötigt wird, um über die SABR-Variante der Black'76-Formel den Preis eines Calls bestimmen zu können. Dabei ist allerdings die Bezeichnung *Volatilität* für σ im SABR-Modell nicht wirklich gerechtfertigt, wie wir im Folgenden sehen werden.

Mehr noch, um stochastische Volatilität und evtl. noch weitere am Markt beobachtete Phänomene modellieren zu können, wird ein dynamisches Modell für die Forward-Raten (dies können z. B. im LIBOR-Markt die Forward-LIBOR-Raten sein) aufgestellt und dann auf der Basis der beiden obigen Schritte kalibriert. Die Dynamik besteht als stochastisches Volatilitätsmodell aus den beiden Gleichungen

$$df(t, T) = \alpha(t, T) f(t, T)^\beta dW_1(t), \tag{2.329}$$

$$d\alpha(t, T) = \upsilon\alpha(t, T)\Big[\rho dW_1(t) + \sqrt{1 - \rho^2} dW_2(t)\Big], \tag{2.330}$$

wobei alle Parameter so gewählt sein sollen, dass die beiden stochastischen Differentialgleichungen eine eindeutige Lösung besitzen. Wie man sofort sieht ist z. B. das lognormale LIBOR-Modell ein Spezialfall des SABR-Modells. Mit der Wahl/der Schätzung der Parameter beschäftigen wir uns weiter unten.

Der Ansatz der Forward-Rate als ein (zumindest lokales) Martingal in Gleichung (2.329) impliziert, dass wir hier unter dem entsprechenden Forward-Maß modellieren. Man beachte des Weiteren, dass für die Volatilität eine geometrische Brownsche

Bewegung ohne Drift als Modell angesetzt wurde, die Volatilität also bei positivem Anfangswert $\upsilon(0)$ positiv bleibt, im Mittel konstant ist, aber fast sicher für $T \to \infty$ gegen Null geht. Aufgrund der Form der Gleichung für die Entwicklung der Forward-Rate kann das SABR-Modell auch als eine Art CEV-Modell (unter einem Forward-Maß) mit stochastischer Volatilität angesehen werden.

Das theoretische Herzstück des SABR-Modells ist die Herleitung einer expliziten (Approximations-) Formel für die in die Black'76-Formel einzusetzende Volatilität $\sigma = \sigma(K, f)$ als Funktion des Strikes K und der aktuellen Forward-Rate f für den Zeitpunkt T der Fälligkeit einer zu bewertenden Call-Option auf die Forward-Rate.

Hierzu kann man zunächst den Preis eines entsprechenden Calls als abgezinsten Erwartungswert unter einem risiko-neutralen Maß ansetzen oder direkt die Transformation zum im Modell benutzten Forward-Maß anwenden. Wie im Fall des Black-Scholes-Modells oder allgemeiner des Heston-Modells lässt sich dann auch formal eine partielle Differentialgleichung für den Optionspreis hinschreiben. Allerdings erscheint ihre explizite Lösung unmöglich zu sein. In Hagan et al. (2002) verwenden die Autoren deshalb einen Ansatz der asymptotischen Analyse. Dabei nimmt man an, dass gewisse Parameter klein sind, versucht dann sich anzubietende Terme als eine (Potenz-) Reihe in den kleinen Parametern zu entwickeln und vernachlässigt Terme höherer Ordnung. Dabei erfordert die Durchführung einer asymptotischen Analyse zum einen viel Kreativität, um den *geeigneten kleinen* Parameter zu finden und zum anderen hängt die Gültigkeit der gefundenen Approximation wesentlich von der Gültigkeit der Approximation der gefundenen Reihendarstellung einzelner Terme durch ein endliches Polynom im kleinen Parameter ab.

Wir können hier keine Einführung in die asymptotische Analyse geben, da dies den Rahmen des Buchs übersteigt, verweisen aber auf Kevorkian und Cole (1985) als eine Standardreferenz. Im konkreten Fall in Hagan et al. (2002) wählen die Autoren eine kleine Volatilität der Volatilität, in dem sie

$$\epsilon = T\upsilon^2 \ll 1 \tag{2.331}$$

annehmen. Dies impliziert dann auch direkt, dass die dann in Hagan et al. (2002) gefundene und unten angegebene Approximationsformel für die in die Black'76-Formel einzusetzende Volatilität nur für kleine Werte der Volatilität gute Approximationen liefert. Aus diesem Grund ist der Zinsmarkt ein besseres Anwendungsgebiet als z. B. der Aktienmarkt.

Das zentrale Resultat der asymptotischen Analyse in Hagan et al. (2002) besteht dann in der folgenden Formel für die implizite Volatilität

$$\sigma(K, f) = \frac{\alpha\left\{1 + \left[\frac{(1-\beta)^2}{24}\frac{\alpha^2}{(fK)^{1-\beta}} + \frac{1}{4}\frac{\rho\beta\upsilon\alpha}{(fK)^{(1-\beta)/2}} + \frac{2-3\rho^2}{24}\upsilon^2\right]T\right\}z}{(fK)^{(1-\beta)/2}\left[1 + \frac{(1-\beta)^2}{24}\ln^2\left(\frac{f}{K}\right) + \frac{(1-\beta)^4}{1920}\ln^4\left(\frac{f}{K}\right)\right]\chi(z)}, \tag{2.332}$$

wobei wir die Abkürzungen

$$z = \frac{\upsilon}{\alpha}(fK)^{(1-\beta)/2} \ln\left(\frac{f}{K}\right), \quad \chi(z) = \ln\left(\frac{\sqrt{1-2\rho z+z^2}+z-\rho}{1-\rho}\right) \tag{2.333}$$

verwendet und Terme höherer Ordnung von T in den geschweiften Klammern im Zähler vernachlässigt haben.

Als Spezialfall gilt für Optionen am Geld (also $K = f$) die Formel

$$\sigma(f,f) = \frac{\alpha}{f^{1-\beta}}\left\{1 + \left[\frac{(1-\beta)^2}{24}\frac{\alpha^2}{f^{2-2\beta}} + \frac{1}{4}\frac{\rho\beta\upsilon\alpha}{f^{1-\beta}} + \frac{2-3\rho^2}{24}\upsilon^2\right]T\right\}. \tag{2.334}$$

Für Fälle, in denen ϵ nicht mehr hinreichend klein ist, existieren modifizierte Approximationsformeln, die man z. B. in Obloj (2010) finden kann.

Zwar ist die obige Formel für $\sigma(K, f)$ auf den ersten Blick recht sperrig, doch kommen in ihr nur die Modellparameter $\alpha, \beta, \rho, \upsilon$, die Vertragsparameter K, T und die am Markt beobachtbare Größe $f = f(0, T)$ vor. Da wir die Vertragsparameter kennen, müssen wir also nur noch die Modellparameter festlegen bzw. schätzen.

Hierbei kann man β z. B. *nach Geschmack* wählen. Genauer, da die Wahl von β den Verteilungscharakter bestimmt (so führt $\beta = 1$ zu einem log-normalen und $\beta = 0$ zu einem normalen Modell für die Forward-Rate), können konzeptionelle Gründe den Ausschlag für eine gewisse Wahl des Parameters β geben. Als Alternative wird in Hagan et al. (2002) vorgeschlagen, Gleichung (2.334) als Ausgangspunkt für eine log-lineare Regression der Form

$$\ln(\sigma(f,f)) \approx \ln(\alpha) - (1-\beta)\ln(f) \tag{2.335}$$

zu wählen und dann β aus den vorhandenen impliziten Volatilitäten für Optionen am Geld und unterschiedlichem f (also verschiedener Laufzeit) zu schätzen.

Ist der Parameter β gewählt, so können die restlichen drei Parameter z. B. mittels einer üblichen Kleinste-Quadrate-Schätzung aus geeigneten Marktpreisen für Calls geschätzt werden. Hier verweisen wir wieder auf Kap. 4.

Bemerkung 2.83 (Weitere Aspekte im SABR-Modell) *Neben der Herleitung der SABR-Formel (2.332) für die zu verwendende implizite Volatilität in der Black'76-Formel legen die Autoren in Hagan et al. (2002) einen weiteren Schwerpunkt auf die Verwendung des Modells und der approximativen Formeln für die Optionspreissensitivitäten für Zwecke des Risikomanagements. Des Weiteren gibt es auch im SABR-Modell mittlerweile Varianten, die negative Zinsen erlauben, wie z. B. ein verschobenes SABR-Modell oder ein normales SABR-Modell. Auf beide für die Praxis relevanten Bereiche wollen wir hier aber nicht eingehen.*

2.9 Zinsmodellierung ohne Stochastik: Der Ansatz von Epstein und Wilmott

In Epstein und Wilmott (1999) stellen Epstein und Wilmott einen Ansatz zur Modellierung der Short-Rate-Entwicklung über die Zeit hinweg vor, bei dem die Modellierung zufälliger Bewegungen mit Hilfe eines stochastischen Prozesses durch die Einführung einer Kombination von Unsicherheit und eines Worst-Case-Konzeptes ersetzt wird. Genauer, man nimmt sowohl für die nicht beobachtbare aktuelle Short-Rate $r(t)$ als auch für ihre Änderung dr/dt Schranken der Art

$$r^- \leq r(t) \leq r^+, \quad c^- \leq \frac{dr(t)}{dt} \leq c^+ \tag{2.336}$$

an, wobei man implizit auch Differenzierbarkeit der Zinsentwicklung bzgl. der Zeit unterstellt. Um Arbitrageargumente gegen diese Art der Modellierung zu entkräften, wird $r(t)$ lediglich als ein *repräsentatives Niveau* für die Short-Rate interpretiert. Für den tatsächlichen Wert $\bar{r}(t)$ der Short-Rate wird keine Differenzierbarkeit gefordert. Allerdings soll er sich immer in einer vorgegebenen Umgebung von $r(t)$ aufhalten, d. h. es soll

$$|r(t) - \bar{r}(t)| < \epsilon \tag{2.337}$$

für ein vorgegebenes $\epsilon > 0$ gelten. Zu einer gegebenen Entwicklung des repräsentativen Niveaus $r(t)$ kann sich die tatsächliche Realisierung der Short-Rate $\bar{r}(t)$ lokal z. B. wie ein Diffusionsprozess verhalten, kann stückweise konstant sein oder (in beschränktem Umfang) auch springen. Um ein Zinsprodukt in Abhängigkeit von $r(t)$ zu bewerten, werden auf der Basis der möglichen Werte und Änderungen von $r(t)$ jeweils in den Ungleichungen (2.336) und (2.337) die für die untere Schranke des Werts $V(t)$ (Worst-Case-Wert) des Produkts ungünstigsten Werte angenommen, so dass in Epstein und Wilmott (1999) die folgende nicht-lineare hyperbolische partielle Differentialgleichung erster Ordnung

$$V_t(t,r) + c(V_r(t,r))V_r(t,r) - (r + g(V(t,r)))V(t,r) = 0 \tag{2.338}$$

hergeleitet werden kann. Dabei sind die Funktionen $c(.)$ und $g(.)$ definiert gemäß

$$c(x) = c^- 1_{\{x \geq 0\}} + c^+ 1_{\{x<0\}}, \tag{2.339}$$

$$g(x) = \epsilon 1_{\{x \geq 0\}} - \epsilon 1_{\{x<0\}}. \tag{2.340}$$

Vertauschung der Rollen in diesen Definitionen liefert den Best-Case-Wert des Zinsprodukts. Man kann die so entstandenen Werte als Bid- und Ask-Preise, wie sie auch an der Börse existieren, interpretieren. Man beachte auch, dass die negative Position in einem Zinsprodukt im vorliegenden Modell aufgrund der Nicht-Linearität im Allgemeinen nicht den negativen Wert der entsprechenden positiven Position besitzt.

Eine attraktive Eigenschaft des Modells besteht darin, dass man die Preisgrenzen mittels Hedging mit am Markt gehandelten Produkten enger gestalten kann. Insbesondere stimmen somit im Modell für gehandelte Produkte die Markt- und Modellpreise überein

Weitere Aspekte des Modells sind in Epstein und Wilmott (1998) zu finden. Eine detaillierte Analyse des Modells samt rigoroser Herleitung ist nicht Gegenstand dieses Buchs, doch soll es als Beispiel für eine alternative Modellierung jenseits dessen dienen, was wir als Standard im vorliegenden Kapitel präsentiert haben.

2.10 Ein Ausblick: Theoretische Konsequenzen aus der Finanzkrise

Neben der üblichen Frage nach der aktuellen Forschung und den spannenden Problemen der Zukunft drängt sich im Zinsbereich am Ende dieses Kapitels die Frage auf, ob und wie weit die aktuellen Geschehnisse aus der Finanzkrise ab August 2007 und den Folgejahren (dem sogenannten *Credit Crunch*) gerade die Theorie der finanzmathematischen Modellierung im Zinsbereich beeinflusst haben oder eben nicht.

Tatsächlich bleibt die hier vorgestellte Theorie so lange unberührt, solange die Annahmen über die Existenz eines risikolosen Zinses gleichfalls unberührt bleiben. Mit Ausfallrisiko behaftete Anleihen gab es genauso vor der Finanzkrise wie auch bereits eine ausführliche Theorie zur Bewertung dieser Anleihen. Diesem Thema widmen wir Kap. 3. Die Finanzkrise ab 2007 hat aber gerade als Konsequenz Zinsen von Herausgebern von Anleihen als riskant erkennen lassen, die vorher als (zumindest approximativ) risikolos gehandelt wurden. Dies betrifft insbesondere die LIBOR-Raten, die sich aus Kreditkonditionen der Banken untereinander ergeben. In der Praxis wurden die LIBOR- und LIBOR-Swapraten vor der Krise quasi als Synonym für risikolose Zinsraten betrachtet, wenn es z. B. darum ging, Zinsderivate zu bewerten (vgl. auch Hull und White (2013)). Turbulenzen von Banken – zum Teil bis hin zum Ruin – haben dazu geführt, dass diese Interpretation und somit auch die Lehrbuch-Definition des LIBOR als direkt von risikolosen Bonds abgeleitete Zinsrate so am Markt nicht bestehen bleiben konnte. Wenn man an der inhaltlichen Definition des LIBOR festhalten will, so kommt man nicht umhin, die LIBOR-Raten verschiedener Laufzeiten mit Risikoprämien/-aufschlägen gegenüber risikolosen Zinsraten gleicher Laufzeiten zu versehen.

Um dies zu modellieren bieten sich Multikurvenmodelle an, deren Einsatz wir bereits bei der Modellierung der gemeinsamen Entwicklung der Zinsstruktur in verschiedenen Ländern erwähnt hatten. Eine beliebte Möglichkeit der Modellierung besteht darin, vollständig besicherte (*risikolose*) Kreditgeschäfte mit einem klassischen Zinsmodell zu modellieren und dann für unbesicherte Geschäfte einen Aufschlag (*Spread*) als zweite Kurve zu verwenden. Äquivalent dazu kann man auch direkt beide Geschäfte mit zwei separaten Kurven modellieren.

Wir können hier nicht auf die Details der Umsetzung am Finanzmarkt oder aber auf die ökonomischen Hintergründe eingehen, sondern wollen stellvertretend auf die folgenden

Referenzen verweisen, die sich alle mit dem Themengebiet der Zinsmodellierung nach der Kreditkrise auseinandersetzen:

Der korrekte Abzinsfaktor Hull und White argumentieren in Hull und White (2013), dass die sogenannte Overnight-Interest-Rate (OIS) (bzw. das europäische Gegenstück EONIA (European-Overnigth-Interest-Average)) und die aus ihr abgeleiteten Swap-Raten, die am besten geeigneten Raten zur Approximation risikoloser Zinsraten sind, während LIBOR-Raten diesen Zweck nicht mehr erfüllen.

Zinsmodellierung mit Mehrkurvenmodellen Als Konsequenz aus der nicht mehr vorhandenen Möglichkeit, LIBOR-Raten als risikolose Raten zu verwenden, werden sowohl in der Praxis als auch in der Theorie sogenannte Mehrkurvenmodelle verwendet. Wir haben ein solches Beispiel bereits kurz im Abschn. 2.6 für die Modellierung von Zinsen über verschiedene Länder hinweg erwähnt. Nach der Kreditkrise wurden in z. B. Henrard (2007) oder Morini (2013) Mehrkurvenmodelle im Zinsbereich eingeführt, die quasi für jede Forward-Rate eine eigene Zinskurve betrachten. Ansätze von entsprechenden HJM-Modellen und eine generelle Einführung in die Problematik findet man z. B. in Pallavicini und Tarenghi (2010).

Modifikationen des LIBOR-Modells In Mercurio (2009) wird von F. Mercurio eine systematische Vorgehensweise zur Übertragung des LIBOR-Modells und der Verwendung/Modifikation klassischer Bewertungsformeln für Caps und Swaptions wie z. B. der Black-Formel durch das Verwenden von zwei verschiedenen Zinskurven zum Abzinsen und zur Erzeugung zukünftiger LIBOR-Raten beschrieben. Für weitere Details und allgemeinere Modelle verweisen wir auf Mercurio (2009).

Modellierung des Ausfallrisikos von Banken Im Gegensatz zum Ausfallrisiko bei Firmenanleihen besitzt das Ausfallrisiko von Banken direkten Einfluss auf den Zinsmarkt, da sich mit seiner Modellierung auch eine parallele Existenz von risikolosem Zins und ausfallrisikobehafteten LIBOR-Raten im Modell beschreiben lässt, also quasi den oben beschriebenen Mehrkurvenansatz legitimiert. Wir verweisen hier auf Filipovic und Trolle (2013) für eine Modellierung des Ausfallrisikos, die sich an den Intensitätsmodellen für ausfallrisikobehaftete Kredite orientiert. Eine Verallgemeinerung der bisher beschriebenen Ansätze, in der zusätzlich zum OIS-Zinsrisiko und dem Ausfallrisiko der Banken auch noch das Risiko der Liquiditätsfinanzierung von Kreditgeschäften im Interbankenmarkt berücksichtigt wird, ist das sogenannte XIBOR-Modell von Gallitschke, Müller und Seifried (siehe Gallitschke et al. (2017)).

Weitere ausgewählte Aspekte der Forschung im Bereich der Zinsmodelle, die wir hier nicht behandeln, sind z. B.:

Modellierung von Zinsraten mittels Sprungprozessen Es erscheint aufgrund des Einflusses der Entscheidungen von Zentralbanken oder anderen politischen Ereignissen durchaus angebracht, die Möglichkeit von Sprüngen in die Modellierung der Entwicklung von Zinsraten einfließen zu lassen. Ähnlich wie im Aktienfall kann man dann in der Modellierung entweder auf Sprungdiffusionen, Lévyprozesse oder aber direkt allgemeine Semimartingalmodelle übergehen. Wir verweisen auf Björk et al. (1997) für eine frühe Übersichtsarbeit, Ma (2003) für einen Lévyprozessansatz sowie auf die Monographie Ma (2011).

Zinsentwicklung in Abhängigkeit ökonomischer Faktoren Wie bereits zur Begründung der Mean-Reversion-Eigenschaft erwähnt, spricht man im Zinsbereich oft von Hoch- oder Niedrigzinsphasen. Diese sollten aber bei den üblichen von uns vorgestellten Modellen nicht lange dauern, falls ein signifikanter Mean-Reversion-Effekt vorhanden ist. Um die in der Praxis beobachteten längeren Niedrig- oder Hochzinsphasen auch im Modell zu erklären, bietet es sich an, Zinsmodelle zu betrachten, die variable Parameter besitzen, deren Werte von einem Hintergrundprozess bestimmt werden, der typischerweise als eine Markovkette modelliert wird. Dabei existieren sowohl Modelle, bei denen der Hintergrundprozess beobachtbar als auch unbeobachtbar ist. Allgemeine affin-lineare Zinsstrukturmodelle mit Regimewechsel werden z. B. in Wu und Zeng (2004) behandelt. Bondoptionsbewertung sowohl im Fall des beobachtbaren als auch des unbeobachtbaren Hintergrundprozesses betrachtet Landen (2000). Für eine Sammlung aktueller Arbeiten zum Thema der Modellierung unbeobachtbarer Zustandsprozesse mit Anwendungen in der Finanzmathematik verweisen wir auf Mamon (2014).

Konsistente Zinsmodellierung Der attraktivste Modellierungsaspekt des HJM-Modells ist sicher die Möglichkeit der perfekten Kalibrierung der anfänglichen Marktzinsstrukturkurve. Allerdings haben wir auch bereits festgestellt, dass dies aufgrund der Diskretheit der vorliegenden Daten immer mit einem Approximationsprozess verbunden ist. Hierbei sind Interpolationsverfahren oder aber der Ansatz einer parametrischen Familie wie z. B. der Nelson-Siegel-Familie in der Praxis gängige Methoden. Man nimmt nun an, dass eine parametrische Familie $\mathcal{G}$ von Anfangsforwardraten an die initiale Marktzinsstruktur (perfekt) angepasst wurde. Dann heißt das verwendete HJM-Modell *konsistent* mit der Familie $\mathcal{G}$, wenn auch die in der Zukunft vom Zinsstrukturmodell erzeugten Zinsstrukturkurven in der Familie $\mathcal{G}$ bleiben. In Björk und Christensen (1999) wird hierzu ein theoretischer Rahmen gelegt und gezeigt, dass im Allgemeinen die Nelson-Siegel-Familie nicht mit populären HJM-Modellen konsistent ist. Lediglich für modifizierte bzw. entartete Versionen der Nelson-Siegel-Familie kann Konsistenz mit dem Ho-Lee-Modell bzw. dem Hull-White-Modell gezeigt werden. Für weitere Resultate sei auf die Arbeit Filipovic (1999) und die Monografie von D. Filipovic (siehe Filipovic (2001)) verwiesen.

Übungsaufgaben

1. Führe den Beweis für Proposition 2.34.
2. Führe den Beweis von Lemma 2.52 durch explizites Berechnen des Erwartungswerts.
3. Man leite die in Satz 2.57 angegebene Formel für den Preis einer Bond-Call-Option im Hull-White-Modell mit Hilfe der log-normalen Bewertungsformel her.
4. Man beweise, dass der Wert $C_i(t, \sigma_i(t))$ eines zur Zeit t_i fälligen Caplets mit Endzahlung $\delta_i \cdot (L_i(t_i) - L)^+$ im logormalen LIBOR-Modell durch

$$C_i(t, \sigma_i(t)) = \delta_i P(t, t_i)[L_i(t)\Phi(d_1(t)) - L\Phi(d_2(t))], \tag{2.341}$$

$$d_1(t) = \frac{\ln\left(\frac{L_i(t)}{L}\right) + \frac{1}{2}\bar{\sigma}_i^2(t)}{\bar{\sigma}_i(t)}, \quad d_2(t) = d_1(t) - \bar{\sigma}_i(t), \tag{2.342}$$

$$\bar{\sigma}_i^2(t) = \int_t^{t_{i-1}} \sigma^2(s) ds \tag{2.343}$$

   gegeben ist.
5. Diskutiere die zeitliche Entwicklung der Zinsstruktur im Vasicek-Modell, wenn die zeitliche Entwicklung unter einem subjektiven Maß $\mathbb{P}$ betrachtet wird, für das zum einen ein zusätzlicher Driftparameter d durch Ersetzen von κ durch $\tilde{\kappa} = \kappa + d$ und zum anderen durch Ersetzen von θ durch $\tilde{\theta} = \theta + d$ eingeführt wird.

Kreditrisiko und Kreditderivate

3

3.1 Motivation und Überblick

Die Vergabe eines Kredits ist eine der ursprünglichsten Tätigkeiten einer Bank und gleichzeitig auch eine ihrer wichtigsten Dienstleistungen und Funktionen für die Wirtschaft. Dabei birgt jede Kreditvergabe immer das Risiko, dass der Schuldner die geliehene Summe nicht, nicht vollständig oder nur mit zeitlichem Verzug zurück zahlen kann. In jedem dieser drei Fälle spricht man von einem *Kreditausfallereignis*. Je nach Definition kann sogar die Einstufung eines Kredits in eine schlechtere Qualitätsklasse als ein Kreditausfallereignis angesehen werden.

Nach der Einführung einiger Grundbegriffe werden wir im Folgenden zunächst Modelle für die Entwicklung und Bewertung ausfallrisikobehafteter Kredite auf Einzelkreditebene betrachten. Hierbei bieten sich in der Literatur zwei wesentliche Ansätze an, die auch den Unterschied zwischen den Aktien- und Zinsmärkten widerspiegeln. Auf der einen Seite sind die sogenannten strukturellen Modelle zu nennen, die auf der Kapitalstruktur einer Unternehmung, der Entwicklung des Firmenwerts in der Zeit und der Interpretation von Schulden als geeignete Optionen basieren. Dieser Ansatz kann direkt als eine Verallgemeinerung der von uns behandelten Aktienpreismodelle angesehen werden, was sich insbesondere im einfachsten dieser Modelle, dem Merton-Modell von 1974 und seinen daraus abgeleiteten Varianten zeigt (siehe Merton (1974)). So ergibt sich das Black-Scholes-Modell direkt als Grenzfall aus dem Merton-Modell, wenn das Unternehmen rein eigenkapitalfinanziert ist.

Der zweite große Modellierungsansatz für ausfallrisikobehaftete Kredite, der sogenannte Ansatz der reduzierten oder intensitätsbasierten Modelle, verzichtet auf die explizite Berücksichtigung der Eigenschaften des Schuldners und basiert darauf, den Eintritt eines Kreditausfalls als vollkommen überraschendes Ereignis zu modellieren, bei dem lediglich die Intensität, mit der das Ereignis im nächsten Moment eintreten kann, modelliert wird. Grundlegende frühe Veröffentlichungen für den reduzierten Ansatz sind z. B. Jarrow und Turnbull (1995) und Jarrow et al. (1997). Eine wesentliche attraktive Eigenschaft des

S. Desmettre, R. Korn, *Moderne Finanzmathematik – Theorie und praktische Anwendung Band 2*, Studienbücher Wirtschaftsmathematik, https://doi.org/10.1007/978-3-658-21000-7_3

reduzierten Ansatzes ist, dass diese Art der Modellierung kompatibel mit vielen Zinsmodellen ist, die wir im vorangehenden Kapitel behandelt haben.

Betrachtet man die Ausfallrisikoproblematik aus Sicht der Bank, so wird klar, dass die Portfoliosichtweise in der Regel die Einzelkreditsichtweise dominiert. Es ist – bei vergleichbarer Höhe der Kreditbeträge – nicht so entscheidend, welcher Kredit ausfällt, sondern wie sich die Summe der Ausfälle verhält. Während sich der Erwartungswert der Summe als Summe der Erwartungswerte der Verluste aus den Einzelkrediten ergibt, ist die Abhängigkeitsstruktur zwischen den Krediten entscheidend für die Schwankung des Verlustes um diesen Erwartungswert. Hier sind sicherlich weder die Annahme unabhängiger Einzelkredite realistisch, noch ist die vollständige Spezifikation aller Korrelationen zwischen den Einzelkrediten in der Praxis umsetzbar. Als populär und zweckmäßig haben sich hier in den letzten Jahren sogenannte Copula-Modelle erwiesen, die darauf basieren, die Abhängigkeitsstruktur innerhalb eines Kreditportfolios mittels einer geeigneten Familie von Copulas zu spezifizieren. Die Anwendung von Copulas hat besonders bei der Betrachtung von Portfoliokreditderivaten eine große Bedeutung erlangt. Wir werden deshalb vor der Betrachtung von Portfoliokreditderivaten speziell einen separaten Exkurs über Copulas einfügen.

Ein spezielles Copula-Modell, das Einfaktor-Gauß-Copula-Modell, hat dabei traurige Berühmtheit im Zuge der großen Kreditkrise ab 2007 erlangt. Wir wollen speziell diesen Ansatz auch vor dem Hintergrund betrachten, ob die Formel wirklich fast die Wall Street zum Sturz brachte (vgl. *Recipe for Disaster: The Formula That Killed Wall Street* in Salmon (2009)). Das Beispiel dient auch dazu, die Grenzen eines Modells und seiner unkritischen, extensiven Verwendung in der Praxis zu beleuchten. Eine abschließende Betrachtung von Portfoliokreditmodellen, die auch die berüchtigten Kreditderivate wie z. B. sogenannte CDO enthält, beendet den Abschnitt.

Im Rahmen dieses Lehrbuchs können wir nur am Rande auf technische Umsetzungen in der Praxis und Details der in der Praxis gebräuchlichen Software und Systematiken eingehen. Wir verweisen hierfür auf die detailliertere Standardliteratur wie z. B. Albrecht und Maurer (2005), Bluhm et al. (2003), Lando (2004) oder Schönbucher (2003).

3.2 Grundbegriffe, Vorbemerkungen und Kreditportfolios

Wie oben bereits bemerkt ist jeder Kredit bzw. jede Anleihe mit einem Ausfallrisiko behaftet. Dieses Risiko mag im Einzelfall vernachlässigbar sein, es kann aber auch aufgrund der allgemeinen wirtschaftlichen und politischen Lage des Schuldners bzw. des Emmittenten offenbar sein. Während man dem Ausfallrisiko für Banken erst seit der Kreditkrise größere Aufmerksamkeit schenkt, gab es schon immer Prüfungen und Beurteilungen der Zuverlässigkeit und Kreditwürdigkeit. Diese geschehen auf Einzelebene wie z. B. bei der Vergabe eines Privatkredits oder aber allgemein zugänglich durch die Vergabe eines sogenannten *Ratings*, das die allgemeine Situation des Emittenten einer Anleihe beurteilen soll.

Moody's Rating	Aaa	Aa1	A1	Baa1	Ba1	B1	Caa	
		Aa2	A2	Baa2	Ba2	B2	Ca	-
		Aa3	A3	Baa3	Ba3	B3	C	
S&P Rating	AAA	AA+	A+	BBB+	BB+	B+	CCC	D
		AA	A	BBB	BB	B	CC	
		AA-	A-	BBB-	BB-	B-	C	

Abb. 3.1 Klassensystematik von Moody's und von S&P für ausfallrisikobehaftete Anleihen bzw. Emittenten

Ratings und Ausfallwahrscheinlichkeit Ratings für ihre Kreditwürdigkeit bzw. Bonität besitzen typischerweise Staaten und große Unternehmen, insbesondere solche, die im Finanzbereich tätig sind. Die bekanntesten Ratingsystematiken sind die von Moody's bzw. S&P (Standard and Poor's). Sie sind beide sehr ähnlich aufgebaut (vgl. Abb. 3.1). Beide Ratings haben jeweils Obereinteilungen in die Gruppen A, B, C, D bei S&P bzw. A, B, C bei Moody's. Während bei S&P die Klasse D bereits ausgefallene Kredite beinhaltet, existiert diese Klasse bei Moody's nicht. In beiden Ratings gibt es in jeder Klasse Feinjustierungen, die durch den entsprechenden Zusatz von Symbolen, Buchstaben, Zahlen beschrieben werden. Dabei fällt die Qualität der Anleihen bzw. ihrer Emittenten jeweils von rechts nach links zwischen den Spalten und innerhalb der Spalten wiederum von oben nach unten. Die schlechteste Anleihe in jeder Spalte ist bzgl. ihrer Kreditqualität besser als die Anleihen in der Spalte rechts von ihr.

Um einen Eindruck der Qualität der einzelnen Kredite in den verschiedenen Ratingklassen zu vermitteln, geben wir in Abb. 3.2 beispielhafte 1-Jahres-Ausfallwahrscheinlichkeiten für Kredite der Klassen Aaa, Aa, A, Baa, Ba und B gemäß der Moody's Systematik wider. Diese können sich jährlich ändern, doch sind die verwendeten Werte von realistischer Größenordnung. Wie man sieht sind die Ausfallwahrscheinlichkeiten in den A-Klassen sehr klein und steigen erst mit den niedrigen B-Klassen deutlich an. Man bezeichnet zur Grobunterscheidung alle Klassen bis einschließlich Baa (bzw. BBB in der S&P-Welt) als Klassen vom *Investmentgrad*, während die restlichen Klassen (mit der Ausnahme von D) als Klassen vom *spekulativen Grad* eingeordnet werden.

Um im Folgenden sowohl die Fallunterscheidungen zwischen Kredit und Anleihe sowie längliche Bezeichnungen wie z. B. *ausfallrisikobehaftete Anleihe* und Ähnliches zu vermeiden, werden wir der Einfachheit halber immer von einer *Unternehmensanleihe* als Synonym für die bisher erwähnten ausfallrisikobehafteten Geschäfte und Produkte sprechen.

Ratingklasse	Ø Ausfallhäufigkeit	Standardabweichung
Aaa	0.00 %	0.0 %
Aa	0.03 %	0.1 %
A	0.01 %	0.0 %
Baa	0.12 %	0.3 %
Ba	1.36 %	1.3 %
B	7.27 %	5.1 %

Abb. 3.2 Beispielhafte 1-Jahres-Ausfallwahrscheinlichkeiten in Teilen der Moody's Systematik

Ausfallrisiko und Risikoprämie Da kein Investor freiwillig ein zusätzliches Ausfallrisiko eingehen würde, erwartet man beim Erwerb einer Unternehmensanleihe entweder einen Preisnachlass gegenüber einer risikolosen Anlage (z. B. im Fall einer Nullkuponanleihe) oder aber eine höhere Verzinsung (z. B. im Fall eines Kuponbonds). Hierzu wird der Begriff des *Credit-Spread* als zusätzliche Zinsprämie eingeführt. Sie ist im Wesentlichen eine Risikoprämie für das erhöhte Ausfallrisiko, kann aber auch teils als Liquiditätsprämie angesehen werden, falls die Unternehmensanleihe nicht vollständig liquide handelbar ist. Bezeichnet $P_d(t, T)$ den Preis der Unternehmensanleihe mit Fälligkeit T zur Zeit t und – wie üblich – $P(t, T)$ den Preis des risikolosen Zero-Bonds, so ist der Credit-Spread für das Intervall $[t, T]$ gegeben als

$$y_{CS}(t, T) = -\frac{1}{T-t} \ln\left(\frac{P_d(t, T)}{P(t, T)}\right). \tag{3.1}$$

Dabei gehen wir vereinfachend davon aus, dass auch die Unternehmensanleihe ein Zero-Bond ist. Ist dies nicht der Fall, so ist bei der Credit-Spread-Berechnung statt eines Zero-Bonds eine entsprechende risikolose Anleihe zum Vergleich heranzuziehen.

Verlusthöhe und Recovery-Rate Dass eine Unternehmensanleihe vollständig ausfällt, ist eher ungewöhnlich. In der Regel erhält der Käufer der Anleihe selbst bei ihrem Ausfall noch einen positiven, aber geringeren Betrag als ihren Nennwert zurück. Die Modellierung der Höhe dieses Betrags, der sognenannten *Recovery-Rate*, ist ein nicht-triviales Problem und bestimmt den Wert einer Unternehmensanleihe wesentlich. Dieses Problem wird in der Theorie allerdings oft nur sehr vereinfachend betrachtet, in dem z. B. eine konstante Recovery-Rate angenommen wird. Ähnlich schwierig, wenn auch von geringerer Auswirkung auf den Wert der Anleihe, ist die Modellierung des Ausfallzeitpunkts. Je nach verwendetem Modellansatz kann dies eine implizite Modellierung – z. B. als die Zeit des ersten Unterschreitens einer gewissen Schranke durch den Firmenwert – oder eine explizite Modellierung – z. B. als der Zeitpunkt des ersten Sprungs eines Sprungprozesses – sein. Wir werden hierzu entsprechende Modellansätze kennen lernen.

Kreditportfolios und Portfolioverlust Um ein Portfolio von Krediten zu betrachten, gehen wir von n vorliegenden Krediten verschiedener Schuldner mit jeweiliger Schuldenhöhe (Nennwert) F_i aus. Wir wollen Aussagen über den *Portfolioverlust* L machen, der sich als Summe

$$L = \sum_{i=1}^{n} L_i$$

der jeweiligen Einzelverluste L_i der Kredite im betrachteten Zeitraum $[0, T]$ (typischerweise ein Jahr) ergibt. Dabei ergibt sich der Einzelverlust aus Kredit i als

$$L_i = \begin{cases} F_i \cdot \ell_i, & \text{falls } D_i = 1 \\ 0, & \text{falls } D_i = 0 \end{cases},$$

wobei die 0-1-Variable D_i anzeigt, ob der Kredit im Laufe des nächsten Jahres ausfällt oder nicht. Dabei wird von maximal einem möglichen Ausfall pro Jahr ausgegangen. ℓ_i modelliert den prozentualen Verlust des Kredits, falls ein Ausfall auftritt (englisch auch als *Loss given Default* (LGD) bezeichnet).

Sind nun für jeden Kredit die Ausfallwahrscheinlichkeit $p_i = \mathbb{E}(D_i)$ und der erwartete Verlust bedingt auf den Ausfall $\mathbb{E}(\ell_i)$ bekannt, so ergibt sich der erwartete Gesamtverlust am Ende des Jahres als

$$\mathbb{E}(L) = \sum_{i=1}^{n} F_i \cdot p_i \cdot \mathbb{E}(\ell_i) .$$

Will man weitergehende Informationen wie z. B. über die Varianz des Verlusts, die entsprechende Verteilungsfunktion oder aber die Anzahl ausgefallener Kredite erhalten, so kommt man nicht um eine explizite Modellierung der Abhängigkeiten zwischen den Krediten herum.

Die beiden Extreme, nämlich die Annahme der Unabhängigkeit der Kredite auf der einen und die explizite Modellierung der gemeinsamen Verteilungsfunktion der Einzelverluste auf der anderen Seite, erscheinen dabei ungeeignet bzw. nicht durchführbar. So sind z. B. bei der stark vereinfachenden Annahme einer gemeinsamen Normalverteilung $\frac{1}{2}n(n-1)$ Varianzen und Kovarianzen zu spezifizieren, was schon bei einer mäßigen Anzahl von Krediten nahezu unmöglich erscheint.

Ein in der Praxis beliebter Ansatz ist die Verwendung sogenannter *Faktormodelle* bei gleichzeitiger *Annahme der bedingten Unabhängigkeit* zwischen den Krediten. Man nimmt dabei an, dass ein zugrundeliegender Vektor Y von Faktoren

$$Y = (Y_1, \ldots, Y_d)$$

die Einflüsse allgemeiner Art wie z. B. die wirtschaftliche Situation auf verschiedenen Ebenen beschreibt, die die einzelnen Ausfallwahrscheinlichkeiten und die bedingten Verluste der Kredite beeinflussen. Gegeben die spezielle Realisierung $Y(\omega) = y$ nimmt man dann an, dass die Ausfälle und die bedingten (prozentualen) Verluste der einzelnen Kredite

$$D_i | Y(\omega) = y\,,\ \ell_i | Y(\omega) = y\,,\ i = 1, \ldots, n$$

unabhängig sind. Eine mögliche Begründung hierfür ist, dass nach der Elimination des Einflusses von Y nur noch die schuldnerindividuellen Merkmale den einzelnen Kredit beeinflussen. Mathematisch bleiben dann noch

- die Verteilung des Faktorvektors Y und
- die Verteilungen des Ausfallindikators D und des bedingten Verlusts ℓ als Funktion von Y

zu modellieren.

Ein 1-Faktor-Modell und die Grenzverteilung der Ausfälle in einem homogenen Kreditportfolio

Wir wollen die Anwendung der Faktormodellierung an einem einfachen 1-Faktor-Modell illustrieren, das sich am im nächsten Abschnitt vorgestellten Merton-Modell orientiert. Dabei wollen wir insbesondere das bekannte Resultat über die Grenzverteilung des Anteils der Ausfälle in einem homogenen Kreditportfolio nach Vasicek herleiten (vgl. Vasicek (1991)). Hierzu nehmen wir an, dass

$$Y = Y_1 \sim \mathcal{N}(0, T)$$

gilt und dass für jeden Einzelkredit eine weitere $\mathcal{N}(0, T)$-verteilte Zufallsvariable U_i gegeben ist, so dass alle U_i und Y gemeinsam unabhängig sind. Damit definieren wir für jeden Kredit die Kenngröße

$$G_i = \rho_i Y + \sqrt{1 - \rho_i^2}\, U_i\,,$$

die auch $\mathcal{N}(0, T)$-verteilt ist, wobei wir annehmen, dass $0 \le \rho_i \le 1$ gilt. Um nun die bedingte Unabhängigkeit zwischen den Krediten zu modellieren, müssen wir spezifizieren, wann ein Kredit ausfällt. Hierzu nehmen wir an, dass Kredit i genau dann im betrachteten Zeitintervall $[0, T]$ ausfällt, wenn

$$G_i < -c_i \sqrt{T} \tag{3.2}$$

für eine gegebenen Konstante c_i gilt. Die Motivation dieser Bedingung wird sich in Abschn. 3.3 ergeben, wo auch eine natürliche Art und Weise zur Bestimmung der Höhe von c_i gegeben wird. Man erhält mit den obigen Annahmen die Ausfallwahrscheinlichkeit p_i des i. Kredits als

$$p_i = \mathbb{P}\left(G_i < -c_i\sqrt{T}\right) = \Phi(-c_i). \tag{3.3}$$

Ist also nun bereits $Y = y$ bekannt, so hängt es nur noch von den Werten der unabhängigen Zufallsvariablen U_i ab, ob die jeweiligen Kredite ausfallen, was nichts anderes wie die Situation der bedingten Unabhängigkeit bei Kenntnis des Werts von Y ist.

Wir treffen im Folgenden die

Annahmen eines homogenen Kreditportfolios: Es gelte für alle Kredite

$$\rho_i = \rho \geq 0, \quad c_i = c, \quad i = 1, \ldots, n. \tag{3.4}$$

Bemerkung 3.1 *Unter dieser Annahme haben alle Kredite die gleiche univariate Ausfallwahrscheinlichkeit $p = p_i$.*

Setzt man nun $\rho = 0$, so sind ihre Ausfallereignisse unabhängig, für $\rho = 1$ fallen alle Kredite gleichzeitig aus oder gar nicht. Wir interessieren uns im folgenden nur für die relative Anzahl von Kreditausfällen

$$R_n := \frac{D}{n} := \frac{1}{n}\sum_{i=1}^{n} D_i.$$

Die Vernachlässigung der Ausfallhöhe pro Kredit kann als weitere Homogenitätsannahme interpretiert werden, so dass alle ℓ_i gleich und deterministisch seien oder als simple Vernachlässigung dieser Größe.

Wir erhalten nun das folgenden Resultat über die Verteilung und Grenzverteilung der relativen Anzahl von Ausfällen in einem homogenen Kreditportfolio, das auf Vasicek (1991) zurückgeht:

Satz 3.2 *Unter den obigen Annahmen eines homogenen Kreditportfolios unter der Ausfallbedingung* (3.2) *und der Annahme $0 < \rho < 1$ gelten die beiden folgenden Beziehungen:*

a) Mit der Bezeichnung von $\varphi(u)$ für die Dichte der $\mathcal{N}(0,1)$-Verteilung und $\Phi(x)$ für ihre Verteilungsfunktion erhält man

$$\mathbb{P}\left(R_n = \frac{k}{n}\right) \tag{3.5}$$
$$= \binom{n}{k}\int_{-\infty}^{\infty} \Phi\left(\frac{\Phi^{-1}(p) - \rho y}{\sqrt{1-\rho^2}}\right)^k \left(1 - \Phi\left(\frac{\Phi^{-1}(p) - \rho y}{\sqrt{1-\rho^2}}\right)\right)^{n-k} \varphi(y)dy.$$

b) *Mit der Bezeichnung* $F_n(\theta) = \mathbb{P}(R_n \leq \theta)$ *erhält man die Grenzbeziehung*

$$F_n(\theta) \stackrel{n\to\infty}{\longrightarrow} \Phi\left(\frac{\sqrt{1-\rho^2}\Phi^{-1}(\theta) - \Phi^{-1}(p)}{\rho}\right) \tag{3.6}$$

Beweis

a) Unter Verwendung der Tatsache, dass es $\binom{n}{k}$ Möglichkeiten für k Ausfälle unter den n Krediten gibt sowie der bedingten Unabhängigkeit der Ausfälle, wenn auf den Wert $Y = y$ bedingt wird, erhalten wir

$$\begin{aligned}
&\mathbb{P}\left(R_n = \frac{k}{n}\right)\\
&= \binom{n}{k}\mathbb{P}\left(G_1 < -c\sqrt{T}, \ldots, G_k < -c\sqrt{T}, G_{k+1} \geq -c\sqrt{T}, \ldots, G_n \geq c\sqrt{T}\right)\\
&= \binom{n}{k}\int_{-\infty}^{\infty} \mathbb{P}\left(c\sqrt{T} + \rho y + \sqrt{1-\rho^2}U_1 < 0, \ldots, c\sqrt{T} + \rho y + \sqrt{1-\rho^2}U_k < 0,\right.\\
&\left. c\sqrt{T} + \rho y + \sqrt{1-\rho^2}U_{k+1} \geq 0, \ldots, c\sqrt{T} + \rho y + \sqrt{1-\rho^2}U_n \geq 0 | Y = y\right) d\mathbb{P}(y)\\
&= \binom{n}{k}\int_{-\infty}^{\infty} \Phi\left(-\frac{c\sqrt{T} + \rho y}{\sqrt{1-\rho^2}\sqrt{T}}\right)^k\\
&\quad \cdot \left(1 - \Phi\left(-\frac{c\sqrt{T} + \rho y}{\sqrt{1-\rho^2}\sqrt{T}}\right)\right)^{n-k} \frac{1}{\sqrt{T}}\varphi\left(\frac{y}{\sqrt{T}}\right) dy\\
&= \binom{n}{k}\int_{-\infty}^{\infty} \Phi\left(-\frac{c + \rho y}{\sqrt{1-\rho^2}}\right)^k \left(1 - \Phi\left(-\frac{c + \rho y}{\sqrt{1-\rho^2}}\right)\right)^{n-k} \varphi(y) dy\\
&= \binom{n}{k}\int_{-\infty}^{\infty} \Phi\left(\frac{\Phi^{-1}(p) - \rho y}{\sqrt{1-\rho^2}}\right)^k \left(1 - \Phi\left(\frac{\Phi^{-1}(p) - \rho y}{\sqrt{1-\rho^2}}\right)\right)^{n-k} \varphi(y) dy.
\end{aligned}$$

b) Zum Beweis der Aussage im Teil b) beachte man, dass aus der Darstellung (3.5) mittels der Substitution

$$s = \Phi\left(\frac{\Phi^{-1}(p) - \rho y}{\sqrt{1-\rho^2}}\right)$$

die Beziehung

$$F_n(\theta) = \sum_{k=0}^{[n\theta]} \binom{n}{k} \int_0^1 s^k (1-s)^{n-k} df(s) \tag{3.7}$$

mit der Funktion $f(s)$

$$f(s) = \Phi\left(\frac{\sqrt{1-\rho^2}\Phi^{-1}(s) - \Phi^{-1}(p)}{\rho}\right)$$

folgt. Aufgrund des starken Gesetzes der großen Zahlen gilt für eine Folge binomial verteilter Zufallsvariablen B_n mit Parametern n und s

$$\sum_{k=0}^{[n\theta]} \binom{n}{k} s^k (1-s)^{n-k} = \mathbb{P}(B_n \leq [n\theta]) = \mathbb{P}\left(\frac{B_n}{n} \leq \frac{1}{n}[n\theta]\right)$$
$$\stackrel{n\to\infty}{\longrightarrow} \begin{cases} 1, & \text{falls } s \leq \theta \\ 0, & \text{sonst} \end{cases}$$

Dabei gilt im Fall $\theta = s \notin \mathbb{N}$ auch noch der Grenzwert 0. Diese Unterscheidung ist aber für die sich ergebende stetige Grenzverteilung nicht von Belang, denn man erhält nun

$$F_n(\theta) \stackrel{n\to\infty}{\longrightarrow} \int_0^\theta 1 \, df(s) = f(\theta),$$

da offenbar $f(0) = 0$ gilt. ∎

Bemerkung 3.3 *Die Tatsache, dass die Grenzverteilung nur von den Parametern ρ (der Korrelation zur allgemeinen wirtschaftlichen Lage) und p (der gleichen Ausfallwahrscheinlichkeit jedes einzelnen Kredits) abhängt, verleiht dem Resultat eine entsprechende Attraktivität z. B. für die Anwendung auf ein Portfolio von Konsumentenkrediten gleicher Größenordnung, da lediglich zwei globale Größen zu schätzen sind. Im Fall nichthomogener Portfolios, die von einzelnen großen Krediten dominiert werden, besitzt die Kenntnis der Anzahl der ausgefallenen Kredite allerdings nur eine sehr eingeschränkte Aussagekraft.*

Binomial-Mischungsmodelle Das obige Beispiel ist ein Spezialfall eines sogenannten *Binomial-Mischungsmodells*, bei dem die Einzelkredite jeweils identische Ausfallwahrscheinlichkeiten für einen gegebenen Zeitraum besitzen und bei dem diese Ausfallwahrscheinlichkeit eine Zufallsvariable darstellt. Bedingt auf den Wert dieser Zufallsvariablen sind die Ausfälle der Einzelkredite wieder unabhängig, und die Anzahl der Ausfälle ist dann binomial verteilt. Detailliertere Darstellungen von Binomialmodellen findet man in der Standard-Literatur zu Kreditrisiken wie z. B. Lando (2004).

3.3 Strukturelle Modelle

Neben der Ausstattung mit Eigenkapital und der Aufnahme eines Kredits bei Banken ist es für (größere) Firmen oft üblich, selbst Anleihen auszugeben. Diese versprechen in der Regel eine höhere Verzinsung als den am Kapitalmarkt gültigen Anlagezins, beinhalten aber auch das Risiko, dass der mit dem Kauf der Anleihe verbundene Kredit durch die Firma evtl. nicht (vollständig) zurück gezahlt werden kann. Wir betrachten somit ein Unternehmen, das eine Unternehmensanleihe ausgegeben hat und modellieren durch Betrachtung der Wertentwicklung seiner Aktien und der ausgegebenen Anleihe die Entwicklung der Kapitalstruktur des Unternehmens, weshalb wir von *struktureller Modellierung* sprechen.

Der erste von uns betrachtete strukturelle Ansatz zur Modellierung und Bewertung von Unternehmensanleihen ist das Merton-Modell (siehe Merton (1974)). Bereits in Kap. 3 von Band 1 dieses Buchs haben wir das Merton-Modell zur Modellierung ausfallrisikobehafteter Anleihen vorgestellt. Es stellt eine direkte Verallgemeinerung des Black-Scholes-Modells dar und basiert auf Optionsbewertungsargumenten. Wir wollen es kurz wiederholen und dann auf wesentlichen Eigenschaften und Verallgemeinerungen eingehen.

Hierzu nehmen wir an, dass das Fremdkapital der Firma aus einer ausgegebenen Anleihe mit Fälligkeit T und Nennwert F und das Eigenkapital aus Aktien besteht. Der Einfachheit halber nehmen wir an, dass es genau eine Aktie gibt, um nicht zwischen dem Preis der Aktie und dem Wert der Summe aller Aktien unterscheiden zu müssen. Den Aktienpreis bezeichnen wir mit $S(t)$. Die wesentlichen konzeptionellen Konzepte sind die Annahme, dass der Firmenwert $V(t)$ durch eine geometrische Brownsche Bewegung

$$dV(t) = V(t)(\mu dt + \sigma dW(t)), \quad V_0 = v_0 \tag{3.8}$$

modelliert ist und sich gleichzeitig der Firmenwert als Summe von Eigen- und Fremdkapital ergibt, also

$$V(t) = S(t) + F(t), \quad t \in [0, T], \tag{3.9}$$

gilt, wobei $F(t)$ der Wert der Anleihe und $S(t)$ der Wert der Aktie zur Zeit t sind.

Zur Fälligkeit der Anleihe wird diese nur dann vollständig durch den Eigentümer der Firma (= Gesamtheit aller Aktionäre) zurück gezahlt, wenn $V(T) \geq F$ gilt. Ansonsten fällt die komplette Firma an die Fremdkapitalgeber, und die Aktie wird somit wertlos. Es gilt also für die Werte der Aktie und der Anleihe zur Fälligkeit T

$$S(T) = (V(T) - F)^+, \; F(T) = F - (F - V(T))^+. \tag{3.10}$$

Somit ist $S(T)$ nichts Anderes als eine Call-Option mit Strike F auf den Firmenwert, während $F(T)$ als Endzahlung die Differenz aus dem Nennwert der Anleihe und einem Put mit Strike F auf den Firmenwert besitzt.

Geht man davon aus, dass sowohl die Aktie als auch die Anleihe gehandelt werden können, so ist auch der Firmenwert handelbar, und es liegen die Voraussetzungen des Black-Scholes-Modells vor, wenn wir den Firmenwert als Analogon zur Aktie im Black-Scholes-Modell auffassen sowie eine Möglichkeit zum risikolosen Investment zum festen Zinssatz r erlauben. Mit den gerade gemachten Interpretationen der Werte $S(t), F(t)$ als geeignete europäische Optionen auf den Firmenwert $V(T)$ liefern die Black-Scholes-Formeln für europäische Calls und Puts das folgende Resultat (vergleiche auch Kap. 3 in Band 1).

Satz 3.4 (Aktien- und Anleihepreis im Merton-Modell) *Unter den obigen Annahmen an die Entwicklungen des Firmenwerts und der risikolosen Anlagemöglichkeit erhalten wir die Preise der Aktie und der Anleihe im Merton-Modell als*

$$S(t) = V(t)\Phi(d_1(t)) - Fe^{-r(T-t)}\Phi(d_2(t)),$$
$$F(t) = V(t)\Phi(-d_1(t)) + Fe^{-r(T-t)}\Phi(d_2(t))$$

mit

$$d_1(t) = \frac{\ln(V(t)/F) + (r + \frac{1}{2}\sigma^2)(T-t)}{\sigma\sqrt{T-t}}, \quad d_2(t) = d_1(t) - \sigma\sqrt{T-t}.$$

Man beachte, dass sich das Black-Scholes-Modell mit der Wahl von $F = 0$ (also kein Fremdkapital) als ein Spezialfall des Merton-Modells ergibt.

Bemerkung 3.5 (Credit-Spread im Merton-Modell) *Mit Hilfe der Darstellungen des Werts der Unternehmensanleihe $F(t)$ im Merton-Modell*

$$P_d(t,T) = F(t) = FP(t,T)\Phi(d_2(t)) + V(t)\Phi(-d_1(t))$$

und der ihrem Nennwert F angepassten Nenner $FP(t,T)$ in der allgemeinen Beziehung (3.1) *erhält man die Form des Credit-Spread als*

$$y_{CS}^{Merton}(t,T) = -\frac{1}{T-t}\ln\left(\Phi(d_2(t)) + \frac{V(t)}{FP(t,T)}\Phi(-d_1(t))\right). \tag{3.11}$$

Der Credit-Spread ist somit zufällig. Um sein Verhalten zu illustrieren, betrachtet man ihn oft als Funktion der Restlaufzeit und hält dabei den Firmenwert konstant. Für sehr kurze Laufzeiten geht er für $V \geq F$ gegen Null. Im Fall $V < F$ geht er dagegen gegen unendlich. Die Tatsache, dass der Credit-Spread im ersten Fall gegen Null geht, ist ein in der Praxis eher nicht beobachteter Fall, da sich bei den meisten Krediten erst bei Fälligkeit zeigt, ob sie wirklich vollständig zurückgezahlt werden und somit für die Restunsicherheit ein Aufschlag verlangt wird.

Verallgemeinerungen und Anwendungen des Merton-Modells Zahlreiche Kritikpunkte und Wünsche zum Merton-Modell führten zu einer Vielzahl von Verallgemeinerungen, von denen wir im Folgenden einige kurz beleuchten wollen. Für darüber hinaus gehende Details verweisen wir auf die bereits oben genannten Lehrbücher.

1. Mehrere Klassen von Krediten Die Ausdehnung des Modells auf mehrere Kreditklassen ist denkbar einfach. Ist z. B. Kredit A mit Nennwert F_A zuerst im Zeitpunkt T zurück zu zahlen und erst danach – falls dies noch möglich ist – Kredit B mit Nennwert F_B (man spricht dann auch davon, dass Kredit A eine höhere Seniorität als Kredit B besitzt), so ergibt sich der Wert der Aktie wiederum als der einer Call-Option auf den Firmenwert mit Fälligkeit T und Strike $F_A + F_B$. Die Werte der beiden Kredite ergeben sich dann analog zum Fall eines Kredits. Der Wert von Kredit A in T ist als Differenz des Firmenwerts und eines Calls auf den Firmenwert mit Strike F_A gegeben, der von Kredit B als die Differenz der beiden Calls auf den Firmenwert mit Strike F_A und Strike $F_A + F_B$ (siehe auch Übung 1).

2. Vorzeitiger Ausfall: Das Black-Cox-Modell Um auch die Möglichkeit eines vorzeitigen Ausfall des Kredits zu modellieren, führen Black und Cox in Black und Cox (1976) eine zusätzliche Ausfalllinie

$$C(t) = C \exp(-\gamma(T-t)), \quad t \in [0, T],$$

ein, bei deren Unterschreiten das Unternehmen an die Halter der Anleihe fällt. In Analogie zum Merton-Modell ergibt sich der Aktienpreis wieder als eine Option auf den Firmenwert und führt zum Problem der Bewertung einer Down-and-Out-Call-Option (siehe auch Übung 2). Für weitere technische Details und insbesondere die Korrektur einer Formel in der Originalarbeit verweisen wir auf Abschnitt 2.6 in Lando (2004).

3. Das KMV-Modell als Industrieanwendung Die subjektive Wahrscheinlichkeit, dass im Merton-Modell ein Kreditausfall auftritt, ergibt sich als die bedingte Wahrscheinlichkeit, dass der Firmenwert bei Fälligkeit den Nennwert der Anleihe unterschreitet gegeben den heutigen Firmenwert, also als

$$\mathbb{P}(\text{Ausfall}|V(t)) = \Phi\left(\frac{\ln\left(\frac{V(t)}{F}\right) + \left(\mu - \frac{1}{2}\sigma^2\right)(T-t)}{\sigma\sqrt{T-t}}\right). \tag{3.12}$$

Sie bildet die Basis des sogenannten KMV-Modells, das eine wichtige Industrieumsetzung des Merton-Modells bildet. Diese Wahrscheinlichkeit wird auch als *Expected Default Frequency* bzw. als *Distance-to-Default* bezeichnet. Auf der Basis einer sehr umfangreichen Datensammlung wird im KMV-Modell für Unternehmensanleihen eine Ausfallwahrscheinlichkeit angegeben, die der empirischen Ausfallhäufigkeit von Unternehmensanleihen mit gleicher Distance-to-Default entspricht. Die genauen technischen Umsetzungen sind nicht Gegenstand unseres Buchs, und wir verweisen hierfür auf die von KMV bereitgestellte Dokumentation Crosbie und Bohn (2002).

4. Weitere Varianten struktureller Modelle Eine naheliegende Verallgemeinerung des Merton-Modells und des Black-Cox-Modells besteht in der Einführung eines stochastischen Zinsprozesses. Dies geschieht in Briys und de Varenne (1997). Eine andere Richtung der Verallgemeinerung zielt auf die optimale Wahl der Kapitalstruktur ab. Während in den bisherigen Modellen die Kapitalstruktur gegeben war, wird die Kapitalstruktur in den Arbeiten von Leland ((Leland, 1994)), Leland und Toft ((Leland und Toft, 1996)) und Hilberink und Rogers ((Hilberink und Rogers, 2002)) als eine endogen zu optimierende Größe betrachtet, aus deren Optimalität sich – quasi als eine Art Abfallprodukt – auch der Preis der Unternehmensanleihe ergibt. Dabei spielt der Einfluss von Steuern eine große Rolle, der auch bei anderen, hier nicht genannten Modellerweiterungen eine zentrale Größe ist.

5. Portfolio-Optimierung mit ausfallrisikobehafteten Anlagen Ein Ansatz zur Portfolio-Optimierung mit Unternehmensanleihen in strukturellen Modellen, der nicht nur auf das Merton-Modell beschränkt ist und als Innovation die Optimierung des Portfolios auf die Optimierung von Elastizitäten zurück führt, wird in Korn und Kraft (1999) vorgestellt.

Bemerkung 3.6 *Auch wenn das Merton-Modell recht einfach ist, wird doch oft in der Literatur darauf hingewiesen, dass seine Umsetzung im KMV-Modell schneller auf Änderungen in der Kreditqualität reagieren kann als Modelle von anderem Typ, da es seine Einschätzungen kontinuierlich in der Zeit aufdatiert und sie nicht erst durch eine Einstufung einer Anleihe in eine andere Rating-Klasse ändert.*

Das Merton-Modell als 1-Faktor-Modell für ein Unternehmensanleihenportfolio Die Ausfallbedingung im Merton-Modell, dass der Firmenwert unter den Nennwert des Kredits fällt, kann leicht in eine Ausfallbedingung vom Typ transformiert werden, wie er im vorangehenden Abschnitt in Gleichung (3.2) angenommen wurde, denn wir haben

$$V(T) < F \iff W(T) < -\frac{\ln\left(\frac{V(0)}{F}\right) + \left(r - \frac{1}{2}\sigma^2\right)T}{\sigma\sqrt{T}} =: -c\sqrt{T}.$$

Nimmt man nun an, dass für verschiedene Unternehmensanleihen die Brownsche Bewegung $W(t)$ jeweils durch eine Brownsche Bewegung $W_i(t)$ mit

$$W_i(t) = \rho_i Y(t) + \sqrt{1-\rho_i^2}\, U_i(t)$$

mit $0 \leq \rho_i \leq 1$ ersetzt wird, wobei $Y(t), U_1(t), \ldots, U_n(t)$ unabhängige eindimensionale Brownsche Bewegungen sind, so sind wir genau in der Situation von Satz 3.2, wenn man noch entsprechende Homogenitätsannahmen an die Parameter c_i und ρ_i macht.

3.4 Reduzierte Modelle

Während die strukturellen Modelle auf einer expliziten Modellierung der Entwicklung des Firmenwerts und der Kapitalstruktur des Unternehmens basieren, steht in den reduzierten Modellen die Modellierung des Ausfallzeitpunktes und der Ausfallhöhe der Anleihe im Mittelpunkt. Dabei werden wir zunächst mit der Modellierung des Ausfallzeitpunktes beginnen.

Die Wahl eines stochastischen Ausfallzeitpunkts kann durch die Tatsache, dass der Firmenwert in der Regel kaum oder nur sehr schwer beobachtet werden kann, motiviert werden. Ob dies die Wahl eines vollständig nicht-vorhersehbaren Sprungprozesses für den Ausfallzeitpunkt rechtfertigt, wollen wir nicht beurteilen.

Da nun allerdings ein Ausfall zu einem beliebigen Zeitpunkt während der Laufzeit der Anleihe erfolgen kann, diese aber typischerweise nicht voll ausfällt (man denke nur an den in den Nachrichten immer wieder ins Spiel gebrachte *Schuldenschnitt* bei z. B. griechischen Staatsanleihen), ist auch die Modellierung der Ausfallhöhe ein zentrales Problem. Wir nehmen hier zunächst an, dass zum Ausfallzeitpunkt τ ein Zahlungsversprechen der Höhe δ_τ bei Fälligkeit der Anleihe erfolgt. Man spricht auch von *Recovery of Treasure*, d. h. der Wert des Zahlungsversprechens zur Zeit τ entspricht gerade

$$R_{Tr}(\tau) = \delta_\tau P(\tau, T),$$

also dem entsprechenden Vielfachen einer risikolosen Anleihe gleicher Fälligkeit.

Wir gehen zunächst formlos davon aus, dass sich der Preis einer Unternehmensanleihe mit Fälligkeit T, Ausfallzeitpunkt τ und dem Prozess des Zahlungsversprechens zum Ausfallzeitpunkt (dem *Recovery-Prozess*) δ_τ als abgezinster Erwartungswert unter einem äquivalenten Martingalmaß Q ergibt. Wir nehmen im Folgenden immer an, dass ein solches Maß entweder eindeutig ist oder bereits gewählt wurde. Wir haben dann die Darstellung des Preises der Unternehmensanleihe als

$$\begin{aligned} P_d(t,T) &= \mathbb{E}_Q\left(\exp\left(-\int_t^T r(s)ds\right)\left(1_{\{\tau>T\}} + \delta_\tau 1_{\{\tau\le T\}}\right)\right) \\ &= P(t,T) - \mathbb{E}_Q\left(\exp\left(-\int_t^T r(s)ds\right)(1-\delta_\tau)1_{\{\tau\le T\}}\right) \end{aligned} \tag{3.13}$$

Um diese Formel in eine explizitere Form zu überführen, benötigt man die folgenden Zutaten:

- die Modellierung der risikolosen Short-Rate $r(t)$,
- die Wahl der Verteilung der Ausfallzeit τ,
- die Modellierung des Recovery-Prozesses $\delta(t)$,
- die Wahl eines Bewertungsmaßes Q,
- und die Modellierung der Abhängigkeiten zwischen den einzelnen Prozessen.

Unter diesen Aspekten scheint es nur für sehr spezielle Wahlen der Zutaten einfache explizite Preisdarstellungen $P_d(t, T)$ für den ausfallrisikobehafteten Bond zu geben. Wir werden im Folgenden einige populäre und historisch wichtige Modelle vorstellen.

Das Jarrow-Turnbull-Modell Das in Jarrow und Turnbull (1995) eingeführte Modell ist von seiner Rolle her quasi das Äquivalent zum Merton-Modell auf dem Gebiet der reduzierten Modelle. Es wird angenommen, dass ein risikoloses Geldmarktkonto, risikolose Anleihen zu allen gewünschten Fälligkeiten und Unternehmensanleihen gehandelt werden, sowie, dass ein äquivalentes Martingalmaß Q existiert, d. h. dass alle mit dem Geldmarktkonto diskontierten Anleihen unter Q Martingale sind. Die wesentliche Annahme, die im Jarrow-Turnbull-Modell explizite Formeln für die Preise von Unternehmensanleihen erlaubt, ist die *Annahme der Unabhängigkeit des Ausfallprozesses und der Zinsraten unter* Q. Jarrow und Turnbull erreichen dies durch die Wahl eines konstanten Recovery-Prozesses und der Modellierung einer (unter Q) exponentialverteilten Ausfallzeit, die unter Q von den risikolosen Zinsraten unabhängig ist, also durch

$$\delta(t) = \delta, \quad \tau \sim Exp(\lambda)$$

für ein festes $\lambda > 0$ und ein festes $0 \leq \delta \leq 1$. Man erhält unter diesen Annahmen z. B. die folgenden Preisformeln im allgemeinen Fall

$$P_d(t, T) = P(t, T)\big[\delta + (1 - \delta)\exp(-\lambda(T - t))1_{\{\tau > t\}}\big] \tag{3.14}$$

und speziell im Fall des Totalausfalls, $\delta(t) = 0$, und $\tau > t$

$$\begin{aligned} P_d(t, T) &= \mathbb{E}_Q\left(\exp\left(-\int_t^T r(s)ds\right) 1_{\{\tau > T\}}\right) \\ &= \mathbb{E}_Q\left(\exp\left(-\int_t^T (r(s) + \lambda)ds\right)\right). \end{aligned} \tag{3.15}$$

Zwar ist diese letzte Darstellung unnötig kompliziert, doch sie zeigt eine der attraktivsten Eigenschaften der reduzierten Modellierung auf. Nimmt man nämlich auch im Fall einer allgemeinen Ausfallintensität eine Unabhängigkeit der Short-Rate und des Ausfallintensitätsprozesses $\lambda(t)$ unter Q an, so erhält man in der Darstellung (3.15) des Preises der Unternehmensanleihe gerade den Preis eines T-Bonds mit einer modifizierten Short-Rate von

$$\tilde{r}(t) = r(t) + \lambda(t) .$$

Man kann somit durch eine entsprechende Wahl von $\lambda(t)$ explizite Preisformeln für Unternehmensanleihen erhalten, in dem man geeignete Short-Rate-Modelle verwendet. So bietet sich z. B. ein 2-Faktor-Modell an. Wir werden unten zeigen, wie die Annahme der Unabhängigkeit der Ausfallrate und der Short-Rate abgeschwächt werden können.

Eine Verallgemeinerung des Modells, die die Berücksichtigung von Rating-Informationen für Unternehmensanleihen ermöglicht, wird in Jarrow et al. (1997) beschrieben. Dort wird das aktuelle Rating der Anleihe durch einen der möglichen Zustände $1, 2, \ldots, K$ beschrieben. Dabei ist ein Ausfall der Anleihe äquivalent dazu, dass der Zustand K für die Anleihe angenommen wird. Der zeitliche Verlauf des Ratings für die Unternehmensanleihe wird durch eine homogene, zeitstetige Markov-Kette beschrieben, deren Zustandsraum genau $1, 2, \ldots, K$ mit dem absorbierenden Zustand K ist. Befindet sich das Rating der Anleihe heute im Zustand i, so entspricht ihrer Ausfallwahrscheinlichkeit genau der Übergangswahrscheinlichkeit der Markoff-Kette von i nach K vor der Fälligkeit T.

Wir wollen auf die Einführung dieser Modellvariante, des sogenannten *Jarrow-Lando-Turnbull-Modells*, verzichten und verweisen z. B. auf Lando (2004) oder Jarrow et al. (1997) für Details.

Weitere Arten des Recoveryprozesses Die Annahme des sogenannten *Recovery of Treasure*, also des zum Ausfallzeitpunkt gegebenen Zahlungsversprechens, das äquivalent zum Tausch der Unternehmensanleihe in ein (evtl. a priori unbekanntes) Vielfaches δ_τ einer risikolosen Anleihe ist, führte im Rahmen des Jarrow-Turnbull- und des Jarrow-Lando-Turnbull-Modells bei starken Annahmen an δ_τ zu expliziten Preisformeln für Unternehmensanleihen.

Um die Annahmen an die Höhe von δ_τ bei gleichzeitiger Aussicht auf einfache Preisformeln aufrecht zu erhalten, wurde in Duffie und Singleton (1999) ein rekursiver Ansatz eingeführt, der des sogenannten *Fractional Recovery* (auch als *Recovery of Market Value* bezeichnet (siehe z. B. Mc Neil et al. (2005))). Dabei wird angenommen, dass die Unternehmensanleihe bei Ausfall einen evtl. zufälligen Anteil δ_τ ihres Marktwerts, den sie direkt vor dem Ausfall hatte, verliert. Wir werden diese Annahme und Konsequenzen aus ihr im Rahmen des Cox-Prozess-Modells nach Lando (siehe Lando (1998)) im nächsten Abschnitt an einem Beispiel erläutern.

Es soll hier auch nicht unerwähnt bleiben, dass beide Arten der Modellierung des Recoveryprozesses sicher starke Vereinfachungen gegenüber der Realität sind.

Cox-Prozesse zur Ausfallmodellierung In Lando (1998) zeigt Lando u. a. auf, wie zum einen auf die Annahme der Unabhängigkeit zwischen dem risikolosen Zinsratenprozess und dem Ausfallprozess verzichtet werden kann und wie man dabei gleichzeitig auch einen allgemeineren Recovery-Prozess als den einer konstanten Rate behandeln kann. Hierzu führen wir zunächst den Begriff eines Cox-Prozesses ein.

Definition 3.7 Es sei $\lambda(s)$, $s \geq 0$, ein nichtnegativer stochastischer Prozess mit rechtsstetigen Pfaden und linksseitigem Grenzwert (kurz: RCLL-Prozess), so dass für jede seiner Realisierungen $\lambda(., \omega)$ der Prozess $N(t)$, $t \geq 0$, ein inhomogener Poisson-Prozess mit Intensitätsprozess $\lambda(t, \omega)$ ist. Dann heißt $N(t)$ ein *Cox-Prozess*.

Um nun die Unabhängigkeitsannahme zwischen dem risikolosen Zinsratenprozess $r(t)$ und dem Ausfallprozess einer Unternehmensanleihe aus dem Jarrow-Turnbull-Modell abzuschwächen, nimmt Lando an, dass ein $\mathbb{R}^d$-wertiger RCLL-Prozess $X(t)$ auf dem betrachteten Wahrscheinlichkeitsraum $(\Omega, \mathcal{F}, \mathbb{P})$ existiert und sich sowohl der Zinsratenprozess als auch die Ausfallintensität als eine Funktion von X ergeben. Genauer, für geeignete Funktionen $\tilde{r} : \mathbb{R}^d \to \mathbb{R}$ und $\tilde{\lambda} : \mathbb{R}^d \to [0, \infty)$ seien

$$r(t) = \tilde{r}(X(t)), \quad \lambda(t) = \tilde{\lambda}(X(t)) \, . \tag{3.16}$$

Wie im Fall inhomogener Poisson-Prozesse (siehe z. B. Mikosch (2004)) kann man die erste Sprungzeit τ eines Cox-Prozesses mit Hilfe einer Standard-Exponential verteilten Zufallsvariablen E_1 erhalten, die unabhängig von X ist. Sie ergibt sich als

$$\tau = \inf\left\{ t \middle| \int\limits_0^t \tilde{\lambda}(X(s))ds \geq E_1 \right\}. \tag{3.17}$$

Des Weiteren erhält man

$$\mathbb{P}(\tau > t | X(s), s \in [0, t]) = e^{-\int_0^t \lambda(s)ds}, \tag{3.18}$$

$$\mathbb{P}(\tau > t) = \mathbb{E}\left(e^{-\int_0^t \lambda(s)ds}\right). \tag{3.19}$$

Um zwischen der Informationsstruktur, die durch den Prozess $X(t)$ gegebenen ist (der gemäß Gleichung (3.16) die Zins- und Ausfallrate treibt) und der Information, die zur puren Beobachtung des Sprungereignisses gehört, unterscheiden zu können, werden in Lando (1998) die folgenden drei Filterungen eingeführt:

$$\begin{aligned} \mathcal{G}_t &= \sigma\{X(s), s \in [0, t]\}, \\ \mathcal{H}_t &= \sigma\{1_{\tau \leq s}, s \in [0, t]\}, \\ \mathcal{F}_t &= \mathcal{G}_t \vee \mathcal{H}_t . \end{aligned}$$

Mit diesen Vorbereitungen lässt sich das wesentliche technische Hilfsmittel aus Lando (1998) formulieren:

Lemma 3.8 *Es seien X eine $\mathcal{G}_T$ messbare Zufallsvariable sowie Y_t, Z_t jeweils $\mathcal{G}_t$-adaptierte Prozesse, die den folgenden Bedingungen für $0 \leq t \leq T$ genügen:*

$$\mathbb{E}\left(\exp\left(- \int\limits_t^T r(s)ds \right) |X| \right) < \infty,$$

$$\mathbb{E}\left(\int\limits_t^T |Y(s)| \exp\left(- \int\limits_t^s r(u)du \right) ds \right) < \infty,$$

$$\mathbb{E}\left(\int\limits_t^T |Z(s)\lambda(s)| \exp\left(- \int\limits_t^T (r(u) + \lambda(u))du \right) ds \right) < \infty \, .$$

Dann gelten die Beziehungen

$$\mathbb{E}\left(\exp\left(-\int_t^T r(s)ds\right)X1_{\tau>T}|\mathcal{F}_t\right) \tag{3.20}$$
$$= 1_{\tau>t}\mathbb{E}\left(\exp\left(-\int_t^T (r(s)+\lambda(s))ds\right)X|\mathcal{G}_t\right),$$

$$\mathbb{E}\left(\int_t^T Y(s)1_{\tau>s}\exp\left(-\int_t^s r(u)du\right)ds|\mathcal{F}_t\right) \tag{3.21}$$
$$= 1_{\tau>t}\mathbb{E}\left(\int_t^T Y(s)\exp\left(-\int_t^s (r(u)+\lambda(u))du\right)ds|\mathcal{G}_t\right),$$

$$\mathbb{E}\left(\exp\left(-\int_t^\tau r(s)ds\right)Z(\tau)|\mathcal{F}_t\right) \tag{3.22}$$
$$= 1_{\tau>t}\mathbb{E}\left(\int_t^T Z(s)\lambda(s)\exp\left(-\int_t^s (r(u)+\lambda(u))du\right)ds|\mathcal{G}_t\right).$$

Beweis Wir zeigen nur die Aussage (3.20) und überlassen die Beweise der beiden restlichen Behauptungen dem Leser. Wir betrachten zunächst die Gleichungskette

$$\begin{aligned}
\mathbb{E}\left(1_{\{\tau\geq T\}}|\mathcal{G}_T \vee \mathcal{H}_t\right) &= 1_{\{\tau>t\}}\mathbb{E}\left(1_{\{\tau\geq T\}}|\mathcal{G}_T \vee \mathcal{H}_t\right)\\
&= 1_{\{\tau>t\}}\frac{\mathbb{P}(\{\tau\geq T\}\cap\{\tau>t\}|\mathcal{G}_T)}{\mathbb{P}(\tau>t|\mathcal{G}_T)} = 1_{\{\tau>t\}}\frac{\mathbb{P}(\tau\geq T|\mathcal{G}_T)}{\mathbb{P}(\tau>t|\mathcal{G}_T)}\\
&= 1_{\{\tau>t\}}\frac{\exp\left(-\int_0^T\lambda(s)ds\right)}{\exp\left(-\int_0^t\lambda(s)ds\right)} = 1_{\{\tau>t\}}\exp\left(-\int_t^T\lambda(s)ds\right).
\end{aligned}$$

Wir verwenden diese Beziehung sowie die Messbarkeit des Zinsprozesses bzgl. des zugrunde liegenden Zustandsprozesses X zur Herleitung des gewünschten Resultats:

$$\mathbb{E}\left(\exp\left(-\int_t^T r(s)ds\right)X1_{\tau>T}|\mathcal{F}_t\right)$$
$$= \mathbb{E}\left(\mathbb{E}\left(\exp\left(-\int_t^T r(s)ds\right)X1_{\tau>T}|\mathcal{G}_T \vee \mathcal{H}_t\right)|\mathcal{F}_t\right)$$

$$= \mathbb{E}\left(\exp\left(-\int_t^T r(s)ds\right) X\,\mathbb{E}(1_{\tau>T}|\mathcal{G}_T \vee \mathcal{H}_t)|\mathcal{F}_t\right)$$

$$= 1_{\{\tau>t\}}\mathbb{E}\left(\exp\left(-\int_t^T (r(s)+\lambda(s))ds\right) X|\mathcal{F}_t\right)$$

$$= 1_{\{\tau>t\}}\mathbb{E}\left(\exp\left(-\int_t^T (r(s)+\lambda(s))ds\right) X|\,\mathcal{G}_t\right)$$

Dabei berücksichtige man für die letzte Gleichheit, dass zwar $\mathcal{G}_t \subseteq \mathcal{F}_t$ gilt, aber andererseits auch $\mathcal{F}_t \subseteq \mathcal{G}_t \vee \sigma(E_1) =: \mathcal{J}_t$, wobei E_1 die Standard-Exponential verteilte, von X unabhängige Zufallsvariable ist, die die erste Sprungzeit des Cox-Prozesses (mit-) bestimmt. Die Unabhängigkeit der Zufallsvariablen im Erwartungswert von E_1 bewirkt aber, dass es egal ist, ob man auf $\mathcal{J}_t$ oder auf $\mathcal{G}_t$ bedingt, woraus dann die letzte Gleichheit in der obigen Gleichungskette folgt. ■

Anwendungen der Gleichungen (3.20)–(3.22)
Wir zeigen nun einige wichtige Konsequenzen aus dem gerade behandelten Lemma. Dabei beachte man insbesondere, dass z. B. die Formel für den Preis einer Unternehmensanleihe mit Totalausfall bereits im Jarrow-Turnbull-Modell gezeigt wurde, dort aber unter der Annahme der bedingten Unabhängigkeit zwischen Ausfall und Zinsentwicklung unter Q.

1. Unternehmensanleihenpreis und Totalverlust Setzt man in Gleichung (3.20)

$$X = 1$$

und nimmt an, dass es entweder die volle Rückzahlung der Unternehmensanleihe oder nichts gibt, also $\delta_\tau = 0$, so erhält man die bereits bekannte Preisformel

$$P_d(t,T) = 1_{\tau>t}\mathbb{E}\left(\exp\left(-\int_t^T (r(s)+\lambda(s))ds\right) X|\mathcal{G}_t\right), \tag{3.23}$$

die direkt anzeigt, dass man für jede Wahl von $\lambda(t)$, so dass $r(t)+\lambda(t)$ ein Short-Rate-Prozess ist, für den eine explizite Formel für den Preis eines Zero-Bonds existiert, auch direkt eine explizite Formel für den Preis einer (nicht ausgefallenen) Unternehmensanleihe erhält. Dabei sollte für $\lambda(t)$ aus Interpretationsgründen als Ausfallintensität eigentlich nur ein nicht-negativer Prozess wie z. B. ein CIR-Prozess in Frage kommen.

2. Bondoptionspreise Wählt man als X in (3.20) die Zahlung einer Bondoption auf eine Unternehmensanleihe, bei der es nur die volle Endzahlung oder den Totalausfall gibt, so kann auch hier bei geeigneter Wahl von $r(t)+\lambda(t)$ mit Hilfe der Resultate aus dem Bereich der Short-Rate-Modelle eine explizite Preisformel für die Option angegeben werden.

3. Anleihenpreise bei Fractional Recovery Die Idee des Fractional Recovery, also, dass man beim Ausfall der Anleihe direkt ein Vielfaches $\delta_\tau = q$ ihres Werts verliert, erscheint zunächst in eine Art Endlosschleife zu führen, da der Wert der Anleihe direkt vor τ auch von der eigentlichen Zahlung im Ausfallzeitpunkt abhängen sollte. Dass dies nicht so ist, wird in den Standardlehrbüchern wie z. B. Lando (2004) oder Schönbucher (2003) über eine zeitdiskrete Vorgehensweise motiviert. Eine geschickte Begründung in zeitstetiger Modellierung, an der wir uns unten auch orientieren, wird in Schönbucher (2003) entwickelt, um den folgenden Satz zu beweisen. Wir wollen der Einfachheit des Beweises halber noch die folgenden Annahmen machen:

Annahmen FR:
Der Intensitätsprozess $\lambda(t)$ sei stetig, die Recovery-Größe q sei eine Konstante mit $0 < q < 1$, der Prozess

$$m(t) = \mathbb{E}\left(e^{-\int_0^T (r(s)+q\lambda(s))ds} X \,|\, \mathcal{F}_t\right) \tag{3.24}$$

für die Endzahlung X des zu bewertenden Produkts springe nicht zum Ausfallzeitpunkt τ, und X sei hinreichend integrierbar, dass sowohl der Erwartungswert in Gleichung (3.24) als auch in der Preisformel (3.26) im Satz unten endlich sei. Des Weiteren sei $\lambda(t)$ so gewählt, dass

$$Z(t) := \int_0^t e^{-\int_0^s q\lambda(u)du} dm(s) \tag{3.25}$$

ein (Q-)Martingal ist.

Satz 3.9 (Bewertung bei Fractional Recovery) *Unter der Annahme von Fractional Recovery zum Zeitpunkt des Kreditausfalls und den zusätzlichen Annahmen FR gilt im Cox-Prozess-Modell, dass der Preis zur Zeit $t \leq \tau$ eines ausfallrisikobehafteten Produkts mit versprochener Endzahlung X in T durch*

$$\begin{aligned} P_d^{(Frac)}(t, T; X) &= 1_{\{\tau > t\}} \mathbb{E}\left(e^{-\int_t^T (r(s)+q\lambda(s))ds} X \,|\, \mathcal{F}_t\right) \\ &\quad + 1_{\{\tau = t\}} (1-q) P_d^{(Frac)}(t-, T; X) \end{aligned} \tag{3.26}$$

gegeben ist.

Beweis Durch die geschickte Wahl der rechten Seite der Preisdarstellung (3.26) sieht man direkt, dass sowohl im Fall $\tau > T$ als auch im Fall $\tau \leq T$ der obige Preis(-kandidat) und die dann erhaltene Zahlung aus dem Produkt übereinstimmen, denn es gelten:

$$P_d^{(\text{Frac})}(\tau, T; X) = (1-q) P_d^{(\text{Frac})}(\tau-; X), \quad \text{falls } \tau \leq T$$

sowie

$$P_d^{(\mathrm{Frac})}(T, T; X) = X, \quad \text{falls } \tau > T.$$

Damit $P_d^{(\mathrm{Frac})}(t, T; X)$ tatsächlich der Preis des ausfallrisikobehafteten Produkts mit der in T versprochenen Endzahlung X ist, ist somit nur noch zu zeigen, dass der abgezinste Prozess

$$\beta(t) P_d^{(\mathrm{Frac})}(t, T; X) = e^{-\int_0^t r(s)ds} P_d^{(\mathrm{Frac})}(t, T; X)$$

für $t \leq \tau$ ein Martingal (unter Q) ist. Man beachte hierzu:

i) $m(t)$ aus Gleichung (3.24) ist ein Martingal (unter Q).

ii) Für den zugrunde liegenden Cox-Prozess $N(t)$ gilt

$$dN(t) = d\tilde{N}(t) + \lambda(t)dt,$$

wobei $\tilde{N}(t)$ ein Q-Martingal ist.

iii) Für $t < \tau$ gilt die Beziehung

$$\beta(t) P_d^{(\mathrm{Frac})}(t, T; X) = e^{\int_0^t q\lambda(s)ds} m(t)$$

Wendet man nun die Produktregel (für Sprungdiffusionen) an und beachtet dabei, dass nach Annahme FR $m(t)$ und $N(t)$ nicht gleichzeitig in τ springen, so erhält man für $t \leq \tau$

$$\begin{aligned} d\left(\beta(t) P_d^{(\mathrm{Frac})}(t, T; X)\right) &= d\left(e^{\int_0^t q\lambda(s)ds} m(t)\right) - \beta(t) P_d^{(\mathrm{Frac})}(t-, T; X) q dN(t) \\ &= m(t-) q\lambda(t) e^{\int_0^t q\lambda(s)ds} dt + e^{\int_0^t q\lambda(s)ds} dm(t) - \beta(t) P_d^{(\mathrm{Frac})}(t-, T; X) q dN(t) \\ &= e^{\int_0^t q\lambda(s)ds} dm(t), \end{aligned}$$

was aber unter den Annahmen FR ein Q-Martingal ist, womit alle Behauptungen gezeigt sind. ■

Bemerkung 3.10 (Fractional Recovery und Totalverlust) *Mit Hilfe des Satzes ergibt sich der Preis einer Firmenanleihe im Fall $t < \tau$ als*

$$P_d^{(Frac)}(t, T) = P_d^{(Frac)}(t, T; 1) = \mathbb{E}\left(e^{-\int_t^T (r(s) + q\lambda(s))ds} | \mathcal{F}_t\right), \tag{3.27}$$

also als Preis einer Firmenanleihe mit Totalverlust im ursprünglichen Jarrow-Turnbull-Modell mit der modifizierten Ausfallrate $q\lambda(t)$, was wiederum eine attraktive Eigenschaft für die Anwendung in der Praxis ist.

3.5 Beziehungen zwischen strukturellen und reduzierten Modellen

Auf den ersten Blick erscheinen die beiden Ansätze der strukturellen Modellierung und der reduzierten Modelle für die Bewertung von Kreditderivaten zwei Extremfälle darzustellen. Da man bei der strukturellen Modellierung von einem zu beobachtenden Firmenwert ausgeht, weiß man quasi jederzeit um das Wohl des Unternehmens und damit auch um das Wohl der zugehörigen Unternehmensanleihe Bescheid. Ein Ausfall der Anleihe trifft ihren Halter daher auch nicht unvorbereitet. Er wird sozusagen angekündigt. Dies ist auch ein Grund für die Tatsache, dass z. B. im Merton-Modell kein positiver finaler Credit-Spread vorhanden ist.

Im Gegensatz hierzu wird der Halter der Unternehmensanleihe im reduzierten Modell vor vollendete Tatsachen gestellt. Ein Ausfall ist eine Stoppzeit, die im Allgemeinen erst mal als nicht vorhersagbar angenommen wurde. Sie unterscheidet sich damit z. B. von einer Stoppzeit im Black-Cox-Modell, die vom ersten Unterschreiten einer gegebenen Schranke durch den Firmenwert bestimmt wird. Die vollständige Unsicherheit über die Stoppzeit im reduzierten Modell ist hingegen der Hauptgrund für den dort nichtverschwindenden Credit-Spread.

Die Verbindung zwischen den beiden Ansätzen liegt darin, eine größere Klasse von Stoppzeiten zu betrachten, die die beiden oben beschriebenen Typen beinhaltet. Dies ist eng mit dem Informationsfluss über die Situation des Unternehmens verknüpft. Einen ersten Ansatz hierzu findet man in Duffie und Lando (2000), bei dem die Modellierung eines nicht vollständig beobachtbaren Firmenwerts im strukturellen Modell zu einem nichtverschwindenden Credit-Spread führt. Startet man mit der reduzierten Modellierung, so ist der theoretische Hintergrund der der anfänglichen Erweiterung der dem reduzierten Modell zugrunde liegenden Filterung $\mathcal{F}_t, t \in [0, T]$. Diese Hinzunahme zusätzlicher Information, die relevant für die Beurteilung des gegenwärtigen Zustands der Unternehmensanleihe ist, beeinflusst ihren Preis, der nach wie vor als eine bedingte Erwartung zu berechnen ist, allerdings nun bezüglich einer anderen Filterung.

Die theoretischen Aspekte der Ausfallrisikomodellierung bei erweiterter Filterung wurden insbesondere von der französischen Schule aufgenommen. Eine Einführung in diesen Ansatz findet man in der Monographie Jeanblanc et al. (2009), in der auch auf weitere Quellen und Originalarbeiten verwiesen wird.

3.6 Einige populäre Kreditderivate

Wie am Aktien- und am Zinsmarkt, so gibt es auch am Kreditmarkt bzw. am Markt für Unternehmensanleihen Derivate, die zum einen als Absicherungen und zum anderen aber auch als Spekulationsobjekte dienen. Der extensive Gebrauch und der Erfindungsreichtum sowie der gleichzeitig recht naive Umgang mit komplizierten Portfoliokreditderivaten stellten den Hauptgrund für die Kreditkrise ab 2007 dar. Wir werden in diesem Abschnitt zunächst einige einfache, populäre Kreditderivate betrachten, wobei der sogenannte Credit

Default Swap das sowohl für die Theorie als auch für die Praxis mit Abstand wichtigste Beispiel ist. Dabei verstehen wir unter *einfach* nicht nur eine einfache Form der Endauszahlung, sondern verwenden den Begriff auch nur im Zusammenhang mit Derivaten auf lediglich eine Unternehmensanleihe (auch als *Single-Name-Derivat* bezeichnet). Auf Portfoliokreditderivate – wie z. B. die sogenannte Collateralized Debt Obligation – gehen wir weiter unten ein.

Bemerkung 3.11 (Theorie und Praxis: Eine Vorbemerkung) *Wie bereits am Ende des vorigen Kapitels bemerkt hat die Finanzkrise nach 2007 vieles im praktischen Umgang mit Zinsprodukten verändert. Dies wurde zum einen durch zusätzliche Vorschriften aber auch durch bis dahin vernachlässigte Ausfallrisiken bewirkt. So ist z. B. das in vielen bisher beschriebenen Duplikationsstrategien verwendete Wechseln von positiven zu negativen Positionen durch einen reinen Vorzeichenwechsel am Markt nicht mehr so einfach möglich, da evtl. auftretende Finanzierungs- und Sicherungskosten hier eine starke Asymmetrie bewirken. Des Weiteren ist die für unsere Duplikationsargumentation oft benötigte vollkommene Liquidität für Unternehmensanleihen nicht immer gegeben. Wir werden das in unseren theoretischen Überlegungen meist ausblenden und eine idealisierte Haltung einnehmen bzw. dort explizit darauf hinweisen, wo erhöhte Prämien eingesetzt werden, um die obigen Ausfall- und Liquiditätsrisiken zu kompensieren.*

CDS-Modellierung und -Bewertung Das erste und in vielerlei Hinsicht wichtigste Beispiel für ein Kreditderivat ist sogenannte *Credit-Default-Swap* (kurz: CDS). Er dient der Absicherung einer Position in einer Unternehmensanleihe bzw. allgemeiner der Absicherung gegen den Ausfall eines Finanzprodukts. Dabei zahlt der Käufer des CDS (als *Partei A* oder *Sicherungsnehmer* bezeichnet) an den Verkäufer des CDS (als *Partei B* oder *Sicherungsgeber* bezeichnet) solange zu vorher festgelegten Zeitpunkten eine vereinbarte Prämie, bis die Fälligkeit des CDS erreicht oder das betrachtete Ausfallereignis (also z. B. der Ausfall einer Unternehmensanleihe von Partei C) eingetreten ist. Tritt das Ausfallereignis ein, so erhält Partei A von Partei B eine bei Abschluss des CDS vereinbarte Zahlung.

Im Gegensatz zu einem einfachen Zinsswap, bei dem eine Folge fixer Kuponzahlungen gegen variable Zinszahlungen getauscht werden, benötigt man zur Bewertung eines CDS tatsächlich bereits (risiko-neutrale) Wahrscheinlichkeiten, um die faire CDS-Prämie, den sogenannten *CDS-Spread* c^{CDS}, zu bestimmen, der den Anfangswert des CDS auf Null setzt.

Bei der Beschreibung der Funktionsweise eines CDS existieren sowohl in der Literatur als auch in der Praxis verschiedene Ansätze, die aber in der Regel – z. T. mittels Korrekturfaktoren – ineinander überführt werden können. Wir machen die folgenden Annahmen, bei denen wir uns an Lando (2004) orientiert haben, zur

Spezifikation eines CDS:
Für einen CDS zwischen Partei A und Partei B und eine Unternehmensanleihe mit Nennwert 1 des Schuldners C mit Laufzeit $T > 0$ zahlt

- Partei A zu den Zeitpunkten $i\Delta := iT/n$, $i = 1, \ldots, n$ jeweils eine Prämie der Höhe c an Partei B, wenn bis zum Zeitpunkt $i\Delta$ kein Ausfall der Unternehmensanleihe eingetreten ist,
- Partei B an Partei A den Betrag von $1 - R$ im Zeitpunkt τ, falls die Unternehmensanleihe in $\tau \leq T$ (mit bereits bekannter Recovery-Rate R) ausgefallen ist.

Um die folgenden Beweise zu vereinfachen, nehmen wir zusätzlich an, dass Unternehmensanleihen des Unternehmens C mit Fälligkeiten $0 < t_1 < \ldots < t_N = T$ und einer Recovery-Rate von 0 gehandelt werden und im Fall eines Ausfalls einer Anleihe von C alle Anleihen von C zum gleichen Zeitpunkt τ ausfallen. Wir nehmen auch an, dass die Zahlung von Partei B (des Sicherungsgebers) auf jeden Fall geleistet wird, sofern das Ausfallereignis eintritt.

Mit diesen Annahmen können wir zunächst eine allgemeine Darstellung für den CDS-Spread erhalten.

Proposition 3.12 *Es seien die oben gemachten Annahmen zur Spezifikation des CDS und des Handels weiterer Anleihen von C gültig. Weiter existiere ein eindeutiges risikoneutrales Maß Q im betrachteten Markt, in dem risikolose Bonds und Unternehmensanleihen des Unternehmens C gehandelt werden.*

Dann beträgt der CDS-Spread $c^{CDS} = c^{CDS}(T)$ eines durch die Zahlungszeitpunkte $0 < t_1 < \ldots < t_N = T$ der Prämienzahlungen von A und die Höhe δ der Zahlung von B im Ausfallzeitpunkt τ, falls $\tau < T$ gilt, gegebenen CDS

$$c^{CDS} = \frac{(1-R)\mathbb{E}\left(\exp\left(-\int_0^\tau r(s)ds\right)1_{\{\tau \leq T\}}\right)}{\sum_{i=1}^N P_d(0,t_i)}, \tag{3.28}$$

wobei der Erwartungswert unter Q zu bilden ist und $P_d(0,t)$ die Preise der Unternehmensanleihen von C mit Laufzeit t und Recovery-Rate der Höhe 0 sind.

Beweis Wie in einem gewöhnlichen Zinsswap betrachten wir die beiden Zahlungsströme von Partei A an B und B an A zunächst separat und erhalten dann den CDS-Spread, in dem wir ihre beiden Werte gleich setzen.

Wert der Zahlungen von A an B: Offenbar zahlen alle Unternehmensanleihen von C mit Laufzeit t_i genau dann eine Geldeinheit aus, wenn $\tau > t_i$ gilt. Genau in diesen Fällen muss Partei A zum Zeitpunkt t_i die Prämie c^{CDS} an Partei B zahlen. Also besitzt der

Zahlungsstrom von A an B in $t = 0$ den Wert π^{AB} von

$$\pi^{AB} = c^{\text{CDS}} \sum_{i=1}^{N} P_d(0, t_i) .$$

Wert der Zahlungen von B an A: Da B an A die Zahlung von $1 - R$ genau dann im Ausfallzeitpunkt τ leistet, wenn $\tau \leq T$ gilt, erhält man π^{BA} als Wert der Zahlung von B an A in $t = 0$ gemäß

$$\pi^{BA} = (1 - R)\mathbb{E}\left(\exp\left(- \int_0^\tau r(s)ds \right) 1_{\{\tau \leq T\}} \right) .$$

Gleichsetzen der beiden Werte der Zahlungen und Auflösen nach c^{CDS} liefert die Behauptung. ∎

Wenn wir annehmen, dass ein strukturelles Modell mit Intensitätsprozess $\lambda(t)$ vorliegt, dann kann die Gleichung (3.28) in eine noch explizitere Form überführt werden. Hierzu führen wir noch eine Abkürzung und die sogenannte *Hazard-Rate* $\hat{\lambda}(t)$ ein, die durch die folgende Gleichheit definiert wird:

$$S(0, t) := \mathbb{E}\left(\exp\left(- \int_0^t \lambda(s)ds \right) \right) =: \exp\left(- \int_0^t \hat{\lambda}(s)ds \right) . \tag{3.29}$$

Die Hazard-Rate stellt quasi das Äquivalent beim Intensitätsprozess zur Forward-Rate bei der Bewertung risikoloser Bonds dar. Wir erhalten dann als Korollar zur obigen Proposition:

Korollar 3.13 *Unter den Annahmen von Proposition 3.12 gelte zusätzlich im durch den Intensitätsprozess $\lambda(t)$ gegebenen reduzierten Modell die Gleichheit*

$$\mathbb{E}\left(-\frac{\partial}{\partial t} \exp\left(- \int_0^t \lambda(s)ds \right) \right) = -\frac{\partial}{\partial t}\mathbb{E}\left(\exp\left(- \int_0^t \lambda(s)ds \right) \right) . \tag{3.30}$$

Des Weiteren nehmen wir an, dass der Short-Rate-Prozess $r(t)$ und der Intensitätsprozess $\lambda(t)$ unter dem risiko neutralen Maß Q unabhängig sind.

Dann erhalten wir den CDS-Spread als

$$c^{CDS} = \frac{(1 - R) \int_0^T \hat{\lambda}(t) S(0, t) P(0, t)dt}{\sum_{i=1}^{N} S(0, t_i) P(0, t_i)}, \tag{3.31}$$

Beweis Wir wählen die gleiche Beweisstruktur wie im Beweis von Proposition 3.12.

Wert der Zahlungen von A an B: Da unter der Annahme der Unabhängigkeit von $r(t)$ und $\lambda(t)$ unter Q die Beziehung

$$P_d(0,t) = \mathbb{E}\left(\exp\left(-\int_0^t r(s)ds\right)\right)\mathbb{E}\left(\exp\left(-\int_0^t \lambda(s)ds\right)\right)$$

für $\tau > t$ gilt, folgt der Nenner des Ausdrucks für c^{CDS} bereits aus Proposition 3.12.

Wert der Zahlungen von B an A: Wir betrachten den Zähler von c^{CDS} aus Proposition 3.12. Bedingen auf die Ausfallzeit τ und Vertauschen des Integrals mit dem Erwartungswert liefert zunächst

$$\begin{aligned}
\pi^{BA} &= (1-R)\mathbb{E}\left(\exp\left(-\int_0^\tau r(s)ds\right)1_{\{\tau\le T\}}\right)\\
&= (1-R)\mathbb{E}\left(\int_0^T \lambda(t)\exp\left(-\int_0^t (r(s)+\lambda(s))ds\right)dt\right)\\
&= (1-R)\int_0^T \mathbb{E}\left(\lambda(t)\exp\left(-\int_0^t (r(s)+\lambda(s))ds\right)\right)dt\ .
\end{aligned}$$

Diesen Ausdruck können wir unter den gemachten Annahmen der Unabhängigkeit von Zins- und Ausfallrate, der Definition der Hazard-Rate sowie der vorausgesetzten Vertauschbarkeit der Ableitung und Erwartungswertbildung bei $S(0,t_i)$ explizit weiter bestimmen als

$$\begin{aligned}
\pi^{BA} &= (1-R)\int_0^T P(0,t)\mathbb{E}\left(\lambda(t)\exp\left(-\int_0^t \lambda(s)ds\right)\right)dt\\
&= (1-R)\int_0^T P(0,t)\hat{\lambda}(t)S(0,t)dt\ ,
\end{aligned}$$

wobei wir für die letzte Gleichheit die Identität

$$\begin{aligned}
\hat{\lambda}(t)S(0,t) &= -\frac{\partial}{\partial t}\exp\left(-\int_0^t \hat{\lambda}(s)ds\right) = -\frac{\partial}{\partial t}\mathbb{E}\left(\exp\left(-\int_0^t \lambda(s)ds\right)\right)\\
&= \mathbb{E}\left(-\frac{\partial}{\partial t}\exp\left(-\int_0^t \lambda(s)ds\right)\right) = \mathbb{E}\left(\lambda(t)\exp\left(-\int_0^t \lambda(s)ds\right)\right)
\end{aligned}$$

verwendet haben. Hieraus folgt dann insgesamt die Behauptung. ■

Bemerkung 3.14 *Wir haben für die Herleitung der Form des CDS-Spreads neben einigen technischen Annahmen auch die Verfügbarkeit von Anleihen des Unternehmens C für jede beliebige Laufzeit mit einer Recovery-Rate von 0 gemacht, was sicher in der Praxis nicht der Fall sein wird. Es gibt Herleitungen des CDS-Spreads mit marktnäheren Annahmen, die z. B. die Existenz einer variabel verzinsten Unternehmensanleihe mit festem Spread und Kuponzahlungen zu den Zeitpunkten, an denen die CDS-Spreads an B gezahlt werden müssen, annehmen. Da allerdings auch diese Annahme in der Regel nicht gegeben sein wird, haben wir den obigen Weg gewählt und verweisen für die alternative Herleitung z. B. auf Duffie (1996).*

Die Rolle von Credit-Default-Swaps besteht aber nicht nur in ihrer Absicherungsfunktion, sondern – teils in der Praxis noch wichtiger – in ihrer Funktion zur Bestimmung einer Zeitstruktur der Ausfallwahrscheinlichkeiten. Ähnlich wie im risikofreien Zinsmodell die Zinsswaps zur Bestimmung der Zinsstruktur herangezogen werden können (siehe die dortige Bemerkung 2.14), verwendet man hierfür die einzelnen Werte $c^{\mathrm{CDS}}(T)$.

Bestimmung impliziter Ausfallwahrscheinlichkeiten aus CDS Spreads:
Wir wollen über einen gegebenen Zeitraum $[0, T]$ die Ausfallwahrscheinlichkeit einer Unternehmensanleihe aus vorhandenen CDS-Spreads bestimmen. Dabei interessieren uns speziell die Wahrscheinlichkeiten für einen Ausfall in den Intervallen $(t_{i-1}, t_i]$ mit $t_i = iT/n, i = 1, \ldots, n$, wobei wir von maximal einem Ausfall der Anleihe ausgehen. Des Weiteren nehmen wir an, dass für alle Zeiten t_i CDS-Spreads $c^{\mathrm{CDS}}(t_i)$ vorliegen. Vereinfachend nehmen wir weiter an, dass alle Anleihen desselben Unternehmens gleichzeitig ausfallen.

Wir verwenden hierzu die obige Gleichung (3.31) für den CDS-Spread im Fall eines reduzierten Modells und nehmen also implizit an, dass wiederum Unabhängigkeit (unter Q) zwischen dem risikolosen Zinsraten- und dem Ausfallintensitätsprozess vorliegt. Wir erhalten dann:

Proposition 3.15 *Unter den Annahmen von Korollar 3.13 und der zusätzlichen Annahme, dass die Ausfallzahlung nach einem Ausfall im Intervall $(t_{i-1}, t_i]$ immer erst zum Zeitpunkt t_i erfolgt, ergibt sich für*

$$p_k := Q(\tau > t_k), \quad k \in \mathbb{N}, \quad p_0 := 1 \tag{3.32}$$

die folgende Darstellung

$$p_k = \frac{(1-R)\sum_{i=1}^{k} P(0,t_i)p_{i-1} - \sum_{i=1}^{k-1} P(0,t_i)p_i(1-R+c(t_k))}{P(0,t_k)(1-R+c(t_k))}, \tag{3.33}$$

wobei $c(t_k)$ der CDS-Swap für die Laufzeit t_k ist. Insbesondere gilt dann auch

$$Q(\tau \in (t_{k-1}, t_k]) = p_{k-1} - p_k\,. \tag{3.34}$$

Beweis Unter der Annahme an, dass die Ausfallzahlung nach einem Ausfall im Intervall $(t_{i-1}, t_i]$ immer erst zum Zeitpunkt t_i erfolgt, erhält die zugehörige Ausfallzahlung immer den Abzinsfaktor $P(0, t_i)$. Der Zähler in Gleichung (3.31) erhält dann für die Laufzeit t_k die Form

$$(1-R)\sum_{i=1}^{k} P(0,t_i)\int_{t_{i-1}}^{t_i}\hat{\lambda}(t)S(0,t)dt = (1-R)\sum_{i=1}^{k} P(0,t_i)(S(0,t_{i-1}) - S(0,t_i))$$

$$= (1-R)\sum_{i=1}^{k} P(0,t_i)(p_{i-1} - p_i)\,,$$

während sich der Nenner als

$$\sum_{i=1}^{k} P(0,t_i)S(0,t_i) = \sum_{i=1}^{k} P(0,t_i)p_i$$

ergibt. Auflösen der so entstandenen Variante von Gleichung (3.31) liefert dann die Behauptung. ■

Bemerkung 3.16 (Modellunabhängigkeit) *Unter der zusätzlichen Annahme, dass die Ausfallzahlung immer am Ende des Zeitintervalls erfolgt, in der die Unternehmensanleihe ausfällt, benötigt man zur Herleitung des CDS-Spreads zusätzlich zu den risikolosen Abzinsfaktoren nur die (risiko-neutralen) Ausfallwahrscheinlichkeiten für die einzelnen Zeitintervalle* $(t_{i-1}, t_i]$. *Man erhält damit direkt die im Beweis von Proposition 3.15 verwendete Darstellung der Gleichung für den CDS-Spread, die man dann nach den einzelnen risiko-neutralen Ausfallwahrscheinlichkeiten auflösen kann.*

Weitere einfache Kreditderivate Es existieren noch viele weitere Beispiele von Kreditderivaten von ähnlicher Struktur, bei denen einzelne Unternehmensanleihen die zugrunde liegenden Finanzprodukte sind, wie z. B.

Asset-Swaps Hier wird ähnlich wie bei einem Zinsswap eine Folge variabler Zinszahlungen gegen eine Folge fixer Zinskupons getauscht. Da allerdings die fixen Kupons von einer Unternehmensanleihe geleistet werden, ist für den diese Zahlungen empfangenden Partner im Asset-Swap noch ein Aufschlag (eine Marge) für das Ausfallrisiko der fixen Zinszahlungen zu leisten.

Total-Return-Swaps Beim Total-Return-Swap (ursprünglich auch als Total-Rate-of-Return-Swap bezeichnet) werden nicht nur die Zinszahlungen getauscht. Der Halter der Unternehmensanleihe erhält von seinem Vertragspartner im Total-Return-Swap zusätzlich die möglichen Verluste durch Marktpreisrisiken der Anleihen ausgeglichen, gibt umgekehrt aber auch entsprechende Gewinne an den Vertragspartner ab.

Wir wollen hier nicht weiter auf die Behandlung dieser und ähnlich strukturierter Kreditderivate eingehen, sondern verweisen hierfür auf die bereits erwähnten Standardlehrbücher zu Kreditderivaten.

Beispiele von Optionen auf CDS (samt einer detaillierten Analyse ihrer Bewertung) findet man z. B. in Brigo (2005) oder in Hüttner und Scherer (2016).

Basket-Default-Swaps So wie bereits ein CDS eigentlich eher einer Option als einem einfachen Zinsswap gleicht, haben auch Basket-Default-Swaps einen klaren Optionscharakter. Im Unterschied zum CDS beziehen sie sich allerdings auf ein Portfolio von Kreditderivaten. Ein explizites Beispiel ist ein *First-to-Default Swap*, bei dem wie im Fall eines CDS gegen eine periodische Zahlung von Prämien eine Ausfallzahlung für den ersten Ausfall einer Unternehmensanleihe aus einem Portfolio solcher Anleihen geleistet wird. Offenbar benötigt man zur Bestimmung des Preises eines Basket-Default-Swaps die gemeinsame Verteilung der Ausfallzeiten aller Anleihen unter dem risiko-neutralen Maß. Wir werden diese Art von Swaps weiter unten genauer beschreiben, wenn wir uns mit ihrer Bewertung bzw. der Bestimmung der zu zahlenden Prämien beschäftigen.

CDS-Optionen und andere So wie es im *gewöhnlichen* Zinsmarkt Optionen auf Swaps, auf Anleihen und auf den Zinssatz gibt, kann man sich auch im Markt für Firmenanleihen alle möglichen Typen von Optionen vorstellen, von denen tatsächlich auch einige an der Börse gehandelt werden wie z. B. Optionen auf CDS, die den Swaptions im Zinsmarkt entsprechen. Manche dieser Optionen lassen sich im Merton-Modell relativ einfach bewerten, in dem man Resultate aus dem Bereich gewöhnlicher Aktienoptionen verwendet (vgl. Übung 3). Eine analoge Aussage gilt in einfachen Intensitätsmodellen für die Anwendung von Optionspreisformeln aus dem Zinsbereich.

Der CDO – Das Gesicht der Finanzkrise Das wegen seiner Rolle in der Kreditkrise ab 2007 und seiner Rolle in der finanzmathematischen Forschung vorher und nachher wohl berüchtigste Kreditderivat ist der sogenannte CDO (engl. *Collateralized Debt Obligation*), der in der Praxis in vielerlei Formen auftritt.

Der Ausgangspunkt auf dem Weg zur Entwicklung des CDO ist die Tatsache, dass eine Bank in der Regel einen höheren Kreditzins verlangt, als sie Zins auf eine Anlage gleicher Höhe (beim gleichen Kunden) geben würde. Gleichzeitig muss die Bank pro vergebenem Kredit Kapital zur Absicherung des Ausfallrisikos zurücklegen. Um das Ausfallrisiko abzugeben und somit gleichzeitig wieder Sicherungskapital für neu zu vergebende Kredite zu erhalten, bietet es sich an, den Kredit quasi zu verkaufen, indem man am Markt eine Anlage zu einem höheren Anlagezins anbietet, der aber noch unter dem von der Bank erhaltenen Kreditzins liegt. Gleichzeitig übernimmt der Anleger als Gegenleistung für den höheren Zins das Ausfallrisiko des Kunden.

Diese aus Sicht der Bank einfache und vorteilhafte Strategie, das Kreditrisiko vollständig gegen einen Teilverzicht auf Zinsgewinne zu tauschen, war am Markt nicht sonderlich

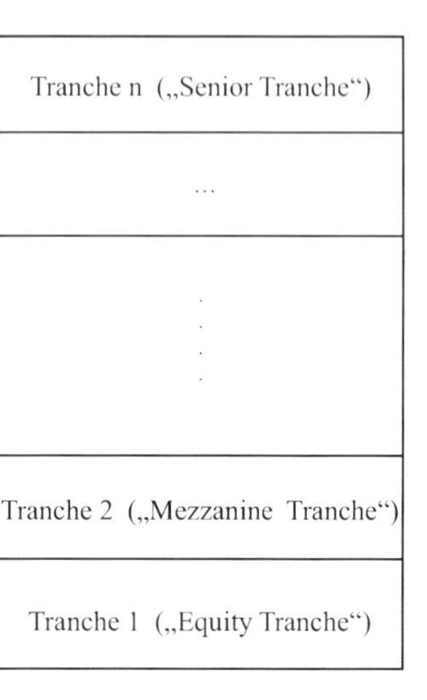

Abb. 3.3 Prinzipielle Aufteilung eines CDO in einzelne Tranchen

erfolgreich, da auch die Marge für die Übernahme des Ausfallrisikos für einen Einzelkredit nicht hoch sein konnte.

Um die Grundidee der Übertragung des Kreditrisikos gegen Zahlung eines erhöhten Anlagezinses attraktiver zu gestalten, führte man gegen Ende der 90er Jahre das *Verpacken* und *Tranchieren* eines ganzen Portfolios von Krediten ein. Dabei wird das Gesamtportfolio der Einzelkredite in einzelne Teile, sogenannte *Tranchen* $T_1, \ldots, T_n$, aufgeteilt, von denen man Anteile erwerben kann. Jeder Tranche wird ein prozentualer Anteil am Gesamtvolumen des Portfolios zugeteilt. Allerdings ist nicht a priori klar, welcher Kredit zu welcher Tranche gehört. Dies zeigt sich erst a posteriori, da Kreditausfälle immer zunächst der in Abb. 3.3 untersten Tranche T_1 zugeordnet wird. Dies geschieht solange, bis das Volumen von T_1 komplett aufgebraucht ist. Sollte dieser Fall eintreten, so werden weitere Ausfälle durch die nächst höhere Tranche getragen, usw.

Um den offensichtlich unterschiedlichen Risiken der einzelnen Tranchen (man spricht auch von unterschiedlicher *Seniorität*) Rechnung zu tragen, führte man zum einen entsprechende Bezeichnungen ein (so heißt die untere Tranche T_1 die *Equity Tranche*) und zum anderen erhielten die unteren Tranchen als Risikoprämie Verzinsungen, die deutlich über die üblichen Kreditzinsen hinaus gingen.

Eines der Probleme des CDO war dabei die große Nachfrage, deren Befriedigung nur durch die Vergabe weiterer Kredite geschehen konnte, da die Verpackung ja auch Inhalt benötigt. Nicht zuletzt deshalb wurde in den USA eine sehr offensive Kreditbewerbung und -vergabe durchgeführt.

Ein oben beschriebener CDO, dem physische Kredite (sogenannte *Namen*) zugrunde liegen, wird als *Cash-CDO* bezeichnet. Um sich von dem Volumen der Kredite und ihrer physischen Verfügbarkeit lösen zu können, sowie eine Standardisierung von CDOs zu erzielen, führte man sogenannte *synthetische CDOs* ein, bei denen statt Krediten ein Portfolio von Credit Default Swaps die Grundlage des CDO bildet. Dies hat den Vorteil, dass alle dem CDO zugrunde liegenden Güter normiert werden können und z. B. eine gleiche Laufzeit und gleiche Größe haben können. Auch ist nur die Existenz der den CDS zugrunde liegenden Anleihen, nicht aber ihr gleichzeitiger Besitz, notwendig. Und schließlich müssen im Gegenteil zum Cash-CDO auch nicht alle Anteile des CDO verkauft werden, was den Umgang mit dem synthetischen CDO deutlich erleichtert. Wir werden im Folgenden bei der mathematischen Modellierung keinen Unterschied zwischen Cash-CDO und synthetischem CDO machen und verweisen für die rechtlichen und vertrieblichen Aspekte auf die Spezialliteratur. Statt dessen wollen wir uns auf die spezielle mathematische Herausforderung bei der Bewertung der einzelnen CDO-Tranchen konzentrieren.

Es erscheint dabei klar, dass zur Bewertung eines CDO eine explizite Modellierung der Abhängigkeit der einzelnen Kreditkomponenten notwendig ist. Hierzu werden wir zunächst einen entsprechenden Exkurs über die Abhängigkeitsmodellierung mittels Copulas einführen. Wir werden die exakte mathematische Beschreibung eines CDO auch erst bei der Diskussion der zugehörigen Bewertungsmethoden geben.

Mit dem fortschreitenden Erfolg von CDOs kamen dann auch Varianten auf, wie z. B. ein *CDO-squared*, bei dem CDOs zu einem CDO verpackt werden. Bei solchen Wertpapieren hatte man eigentlich keine Aussicht auf eine stabile Bewertung, da die zugrunde liegende Abhängigkeitsstruktur zwischen den einzelnen Komponenten extrem kompliziert und nur schwer durchschaubar war.

3.7 Exkurs 5: Abhängigkeitsmodellierung mittels Copulas

Die Notwendigkeit, bei Kreditderivaten mit vielen zugrunde liegenden Krediten die Abhängigkeitsstruktur zwischen den Krediten zu berücksichtigen, führte zu Beginn dieses Jahrhunderts auf die Konzentration der Abhängigkeitsmodellierung in der finanzmathematischen Forschung und hier speziell zu einer großen Renaissance des Konzepts der Copula samt großen Forschungsanstrengungen in diesem Bereich.

Wir wollen uns deshalb in diesem Abschnitt mit mehrdimensionaler Modellierung jenseits der multivariaten Normalverteilung (wie sie z. B. der mehrdimensionalen Brownschen Bewegung zu Grunde liegt) und der Produktverteilung (im Fall unabhängiger Zufallsvariablen) beschäftigen. Hierzu werden wir zum einen das Konzept der Copula vorstellen, uns zunächst aber um die Messung und unser Verständnis von Abhängigkeit kümmern.

Das gemeinhin bekannte Maß für den Grad der Abhängigkeit zweier reellwertiger, quadratintegrierbarer Zufallsvariablen X und Y ist die Korrelation nach Pearson,

$$\rho_{X,Y} = \frac{Cov(X,Y)}{\sqrt{Var(X)}\sqrt{Var(Y)}},$$

bei der $Cov(X,Y)$ die Kovarianz von X und Y bezeichnet. Die Kovarianz ist allerdings lediglich geeignet, um den linearen Zusammenhang zwischen X und Y zu messen. Dies

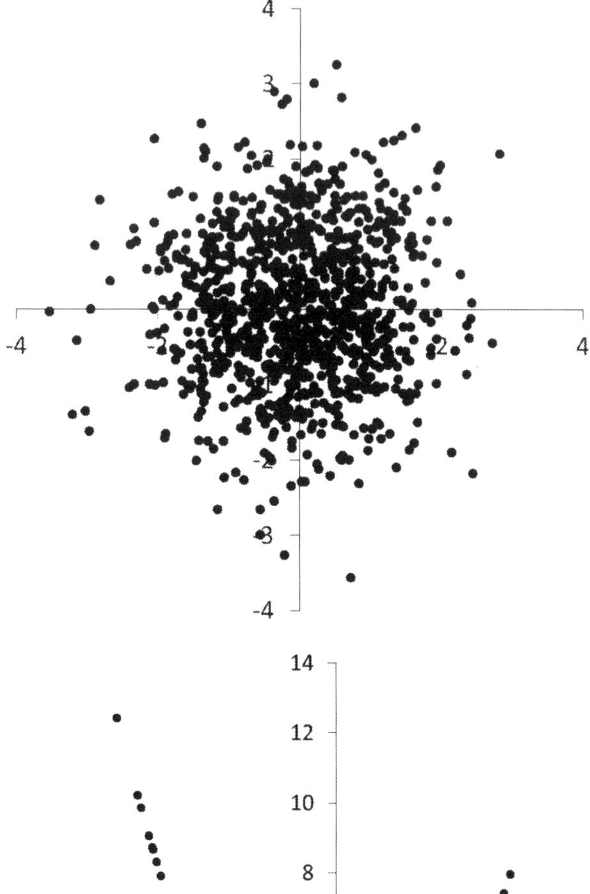

Abb. 3.4 1000 unabhängig standard-normal verteilte Datenpaare (X, Y), geschätzte Korrelation $\hat{\rho}_{X,Y} = 0{,}00039$

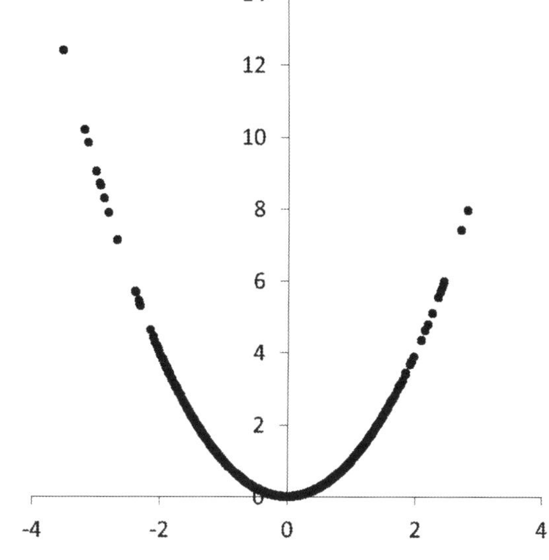

Abb. 3.5 1000 unabhängige Datenpaare (X, Y) mit $X \sim N(0, 1)$, $Y = X^2$, geschätzte Korrelation $\hat{\rho}_{X,Y} = -0{,}1835$

sieht man auch leicht an den drei folgenden Bildern, die simulierte Daten zeigen. In Abb. 3.4 sehen wir 1000 unabhängige Realisierungen der jeweils unabhängigen, standard-normal verteilten Zufallsvariablen X und Y, während in den beiden folgenden Abbildungen 3.5 und 3.6 bei gleichen Realisierungen von X als zweite Variable $Y = X^2$ bzw $Y = \sin(X)$ gewählt wurde.

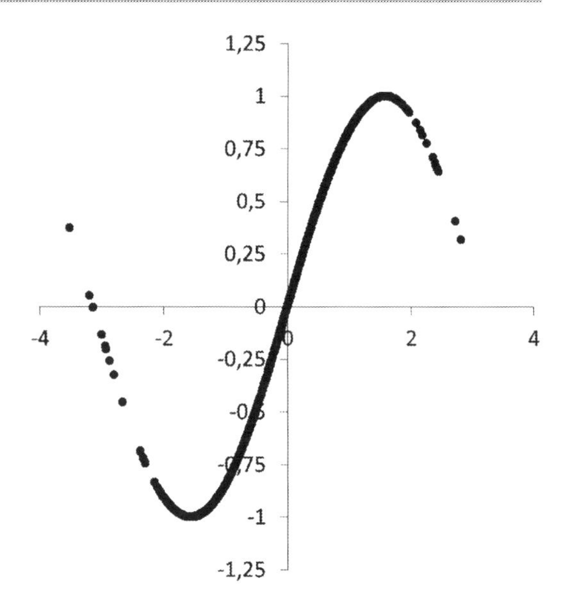

Abb. 3.6 1000 unabhängige Datenpaare (X, Y) mit $X \sim N(0,1)$, $Y = \sin(X)$ geschätzte Korrelation $\hat{\rho}_{X,Y} = 0{,}9216$

Natürlich liegen in den letzten beiden Fällen direkte Abhängigkeiten vor, die allerdings durch die Korrelation nicht oder nicht in dem vorhandenen Maß beschrieben werden. Wir führen deshalb ein Maß ein, das zumindest monotone Abhängigkeiten als solche entdeckt.

Definition 3.17 (Kendalls τ) Es seien X und Y reellwertige Zufallsvariablen, X^* und Y^* seien jeweils unabhängige Kopien von X bzw. Y. Dann definiert man Kendalls τ von X und Y als

$$\tau(X, Y) := \mathbb{P}((X - X^*)(Y - Y^*) > 0) - \mathbb{P}((X - X^*)(Y - Y^*) < 0). \tag{3.35}$$

Aufgrund seiner Definition gilt $-1 \leq \tau(X, Y) \leq 1$. Für stetige Zufallsvariablen überlegt man sich leicht, dass beim Vorliegen einer streng monton fallenden Abhängigkeit $\tau(X, Y) = -1$ und bei streng wachsender Abhängigkeit $\tau(X, Y) = 1$ gelten. So gesehen erkennt Kendalls τ zwar monotone Abhängigkeiten, hätte aber auch wie die Korrelation Schwierigkeiten mit nicht-monotonen Abhängigkeiten. Allerdings sind zu seiner Definition keinerlei Integrierbarkeitsannahmen notwendig. Mehr noch, die Daten müssen lediglich geordnet sein, eine metrische Skala ist nicht zwingend erforderlich. Zusätzlich wird sich Kendalls τ bei der Identifikation von Copula-Parametern als nützlich erweisen. Auf weitere zu Kendalls τ analoge Abhängigkeitsmaße wie z. B. Spearmans ρ gehen wir hier nicht ein und verweisen auf die Standardliteratur aus der Statitik.

Wir wollen nun zum Hauptzweck dieses Exkurses zurückkehren, der Modellierung mehrdimensionaler Verteilungen. Während uns im univariaten Fall eine Vielzahl an Verteilungsfamilien bekannt ist, sind uns im multivariaten Fall in der Regel nur die Normalverteilungsfamilie und die Produktverteilung, also die gemeinsame Verteilung unabhängiger Zufallsvariablen, geläufig.

Einen Ausweg aus dieser Situation stellt die Verwendung von Copulas dar. Dabei können wir im Rahmen dieses Buches nur auf einige grundlegende Konzepte, Definitionen und Beispiele eingehen. Stellvertretend für die zahlreichen in den letzten Jahren erschienenen Lehrbücher und Abhandlungen über Copulas nennen wir hier Mai und Scherer (2014) oder Embrechts et al. (2003).

Wir werden zunächst auf die Definition und Funktionsweise einer Copula eingehen. Dabei ist es wichtig, zu verstehen, dass Copulas die univariaten Verteilungsfunktionen $F_1, \ldots, F_n$ von reellwertigen Zufallsvariablen $X_1, \ldots, X_n$ so koppeln, dass man ihre gemeinsame Verteilungsfunktion F erhält.

Definition 3.18 Es seien reellwertige Zufallsvariablen $X_1, \ldots, X_n$ jeweils mit Verteilungsfunktionen $F_1, \ldots, F_n$ und gemeinsamer Verteilungsfunktion F gegeben. Existiert dann eine Funktion $C : [0, 1]^n \to [0, 1]$ mit

$$F(x_1, \ldots, x_n) = C(F_1(x_1), \ldots, F_n(x_n)) \quad \forall\, x \in \mathbb{R}^n, \tag{3.36}$$

so heißt sie die Copula der gemeinsamen Verteilung von $X_1, \ldots, X_n$.

Man kann nun aus der Bedingung (3.36), die angibt, wie die Copula die univariaten Verteilungen zur gemeinsamen Verteilung koppelt, auf Bedingungen schließen, die eine Copula erfüllen muss, da die Copula insbesondere die Eigenschaften, die sich aus der Tatsache ergeben, dass sowohl F als auch die F_i Verteilungsfunktionen sind, übernehmen muss. Dies spiegelt sich auch in der folgenden Definition des Begriffs Copula wieder, die eine separate Einführung ohne die Verwendung von vorgegebenen Verteilungen erlaubt.

Definition 3.19 Eine *Copula* C ist eine Verteilungsfunktion auf $[0, 1]^n$, $n \in \mathbb{N}$, mit gleichverteilten Randverteilungen und erfüllt insbesondere

$$C(1, \ldots, 1, x_i, 1, \ldots, 1) = x_i \qquad \text{für alle } i \in \{1, \ldots, n\}, \tag{3.37}$$

$$C(x_1, \ldots, x_n) = 0, \qquad \text{falls } x_i = 0 \text{ für ein } i \text{ gilt.} \tag{3.38}$$

Bemerkung 3.20 (Einige Aspekte)

a) Die einfachste Copula ist die Unabhängigkeitscopula,

$$C(x_1, \ldots, x_n) = \prod_{i=1}^{n} x_i, \tag{3.39}$$

die gerade die Produktverteilung von gleichmäßig verteilten Randverteilungen ist und somit die gemeinsame Verteilung von unabhängigen Zufallsvariablen modelliert.

b) *Grenzen für die Werte einer Copula sind die sogenannten Frechét-Schranken (siehe auch Übung 5),*

$$\max(x_1 + \ldots + x_n - n + 1, 0) =: W_n(x_1, \ldots, x_n) \leq C(x_1, \ldots, x_n) \\ \leq M_n(x_1, \ldots, x_n) := \min(x_1, \ldots, x_n). \quad (3.40)$$

c) *Copulas sind unter streng monotonen Transformationen invariant. Genauer, ist $C(x_1, \ldots, x_n)$ die Copula zu den reellwertigen Zufallsvariablen $X_1, \ldots, X_n$ und sind die Zufallsvariablen $Y_i = h_i(X_i)$ alle jeweils mit einer streng monoton wachsenden bzw. alle jeweils mit einer streng monoton fallenden Funktion h_i erzeugt, so haben $Y_1, \ldots, Y_n$ ebenfalls die Copula C, was sich elementar nachrechnen lässt (siehe Übung 6).*
Man sieht am Beispiel für $n = 2$ und $h_1(x_1) = x_1$, $h_2(x_2) = -x_2$ sofort ein, dass für die Transformationsinvarianz der Copula die Funktionen h_i entweder alle streng monoton wachsend oder alle streng monoton fallend sein müssen. Eine Kombination der beiden Typen streng monotoner Funktionen ist nicht erlaubt.
Aufgrund der Transformationsinvarianz der Copula kann man OBdA annehmen, dass die betrachteten Zufallsvariablen X_i alle standardisiert und normiert sind, also

$$\mathbb{E}(X_i) = 0, \quad \mathbb{V}ar(X_i) = 1$$

erfüllen, wovon wir im Folgenden öfters Gebrauch machen werden.

d) *Copulas und Kendalls τ: Es seien X, Y zwei stetige Zufallsvariable, deren gemeinsame Verteilung durch die Copula $C(x, y)$ gegeben ist. Dann haben wir den folgenden Zusammenhang (siehe Theorem 3.4 in Embrechts et al. (2003)), der auch zu Kalibrierungszwecken verwendet werden kann:*

$$\tau(X, Y) = 4 \int\int_{[0,1]^2} C(x, y) dC(x, y) - 1 . \quad (3.41)$$

e) *Eine allgemeine Konstruktionsmöglichkeit für Copulas: Es seien X_i reellwertige Zufallsvariablen mit streng wachsenden stetigen Verteilungsfunktionen $F_i(x)$ und gemeinsamer Verteilungsfunktion $F(x_1, \ldots, x_n)$. Dann lässt sich elementar nachrechnen, dass*

$$C(u_1, \ldots, u_n) = F\left(F_1^{-1}(u_1), \ldots, F_n^{-1}(u_n)\right) \quad (3.42)$$

eine Copula ist. Wir werden dies z. B. bei der Konstruktion der Gauß-Copula anwenden.

Die Frage nach der Existenz und Eindeutigkeit einer Copula zu gegebenen Randverteilungen und gemeinsamer Verteilung wird umfassend durch das folgende Resultat von Sklar (siehe Sklar (1959)) beantwortet.

Theorem 3.21 (Satz von Sklar) *$X_1, \dots, X_n$ seien reellwertige Zufallsvariablen mit Verteilungsfunktionen $F_1, \dots, F_n$.*

a) Besitzen die Zufallsvariablen die gemeinsame Verteilungsfunktion F, dann existiert eine Copula C mit

$$F(x_1, \dots, x_n) = C(F_1(x_1), \dots, F_n(x_n)) \tag{3.43}$$

Diese Copula ist eindeutig bestimmt, falls die Randverteilungen stetig sind. Ansonsten ist sie lediglich auf dem Bild von $(F_1, \dots, F_n)$ eindeutig.

b) Ist umgekehrt C eine Copula und sind $X_1, \dots, X_n$ reellwertige Zufallsvariablen mit Verteilungsfunktionen $F_1, \dots, F_n$, so ist die Funktion F, die gemäß Gleichung (3.43) gegeben ist, eine n-dimensionale Verteilungsfunktion mit Randverteilungen $F_1, \dots, F_n$. Sie heißt dann die gemeinsame Verteilungsfunktion F von $(X_1, \dots, X_n)$, die von der Copula C erzeugt wird.

Beweis Für den Beweis beachte man zunächst, dass für eine reellwertige Zufallsvariable mit stetiger Verteilungsfunktion F gilt, dass

$$U = F(X) \tag{3.44}$$

eine auf $[0, 1]$ gleichmäßig verteilte Zufallsvariable ist.

a) Wir führen den Beweis der Aussage a) der Einfachheit halber nur für streng monoton wachsende, stetige Randverteilungen F_i mit Umkehrfunktion F_i^{-1}. Der allgemeine Fall ergibt sich analog mit Hilfe der Eigenschaften der verallgemeinerten Inversen (wir verweisen hierfür und die Idee des folgenden Beweises auf Rüschendorf (2009) bzw. Abschnitt 1.1.2.1 von Mai und Scherer (2012)).
Unter den gemachten Voraussetzungen und Vorbemerkungen haben wir nun

$$\begin{aligned} F(x_1, \dots, x_n) &= \mathbb{P}(X_1 \leq x_1, \dots, X_n \leq x_n) \\ &= \mathbb{P}(F(X_1) \leq F(x_1), \dots, F(X_n) \leq F(x_n)) \\ &= C(F(x_1), \dots, F(x_n)), \end{aligned}$$

wobei für die Gültigkeit der letzten Gleichung insbesondere Gleichung (3.44) verwendet wurde, woraus dann auch folgt, dass C eine Copula ist.
Die Eindeutigkeit der Copula unter der Annahme stetiger Randverteilungen folgt daraus, dass es zu jedem $0 < u_k < 1$ ein $x_k \in \mathbb{R}$ mit $F_k(x_k) = u_k$ gibt, woraus man für je zwei mögliche Copulas C_1, C_2 dann mit

$$\begin{aligned} C_1(u_1, \dots, u_n) &= C_1(F_1(x_1), \dots, F_n(x_n)) = F(x_1, \dots, x_n) \\ &= C_2(F_1(x_1), \dots, F_n(x_n)) = C_2(u_1, \dots, u_n) \end{aligned}$$

die Gleichheit von C_1 und C_2 erhält.

b) Zum Beweis der Aussage b) definieren wir zu den zur Copula gehörenden univariat auf $[0, 1]$ gleichmäßig verteilten Zufallsvariablen U_i die Zufallsvariablen $X_i = F_i^{-1}(U_i)$ die nach der Methode der inversen Transformation die Verteilungsfunktion $F_i, i = 1, \ldots, n$ besitzen. Man erhält dann:

$$\begin{aligned}\mathbb{P}(X_1 \leq x_1, \ldots, X_n \leq x_n) &= \mathbb{P}\big(F_1^{-1}(U_1) \leq x_1, \ldots, F_n^{-1}(U_n) \leq x_n\big) \\ &= \mathbb{P}(U_1 \leq F_1(x_1), \ldots, U_n \leq F_n(x_n)) \\ &= C(F_1(x_1), \ldots, F_n(x_n))\end{aligned}$$

Folglich ist die auf der linken Seite von Gleichung (3.43) definierte Funktion F die gemeinsame Verteilungsfunktion der X_i, womit auch Aussage b) bewiesen ist. ∎

Aus dem Satz von Sklar folgt direkt ein

Konzept zur mehrdimensionalen Modellierung:

1. Wähle zunächst univariate Verteilungen $F_1, \ldots, F_n$, die das (eindimensionale) zufällige Verhalten jeder Komponente X_i beschreiben.
2. Wähle dann eine Copula C, um die Abhängigkeitsstruktur zwischen den Komponenten zu modellieren.

Während uns der erste Schritt aufgrund bisheriger Modellierungsansätze recht vertraut ist, stellt der zweite Schritt, die Festlegung der Abhängigkeitsstruktur und somit die Wahl einer geeigneten Copula, den deutlich schwierigeren Teil dieses Konzepts dar. Bevor wir hierauf näher eingehen und auch einige Beispielfamilien von Copulas betrachten, wollen wir ein weiteres Abhängigkeitskonzept einführen, nämlich das der Abhängigkeit in den Extremen (englisch *Tail Dependency*). Wir beschränken uns dabei auf den Fall von lediglich zwei Zufallsvariablen X und Y.

Definition 3.22 Es sei (X, Y) ein Paar von reellwertigen Zufallsvariablen mit Randverteilungen F_1, F_2.

a) Falls der Grenzwert

$$\lambda_U(X, Y) = \lim_{u \uparrow 1} \mathbb{P}\big(Y > F_2^{-1}(u) \big| X > F_1^{-1}(u)\big) \tag{3.45}$$

existiert und positiv ist, heißen X und Y *abhängig in den oberen Extremen.*

b) Falls der Grenzwert

$$\lambda_L(X, Y) = \lim_{u \downarrow 0} \mathbb{P}\big(Y \leq F_2^{-1}(u) \big| X \leq F_1^{-1}(u)\big) \tag{3.46}$$

existiert und positiv ist, heißen X und Y *abhängig in den unteren Extremen.*

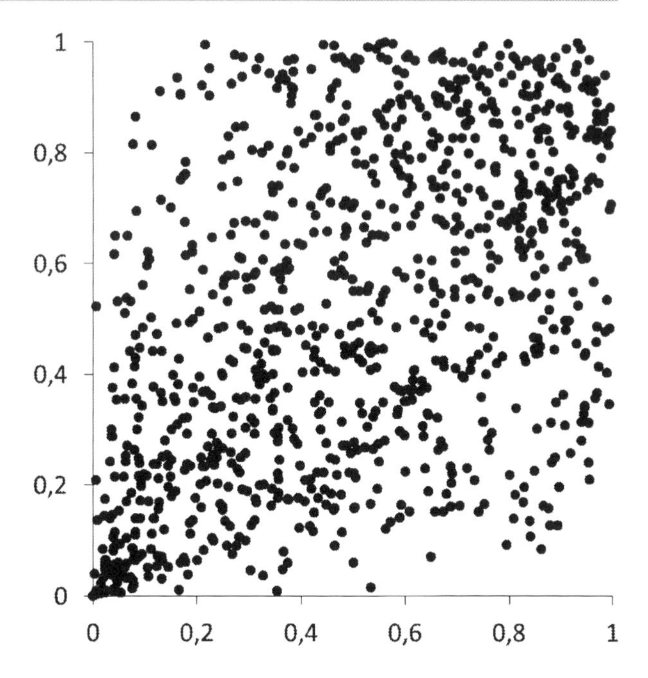

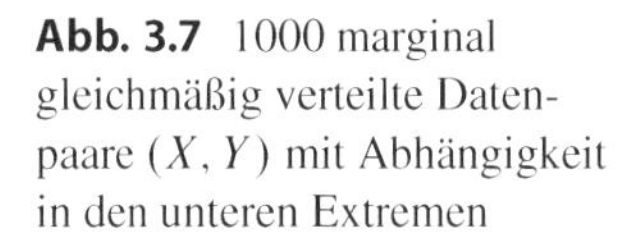
Abb. 3.7 1000 marginal gleichmäßig verteilte Datenpaare (X, Y) mit Abhängigkeit in den unteren Extremen

In Abb. 3.7 werden 1000 zufällig erzeugte Paare (X, Y) gezeigt, die jeweils marginal auf $[0, 1]$ gleichmäßig verteilt sind, bei denen aber für kleine Werte eine starke Abhängigkeit vorzuliegen scheint, während für sonstige Werte ein nahezu unabhängiges Verhalten vorhanden scheint.

Abhängigkeit in den Extremen liegt am Finanzmarkt oft kurz vor einem Crash vor, bei dem alle Kurse gleichzeitig stark fallen (was vermutlich sogar eine gute Definition eines Crashs ist). Dies kann natürlich auch Auswirkungen auf die gemeinsame Ausfallwahrscheinlichkeit von Firmenanleihen haben, was ein Argument für die Anwendung von Copulas im Bereich der Kreditderivate ist, wie wir später sehen werden.

Wir wollen im Folgenden lediglich einige populäre Beispiele von Copula-Familien vorstellen und dabei auch auf ihr Verhalten im Hinblick auf Abhängigkeiten in den Extremen eingehen. Für eine systematische Klassifikation von Copulas verweisen wir insbesondere auf Kap. 1.2 der Monographie Mai und Scherer (2012).

Die Gauß-Copula Wir betrachten zunächst die Situation, in der die reellwertigen Zufallsvariablen $X_1, \ldots, X_n$ jeweils univariat normal verteilt sind mit

$$X_i \sim \mathcal{N}(\mu_i, \Sigma_{i,i})$$

und gemeinsam (n-dimensional) normal verteilt sind mit

$$(X_1, \ldots, X_n)' \sim \mathcal{N}(\mu, \Sigma),$$

wobei Σ als Varianz-Kovarianz-Matrix positiv semi-definit ist. Ist $\Phi_{\mu,\Sigma}$ die zugehörige Verteilungsfunktion, dann erhält man die eindeutig bestimmte Copula, die die univariaten Verteilungen zur gemeinsamen Normalverteilung koppelt als

$$C(u_1, \ldots, u_n) = \Phi_{\mu,\Sigma}\left(\phi^{-1}_{\mu_1,\Sigma_{1,1}}(u_1), \ldots, \phi^{-1}_{\mu_n,\Sigma_{n,n}}(u_1)\right), \tag{3.47}$$

wobei $\phi^{-1}_{\mu_i,\Sigma_{i,i}}(u)$ die Inversen der Verteilungsfunktionen der univariaten Normalverteilungen sind. Hieraus sieht man direkt, wie man allgemein die Gauß-Copula definieren kann, wobei wir uns aufgrund der Transformationsinvarianz von Copulas sogar auf den Fall $\mu_i = 0$ und $\Sigma_{i,i} = 1$ beschränken können und das auch tun werden.

Definition 3.23 (Gauß-Copula) $X_1, \ldots, X_n$ seien gemeinsam normal verteilte, univariate standardnormalverteilte Zufallsvariablen mit Varianz-Kovarianz-Matrix Σ. Dann heißt die gemeinsame Verteilungsfunktion der Zufallsvariablen

$$U_i := \Phi(X_i) \tag{3.48}$$

die *Gauß-Copula* $C_{\Sigma}^{\text{Gauß}}$ mit Varianz-Kovarianz-Matrix Σ. Dabei bezeichnet $\Phi(x)$ die Verteilungsfunktion der univariaten Standardnormalverteilung.

Nach Bemerkung 3.20.5 ist die Gauß-Copula tatsächlich eine Copula. Des Weiteren benötigt man zu ihrer vollständigen Spezifikation lediglich die Matrix Σ, die einem als Varianz-Kovarianz-Matrix vertraut ist. Man beachte aber auch, dass sie nicht (!) die Varianz-Kovarianz-Matrix der Zufallsvariablen U_i ist.

Wir wollen noch einige weitere Aspekte klären:

i) Wie erhalte ich Zufallsvariablen mit allgemeiner univariater Verteilung und der Gauß-Copula als multivariater Verteilung? Die Zufallsvariablen U_i in der Definition der Gauß-Copula sind alle univariat gleichmäßig auf $(0, 1)$ verteilt. Will man also Zufallsvariablen Z_i mit einer univariaten Verteilungsfunktion $F_i(x)$ und der Abhängigkeitsstruktur der Gauß-Copula, so kann man diese aufgrund der Transformationsinvarianz der Copula für streng monotone, stetige Verteilungsfunktionen mit Hilfe der Methode der inversen Transformation erhalten:

$$Z_i = F_i^{-1}(U_i). \tag{3.49}$$

ii) Die Bestimmung der mehrdimensionalen Verteilungsfunktion: Hier steht man vor demselben Problem wie bereits bei der Normalverteilung. Man benötigt zur Auswertung der Gauß-Copula die gleichen numerische Verfahren wie bei der Berechnung der Verteilungsfunktion der allgemeinen Normalverteilung.

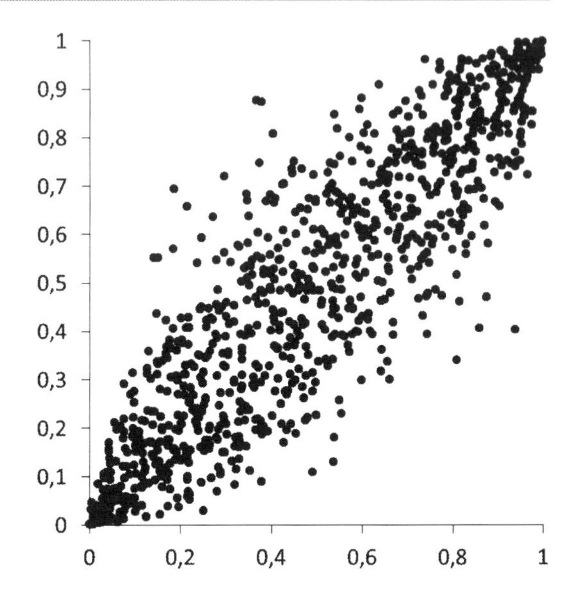

Abb. 3.8 1000 univariate gleichmäßig auf $(0, 1)$ verteilte Datenpaare (X, Y) mit einer Gauß-Copula mit Korellation $0,9$

iii) Simulation von Zufallsvektoren mit Gauß-Copula: Zur Simulation von Zufallsvektoren $(Z_1, \ldots, Z_n)$ mit einer Gauß-Copula und gegebenen Randverteilungen F_i ist allerdings die Gauß-Copula nicht auszuwerten. Es sind lediglich die folgenden Schritte durchzuführen:

Simulation mit einer Gauß-Copula

1. Simuliere die der Gauß-Copula $C_{\Sigma}^{\text{Gauß}}$ zugrunde liegenden normal-verteilten Zufallsvariablen $X_1, \ldots, X_n$ gemäß

$$(X_1, \ldots, X_n)' = R(Y_1, \ldots, Y_n)',$$

   wobei die Y_i unabhängige, $\mathcal{N}(0, 1)$-verteilte Zufallsvariable sind und $\Sigma = R'R$ gilt (also z. B. über die Cholesky-Zerlegung von Σ erhalten werden kann).
2. Erhalte $U_i = \Phi(X_i)$.
3. Erhalte $Z_i = F_i^{-1}(U_i)$.

iv) Weitere Eigenschaften der Gauß-Copula: Gauß-Copulas besitzen keine Abhängigkeiten in den oberen oder unteren Extremen (siehe z. B. Schönbucher (2003)). Die durch die Korrelationsmatrix modellierte Abhängigkeit der zugrunde liegenden Normalverteilung wirkt über den gesamten Bildbereich und nicht nur/stärker in den Extremen. Dies sieht man auch deutlich in Abb. 3.8, bei der 1000 Paare der beiden gleichmäßig auf $(0, 1)$ verteilten Zufallsvariablen durch eine Gauß-Copula mit Korrelation $\rho = \Sigma_{1,2} = 0,9$ gekoppelt sind.

Die t-Copula Die t-Verteilung (mit ν Freiheitsgeraden), die einem schon bei der Konstruktion von Konfidenzintervallen bzw. als Verteilung der Testgrößen in den t-Tests begegnet ist, ist eng mit der Standardnormalverteilung verwandt, was auch durch die Tatsache unterstützt wird, dass man in der Statistik die t-Verteilungen mit mehr als 30 Freiheitsgeraden üblicherweise durch die Standardnormalverteilung ersetzt. Mit ihrer Hilfe lässt sich dann die sogenannte t-Copula konstruieren.

Definition 3.24 $X_1, \ldots, X_n$ seien gemeinsam normal verteilte, univariate standardnormalverteilte Zufallsvariablen mit Korrelationsmatrix Σ, Z sei eine χ^2-verteilte Zufallsvariable mit m Freiheitsgeraden. Weiter sei $t_m(x)$ die Verteilungsfunktion einer t-Verteilung mit m Freiheitsgeraden. Dann heißt die gemeinsame Verteilung $C_m^t(u_1, \ldots, u_n)$ der Zufallsvariablen

$$U_i = t_m\left(\sqrt{m}\frac{X_i}{\sqrt{Z}}\right) \tag{3.50}$$

die *t-Copula* mit m Freiheitsgeraden und Korrelationsmatrix Σ.

Für die t-Copula gilt noch mehr als für die Gauß-Copula, dass die Korrelationsmatrix Σ lediglich die Korrelation der Variablen $X_1, \ldots, X_n$ in der Definition ausdrückt, aber nicht mit der Korrelationsmatrix der durch die Copula gekoppelten Zufallsvariablen U_i übereinstimmt.

Die Bemerkungen bzgl. der Erzeugung von Zufallsvariablen mit gegebener unviariater Verteilung und t-Copula, bzgl. der Berechnung ihrer gemeinsamen Verteilung und auch der Simulation solcher Zufallsvariablen sind identisch bzw. stark ähnlich zu denen bei der Gauß-Copula, weshalb wir hier nicht weiter auf sie eingehen.

Allerdings hat die t-Copula einen wesentlichen Unterschied zur Gauß-Copula, denn bei ihr liegt Abhängigkeit in den oberen und unteren Extremen vor. Genauer, im Fall einer bivariaten t-Copula mit m-Freiheitsgeraden und einer Korrelationsmatrix mit $\rho = \Sigma_{1,2}$ und $-1 < \rho < 1$ gilt (siehe z. B. Lemma 4.8 in Mai und Scherer (2012)):

$$\lambda_U(X, Y) = \lambda_L(X, Y) = 2t_{m+1}\left(-\sqrt{\frac{(m+1)(1-\rho)}{1+\rho}}\right). \tag{3.51}$$

Man beachte, dass aufgrund der Symmetrie der t-Verteilung der Grad der Abhängigkeit in den oberen gleich dem in den unteren Extremen ist, was die Flexibilität im Hinblick auf die Wahl dieser Art von Abhängigkeitsmodellierung doch deutlich einschränkt.

Archimedische Copulas Eine weitere, gerade auch in der Theorie der Copulas sehr populäre Familie ist die der Archimedischen Copulas. Archimedische Copulas sind bereits durch die Angabe einer univariaten Verteilung charakterisiert und basieren auf der Rolle der Laplace-Transformierten zur Charakterisierung einer Wahrscheinlichkeitsverteilung.

Definition 3.25 $F(x)$ sei die Verteilungsfunktion einer nicht-negativen Zufallsvariablen Z mit

$$F(0) = 0\,.$$

Weiter sei $L_Z(v)$ die Laplace-Transformierte von Z, zu der wir

$$\varphi(u) = \inf\{v | L_Z(v) \geq u\}\,, \tag{3.52}$$

den sogenannten *Erzeuger* der Archimedischen Copula definieren. Damit erhalten wir die zugehörige *Archimedische Copula* als

$$C_{\text{Arch}}(x_1, \ldots, x_n) := \varphi^{-1}\left(\sum_{i=1}^{n} \varphi(x_i)\right), \tag{3.53}$$

wobei φ^{-1} die Umkehrfunktion des Erzeugers ist und mit der Laplace-Transformierten von Z übereinstimmt.

Man kann eine Archimedische Copula auch zunächst ohne die Einschränkung, dass die Inverse des Erzeugers eine Laplace-Transfomierte ist, definieren, doch stellt dies keine wesentliche Verallgemeinerung dar, so dass wir den oben beschriebenen Zugang gewählt haben. Natürlich stellt diese Defintion noch kein explizites Beispiel einer Copula, sondern lediglich ein Konzept dar. Bevor wir explizite Beispiele über eine konkrete Wahl von $\varphi(x)$ vorstellen, wollen wir kurz einige Eigenschaften Archimedischer Copulas diskutieren.

Aus der Konstruktion der Archimedischen Copula ergibt sich direkt ihre größte Einschränkung. Da die einzelnen mit dem Erzeuger transformierten Zufallsvariablen als Summe in die Konstruktion eingehen, gilt die folgende Vertauschbarkeitseigenschaft

$$C_{Arch}(x_1, \ldots, x_n) = C_{Arch}\big(x_{\Pi(1)}, \ldots, x_{\Pi(n)}\big) \tag{3.54}$$

für eine beliebige Permutation Π der Zahlen von 1 bis n. Insbesondere impliziert dies, dass die Abhängigkeitsstruktur zwischen allen beteiligten univariaten Zufallsvariablen gleich ist. Weder die Gauß- noch die t-Copula weisen eine solche Einschränkung auf.

Auf der positiven Seite soll vermerkt werden, dass es einen allgemeinen Rahmen zur Simulation von Zufallsvariablen mit einer Archimedischen Copula und gewünschten Randverteilungen mit Verteilungsfunktion $F_i(x)$ gibt, der auf Marshall und Olkin zurückgeht (siehe Marshall und Olkin (1988)), den wir hier lediglich wiedergeben, aber nicht weiter begründen wollen:

⋙ Simulation mit einer Archimedischen Copula mit Erzeuger φ

1. Simuliere n unabhängige Zufallsvariablen $Y_i \sim \mathcal{U}(0,\,1)$.
2. Simuliere eine von den Y_i unabhängige Zufallsvariable Z mit Laplace-Transformierter $L_Z(v) = \varphi^{-1}(v)$.

3. Definiere $U_i = \varphi^{-1}\left[-\frac{1}{Z} \cdot \ln(Y_i)\right]$.
4. Erhalte $X_i = F_i^{-1}(U_i)$.

Neben der Möglichkeit der effizienten Simulation von Zufallsvariablen mit einer Abhängigkeitsstruktur gemäß einer Archimedischen Copula werden wir in den expliziten Beispielen eine weitere attraktive Eigenschaft sehen, nämlich die Möglichkeit asymmetrischer Abhängigkeit in den Extremen. Konkrete Wahlen der Erzeuger führen zu den folgenden beiden populären Wahlen Archimedischer Copulas:

i) Die Gumbel-Copula: Die Gumbel-Copula ist durch die Wahl des Erzeugers $\varphi(t)$ mit

$$\varphi(t) = (-\ln(t))^{\alpha}, \quad \varphi^{-1}(u) = \exp\left(-u^{\frac{1}{\alpha}}\right). \tag{3.55}$$

für $\alpha \geq 1$ gegeben. Im Fall $n = 2$ besitzt sie eine Abhängigkeit in den oberen Extremen gemäß

$$\lambda_U = 2 - 2^{1/\alpha}, \tag{3.56}$$

woraus sich für $\alpha = 1$ der Grenzfall $\lambda_U = 0$ ergibt. Sie besitzt keine Abhängigkeit in den unteren Extremen. Die Wahl von α kann im bivariaten Fall mit Hilfe von Kendalls τ erfolgen, denn es gilt

$$\tau_\alpha(X, Y) = 1 - 1/\alpha. \tag{3.57}$$

Man kann somit bei vorliegenden Daten $\tau_\alpha(X, Y)$ durch sein empirisches Gegenstück schätzen und dann α über die Relation (3.57) wählen.

ii) Die Clayton-Copula : Die Clayton-Copula ist durch die Wahl des Erzeugers $\varphi(t)$ mit $\alpha > 0$ gemäß

$$\varphi(t) = \frac{1}{\alpha} \cdot (t^{-\alpha} - 1), \quad \varphi^{-1}(u) = (\alpha \cdot u + 1)^{-\frac{1}{\alpha}}. \tag{3.58}$$

gegeben. Im bivariaten Fall hat die Clayton-Copula Abhängigkeit in den unteren Extremen gemäß

$$\lambda_L = 2^{-1/\alpha} \tag{3.59}$$

und ein Kendalls τ von

$$\tau_\alpha(X, Y) = \frac{\alpha}{\alpha + 2}. \tag{3.60}$$

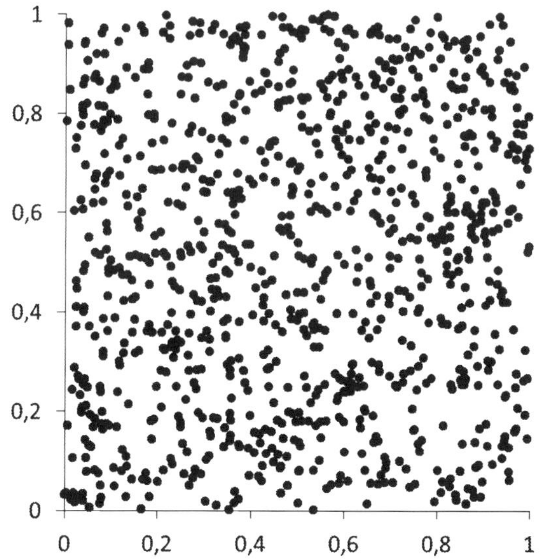

Abb. 3.9 1000 univariate gleichmäßig auf $(0, 1)$ verteilte Datenpaare (X, Y) mit einer Clayton-Copula mit $\alpha = 0{,}1$

Abb. 3.10 1000 univariate gleichmäßig auf $(0, 1)$ verteilte Datenpaare (X, Y) mit einer Clayton-Copula mit $\alpha = 10$

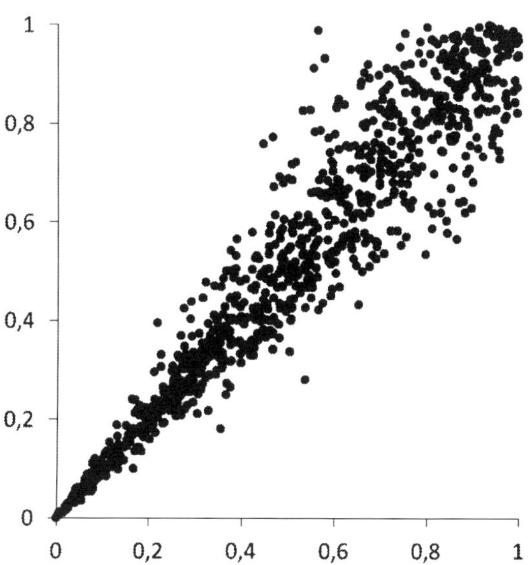

Wieder lässt sich dank dieser Beziehung der Copula-Parameter α schätzen. Zur Illustration der Wirkung des Werts von α zeigen wir in den Abbildungen 3.9 und 3.10 jeweils 1000 univariat gleichmäßig auf $(0, 1)$ verteilte Paare mit der entsprechenden Clayton-Copula für die Werte $\alpha = 0{,}1$ bzw $\alpha = 10$. Während sich die Abhängigkeit in den unteren Extremen für den niedrigen Wert von α nur erahnen lässt, ist sie für $\alpha = 10$ deutlich ausgeprägt.

Weitere Beispiele Archimedischer Copulas (sowie Details zu den oben zitierten Eigenschaften der Clayton- und Gumbel-Copula) wie z. B. die Frank-Copula finden sich in den verschiedenen Standardwerken zu Copulas wie z. B. Joe (1997), Nelson (2006) oder Mai und Scherer (2012). Die Familie Archimedischer Copulas und ihrer Verallgemeinerungen (wie z. B. der hierarchischen Familien) stellt nach wie vor ein aktuelles Forschungsgebiet dar, genau wie die Untersuchungen verschiedener Anwendungen von Copulas im Bereich der Finanzmathematik.

Eine weitere für die Anwendung insbesondere im Risikomanagement und in der Schadensversicherung sehr interessante Copula-Familie basiert auf der Zerlegung der Eins und wird z. B. in Pfeifer et al. (2009) und Pfeifer et al. (2016) beschrieben. Die Bernstein-Copula (siehe Cottin und Pfeifer (2014)) ist ein populäres Beispiel aus dieser Familie. Die Darstellung dieser Copula-Familie geht über den Rahmen dieses Buchs hinaus. Es soll hier nur vermerkt werden, dass sie Beispiele mit unterschiedlichstem Verhalten bzgl. der Extremalabhängigkeit beinhaltet.

3.8 Das Copula-Modell nach Li zur Bewertung von Kreditderivaten

Statt mit dem allgemeinen Copula-Konzept zur Behandlung von Kreditportfolios und zugehörigen Derivaten wollen wir mit der Vorstellung des populären und gleichermaßen berüchtigten Ansatzes nach David X. Li (vgl. Li (2000) und den Hintergrundartikel Salmon (2009)) beginnen.

Die große Innovation von Li war dabei zunächst nicht alleine die Verwendung einer Copula zur Modellierung der gemeinsamen Verteilung der Ausfälle von Unternehmensanleihen, sondern die Erkenntnis, dass sich die Kreditqualität und auch der Zusammenhang zwischen Krediten quasi andauernd in der Zeit ändern. Statt auf die statischen einjährigen Ausfallwahrscheinlichkeiten einzelner Anleihen legte Li seinen Schwerpunkt auf die Modellierung der Ausfallzeiten und deren gemeinsamer Verteilung. Wie wir unten zeigen werden, führte Li hierdurch ein Modell ein, bei dem er vielfältige Begrifflichkeiten und Konzepte aus der Lebensversicherungsmathematik übernahm und so z. B. auch von einer *Überlebensfunktion* für eine Anleihe spricht. Wir betrachten im Folgenden immer die Sicht vom Zeitpunkt $t = 0$ aus, was zum einen als Sichtweise von der Ausgabe der entsprechenden Kredite angesehen werden kann, aber auch die Interpretation erlaubt, dass wir nur Kredite betrachten, die noch nicht ausgefallen sind.

Mit der Bezeichnung von τ für die Ausfallzeit einer Unternehmensanleihe mit Verteilungsfunktion $F(t)$ verwendet Li den Ansatz

$$S(t) = 1 - F(t) = e^{-\int_0^t h(s)ds} \tag{3.61}$$

für die Überlebensfunktion, wobei implizit angenommen wird, dass τ eine Dichte $f(x)$ besitzt und die sogenannte *Hazard-Funktion* über

$$h(x) = \frac{f(x)}{1 - F(x)} = -\frac{S'(x)}{S(x)} \tag{3.62}$$

definiert ist. Dies ist ein Standardansatz in der Sterblichkeitsmodellierung in der Lebensversicherungsmathematik.

Der Einfachheit halber beschränkt sich Li in Li (2000) auf den bivariaten Fall von lediglich zwei Unternehmensanleihen A und B mit Ausfallzeiten τ_A und τ_B. Mit der Bezeichnung $S_{\tau_A,\tau_B}(s,t) = \mathbb{P}(\tau_A > s, \tau_B > t)$ für ihre gemeinsame Überlebensfunktion erhält man ihre gemeinsame Verteilungsfunktion als

$$F(s,t) = 1 - S_{\tau_A}(s) - S_{\tau_B}(t) - S_{\tau_A,\tau_B}(s,t)$$

für $s \geq 0, t \geq 0$. Wir haben damit die Möglichkeit, die *Ausfallkorrelation* zu definieren als

$$\rho_{AB} := \frac{\mathbb{C}ov(\tau_A, \tau_B)}{\sqrt{\mathbb{V}ar(\tau_A)\mathbb{V}ar(\tau_B)}}. \tag{3.63}$$

Diese Ausfallkorrelation stimmt im Allgemeinen weder mit der Korrelation der den Unternehmensanleihen zugrunde liegenden Aktienkursen noch der Korrelation der Preise der Unternehmensanleihen überein.

Mit dem zusätzlichen Konzept der Verwendung einer Copula zur Modellierung der gemeinsamen Verteilung der beiden Ausfallzeiten ist Lis Konzept vollständig beschrieben. Er stellt dann die konkrete Anwendung dieses Konzepts vor, die aus den folgenden drei Schritten besteht:

Schritt 1: Die Konstruktion der univariaten Kreditkurven

Li bezeichnet die zeitliche Entwicklung der Hazard-Funktion als *Kreditkurve*. Da sie die univariate Verteilung der Ausfallzeit der zugehörigen Unternehmensanleihe bestimmt, schlägt er vor, sie entweder aus historischen Ausfallinformationen von Ratingsystemen oder aus Marktdaten zu kalibrieren. Als Beispiel hierzu wollen wir die Kalibrierung einer stückweise konstanten Hazard-Funktion beschreiben. Hierbei nehmen wir an, dass für die zu betrachtende Unternehmensanleihe die kumulierten Ausfallraten q_i für Laufzeiten über die nächsten i Jahre vorliegen, was im Rahmen der Standard-Ratings geliefert wird. Man überlegt sich dann wegen der Beziehung

$$q_i = 1 - e^{-\int_0^i h(s)} = 1 - e^{-\sum_{j=1}^i h_j}$$

für auf $(j-1, j]$ konstante Hazard-Raten h_j leicht, dass

$$h_1 = \ln\left(\frac{1}{1+q_1}\right) \tag{3.64}$$

und allgemein

$$h_i = \ln\left(\frac{1}{1+q_1}\right) - \sum_{j=1}^{i-1} h_j \tag{3.65}$$

folgen. Die analoge Vorgehensweise ergibt für alle betrachteten Unternehmensanleihen ihre univariaten Kreditkurven und somit auch die Verteilungs- bzw. Überlebensfunktionen ihrer Ausfallzeiten.

Li stellt noch eine weitere Vorgehensweise vor, bei der er ebenfalls eine stückweise konstante Hazardfunktion annimmt, diese aber an Marktpreise für Unternehmensanleihen mit (Rest-)Laufzeiten von $i = 1, 2, \ldots, n$ Jahren kalibriert. Dabei unterstellt er ein reduziertes Modell und nimmt an, dass sich die Preise als ein Produkt aus dem risikolosen Diskontfaktor und einem reinen Kreditrisikofaktor ergeben. Zusätzlich setzt er Unabhängigkeit zwischen den beiden Faktoren voraus, eine Annahme, der wir auch bereits im Abschn. 3.4 des Öfteren begegnet sind.

Schritt 2: Die Wahl und Kalibrierung der Copula der Ausfallzeiten

Li stellt in seiner Arbeit einige Grundlagen der Theorie und Beispiele der Copulas vor, konzentriert sich dann aber auf die bivariate Gauß-Copula. Sein Hauptargument ist dabei, dass er zeigen kann, dass die Gauß-Copula bereits im weit verbreiteten Credit Metrics-System zur Vorhersage von 1-Jahresausfallwahrscheinlichkeiten für Unternehmensanleihen verwendet wird und sein Ansatz über die Modellierung der gemeinsamen Verteilung der Ausfallzeiten zweier Unternehmensanleihen A und B eine direkte Verallgemeinerung darstellt.

Genauer, zu gegebenen 1-Jahresausfallwahrscheinlichkeiten q_A, q_B für A und B werden zu je einer $\mathcal{N}(0,1)$-verteilten Zufallsvariable Z bzw. Z^* die Quantile Z_A, Z_B bestimmt, so dass

$$q_A = \mathbb{P}(Z < Z_A), \quad q_B = \mathbb{P}(Z^* < Z_B)$$

gelten. Bei gegebener Korrelation von ρ zwischen den zu A und B gehörenden Aktien modelliert man dann in Credit Metrics die gemeinsame Ausfallwahrscheinlichkeit von A und B für das nächste Jahr über

$$\mathbb{P}(Z < Z_A, Z^* < Z_A) = \Phi_2(Z_A, Z_B; \rho), \tag{3.66}$$

wobei $\Phi_(x, y; \rho)$ die bivariate Standardnormalverteilung mit Korrelation ρ ist.

Verwendet man eine bivariate normale Copula mit Korrelationsparameter γ für die Ausfallzeiten τ_A und τ_B, so erhält man die gemeinsame 1-Jahresausfallwahrscheinlichkeit für A und B als

$$\mathbb{P}(\tau_A < 1, \tau_B < 1) = \Phi_2\big(\Phi^{-1}(F_A(1)), \Phi^{-1}(F_A(1)); \gamma\big) . \tag{3.67}$$

Da aber $q_i = \mathbb{P}(\tau_i < 1) = F_i(1)$, $Z_i = \Phi^{-1}(q_i)$ für $i = A, B$ gelten, folgt aus der Gleichheit der linken Seiten der beiden Gleichungen (3.66) und (3.67) direkt

$$\gamma = \rho .$$

Bemerkung 3.26 *Man beachte, dass zum einen ρ i.a. nicht gleich der Ausfallkorrelation ρ_{AB} ist. Zum anderen weist Li darauf hin, dass man aus den für Credit Metrics bekannten/angenommenen Aktienkorrelationen hochdimensionale Gauß-Copula-Funktionen modellieren und diese bei der Bewertung von Kreditportfolios und Portfolioderivaten verwenden kann.*

Schritt 3: Die Anwendung des Modellrahmens zur Derivatebewertung
In Li (2000) wird als eine Anwendung die Bewertung eines speziellen First-to-Default-Derivats betrachtet, bei dem man beim ersten Ausfall einer von n Unternehmensanleihen eine Geldeinheit zum Zeitpunkt des Ausfalls erhält, sofern er innerhalb der nächsten beiden Jahre stattfindet. Auch für dieses sehr einfache Derivat hat man i. A. nur dann eine explizite analytische Bewertungsformel unter speziellen Annahmen, so dass sich ein Monte Carlo-Ansatz zur Bewertung anbietet.

Hierfür beschreibt Li zunächst einen allgemeinen Simulationsrahmen, den wir bereits in analoger Form für die Simulation von Zufallszahlen mit einer Gauß-Copula im Exkurs 5 kennen gelernt haben. Nimmt man also für die gemeinsame Verteilung der Ausfallzeiten eine Gauß-Copula mit Korrelationsmatrix Σ an und sind ihre Marginalverteilungen durch die jeweiligen Verteilungsfunktionen F_i gegeben, so lassen sich die Ausfallzeiten der n Unternehmensanleihen in zwei Schritten simulieren:

- Simuliere $Y_1, Y_2, \ldots, Y_n$ gemäß einer multivariaten Normalverteilunfg $\mathcal{N}(0, \Sigma)$.
- Erhalte die Ausfallzeiten der Anleihen gemäß der vorgegebenen gemeinsamen Verteilung über
$$\tau_i = F_i^{-1}(\Phi(Y_i)),\ i = 1, \ldots, n.$$

Man kann nun eine große Anzahl von Vektoren von Ausfallzeiten und die jeweils daraus resultierenden Zahlungen eines Derivats bestimmen, zinst diese mit dem (je nach Annahme ebenfalls simulierten oder deterministischen) risikolosen Abzinsfaktor ab und approximiert den Wert des Derviats durch den Mittelwert über die abgezinsten Zahlungen. Diese Monte Carlo-Vorgehensweise ist universell für Derivate anwendbar, deren Zahlungen von den Ausfallzeiten der Unternehmensanleihen abhängen.

Im speziellen Fall des oben betrachteten First-to-Default-Derivats beschreibt Li noch eine explizite analytische Lösung für den Fall *unabhängiger* Anleihen, deren Ausfallzeiten alle die gleiche konstante Hazard-Funktion $h(t) \equiv h > 0$ und somit eine Exponentialverteilung mit Erwartungswert $1/h$ besitzen. Im Fall einer konstanten Zinsrate r erhält man dann unter Berücksichtigung, dass das Minimum

$$\tau := \min\{\tau_1, \ldots, \tau_n\}$$

von n unabhängigen exponential verteilten Zufallsvariablen $\tau_i, i = 1, \ldots, n$, mit gleichem Parameter h wiederum exponential verteilt ist mit Parameter

$$h^* = nh\ ,$$

den Wert des obigen First-to-Default-Derivats als

$$\mathbb{E}\left(e^{-r\tau}1_{\{\tau\in[0,2]\}}\right) = \int_0^2 e^{-rt}h^* e^{-h^* t}\,dt = \frac{h^*}{r+h^*}\left(1 - e^{-2(r+h^*)}\right).$$

Li weist in seiner Arbeit explizit auf den großen Einfluss der Korrelation zwischen den Anleihen für den Wert des First-to-Default-Derivats hin, in dem er mittels Monte Carlo Simulation Werte des Derivats für verschiedene Korrelationsannahmen berechnet.

Bemerkung 3.27 *In Schönbucher (2003) wird Lis Ansatz als ein* semi-dynamisches Modell *bezeichnet. Dabei liegt die Dynamik des Modells darin, dass es zu allen Zeitpunkten $T > 0$, für die univariate Ausfallwahrscheinlichkeiten für die einzelnen Anleihen vorliegen, ein statisches Copula-Modell mit der verwendeten Copula ergibt. Da es sich immer um die gleiche Copula handelt, ist es lediglich ein statisches Modell. Umgekehrt ist der Ansatz nach Li in der Hinsicht praktisch, dass eine Copula verwendet werden kann, die aus einem statischen Modell herrührt, das z. B. eine Variante des Merton-Modells oder des Credit Metrics-Ansatzes sein kann.*

Bemerkung 3.28 (Die Tragweite von Lis Arbeit) *Die Arbeit ((Li, 2000)) beinhaltet – bewusst oder unbewusst – keine Anwendung auf die Bewertung von CDOs als Beispiel. Li weist auch darauf hin, dass z. B. bei Verwendung einer Gauß-Copula die paarweisen Korrelationen in der zugehörigen Matrix zu schätzen sind oder z. B. aus den Korrelationen, die Credit Metrics verwendet, übernommen werden können. Allerdings verwendet er bereits im obigen Beispiel der Bewertung des First-to-Default-Derivats die Annahme der gleichen paarweisen Korrelation zwischen allen Anleihen. Ob es wirklich dieses Beispiel war, das dann zur Motivation einer analogen Annahme bei der Bewertung von Copulas zum Marktstandard werden ließ, ist zumindest nicht auszuschließen. Allerdings kann hierfür ebenfalls die Arbeit Vasicek (1991) als Motivation angesehen werden.*

3.9 Bewertung von CDOs: ein kurzer Überblick

Natürlich ist die in Li (2000) vorgestellte Vorgehensweise auch auf die Monte Carlo-Bewertung von CDOs anwendbar. Alle drei Schritte, von der Konstruktion der univariaten Kreditkurven über die Wahl/Kalibrierung der Copula bis hin zur Monte Carlo-Simulation der Ausfallzeiten und der sich daraus ergebenden Zahlungen sind durchführbar.

Allerdings werden wir einige Aspekte genauer durchleuchten. Deshalb wollen wir zunächst einige Begrifflichkeiten des CDO genauer definieren. So ist eine *Tranche* eines CDO durch ihre Anfangs- und Endpunkte $0 \leq A < B \leq 1$ gegeben, die den von ihr zu tragenden Anteil am Verlust der dem CDO zugrunde liegenden Kredite bestimmt. Fallen während der Laufzeit des CDO anteilsmäßig weniger als A der Kredite aus, so bleibt der volle Nennwert der Tranche erhalten. Fallen ein höherer Anteil als A der Kredite aus, so wird der Nennwert der Tranche solange reduziert, bis der Anteil auf B gewachsen ist. In diesem Fall entstehen dann keine Zahlungen mehr aus dem CDO für diese Tranche.

Es ist daher naheliegend, sich die Wirkweise eines CDO als eine Folge von *Ausfallzahlungen* des Käufers (von Anteilen) einer Tranche an den Verkäufer des CDO vorzustellen, der dafür vom Verkäufer Prämienzahlungen der Zinsrate Z_T auf den noch in der Tranche vorhandenen Anteil der Kredite erhält (vgl. z. B. den Übersichtsartikel Cousin und Laurent (2012)). Zur Bestimmung von Z_T betrachten wir die Folge der Ausfallzahlungen (engl. *Default Leg*) und der Prämienzahlungen (engl. *Premium Leg*) zunächst separat. Unter der Annahme des Nennwerts $F = 1$ der Tranche führen wir

$$L_{A,B}(t) = (L(t) - A)^+ - (L(t) - B)^+ \tag{3.68}$$

als die für die Tranche relevante (absolute) Ausfallrate ein. Sie springt genau dann im Zeitpunkt $t \leq T$, wenn ein Ausfall in t stattfindet, ist sonst aber konstant. Nimmt man eine deterministische risikolose Zinsrate an und setzt

$$B(t) := e^{-\int_0^t r(s)ds},$$

so erhält man den Wert des Default Leg als

$$\begin{aligned} p_{DL} &= \mathbb{E}\left(\int_0^T B(t)dL_{A,B}(t)\right) = \mathbb{E}\left(B(T)L_{A,B}(T) - \int_0^T r(t)B(t)L_{A,B}(t)dt\right) \\ &= B(T)\mathbb{E}(L_{A,B}(T)) - \int_0^T r(t)B(t)\mathbb{E}(L_{A,B}(t))dt, \end{aligned} \tag{3.69}$$

wobei der Erwartungswert unter dem gewählten Martingalmaß zu berechnen ist.

Für die analoge Berechnung des Werts des Premium Leg nehmen wir an, dass die Prämie Z_T bei einem Ausfall zwischen zwei regulären Zahlungspunkten t_i und t_{i-1} von t_{i-1} bis zum Ausfallzeitpunkt gezahlt wird. Mit $\Delta_i = t_i - t_{i-1}$, $i = 1, \ldots, m$ und $t_0 = 0$, $t_m = T$ erhält man den Wert des Premium Leg als

$$\begin{aligned} p_{PL} &= Z_T \mathbb{E}\left(\sum_{i=1}^m \left(B(t_i)\Delta_i(B - A - L_{A,B}(t_i)) + \int_{t_{i-1}}^{t_i} B(t)(t - t_{i-1})dL_{A,B}(t)\right)\right) \\ &= Z_T \sum_{i=1}^m \Bigg(B(t_i)\Delta_i(B - A - \mathbb{E}(L_{A,B}(t_i))) + B(t_i)\Delta_i\mathbb{E}(L_{A,B}(t_i)) \\ &\quad - \int_{t_{i-1}}^{t_i} B(t)r(t)(t - t_{i-1})\mathbb{E}(L_{A,B}(t))dt\Bigg). \end{aligned} \tag{3.70}$$

Die faire Prämie Z_T ergibt sich nun direkt durch das Gleichsetzen der Werte von Default- und Premium-Leg. Es bleibt somit nur noch $\mathbb{E}(L_{A,B}(t))$ zu bestimmen. Hierfür benötigt man entsprechende Modellannahmen. Eine der möglichen Annahmen sind die von Faktor-Modellen, die z. B. in Cousin und Laurent (2012) ausführlich beschrieben werden. Wir betrachten das sogenannte 1-Faktor-Gauß-Modell, dass einen Industriestandard bei der Bwertung von CDOs darstellt(e).

Das 1-Faktor-Gauß-Modell Das 1-Faktor-Gauß-Modell baut direkt auf dem Ansatz von Li (2000) auf, in dem für jeden am CDO beteiligten Kredit, die Größe

$$Y_i = \rho_i X + \sqrt{1-\rho_i^2} X_i \tag{3.71}$$

betrachtet wird, wobei ρ_i die Korrelation des i. Kredits zu einem (z. B. Kredit- oder Aktien-) Index darstellt. Die Zufallsvariablen X, X_i sind dabei alle als unabhängig und $\mathcal{N}(0,1)$-verteilt modelliert. Zur gegebenen univariaten Verteilung $F_i(.)$ der Ausfallzeit τ_i des i. Kredits erhält man diese über die Simulation von Y_i gemäß

$$\tau_i = F_i^{-1}(\Phi(Y_i)), \tag{3.72}$$

und ein Ausfall des i. Kredits findet dann statt, wenn $\tau_i \leq T$ gilt.

Man beachte, dass die Annahme eines 1-Faktor-Modells bereits eine wesentliche Parameterreduktion gegenüber der allgemeinem Gauß-Copula in Li (2000) darstellt. Sind bei der allgemeinen Gauß-Copula noch $n(n-1)/2$ Korrelationen zu schätzen, so verbleiben im 1-Faktor-Modell lediglich die n Werte ρ_i, $i = 1, \ldots, n$ zu bestimmen, aus denen sich dann auch die Korrelationen

$$\rho\big(Y_i, Y_j\big) = \rho_i \rho_j, \ i \neq j,$$

ergeben. Die praktische Anwendung hat allerdings diese bereits große Reduktion der Modellierungsfreiheitsgrade noch drastisch verstärkt, in dem die Annahme

$$\rho_i = \rho, \ i = 1, \ldots, n, \tag{3.73}$$

gemacht wurde. Diese auf den ersten Blick extreme und unangebracht erscheinende Annahme sollte unter mindestens zwei Gesichtspunkten gesehen werden. Zum einen sind auch bereits die Korrelationen im 1-Faktor-Modell schwierig zu schätzen, da Kreditausfälle selten und oft nur maximal einmal pro Kredit vorkommen, und zum anderen ist eine solche Vorgehensweise analog zur Rolle der Volatilität im Black-Scholes-Modell, die als implizite Volatilität eher als Bewertungsparameter zur Erklärung des Marktpreises denn als Größe, die die historische Schwankung des Aktienpreises beschreibt, gesehen wird. Dies spiegelt sich auch im Begriff der *impliziten Korrelation* wieder, den wir aufgrund seiner Bedeutung unten genauer beschreiben wollen.

Homogene Portfolios Bevor wir dies tun, wollen wir uns den speziellen Fall homogener Portfolios anschauen, der sehr dem Fall homogener Portfolios aus dem Abschn. 3.2 ähnelt. Er lässt sich sicher auch im Fall synthetischer CDOs nur schwer vollständig rechtfertigen, soll aber aufgrund seiner Popularität in Forschung und Praxis vorgestellt werden. Wir nehmen also an, dass im 1-Faktor-Gauß-Modell gelten:

$$\rho_i = \rho,\ R_i = R \in [0,1],\ h_i(t) = h > 0,\ i = 1,\dots,n,$$

d. h. die Korrelationen der latenten Variablen Z_i zum gemeinsamen Faktor X sind ebenso für alle Kredite gleich, wie ihre als konstant angenommenen Hazard-Raten und ihre ebenfalls als konstant angenommen Recovery-Raten R_i. Unter diesen Annahmen erhält man zunächst die bedingte Ausfallwahrscheinlichkeit bei Kenntnis des gemeinsamen Faktors X als (vgl. Übung 7)

$$p_{T,X} := \mathbb{P}(\tau_i < T|X) = \Phi\left(\frac{\Phi^{-1}\left(1 - e^{-hT}\right) - \rho X}{\sqrt{1-\rho^2}}\right). \tag{3.74}$$

Da die Ausfälle der einzelnen Kredite bedingt auf die Kenntnis des gemeinsamen Faktors X unabhängig sind, folgt unter den obigen Homogenitätsannahmen, dass die Anzahl $N(T)$ der Ausfälle in $[0,T]$ binomial verteilt ist, wobei die Ausfallwahrscheinlichkeit gerade duch Gleichung (3.74) gegeben ist. Man erhält damit die folgende Darstellung für die Verteilung des Portfolioverlustes auf $[0,T]$

$$\mathbb{P}\left(L(T) = (1-R)\frac{k}{n}\right) = \int_{-\infty}^{\infty} \mathbb{P}(N(T) = k|x)\frac{1}{\sqrt{2\pi}}e^{-\frac{1}{2}x^2}dx \tag{3.75}$$

$$\mathbb{P}(N(T) = k|x) = \begin{pmatrix} k \\ n \end{pmatrix} p_{T,x}^k (1 - p_{T,x})^{n-k} \tag{3.76}$$

für $k \in 0, 1, \dots, n$. Man beachte, dass wir zur Auswertung der obigen Wahrscheinlichkeiten lediglich eine numerische Integration benötigen, also eine semi-analytische Formel vorliegt. Mit der dann durch Gleichung (3.75) gegebenen Verteilungsfunktion des Verlusts (und den entsprechenden Anpassungen für allgemeines $t \in [0,T]$) lassen sich dann die entsprechenden Erwartungswerte $\mathbb{E}(L_{A,B}(t))$ berechnen, die man zur Bestimmung der Werte des Default und des Premium Leg benötigt, um die faire Prämie Z_T der Tranche zu erhalten.

Implizite Korrelation Sind alle Parameter, die wir zu den obigen Berechnungen benötigt haben, bekannt, so kann die faire Prämie wie gerade beschrieben berechnet werden. Typischerweise liegt am Finanzmarkt aber eher die Situation vor, dass die Prämie für die Tranche gegeben ist. Hieraus sollte sich dann – wie im Fall der Black-Scholes-Formel bei europäischen Call- und Put-Optionen – implizit der verwendete Parameter ρ ergeben.

Allerdings existieren hier zwei wesentliche Unterschiede zum Black-Scholes-Fall. Zum einen kann theoretisch nicht sicher gestellt werden, dass – gegeben die (Markt-) Prämie – der Parameter eindeutig ist, überhaupt existiert oder sonst zu unerwünschten Effekten führt. Da des Weiteren für verschiedene Tranchen aufgrund ihrer Seniorität verschiedene Prämien existieren, erhält man in der Regel auch verschiedene implizite Korrelationen für die verschiedenen Tranchen, was konzeptionell bereits einen Widerspruch darstellt. Dabei unterscheidet man in der Praxis auch zwischen den Verfahren der *Compound Correlation* und der *Base Correlation*, auf die wir hier aber nicht eingehen wollen, da generell beide Verfahren zu fragwürdigen Resultaten führen. Für detaillierte Überlegungen hierzu verweisen wir auf die Monografie Brigo et al. (2010b).

Faktor-Modelle: Verallgemeinerungen Es bestehen vielfache Möglichkeiten, den obigen 1-Faktor-Gauß-Ansatz zu verallgemeinern. Einen Überblick findet man z. B. in Cousin und Laurent (2012). Naheliegende Verallgemeinerungen bestehen in der Erhöhung der Faktorenanzahl, der Abkehr von der additiven Struktur wie im 1-Faktor-Gauß-Modell hin zu einer nicht-linearen Funktion der gemeinsamen und der spezifischen Faktoren der Form

$$Y_i = g(X, X_i)$$

sowie der Verwendung einer anderen als der Gauß-Copula. Argumente gegen die Gauß-Copula sind die der fehlenden Abhängigkeit in den Extremen. Gerade dieses Argument hat auch dazu geführt, Weiterentwicklungen im Copula-Bereich zu motivieren.

Probleme und Weiterentwicklungen Führende Finanzmathematiker haben sehr früh auf die Gefahren der Anwendung des 1-Faktor-Gauß-Modells hingewiesen (siehe z. B. die ausführliche Diskussion im Übersichtsartikel Brigo et al. (2010a) und die dort genannten Quellen). Es begann deshalb bereits im frühen Stadium des Beschäftigens mit der Mathematik der (Portfolio-) Kreditderivate eine intensive Forschung zur Weiterentwicklung der Modelle zur Bewertung von Kreditderivaten über den Industriestandard hinaus. So existieren z. B.

- das Modell der *impliziten Copula* nach Hull und White (vgl. Hull und White (2006)), bei dem nicht lediglich die Korrelationsstruktur einer Copula sondern (indirekt) die gesamte Copula aus den Marktdaten über den Umweg einer vom Markt implizierten Hazard-Raten-Struktur kalibriert wird.
- der Modellierungsansatz mittels Markov-Ketten, wie er z. B. in Kraft und Steffensen (vgl. Kraft und Steffensen (2007)) ausführlich beschrieben und in allgemeiner Form entwickelt wird. Mittels der Modellierung einer Markov-Kette mit endlich vielen Zuständen und der Möglichkeit der Berechnung der Übergangswahrscheinlichkeiten über die Lösung der zugehörigen Kolmogorov-Gleichungen stellt der Ansatz eine Alternative zur Copula-Modellierung dar. Insbesondere verallgemeinert er die Ansätze, die auf Ansteckungseffekten beruhen (vgl. Davis und Lo (2001), Jarrow und Yu (2001)) und

die reinen Markov-Ketten-Modelle, die auf Ratings basieren wie z. B. in Jarrow et al. (1997).
- verallgemeinerte Poisson-Verlustmodelle, die sich speziell dem Aspekt des Ausfalls einzelner Sektoren und ihrer Wirkung auf Kreditportfolios widmen und in Brigo et al. (2010b) als favorisierter Modellrahmen angepriesen werden.

Die Monografie Brigo et al. (2010b) gibt eine Einführung und einen Überblick über verschiedene Ansätze in diesen Bereichen. Schließlich wird sowohl dort als auch in Brigo et al. (2010a) recht eindeutig Stellung bzgl. der angeblichen Schuld der Mathematik an der Finanzkrise gegeben. Anhand einer Vielzahl von Quellen wird dort belegt, dass sich die Forschung schon frühzeitig Gedanken über die Modellschwächen und die sich daraus ergebenden Risiken gemacht sowie Hinweise an die Praxis geliefert hat.

Übungsaufgaben

1. Berechne im Merton-Modell mit zwei Krediten A und B mit Nennwert F_A bzw F_B und identischer Laufzeit T die Werte der beiden Kredite zum Zeitpunkt $t < T$, falls Kredit A die höhere Seniorität besitzt.
2. Zeige, dass sich im Black-Cox-Modell der Aktienpreis als der Wert einer geeigneten Down-and-Out-Call-Option auf den Firmenwert ergibt und berechne ihn.
3. Berechne im Merton-Modell den Preis einer Call-Option mit Laufzeit T und Strike $0 < K < 1$ auf eine Unternehmensanleihe mit Nennwert 1 und Fälligkeit in $T_1 > T$. Hinweis: Man mache sich klar, welcher Option im klassischen Black-Scholes-Modell die obige Call-Option entspricht.
4. Berechne unter der Annahme, dass im Intensitätsmodell mit Totalausfall sowohl $r(t)$ als auch $\lambda(t)$ jeweils einem CIR-Prozess folgen, den Preis der zugehörigen Unternehmensanleihe.
5. Zeige, dass für jede Copula $C(u_1, \ldots, u_n)$ die sogenannten Frechet-Schranken

$$\begin{aligned}\max(x_1 + \ldots + x_n - n + 1, 0) =: W_n(x_1, \ldots, x_n) &\leq C(x_1, \ldots, x_n)\\ &\leq M_n(x_1, \ldots, x_n) := \min(x_1, \ldots, x_n).\end{aligned}$$

   gelten. Sind W_n und M_n Copulas, und welche Art von Abhängigkeit wird durch sie modelliert?
6. Man zeige die Invarianz von Copulas unter streng monotonen Transformationen aus dem 3. Teil von Bemerkung 3.20.
7. Zeigen Sie unter den Annahmen eines homogenen Portfolios im 1-Faktor-Gauß-Modell, dass sich die bedingte Ausfallwahrscheinlichkeit eines Kredits gemäß Gleichung (3.74) ergibt.

Statistik am Finanzmarkt – Kalibrierung der Modellparameter

4

4.1 Motivation und Überblick

In den vorangegangenen Kapiteln haben wir theoretische Modelle und Konzepte zur Bewertung von Finanzprodukten und zur Zusammenstellung von Portfolios entwickelt und dabei auch vielerlei Aspekte der praktischen Umsetzung von Bewertungs- und Optimierungsalgorithmen betrachtet. Die entscheidende Zutat für die Anwendung stochastischer Modelle am Finanzmarkt sind allerdings die Modellparameter (die *Marktkoeffizienten*). Den Aspekt ihrer Verfügbarkeit oder auch der Möglichkeit, sie sich zu verschaffen, haben wir bisher jedoch nicht betrachtet.

Nachdem man in der theoretischen Finanzmathematik dieses Thema lange Zeit vernachlässigte und sich mit der eher lakonischen Bemerkung *Die Marktkoeffizienten werden als gegeben angenommen* behalf, musste man ab den 90er Jahren feststellen, dass neue Modelle nicht allein durch die Tatsache akzeptiert wurden, dass sie das Black-Scholes-Modell beinhalteten, sondern hauptsächlich auch dadurch, dass gute neue Modelle z. B. Marktpreise gehandelter Derivate besser erklären konnten.

Damit war dann die Theorie an einem Punkt angelangt, den die Anwender in der Praxis schon immer zu berücksichtigen hatten, die Wahl bzw. die Bestimmung der geeigneten Marktkoeffizienten. Hierbei ergibt sich eine große Vielfalt an zu bestimmenden Inputparametern. Dies kann eine einzelne Volatilität eines Aktienkurses sein, aber auch eine komplette Zinsstrukturkurve oder ein Risikoaversionsparameter eines Investors. Während wir beim ersten Problem typischerweise mehr Daten als Parameter haben, wird empirisch nie eine komplette Zinsstrukturkurve als Datensatz vorliegen und für eine Risikoaversion eines Investors gibt es unter Umständen überhaupt keinen Datenpunkt.

Es überrascht daher sicherlich auch nicht, dass in der Finanzmathematik verschiedenste statistische Verfahren gebraucht werden, um die verschiedenartigen Parameter zu beschaffen. So ist z. B. eine ganz wesentliche Problematik im Unterschied zwischen historischer Schätzung und impliziter Schätzung zu sehen. Bei der historischen Schätzung werden Parameter aus Daten der Vergangenheit mittels klassischer Verfahren wie z. B.

S. Desmettre, R. Korn, *Moderne Finanzmathematik – Theorie und praktische Anwendung Band 2*, Studienbücher Wirtschaftsmathematik, https://doi.org/10.1007/978-3-658-21000-7_4

der Maximum-Likelihood-Methode (ML-Methode) oder der Momentenmethode (MM) geschätzt. Bei der impliziter Schätzung hingegen werden Parameter aus aktuell verfügbaren Marktpreisen kalibriert, d. h. durch Anpassung von Modell- an Marktpreise bestimmt. Dieser Unterschied spiegelt ganz wesentlich die beiden Welten der Preisentwicklung und Preisbestimmung am Finanzmarkt und somit auch die unterschiedlichen Rollen subjektiver Wahrscheinlichkeitsmaße $\mathbb{P}$ und ihrer risikoneutralen Gegenparts Q wieder.

Wir werden im Folgenden verschiedene Methoden immer im Hinblick auf ihre Anwendung am Finanzmarkt beschreiben und nicht die Breite eines Statistik-Lehrbuchs bieten können, werden aber die benötigten theoretischen und konzeptionellen Grundlagen bereitstellen und Hinweise auf weiterführende Literatur geben.

Sicherlich sind auch empirische Überprüfungen gemachter Annahmen in finanzmathematischen Modellen wie z. B. die Annahmen normal verteilter oder unabhängiger Zuwächse mittels statistischer Tests relevante Fragestellungen, doch wollen wir uns hier auf die Bestimmung von Inputparametern beschränken und für die Behandlung von Testverfahren auf die allgemeine Statistik-Literatur verweisen.

Da wir Preise und andere Größen in der Regel als stochastische Prozesse modellieren, benötigt man in der Finanzmathematik statistische Methoden für stochastische Prozesse. Die Statistik stochastischer Prozesse ist ein äußerst technisches Fachgebiet, dass gerade im Hinblick auf Messbarkeitsüberlegungen und die Tatsache, dass in der Regel in den Daten Abhängigkeiten vorhanden sind, sicher nicht zum Standardwissen eines Mathematikers gezählt werden kann. Die technische Komplexität wird z. B. im Klassiker der Statistik stochastischer Prozesse Liptser und Shiryaev (2001) demonstriert, weshalb wir uns in diesem Kapitel oft auf Standardbeispiele konzentrieren werden.

Finanzdaten liegen typischerweise als Zeitreihen vor, so dass sich auch eine Modellierung mittels Zeitreihen als Alternative zum Ansatz der zeitstetigen stochastischen Prozesse anbietet. Hierauf werden wir kurz im nächsten Kapitel eingehen und verweisen für eine Übersicht über diesen Zweig der Modellierung auf die Monographie Franke et al. (2001).

Numerische Beispiele Wir werden hin und wieder im Folgenden numerische Beispiele geben, um Schätzverfahren zu illustrieren. Wir erheben damit aber keinen Anspruch auf eine Qualitätsaussage über diese Verfahren. Hierzu wären umfangreiche und systematische numerische Untersuchungen notwendig, die nicht Gegenstand dieses Lehrbuchs sind, sondern zum großen Teil in der Originalliteratur zu finden sind.

4.2 Einige Grundbegriffe der Schätztheorie

Die Basis jeder statistischen Untersuchung sind Daten bzw. Stichproben sowie Schätzer und Schätzwerte. Wir wollen diese Begriffe samt dem Begriff des statistischen Modells in der folgenden Definition zusammenfassen.

Definition 4.1 Z sei eine $\mathbb{R}^n$-wertige Zufallsvariable, deren Verteilung von einem unbekannten Parameter $\theta \in \Theta \subseteq \mathbb{R}^d$ abhängt, aber sonst bekannt ist.

a) Sind $Z_1, \ldots, Z_N$ unabhängig und identisch wie Z verteilt (kurz: u. i. v), so heißt $Z_1, \ldots, Z_N$ eine Stichprobe vom Umfang N. Zusammen mit der obigen Verteilungsannahme spricht man von einem *statistischen Modell.*
b) Eine messbare Funktion

$$T : \left(\mathbb{R}^{d \cdot N}, \mathbb{B}(\mathbb{R}^{d \cdot N})\right) \to (\Theta, \mathbb{B}(\Theta))$$

heißt eine *Schätzfunktion* oder ein (Punkt-)*Schätzer* von θ. Dabei bezeichnet $\mathbb{B}(A)$ allgemein die Borel-σ-Algebra über der Menge $A \subseteq \mathbb{R}^m$. Hat man bereits Werte (*Realisierungen*) $z_1, \cdots, z_N$ beobachtet, so heißt die Zahl $T(z_1, \ldots, z_N)$ ein *Schätzwert für* θ.

Die Definition eines Schätzers ist mit der minimal nötigen Forderung in der Stochastik versehen, nämlich der Messbarkeit, oder anders ausgedrückt, ein Schätzer ist eine Zufallsvariable mit Werten in Θ. So gesehen ist fast alles, was wir uns an Abbildungen nach Θ vorstellen, ein Schätzer. Bevor wir Kontruktionsprinzipien bzw. Familien von Schätzern vorstellen, erscheint es sinnvoll, noch zumindest zwei Qualitätsmerkmale für Schätzer einzuführen, die Erwartungstreue und die (starke) Konsistenz. Die hinter diesen beiden Begriffen stehenden Ideen sind, dass gute Schätzer zumindest *im Mittel richtig* schätzen sollten und und bei einem sehr großen Stichprobenumfang *gegen den wahren Wert konvergieren* sollten.

Definition 4.2
a) Ein Schätzer $T(X_1, \ldots, X_N)$ für θ heißt *erwartungstreu*, falls für alle $\theta \in \Theta$

$$\mathbb{E}_\theta(T(X_1, \ldots, X_N)) = \theta \tag{4.1}$$

gilt, wobei $\mathbb{E}_\theta$ den Erwartungswert bzgl. der Verteilung $\mathbb{P}_\theta$ darstellt.
b) Ein Schätzer $T(X_1, \ldots, X_N)$ für θ heißt (stark) *konsistent*, falls für alle $\theta \in \Theta$

$$T(X_1, \ldots, X_N) \xrightarrow[N \to \infty]{P} \theta \tag{4.2}$$

im Fall der Konsistenz bzw. falls

$$T(X_1, \ldots, X_N) \xrightarrow[N \to \infty]{f.s.} \theta \tag{4.3}$$

für den Fall starker Konsistenz gilt.

Wir wollen die beiden Konzepte an einfachen Beispielen verdeutlichen.

Satz 4.3 *X sei eine rellwertige Zufallsvariable mit $\mathbb{E}(X) < \infty$ bzw. $\mathbb{V}ar(X) < \infty$. $X_1, \ldots, X_N$ sei eine zugehörige Stichprobe. Dann gelten:*

a) Das arithmetische Mittel der Stichprobe,

$$\bar{X}_N := \frac{1}{N} \sum_{i=1}^{N} X_i, \tag{4.4}$$

ist ein erwartungstreuer Schätzer für $\theta = \mathbb{E}(X)$.

b) Ist $\mathbb{E}(X)$ bekannt, so ist

$$\hat{S}_N^2 = \frac{1}{N} \sum_{i=1}^{N} (X_i - \mathbb{E}(X))^2 \tag{4.5}$$

ein erwartungstreuer Schätzer für $\theta = \mathbb{V}ar(X)$.

c) Die empirische Varianz

$$S_N^2 := \frac{1}{N-1} \sum_{i=1}^{N} \left(X_i - \bar{X}_N\right)^2 \tag{4.6}$$

ist immer ein erwartungstreuer Schätzer für $\theta = \mathbb{V}ar(X)$.

Wir führen die elementaren Beweise hier nicht, sondern verweisen auf Standardliteratur bzw. einführende Vorlesungen. Sie folgen aus der Linearität des Erwartungswerts bzw. Rechenregeln für die Varianz. Insbesondere gilt wegen c), dass $\tilde{S}_N^2 = \frac{1}{N} \sum_{i=1}^{N} (X_i - \bar{X}_N)^2$ bei unbekanntem $\mathbb{E}(X)$ nicht erwartungstreu ist, sondern im Mittel zu kleine Werte liefert.

Aussagen über Konsistenz bzw. starke Konsistenz folgen in der Regel aus Anwendungen geeigneter Varianten des Gesetzes der großen Zahl sowie der Tatsache, dass sowohl stochastische Konvergenz als auch fast sichere Konvergenz von Zufallsvariablen unter stetigen Abbildungen erhalten bleiben. So lassen sich auch die folgenden Behauptungen zeigen.

Satz 4.4 *Unter den Voraussetzungen von Satz 4.3 gelten:*

a) $\bar{X}_N$ ist ein (stark) konsistenter Schätzer für $\theta = \mathbb{E}(X)$.

b) Sowohl $S_N^2, \hat{S}_N^2$ als auch $\tilde{S}_N^2 = \frac{1}{N} \sum_{i=1}^{N} (X_i - \bar{X}_N)^2$ sind (stark) konsistente Schätzer für $\theta = \mathbb{V}ar(X)$.

c) Ist f eine stetige Funktion, so ist $\frac{1}{N} \sum_{i=1}^{N} f(X_i)$ ein (stark) konsistenter Schätzer für $\theta = \mathbb{E}(f(X))$, falls $\mathbb{E}(f(X))$ existiert. $f(\bar{X}_N) = \frac{1}{N} \sum_{i=1}^{N} X_i$ ist ein (stark) konsistenter Schätzer für $\theta = f(\mathbb{E}(X))$.

Man beachte, dass es für große Stichprobenumfänge für die Konvergenz der Varianz-Schätzer in b) gegen den wahren Wert unerheblich ist, ob durch N oder $N-1$ geteilt wird, so dass die Konsistenz hier kein Entscheidungskriterium liefert.

Bemerkung 4.5 (Erwartungstreue und Konsistenz der MC-Methode) *Aus den beiden obigen Sätzen folgt direkt, dass die Monte Carlo-Methode zur Bestimmung eines Optionspreises aus Kap. 4 aus Band 1 einen erwartungstreuen und stark konsistenten Schätzer für den Optionspreis liefert, sofern die exakte Verteilung der Endauszahlung der Option simuliert werden kann.*

Zusätzlich zu einem (Punkt-)Schätzwert für einen Parameter benötigt man oft seine *Genauigkeit*. Präziser, man will ein zufälliges Intervall (d. h. die Intervallgrenzen sind Zufallsvariablen) angeben, das den wahren Wert θ mit hoher Wahrscheinlichkeit überdeckt.

Hierzu sei $X_1, \ldots, X_N$ eine Stichprobe, bei der die X_i Verteilungen nach P_θ, $\theta \in \Theta \subseteq \mathbb{R}^d$ besitzen.

Definition 4.6 Ein *Konfidenzintervall* (auch: Bereichsschätzer) zum (Sicherheits-) *Niveau* $(1-\alpha)$ mit $0 < \alpha < 1$ für θ ist ein *zufälliges* Intervall $[T_1, T_2]$ mit Grenzen $T_i = g_i(X_1, \cdots, X_N)$, $i = 1, 2$, so dass gilt:

$$P_\theta(\theta \in [T_1, T_2]) \geq 1 - \alpha \quad \forall \theta \in \Theta. \tag{4.7}$$

Da ein hohes Niveau eine hohe Sicherheit dafür impliziert, dass das Konfidenzintervall den wahren Wert überdeckt, wählt man oft $\alpha \in \{0,05; 0,01; 0,005\}$. Ist man nur an der Genauigkeit in eine Richtung interessiert, so kann man auch einseitige Konfidenzintervalle bestimmen, bei denen jeweils eine Grenze durch den entsprechenden größten oder kleinsten möglichen Wert für den Parameter ersetzt wird.

Typischerweise werden Konfidenzintervalle um einen Punktschätzer herum konstruiert. Sie sind immer dann angebbar, wenn man die Verteilung des Punktschätzers kennt. Dies ist in den folgenden Beispielen der Fall.

Beispiel 4.7 (Populäre Beispiele von Konfidenzintervallen) Wir geben Beispiele von Konfidenzintervallen an, bei denen sich einfache Formen der Intervalle ergeben und die auch im Weiteren noch eine Rolle spielen werden.

i) **Konfidenzintervalle für den Erwartungswert einer Normalverteilung** Wir betrachten eine Stichprobe, bei der die Beobachtungen X_i u. i. v. gemäß $\mathcal{N}(\theta, \sigma^2)$ mit $\theta \in \mathbb{R}$ bei bekanntem $\sigma^2 > 0$ sind. Hieraus folgt für das arithmetische Mittel als Punktschätzer von θ

$$\bar{X}_N \sim \mathcal{N}\left(\theta, \frac{\sigma^2}{N}\right)$$

und somit auch

$$Z := \frac{\bar{X}_N - \theta}{\sqrt{\sigma^2/N}} = \sqrt{N}\frac{\bar{X}_N - \theta}{|\sigma|} \sim \mathcal{N}(0,1).$$

Ist nun $q = q_{1-\frac{\alpha}{2}}$ das $(1-\frac{\alpha}{2})$-Quantil von $\mathcal{N}(0,1)$, so gilt (beachte $q_{\frac{\alpha}{2}} = -q$)

$$\begin{aligned} 1-\alpha &= \mathbb{P}(-q \le Z \le q) = \mathbb{P}\left(-\frac{|\sigma|}{\sqrt{N}}q \le \bar{X}_N - \theta \le \frac{|\sigma|}{\sqrt{N}}q\right) \\ &= \mathbb{P}\left(\bar{X}_N - \frac{|\sigma|}{\sqrt{N}}q \le \theta \le \bar{X}_N + \frac{|\sigma|}{\sqrt{N}}q\right) \\ &= \mathbb{P}\left(\theta \in \left[\bar{X}_N - \frac{|\sigma|}{\sqrt{N}}q, \bar{X}_N + \frac{|\sigma|}{\sqrt{N}}q\right]\right). \end{aligned}$$

Folglich ist dann

$$[T_1, T_2] = \bar{X}_N \pm \frac{|\sigma|}{\sqrt{N}}q_{1-\frac{\alpha}{2}}$$

ein $(1-\alpha)$-Konfidenzintervall für θ (bei bekanntem σ^2).

ii) **Konfidenzintervalle für θ bei unbekanntem σ^2** Wir betrachten die Situation aus Teil i), aber jetzt sei auch σ^2 unbekannt. Man schätzt dann σ^2 durch $S_N^2 = \frac{1}{N-1}\sum_{j=1}^N (X_j - \bar{X}_N)^2$ und verwendet die Tatsache, dass jetzt

$$\sqrt{N}\frac{\bar{X}_N - \theta}{S_N} \sim t_{n-1}$$

gilt, also der Quotient t-verteilt ist mit $N-1$ Freiheitsgraden. Dabei ist die t-Verteilung (genauer: ihre Dichte) symmetrisch um Null und besitzt eine ähnliche Form wie $\mathcal{N}(0,1)$. Die Dichte von t_N hat die Form

$$f_N(x) = \frac{\Gamma(\frac{N+1}{2})}{\Gamma(\frac{N}{2})\sqrt{\pi N}}(1 + \frac{x^2}{N})^{-\frac{N+1}{2}}, \quad x \in \mathbb{R}$$

mit $\Gamma(z) = \int_0^\infty \exp(-t)t^{z-1}dt$. Die Verteilungsfunktion der t-Verteilung ist für viele N tabelliert bzw. in Standard-Statistik-Software implementiert. Analog zur Herleitung in i) folgt dann, dass

$$[T_1, T_2] = \bar{X}_N \pm \frac{S_N}{\sqrt{N}}t_{N-1,1-\frac{\alpha}{2}}$$

ein $(1-\alpha)$-Konfidenzintervall für θ (bei unbekanntem σ^2) liefert, wobei $t_{N,\alpha}$ das α-Quantil der t_N-Verteilung ist. Für große N (ab $N = 30$) gilt $t_N \approx \mathcal{N}(0,1)$, d. h. die t_N-Verteilung kann dann durch die Standardnormalverteilung approximiert werden.

iii) **Konfidenzintervall für die Varianz einer Normalverteilung** Wir betrachten die Situation aus den beiden vorangegangenen Abschnitten, doch ist nun $\theta = \sigma^2$ zu schätzen und der Erwartungswert μ unbekannt. Wiederum profitieren wir davon, dass die Verteilung von S_N^2 bekannt ist, denn es gilt unter den vorliegenden Verteilungsannahmen, dass

$$\frac{N-1}{\sigma^2} S_N^2 \sim \chi^2_{N-1}$$

Chi-Quadrat-verteilt ist mit $N - 1$ Freiheitsgraden. Dabei ist die Chi-Quadrat-Verteilung mit N Freiheitsgraden durch die Dichte

$$f_N(x) = \begin{cases} \frac{1}{2^{\frac{N}{2}} \Gamma(\frac{N}{2})} x^{\frac{N}{2}-1} \exp\left(-\frac{x}{2}\right), & x > 0 \\ 0, & x \leq 0 \end{cases}$$

gegeben. Die zugehörige Verteilungsfunktion ist wieder für verschiedene N tabelliert bzw. in Standard-Software implementiert. Ist nun $\chi^2_{N,\alpha}$ das α-Quantil der χ^2_N-Verteilung, so gilt

$$1 - \alpha = \mathbb{P}\left(\chi^2_{N-1,\frac{\alpha}{2}} \leq \frac{N-1}{\theta} S_N^2 \leq \chi^2_{N-1,1-\frac{\alpha}{2}} \right),$$

und somit ist

$$[T_1, T_2] = \left[\frac{(N-1)}{\chi^2_{N-1,1-\frac{\alpha}{2}}} S_N^2, \frac{(N-1)}{\chi^2_{N-1,\frac{\alpha}{2}}} S_N^2 \right]$$

ein $(1 - \alpha)$-Konfidenzintervall für $\theta = \sigma^2$.

iv) **Approximative Konfidenzintervalle für Erwartungswerte** Die Daten $X_1, \ldots, X_N$ seien jetzt u. i. v. $\theta = \mathbb{E}(X_1)$ und $\sigma^2 = \mathbb{V}ar(X_1)$. Allerdings machen wir keine weitere explizite Verteilungsannahme. Statt dessen verwenden wir, dass nach dem Zentralen Grenzwertsatz (in der jeweils benötigten Variante) gilt, dass $\left(\bar{X}_N - \mathbb{E}(\bar{X}_N)\right)/\frac{\sigma}{\sqrt{N}}$ approximativ $\mathcal{N}(0, 1)$-verteilt ist. Damit erhält man ähnlich wie in i) und ii), jetzt aber approximativ für große N:

a) $[T_1, T_2] = \bar{X}_N \pm \frac{|\sigma|}{\sqrt{N}} q_{1-\frac{\alpha}{2}}$ ist ein approximatives $(1 - \alpha)$-Konfidenzintervall für $\theta = \mu$ bei bekanntem σ^2, wobei $q_{1-\frac{\alpha}{2}}$ das $(1 - \frac{\alpha}{2})$-Quantil von $\mathcal{N}(0, 1)$ ist.

b) $[T_1, T_2] = \bar{X}_N \pm \frac{S_N}{\sqrt{N}} t_{N-1,1-\frac{\alpha}{2}}$ ist ein approximatives $(1 - \alpha)$-Konfidenzintervall für $\theta = \mu$ bei unbekanntem σ^2, wobei $t_{N-1,1-\frac{\alpha}{2}}$ das $(1 - \frac{\alpha}{2})$-Quantil von t_{N-1} ist.

4.3 Maximum-Likelihood-Methoden

Die Maximum-Likelihood-Methode (ML-Methode) ist die erste Wahl, wenn es um das Schätzen von Daten in parametrischen Modellen geht. Gründe hierfür sind zunächst ihr überzeugendes, naheliegendes Konzept und ihre guten theoretischen Eigenschaften. So sind Maximum-Likelihood-Schätzer (ML-Schätzer) unter relativ schwachen Regularitätseigenschaften (siehe z. B. Georgii (2002)) sowohl konsistent, asymptotisch erwartungstreu, asymptotisch normal verteilt, als auch asymtptotisch effizient. Dabei werden wir die letzten beiden Eigenschaften unten explizit erläutern.

Wir stellen zunächst die ML-Methode in ihrer Standardvariante vor, werden sie aber auch unten auf den für die Anwendung bei stochastischen Prozessen typischen Fall erweitern. Die ML-Methode basiert darauf, den Schätzer $\hat{\theta} = T(X_1, \ldots, X_N)$ für θ zu wählen, der den tatsächlich beobachteten Daten $x_1, \ldots, x_N$ maximale Wahrscheinlichkeit für ihr Auftreten unter allen möglichen Wahlen von $\theta \in \Theta$ zuordnet. Diesem liegt das Konzept zugrunde, dass wir viel eher *sehr wahrscheinliche Daten* als *extrem seltene Daten* beobachten werden. Um die ML-Methode einzuführen machen wir die

Generelle Annahme: Die den Daten zugrunde liegende Verteilung besitzt eine Dichte.

Für die Übertragung der ML-Methode auf andere Situationen (z. B. diskrete Verteilungen) und allgemeinere Fälle verweisen wir auf die allgemeine Statistik-Literatur.

Definition 4.8 Besitzt die Verteilung $\mathbb{P}_\theta$ eine Dichte $f_\theta(x)$ und werden die Daten $x_1, \ldots, x_n$ beobachtet, so heißt

$$\mathcal{L}(\theta; x_1, \ldots, x_n) = \prod_{j=1}^{n} f_\theta(x_j) \tag{4.8}$$

die zu $x_1, \ldots, x_n$ gehörende *Likelihood-Funktion*. Jeder Parameter $\hat{\theta} \in \Theta$, für den $L(\theta; x_1, \ldots, x_n)$ in (4.8) maximal wird, also

$$\mathcal{L}(\hat{\theta}; x_1, \ldots, x_n) = \max_{\theta \in \Theta} \mathcal{L}(\theta; x_1, \cdots, x_n) \tag{4.9}$$

erfüllt, heißt ein **Maximum-Likelihood-Schätzwert** (kurz MLs) für θ.

Jeder Schätzer $T(X_1, \ldots, X_n)$, bei dem für alle möglichen Beobachtungen $x_1, \ldots, x_n$ $T(x_1, \ldots, x_n)$ ein MLs ist, heißt ein **Maximum-Likelihood-Schätzer** für θ (kurz: MLS)

Bemerkung 4.9

a) MLS müssen weder existieren, noch eindeutig sein, da beides schon für Maxima von Funktionen gilt.

b) Aufgrund der Annahme der Unabhängigkeit der Beobachtungen im üblichen statistischen Modell stellt die Likelihood-Funktion gerade die gemeinsame Dichte der Beobachtungen (unter der Annahme des Parameters θ) dar.

c) Man kann aus der Definition heraus, direkt die sogenannte funktionale Invarianz *des ML-Schätzers zeigen: Ist $g : \Theta \to \Theta'$ eine bijektive Abbildung und ist $\hat{\theta}(X_1, \cdots, X_N)$ ML-Schätzer für θ, so ist $g(\hat{\theta}(X_1, \cdots, X_N))$ ML-Schätzer für $g(\theta)$.*

Beispiel 4.10 (ML-Schätzer bei Normalverteilung) Der Fall normalverteilter Daten dient als Standardbeispiel für ML-Schätzer. Wir nehmen dafür an, dass eine Stichprobe $X_1, \dots, X_N$ vorliegt, bei der die einzelnen X_i unabhängig und $\mathcal{N}(\mu, \sigma^2)$-verteilt sind. Dabei seien sowohl der Erwartungswert als auch die Varianz unbekannt, so dass der Fall $\theta = (\mu, \sigma^2)'$ vorliegt. Wir erhalten die Likelihood-Funktion als

$$\begin{aligned} \mathcal{L}(\theta; x_1, \cdots, x_N) &= \prod_{j=1}^{N} \frac{1}{\sqrt{2\pi\theta_2}} \exp\left(-\frac{(x_j - \theta_1)^2}{2\theta_2} \right) \\ &= \left(\frac{1}{2\pi\theta_2} \right)^{-N/2} \exp\left(-\frac{1}{2\theta_2} \sum_{j=1}^{N} (x_j - \theta)^2 \right). \end{aligned} \tag{4.10}$$

Um die Problematik der Produktform bei der Maximierung zu umgehen, geht man typischerweise zur *Log-Likelihood-Funktion*

$$\begin{aligned} \ell(\theta; x_1, \cdots, x_N) &= \ln(\mathcal{L}(\theta; x_1, \cdots, x_N)) \\ &= -\frac{N}{2}(\ln(\theta_2) + \ln(2\pi)) - \frac{1}{2\theta_2} \sum_{j=1}^{N} (x_j - \theta)^2, \end{aligned} \tag{4.11}$$

über, woraus sich dann mit den Bedingungen erster Art für ein Maximum sowie Konvexitätsargumenten die folgenden ML-Schätzer ergeben:

$$\hat{\theta}_1 = \bar{X}_N, \quad \hat{\theta}_2 = \frac{1}{N} \sum_{i=1}^{N} (X_i - \bar{X}_N)^2. \tag{4.12}$$

Insbesondere ist also der ML-Schätzer für die Varianz bei unbekanntem Erwartungswert nicht (!) erwartungstreu. Allerdings spielt das nur für eine kleine Anzahl N an Beobachtungen eine Rolle, da er natürlich asymptotisch wieder erwartungstreu ist. Gleichzeitig ist dies ein Hinweis darauf, dass man ML-Schätzer eigentlich nur für den Fall einer großen Stichprobengröße N verwenden sollte.

Bevor wir auf die konkreten Anwendungen in der Finanzmathematik eingehen, wollen wir noch die oben erwähnten Eigenschaften der asymptotischen Effizienz und der asymptotischen Normalität erläutern. Hierzu führen wir zunächst die *Informationsmatrix* ein.

Definition 4.11 Es sei θ ein Vektor zu schätzender reeller Parameter, $H(\theta)$ die Hesse-Matrix der Log-Likelihood-Funktion im zugehörigen statistischen Modell, d. h.

$$H(\theta) = \frac{\partial^2 \ell(\theta)}{\partial\theta(\partial\theta)'},$$

dann ist die *Informationsmatrix* (oder auch *FIsher-Information*) $\mathcal{I}(\theta)$ definiert als

$$\mathcal{I}(\theta) := -\mathbb{E}_\theta(H(\theta)). \tag{4.13}$$

Es kann dann (wiederum unter geeigneten Regularitätsannahmen, die wir hier nicht spezifizieren wollen) gezeigt werden, dass für ML-Schätzer gilt, dass ihre asymptotische Varianz-Kovarianz-Matrix gleich der Inversen der Informationsmatrix ist.

Im eindimensionalen Fall, also $\theta \in \mathbb{R}$, gilt die sogenannte Informationsungleichung oder Cramér-Rao-Ungleichung (wiederum unter Regularitätsannahmen (siehe Georgii (2002))), die insbesonders besagt, dass die Varianz eines erwartungstreuen Schätzers $\hat{\theta}(X_1, \ldots, X_N)$ für θ wie folgt nach unten beschränkt ist:

$$\mathbb{V}ar\Big(\hat{\theta}(X_1, \ldots, X_N)\Big) \geq \frac{1}{N\mathcal{I}(\theta)} \quad \forall\, \theta \in \Theta. \tag{4.14}$$

Definition 4.12 Ein erwartungstreuer Schätzer heißt (Cramér-Rao-) effizient, falls für jedes $\theta \in \Theta$ gilt:

$$\mathbb{V}ar\Big(\hat{\theta}(X_1, \ldots, X_N)\Big) = \frac{1}{N\mathcal{I}(\theta)}. \tag{4.15}$$

Wie wir im Beispiel des Varianzschätzers bei Normalverteilung gesehen haben, müssen ML-Schätzer nicht unbedingt erwartungstreu sein und somit auch nicht unbedingt effizient. Falls sie aber erwartungstreu sind, sind sie im asymptotischen Sinn effizient, dass ihre Varianz zumindest asymptotisch die Crame-Rao-Schranke annimmt, was sich insbesondere aus der folgenden Aussage über die asymptotische Normalität ergibt, denn es gilt unter Regularitätsannahmen im Fall eines eindimensionalen ML-Schätzers $\hat{\theta}_{ML}(X_1, \ldots, X_N)$ mit dem wahren Wert θ_0

$$\sqrt{N}\Big(\hat{\theta}_{ML}(X_1, \ldots, X_N) - \theta_0\Big) \xrightarrow{d} \mathcal{N}\left(0, \frac{1}{\mathcal{I}(\theta_0)}\right), \tag{4.16}$$

für $N \to \infty$, wobei d die Konvergenz in Verteilung bezeichnet (siehe Georgii (2002)). Die Aussage der asymptotischen Effizienz des ML-Schätzers, falls er erwartungstreu ist, folgt somit direkt aus der Varianz der Grenzverteilung auf der rechten Seite von Beziehung (4.16).

Bemerkung 4.13 *Das wesentliche Problem bei der Anwendung der ML-Methode besteht in der tatsächlichen Bestimmung des ML-Schätzers. Falls die Bestimmung des ML-Schätzers nicht in geschlossener analytischer Form möglich ist, muss die Maximierung mittels numerischer Verfahren wie z. B. der Methode des steilsten Anstiegs oder aber des Newton-Verfahrens erfolgen. Wir gehen hierauf nicht ein, zumal in moderner mathematischer Software entsprechende Verfahren implementiert sind.*

Nach den Vorbemerkungen, die insbesondere motivieren sollen, warum wir als erste Wahl für Schätzer die ML-Schätzer betrachten, wollen wir uns jetzt den konkreten Anwendungen in der Finanzmathematik widmen.

ML-Schätzer im Black-Scholes-Modell Das Black-Scholes-Modell bietet aufgrund der vollständigen Kenntnis der Verteilung ideale Voraussetzungen für die Anwendung der ML-Methode. Wenn wir davon ausgehen, dass wir einen Aktienpreis $S(t)$ zu äquidistanten Zeitpunkten $t_i = t_0 + i \cdot \Delta$ für $i = 0, 1, \ldots, N$ beobachtet haben, so wissen wir aufgrund der Unabhängigkeit der Zuwächse der Brownschen Bewegung, dass

$$Z_i = \frac{1}{\Delta}(\ln(S(t_i)) - \ln(S(t_{i-1}))) = \frac{1}{\Delta}\ln\left(\frac{S(t_i)}{S(t_{i-1})}\right)$$

für $i = 1, \ldots, N$ eine Menge unabhängiger, $\mathcal{N}\big(b - \frac{1}{2}\sigma^2, \sigma^2/\Delta\big)$- verteilter Zufallsvariablen bilden. Aufgrund der Ergebnisse der ML-Methode bei Normalverteilung erhält man mit der Bezeichnung $\mu = b - \frac{1}{2}\sigma^2$ die folgenden ML-Schätzer

$$\hat{\mu} = \bar{Z}_N = \frac{1}{N}\sum_{i=1}^{N} Z_i, \tag{4.17}$$

$$\hat{\sigma}^2 = \Delta\frac{1}{N}\sum_{i=1}^{N}\left(Z_i - \bar{Z}_N\right)^2. \tag{4.18}$$

Dabei beachte man, dass wir direkt den ML-Schätzer für die Varianz der Z_i schon mit Δ multipliziert haben, um den ML-Schätzer für σ^2 zu erhalten. Dies ist aufgrund der Eigenschaften der ML-Schätzer zulässig, da Δ eine bekannte Konstante ist.

Nicht nur aufgrund der ML-Methode, sondern auch aufgrund anderer vorteilhafter Eigenschaften wie Erwartungstreue und starker Konsistenz erscheint der Schätzer für μ der bestmögliche zu sein, und auch der Schätzer für σ^2 erscheint zumindest für großes N sehr gut. Wir wollen aber trotzdem noch einen genaueren Blick auf die beiden Schätzer werfen:

Schätzung der Drift Wir wollen im Folgenden annehmen, dass σ bekannt ist, wir also aus $\hat{\mu}$ direkt b erhalten können. Betrachtet man $\hat{\mu}$ genauer, so folgt direkt aufgrund seiner

Definition und der sich daraus ergebenden Teleskopsummen-Eigenschaft, dass gilt

$$\hat{\mu} = \left(b - \frac{1}{2}\sigma^2\right) + \frac{\sigma}{T} W(T) \sim \mathcal{N}\left(b - \frac{1}{2}\sigma^2, \frac{\sigma^2}{T}\right). \tag{4.19}$$

Somit ist der ML-Schätzer zwar erwartungstreu, aber seine Varianz hängt weder von der Zeitdiskretisierung noch von der Anzahl der Beobachtungen, sondern nur vom Zuwachs der (Kalender-) Zeit T zwischen der frühesten und der letzten Beobachtung ab! Will man z. B. ein 95%-Konfidenzintervall für μ bestimmen, dessen Länge höchstens 0,01 betragen soll, und liegt eine Volatilität von $\sigma = 0{,}2$ vor, so muss (mit der Approximation des 97,5%-Quantils von $\mathcal{N}(0,1)$ durch $2 \approx 1{,}96$) der Beobachtungszeitraum $T = 1600$ Jahren entsprechen. Dabei ist die Größenordnung der Länge des Konfidenzintervalls dann im Vergleich zum Wert von b, der typischerweise im Bereich von 0,025 bis 0,15 liegt, noch recht hoch. Man hätte sogar gern ein kürzeres Konfidenzintervall. Der ML-Schätzer wird also nicht durch die Berücksichtigung einer größeren Menge von Daten genauer, sondern lediglich durch die Verlängerung des Beobachtungszeitraums, indem die zeitliche Differenz zwischen erster und letzter Beobachtung größer wird.

Als Quintessenz der eben bestimmten Zahlen kann man feststellen, dass die ML-Schätzung für die Drift b im Black-Scholes-Modell nicht zu zufrieden stellenden Zahlen führt. Man spricht auch von der Unmöglichkeit der Driftschätzung. Eine Konsequenz aus dieser Tatsache ist die, dass man sich bei den Methoden der Portfolio-Optimierung, wie wir sie z. B. in Kap. 1 aus Band 1 mit dem Markowitz-Ansatz und in Kap. 5 aus Band 1 mit der Martingalmethode bzw. der Methode der stochastischen Steuerung vorgestellt haben, nicht auf die rein historische Statistik verlassen kann, sondern auch zusätzlich seine eigene Meinung über die Driftparameter einzelner Aktien einfließen lassen muss.

Schätzung der Volatilität Beim Volatilitätsschätzer fällt zunächst auf, dass er unabhängig von b ist, denn es gilt

$$\begin{aligned}\hat{\sigma}^2 &= \Delta \frac{1}{N} \sum_{i=1}^{N} \left(Z_i - \bar{Z}_N\right)^2 \\ &= \sigma^2 \frac{1}{N} \sum_{i=1}^{N} \left(\tilde{W}_i - \frac{1}{N} \sum_{j=1}^{N} \tilde{W}_j\right)^2,\end{aligned} \tag{4.20}$$

wobei $\tilde{W}_i = (W(i\Delta) - W((i-1)\Delta))/\sqrt{\Delta}$ alle unabhängig $\mathcal{N}(0,1)$-verteilt sind. Man sieht der zweiten Darstellung des Schätzers in Gleichung (4.20) direkt an, dass der Schätzer nicht nur von b sondern auch – bei gleichbleibender Anzahl der Beobachtungen – von der Schrittweite Δ unabhängig ist. Allerdings wird er mit zunehmender Anzahl der Beobachtungen genauer. Dies sieht man auch an der aufgrund der Vorüberlegungen im Abschn. 4.2 explizit angebbaren Verteilung des Volatilitätsschätzers und dem sich daraus ergebenden Konfidenzintervall.

Tab. 4.1 ML-Schätzer im Black-Scholes-Modell mit simulierten Daten

Δ	$\hat{\mu}$	Konf. links	Konf. rechts	$\hat{\sigma}^2$	Konf. links	Konf. rechts
1/12	0,0069	−0,23478	0,24854	0,0382	0,03504	0,04176
1/365	0,0258	−0,01801	0,06963	0,0382	0,03504	0,04176
1	0,0288	0,01614	0,04144	0,0382	0,03504	0,04176

Für die Tab. 4.1 wurden in einem Black-Scholes-Modell mit Parametern $S(t_0) = 1, b = 0{,}05, \sigma = 0{,}2$ genau 1000 Preise $S(t_1), \ldots, S(t_{1000})$ im Zeitablauf mittels Monte Carlo-Simulation erzeugt. Dabei wurde die Zeitdiskretisierung $\Delta = t_i - t_{i-1}$ in drei verschiedenen Größenordnungen gewählt, nämlich entsprechend täglicher Beobachtung ($\Delta = 1/365$), monatlicher Beobachtung ($\Delta = 1/12$) und jährlicher Beobachtung ($\Delta = 1$).

Die Werte der Tabelle spiegeln genau die oben gemachten Aussagen für die einzelnen ML-Schätzer wieder. So ist der Volatilitätsschätzer hinreichend genau, unabhängig von der Diskretisierung, und das zugehörige 95%-Konfidenzintervall überdeckt den wahren Wert von $\sigma^2 = 0{,}04$. Der ML-Schätzer $\hat{\mu}$ für $\mu = b - \frac{1}{2}\sigma^2 = 0{,}03$ hingegen zeigt ein sehr unterschiedliches Verhalten für verschiedene Werte von Δ. Gerade für den kleinsten Wert von $\Delta = 1/365$ ist der ML-Schätzer sehr weit vom wahren Wert entfernt, und das Konfidenzintervall mit einer Länge von nahezu 0,5 spiegelt die Insignifikanz des ML-Schätzers in diesem Fall wieder. Wechselt man auf die jährliche Diskretisierung von $\Delta = 1$, so ist der Wert des ML-Schätzers nahe am wahren Wert, das Konfidenzintervall viel kürzer, aber immer noch von einer Länge, die der Größenordnung des zu schätzenden Werts entspricht und dies alles bei einem Beobachtungszeitraum von 1000 Jahren, für den sicher die Annahme eines Marktmodells mit konstanten Koeffizienten nicht zu rechtfertigen ist.

ML-Methode bei unabhängigen Zuwächsen Die obige Vorgehensweise der Standard-ML-Methode über das Produkt der jeweiligen Marginaldichten funktioniert für all die Preismodelle, bei denen die Zuwächse bzw. geeignet transformierte Zuwächse zwischen zwei Zeitpunkten unabhängig sind. Ein Beispiel hierfür sind als exponentielle Lévy-Prozesse modellierte Aktienpreise.

ML-Methode bei allgemeineren stochastischen Prozessen Im Allgemeinen ist es nicht möglich, Beobachtungen von Realisierungen eines stochastischen Prozesses im Zeitablauf auf unabhängige Daten zu transformieren. Dies ist aber andererseits auch kein großes konzeptionelles Problem, da die Likelihood-Funktion aufgrund des ML-Konzepts die gemeinsame Dichte der Beobachtungen sein soll. Solange man sie berechnen kann, benötigt man die Unabhängigkeitsannahme der Beobachtungen nicht.

Im von uns betrachteten Fall der Lösungen stochastischer Differentialgleichungen profitieren wir von der Markov-Eigenschaft der Lösungen, so dass wir in der Definition der Likelihood-Funktion stochastischer Prozesse die Dichten durch die Übergangsdichten

$$f_\theta(x, t; y, s) = \mathbb{P}_\theta(X(t) \in dy | X(s) = y)$$

zwischen den Zeiten s und t mit $s < t$ ersetzen. Die Likelihood-Funktion hat dann bei beobachteten Daten $x_0, \ldots, x_n$ zu Zeitpunkten $t_0 < t_1 < \ldots < t_n$ die Form

$$\mathcal{L}(\theta; x_1, \ldots, x_n; x_0) = \prod_{j=1}^{n} f_\theta(x_j, t_j; x_{j-1}, t_{j-1}), \tag{4.21}$$

wobei man den eigentlich noch zu berücksichtigenden Faktor der unbedingten Dichte für den Wert x_0 zum Zeitpunkt t_0 üblicherweise weglässt. Dies wird oft mit seiner Insignifikanz bei großen N begründet. Allerdings kann man die Beobachtung x_0 auch als nicht-zufälligen Startwert interpretieren, der von θ unabhängig ist, was die Nicht-Berücksichtigung der zugehörigen Dichte begründen würde. Die Beobachtung x_0 wird daher in der definierenden Gleichung (4.21) bei der Likelihood-Funktion als eine Art separater Parameter, statt als Beobachtung, angesehen.

Wir wollen für die Vorgehensweise direkt ein explizites Beispiel angeben.

Beispiel 4.14 (ML-Schätzer im Vasicek-Modell) Im durch

$$dX(t) = \kappa(\mu - X(t))dt + \sigma dW(t)$$

gegebenen Vasicek-Modell ergibt sich aus der expliziten Lösung

$$X(t) = X(s)e^{-\kappa(t-s)} + \mu\big(1 - e^{-\kappa(t-s)}\big) + \sigma \int_s^t e^{-\kappa(t-u)} dW(u)$$

die explizite Form der Übergangsdichte mit $\theta = (\mu, \kappa, \sigma^2)$, bei der wir der Einfachheit halber $\Delta = t - s$ setzen, als

$$f_\theta(x, s + \Delta; y, s) = \frac{1}{\sqrt{\pi\sigma^2 \frac{1-e^{-2\kappa\Delta}}{\kappa}}} e^{-\frac{\left(x-\mu\left(1-e^{-\kappa\Delta}\right)-ye^{-\kappa\Delta}\right)^2}{\sigma^2 \frac{1-e^{-2\kappa\Delta}}{\kappa}}}.$$

Hieraus erhalten wir für Beobachtungen $x_0, x_1, \ldots, x_N$ zu den (der Einfachheit halber) äquidistanten Zeitpunkten $x_i = x_0 + i\Delta$ die Log-Likelihood-Funktion

$$\begin{aligned} \ell(\theta; x_1, \cdots, x_N; x_0) = &-\frac{\kappa}{\sigma^2(1 - e^{-2\kappa\Delta})} \sum_{i=1}^{N} \left(x_i - \mu\big(1 - e^{-\kappa\Delta}\big) - x_{i-1}e^{-\kappa\Delta}\right)^2 \\ &- \frac{N}{2}\left(\ln(\sigma^2) - \ln\left(\frac{1 - e^{-2\kappa\Delta}}{\kappa}\right)\right). \end{aligned} \tag{4.22}$$

Da wir im Folgenden das Beispiel noch des Öfteren betrachten werden, wollen wir nur den ML-Schätzer für μ behandeln. Ableiten der Log-Likelihood-Funktion nach μ ergibt

$$\frac{\partial}{\partial\mu}\ell(\theta; x_1, \ldots, x_N; x_0) = 2\left(\frac{\kappa\big(1 - e^{-\kappa\Delta}\big)}{\sigma^2(1 - e^{-2\kappa\Delta})} \sum_{i=1}^{N} \left(x_i - \mu\big(1 - e^{-\kappa\Delta}\big) - x_{i-1}e^{-\kappa\Delta}\right)\right).$$

Nullsetzen und Auflösen nach μ ergibt den ML-Schätzer (man macht sich leicht klar, dass die Bedingung erster Ordnung hier schon das Maximum liefert)

$$\hat{\mu} = \frac{1}{N}\sum_{i=1}^{N-1} x_i + \frac{1}{N}\frac{x_N - x_0 e^{-\kappa\Delta}}{1 - e^{-\kappa\Delta}}, \tag{4.23}$$

der noch von κ (und der gewählten Zeitdiskretisierung Δ) abhängt. Die Form des Schätzers zeigt aber auch bei bekanntem κ explizit den Einfluss der Abhängigkeit zwischen den Beobachtungen, der sich im zweiten Term auf der rechten Seite von Gleichung (4.23) manifestiert. Gleichzeitig zeigt diese Form aber auch auf, dass der Einfluss der Abhängigkeit bei festem Δ und wachsender Zahl der Beobachtungen verschwindet. Dies rechtfertigt auch, für große N einfach den Mittelwert als approximativen ML-Schätzer für μ zu wählen.

ML-Schätzer bei kontinuierlicher Beobachtung Bisher haben wir den von uns beobachteten/beobachtbaren zeitstetigen Diffusionsprozess entweder nur zu endlich vielen Zeitpunkten beobachtet oder aber durch Zerlegung in einzelne Abschnitte wieder diskretisiert. Wir wollen in diesem Abschnitt den Prozess als eine kontinuierlich in der Zeit beobachtbare Größe auffassen und Prozesseigenschaften zur Schätzung von Parametern verwenden. Wir beginnen mit einer Vorbemerkung über die Schätzung der Volatilität.

a) Volatlitätsschätzer und quadratische Variation Die Grundlage der hier vorgestellten Schätzmethode der Volatilität bzw. von Parametern, die die Volatilität beeinflussen, ist die Gleichung

$$\langle X \rangle_T = \int_0^T \sigma(X(t);\theta)^2 dt \tag{4.24}$$

für die quadratische Variation (eindimensionaler) Diffusionsprozesse, die als eindeutige Lösung der stochastischen Differentialgleichung

$$dX(t) = \mu(X(t);\theta)dt + \sigma(X(t);\theta)dW(t)$$

gegeben sind. Liegt also eine stetige Funktion $\sigma(x;\theta)$ vor, so gilt

$$\frac{d}{dT}\langle X \rangle_T = \sigma(X(T);\theta)^2, \tag{4.25}$$

so dass man bei einer möglichen kontinuierlichen Beobachtung annehmen kann, dass $\sigma(X(T);\theta)^2$ direkt beobachtbar und somit bekannt ist und damit bei gegebener expliziter funktionaler Form von $\sigma(X(T);\theta)$ auch der Teil der Parameter θ, die durch $\sigma(X(T);\theta)$ bestimmbar sind.

Tab. 4.2 Volatilitätsschätzer durch quadratische Variation im Black-Scholes-Modell mit simulierten Daten

Δ	1/365	1/12	1
$\hat{\sigma}^2_{QV}$	0,03817	0,03822	0,03900

Beispiel 4.15 i) **Volatilitätsschätzer im BS-Modell**. Wegen

$$\langle \ln(S) \rangle_T = \sigma^2 T$$

bietet sich direkt

$$\hat{\sigma}^2_{QV} = \frac{1}{T} \langle \ln(S) \rangle_T \tag{4.26}$$

als Schätzer für $\theta = \sigma^2$ an. Dabei approximiert man die quadratische Variation $\langle \ln(S) \rangle_T$ auf der rechten Seite von Gleichung (4.26) durch die (pfadweise) analytische Approximation der zweiten Variation

$$V_2(X(t); T) := \lim_{\Delta \to 0} \sum_{i=1}^{N} (X(i\Delta) - X((i-1)\Delta))^2,$$

die man mit $\Delta = T/N$ und endlichem N bzw Δ annähert. So erhalten wir in unserem Beispiel zu Tab. 4.1 jetzt die entsprechenden Werte in Tab. 4.2

Man beachte, dass sich der Schätzer dem wahren Wert $\sigma^2 = 0{,}04$ mit wachsendem Δ annähert. Er ist in allen drei Fällen näher am wahren Wert als der ursprüngliche ML-Schätzer für die Volatilität.

ii) **Volatilitätsschätzer im Vasicek/Hull-White- oder CIR-Modell** Analog zu i) gilt

$$\langle r \rangle_T = \sigma^2 T,$$

also dann

$$\sigma^2 = \frac{1}{T} \langle r \rangle_T \tag{4.27}$$

im Vasicek- oder im Hull-White Modell bzw.

$$\sigma^2 = \frac{\langle r \rangle_T}{\int_0^T r(s) ds} \tag{4.28}$$

im CIR-Modell. Man erhält wiederum Schätzer für $\hat{\sigma}^2_{QV}$ für den Volatilitätsparameter, in dem man die jeweiligen Integrale auf den rechten Seiten oben geeignet numerisch mit Hilfe des beobachteten Prozesspfades approximiert.

b) ML-Schätzung der Diffusionskoeffizienten mittels Satz von Girsanov Aufgrund der Ausführungen unter a) wollen wir im Folgenden davon ausgehen, dass die Volatilitätsfunktion bereits bekannt ist bzw. unabhängig von unbekannten Parametern θ ist. Wir betrachten deshalb stochastische Differentialgleichungen der Form

$$dX(t) = \mu(X(t); \theta)dt + \sigma(X(t))dW(t). \tag{4.29}$$

Bisher hatten wir die Verwendung der Wahrscheinlichkeitsmaße $\mathbb{P}_\theta$ kaum explizit gemacht, sondern uns direkt auf den Parametervektor θ konzentriert. Wir werden das im Folgenden allerdings ändern und jetzt jeweils die folgende Form der stochastischen Differentialgleichung betrachten,

$$dX(t) = \mu(X(t); \theta)dt + \sigma(X(t))dW_\theta(t), \tag{4.30}$$

wobei $W_\theta(t)$ eine Brownsche Bewegung unter $\mathbb{P}_\theta$ ist. Wir werden nun eine Idee aufgreifen, die auch bei der Lösung eindimensionaler stochastischer Differentialgleichungen angewendet wird, die der Transformation auf eine äquivalente Gleichung ohne Drift

$$dX(t) = \sigma(X(t))dW(t) \tag{4.31}$$

mittels Anwendung des Satzes von Girsanov, wobei $W(t)$ eine Brownsche Bewegung unter einem Maß $\mathbb{P}$ ist. Statt jetzt explizit das Maß $\mathbb{P}$ zu bestimmen, wollen wir umgekehrt von der Gleichung der Form (4.31) unter einem (künstlichen) Referenzmaß $\mathbb{P}$ ausgehen. Die stochastische Differentialgleichung (4.30) kann dann als ein Maßwechsel von $\mathbb{P}$ nach $\mathbb{P}_\theta$ interpretiert werden, bei dem $W(t)$ auf $W_\theta(t)$ mittels Satz von Girsanov abgebildet wird. Man bestimmt dann den Parameter θ so, dass die Radon-Nikodym-Ableitung von $\mathbb{P}$ nach $\mathbb{P}_\theta$ als Funktion von θ für festes t maximal wird. Mit der Interpretation der Radon-Nikodym-Ableitung als Likelihood-Funktion erhält man so den ML-Schätzer auf der Basis der Beobachtung des Prozesses $X(.)$ bis zur Zeit t. Man wählt also die stochastische Differentialgleichung und somit den Parameter θ, der die den gemachten Beobachtungen am wahrscheinlichsten erscheinen lässt.

Wir wollen zunächst die entsprechende Girsanov-Transformation explizit bestimmen.

Proposition 4.16 *Es sei $W(t)$ eine $\mathbb{P}$-Brownsche Bewegung und $X(t)$ die eindeutige Lösung der stochastischen Differentialgleichung*

$$dX(t) = \sigma(X(t))dW(t), \tag{4.32}$$

bei der $\sigma(X(t)) \neq 0$ für alle t $\mathbb{P}$-fast sicher gelte. Ist dann für eine gegebene Funktion $\mu(x; \theta)$ der Prozess

$$Z(t; \theta) := e^{\int_0^t \frac{\mu(X(s);\theta)}{\sigma(X(s);\theta)} dW(s) - \frac{1}{2} \int_0^t \frac{\mu(X(s);\theta)^2}{\sigma(X(s);\theta)^2} ds} \tag{4.33}$$

ein Martingal (unter $\mathbb{P}$), dann existiert unter dem Wahrscheinlichkeitsmaß $\mathbb{P}_\theta$, das durch die Radon-Nikodym-Ableitung

$$\frac{dP_\theta}{dP}\Big|_{\mathcal{F}_t} = Z(t;\theta) \tag{4.34}$$

gegeben ist, eine Lösung der stochastischen Differentialgleichung

$$dX(t) = \mu(X(t);\theta)dt + \sigma(X(t))dW_\theta(t), \tag{4.35}$$

mit der $\mathbb{P}_\theta$-Brownschen Bewegung $W_\theta(t)$.

Beweis Aufgrund der gemachten Annahmen und Voraussetzungen ist der Satz von Girsanov anwendbar, so dass

$$W_\theta(t) = W(t) - \int_0^t \frac{\mu(X(s);\theta)}{\sigma(X(s);\theta)} ds$$

eine $\mathbb{P}_\theta$-Brownsche Bewegung ist, wodurch die stochastische Differentialgleichung (4.32) in die Form (4.35) überführt werden kann. Die Existenz einer Lösung $X(t)$ von Gleichung (4.35) unter $\mathbb{P}_\theta$ folgt dann aus der Existenz der Lösung der Gleichung (4.32) unter $\mathbb{P}$. ∎

Man beachte, dass wir zwar den Prozess $X(t)$, in der Regel aber nicht die Brownsche Bewegung $W(t)$, beobachten können. Deshalb ist die Darstellung der Radon-Nikodym-Ableitung $Z(t;\theta)$ in der gegebenen Form für die Schätzung von θ ungeeignet. Verwendet man aber die stochastische Differentialgleichung (4.32), so erhält man mit

$$Z(t;\theta) = e^{\int_0^t \frac{\mu(X(s);\theta)}{\sigma(X(s);\theta)^2} dX(s) - \frac{1}{2}\int_0^t \frac{\mu(X(s);\theta)^2}{\sigma(X(s);\theta)^2} ds} \tag{4.36}$$

eine Form, die insbesondere geeignet ist, die auftretenden Integrale mittels der Beobachtung von $X(t)$ unter den jeweiligen Maßen $\mathbb{P}_\theta$ durch geeignete Summen zu approximieren. Wir können damit den ML-Schätzer bei stetiger Beobachtung definieren.

Definition 4.17 Existiert für alle $t > 0$ ein Wert $\hat{\theta}(t)$, der die durch Gleichung (4.36) gegebene Likelihood-Funktion

$$L(X(t);\theta) := Z(t;\theta)$$

maximiert, so nennt man diesen Schätzer den ML-Schätzer bei stetiger Beobachtung (auch: Likelihood-Infill-Schätzer).

Bemerkung 4.18 *In Lanska (1979) wird die Konsistenz und die asymptotische Normalität des ML-Schätzers bei stetiger Beobachtung für $t \to \infty$ gezeigt.*

Wir demonstrieren die Verwendung dieses Schätzers am Beispiel des Vasicek-Modells.

Beispiel 4.19 (ML-Schätzer bei stetiger Beobachtung im Vasicek-Modell) Wir gehen im Vasicek-Modell davon aus, dass die Volatilität σ bereits mit Hilfe der quadratischen Variation des Prozesses hinreichend genau geschätzt wurde, so dass wir sie als bekannt voraussetzen können. Wir wollen mit der oben vorgestellten Methode die Parameter κ und μ aus dem Vasicek-Prozess

$$dX(t) = \kappa(\mu - X(t))dt + \sigma dW(t)$$

schätzen. Wir wählen den Parametervektor $\theta = (a, b)' := (\kappa\mu, \kappa)'$ und verwenden die Darstellung

$$dX(t) = (a - bX(t))dt + \sigma dW(t).$$

Hieraus ergibt sich die Log-Likelihood-Funktion

$$\begin{aligned} \ell(a, b; X(t)) &= \ln\big(L\big(X(t); (a, b)'\big)\big) \\ &= \int_0^t \frac{a - bX(s)}{\sigma^2} dX(s) - \frac{1}{2} \int_0^t \frac{a^2 - 2abX(s) + bX(s)^2}{\sigma^2} ds . \end{aligned} \tag{4.37}$$

Man kann aufgrund der Form der Hesse-Matrix der Log-Likelihood-Funktion verifizieren (man beachte insbesondere, dass die Determinante der Hesse-Matrix gerade

$$t \int_0^t X(s)^2 ds - \left(\int_0^t X(s) ds \right)^2 \geq 0 \ \mathbb{P} - f.s.$$

erfüllt, da die Differenz für jedes feste $\omega \in \Omega$ als das t^2-fache der Varianz einer Funktion $X(s, \omega)$ einer auf $[0, t]$ gleichmäßig verteilten Zufallsvariablen aufgefasst werden kann!), dass sich der ML-Schätzer für (a, b) bereits aus den Bedingungen erster Ordnung für ein Maximum ergibt. Nullsetzen der partiellen Ableitungen nach a und nach b der Log-Likelihood-Funktion ergibt zwei lineare Gleichungen für a und b, deren eindeutige Lösung für $t > 0$ zu den ML-Schätzern

$$\hat{a} = \frac{(X(t) - X(0)) \int_0^t X(s)^2 ds - \int_0^t X(s) dX(s) \int_0^t X(s) ds}{t \int_0^t X(s)^2 ds - \left(\int_0^t X(s) ds \right)^2}, \tag{4.38}$$

$$\hat{b} = \frac{(X(t) - X(0)) \int_0^t X(s) ds - t \int_0^t X(s) dX(s)}{t \int_0^t X(s)^2 ds - \left(\int_0^t X(s) ds \right)^2} \tag{4.39}$$

Tab. 4.3 Schätzer im Vasicek-Modell bei kontinuierlicher Beobachtung und bei diskreter Beobachtung (nur $\hat{\mu}_{\text{disk}}$) aus simulierten Daten mit $T = 5$

κ	1	2	5
$\hat{a}$	0,02	0,0402	0,1005
$\hat{b} = \hat{\kappa}$	1,0001	2,0105	5,0271
$\hat{\mu}$	0,02	0,02	0,02
$\hat{\mu}_{\text{disk}}$	0,024	0,02	0,0208

führen. Wiederum erhält man die Schätzer durch Verwenden der entsprechenden Approximationen der auftretenden Integrale. Man beachte des Weiteren, dass in der ursprünglichen Parametrisierung b gerade κ entspricht und man den Schätzer für μ als

$$\hat{\mu} = \hat{a}/\hat{b} = \frac{(X(t) - X(0)) \int_0^t X(s)^2 ds - \int_0^t X(s) dX(s) \int_0^t X(s) ds}{(X(t) - X(0)) \int_0^t X(s) ds - t \int_0^t X(s) dX(s)} \tag{4.40}$$

erhält.

Wir wollen zur Illustration lediglich ein einfaches numerisches Beispiel geben. Eine tiefere Analyse der Performance der Schätzer und ihrer Eigenschaften findet sich z. B. in Ivasiuk (2007). Hierzu nehmen wir ein Vasicek-Modell mit der (μ, κ)-Paramterisierung an und verwenden die Parameter

$$\mu = 0{,}02, \quad \sigma = 0{,}005, \quad r(0) = 0{,}04, \quad N = 10000, \quad \Delta = \frac{T}{N}.$$

Wir werden im Folgenden anhand der jeweils 10.000 simulierten Daten $r(t_i)$ die Güte der ML-Schätzer für (a, b) und daraus die für (μ, κ) zunächst für verschiedene Werte der Mean-Reversion-Geschwindigkeit κ und dann für verschiedene Laufzeiten T berechnen. Wir geben auch den ML-Schätzer für μ an, der sich aus den Übergangsdichten bei bekanntem κ gemäß Gleichung (4.23) ergibt und bezeichnen ihn mit $\hat{\mu}_{\text{disk}}$. Die entsprechenden Resultate für verschiedene Werte der Mean-Reversion-Geschwindigkeit sind in Tab. 4.3 zusammengefasst und liefern sehr gute Resultate, die man allerdings auch mit der doch sehr feinen Diskretisierung rechtfertigen muss.

Die Resultate für verschiedene Werte des betrachteten Zeitraums T in Jahren stehen in Tab. 4.4. Erneut werden die Werte sehr gut geschätzt. Dabei erweist sich die Methode, die auf kontinuierlichen Daten basiert, der ML-Methode auf der Basis diskreter Beobachtungen leicht überlegen. Dass die Methoden mit steigendem Zeitraum leicht schlechter werden, lässt sich mit der grober werdenden Diskretisierung bei der Berechnung der verwendeten Integrale erklären. Die schlechte Performance der diskreten Methode bei kurzer Laufzeit $T = 1$ lässt sich dadurch erklären, dass der Mittelwert über die beobachteten Werte der Short-Rate wegen der recht niedrigen Mean-Reversion-Geschwindigkeit von $\kappa = 1$ deutlich oberhalb des Werts von $\mu = 0{,}02$ bleibt. Die diskrete Methode wird aus genau diesem Grund mit steigendem Zeitraum T besser.

Tab. 4.4 Schätzer im Vasicek-Modell bei kontinuierlicher Beobachtung und bei diskreter Beobachtung (nur $\hat{\mu}_{\text{disk}}$) aus simulierten Daten mit $\kappa = 1$

T	1	5	10
$\hat{a}$	0,0196	0,02	0,0202
$\hat{b} = \hat{\kappa}$	0,9892	1,006	1,01
$\hat{\mu}$	0,0198	0,02	0,02
$\hat{\mu}_{\text{disk}}$	0,0326	0,024	0,022

Bemerkung 4.20 (Driftschätzer im BS-Modell) *Man macht sich anhand der Anwendung der obigen Methode im BS-Modell leicht klar, dass sie zum gleichen Schätzer des Driftparameters bei bekannter Volatilität führt wie die ML-Methode bei einer endlichen Anzahl von beobachteten Aktienpreisen (siehe Übungsaufgabe 1).*

Approximationsverfahren für ML-Schätzer und Übergangsdichten Wie wir bereits gesehen haben, liegen in der typischen Situation stochastischer Differentialgleichungen keine unabhängigen Beobachtungen vor, so dass sich die Likelihood-Funktion als Produkt von Übergangsdichten ergibt. Allerdings sind auch in vielen Modellen (z. B. dem allgemeinen CEV-Aktienpreismodell, dem Black-Karasinski-Zinsmodell, den meisten affinen Mehrfaktorzinsmodellen in Dai und Singleton (2000)) diese Übergangsdichten nicht explizit gegeben. Es existiert daher eine Vielzahl von Approximationsmethoden für ML-Schätzer in diesen Fällen. Für eine Übersicht über die verschiedenen Approximationsverfahren verweisen wir auf den Übersichtsartikel Philipps und Yu (2009).

Wir wollen lediglich zwei Klassen populärer Approximationsverfahren kurz vorstellen,

- das Euler-Maruyama-Verfahren,
- die Methode der Likelihood-Entwicklung nach Ait-Sahalia.

i) ML-Approximation mittels Euler-Maruyama-Verfahren Die grundlegende Idee dieser Näherungsmethode besteht darin, in der Likelihood-Funktion die Übergangsdichte eines Diffusionsprozesses durch die Übergangsdichte der entsprechenden Euler-Maruyama-Approximation der zugehörigen stochastischen Differentialgleichung zu ersetzen. Genauer: Die übliche von uns betrachtete stochastische Differentialgleichung wird auf dem Intervall $[t_{i-1}, t_i]$ mit $\Delta = t_i - t_{i-1}$ mittels des Euler-Maruyama-Verfahrens durch

$$X_{EM}(t_i) = X_{EM}(t_{i-1}) + \mu(X_{EM}(t_{i-1}); \theta)\Delta + \sigma(X_{EM}(t_{i-1}); \theta)\sqrt{\Delta} Z_i \qquad (4.41)$$

approximiert, wobei Z_i eine $\mathcal{N}(0,1)$-verteilte Zufallsvariable ist. Hieraus ergibt sich dann die Übergangsdichte der Approximation als

$$f_\theta^{EM}(x, t_i; y, t_{i-1}) = \frac{1}{\sqrt{2\pi\sigma(y;\theta)^2\Delta}} e^{-\frac{(x-y-\mu(y;\theta)\Delta)^2}{2\sigma(y;\theta)^2\Delta}}$$

mit den Abkürzungen

$$x = X_{EM}(t_i), \quad y = X_{EM}(t_{i-1}).$$

Zu gegebenen Beobachtungen $x_0, x_1, \ldots, x_N$ zu den Zeitpunkten $t_i = t_0 + i\Delta$ erhält man nun die approximative Likelihood-Funktion

$$\mathcal{L}(\theta; x_1, \cdots, x_N) = \prod_{j=1}^{N} f_\theta^{EM}(x_i, t_i; x_{i-1}, t_{i-1}), \tag{4.42}$$

aus der heraus durch Maximierung der approximative ML-Schätzer $\hat{\theta}_{EM}$ bestimmt werden kann.

Da die Euler-Maruyama-Approximation das einfachste Diskretisierungsverfahren für stochastische Differentialgleichungen ist, liegt es nahe, das obige Verfahren auch auf Approximationsverfahren höherer Ordnung wie z. B. das Milstein-Verfahren zu verallgemeinern. Allerdings ist dann zum einen die Übergangsdichte schwieriger zu bestimmen bzw. von komplizierterer Form und zum anderen ist eine Verallgemeinerung auf mehrdimensionale Diffusionsprozesse i. A. nicht möglich. Eine solche Verallgemeinerung ist im Euler-Maruyama-Verfahren hingegen sehr einfach.

Des Weiteren ist das Euler-Maruyama-Verfahren sehr einfach zu implementieren, erzeugt aber auch einen Diskretisierungsfehler und ist deshalb für festes Δ nicht konsistent. In der Praxis liefert es allerdings für kleine Werte von Δ gute Resultate.

ii) ML-Approximation mittels Likelihood-Entwicklung nach Ait-Sahalia Während man bei der Euler-Maruyama-Methode den zugrunde liegenden Prozess $X(t)$ durch einen stückweise normal verteilten Prozess approximiert, basiert die Methode nach Ait-Sahalia (siehe z. B. Ait-Sahalia (1999), Ait-Sahalia (2002), Ait-Sahalia und Kimmel (2010)) auf einer direkten Approximation der Übergangsdichte. Hierzu wird zunächst der Diffusionsprozess $X(t)$ mittels der Lamperti-Transformation $G(x)$ mit $G'(x) = 1/\sigma(x;\theta)$ in die Standardform $Y(t) = G(X(t))$ gebracht, die der stochastischen Differentialgleichung

$$dY(t) = \tilde{\mu}(Y(t);\theta)dt + dW(t) \tag{4.43}$$

genügt. Dabei ist der neue Driftterm durch

$$\tilde{\mu}(y;\theta) = \frac{\mu\big(G^{-1}(y);\theta\big)}{\sigma(G^{-1}(y);\theta)} - \frac{1}{2}\sigma'\big(G^{-1}(y);\theta\big) \tag{4.44}$$

gegeben, was insbesondere impliziert, dass der Diffusionskoeffizient von $X(t)$ differenzierbar sein muss. Für vollständige Spezifikationen der Bedingungen an die Drift- und Diffusionskoeffizienten von $X(t)$ verweisen wir auf Ait-Sahalia (2002). Im nächsten Schritt der Methode werden eine Hermite-Entwicklung der Übergangsdichte von $Y(t)$ um die Dichte der Standardnormalverteilung herum durchgeführt und explizit die Koeffizienten dieser Entwicklung bestimmt. Man erhält dann die Approximation der Übergangsdichte von $X(t)$ und somit auch eine approximative Likelihood-Funktion nach einer noch durchzuführenden Rücktransformation.

Eine genaue technische Beschreibung geht über den Rahmen dieses Buchs hinaus. Aufgrund der in Ait-Sahalia (2002) dargestellten hervorragenden numerischen Ergebnisse, insbesondere auch im Vergleich zur Euler-Maruyama-Methode, stellt die Methode sicher eine sehr gute Alternative dar, wenn die Euler-Maruyama-Methode z. B. aufgrund starker Nichtlinearität der stochastischen Differentialgleichung für $X(t)$ keine gute Approximation liefert.

ML-Verfahren bei Sprungprozessen Wir haben uns in diesem Abschnitt auf reine Diffusionsprozesse beschränkt. Allerdings sind die Problematiken und Methoden (z. B. die Bestimmung der Likelihood-Funktion bei bekannter Übergangsdichte, die Approximation mittels Euler-Maruyama-Verfahren) von Konzeptionellen her analog zu den von uns oben vorgestellten Verfahren. Dies betrifft z. B. das Merton-Sprungdiffusionsmodell. Allerdings ist auch klar, dass die Performance der Methoden bei vorhandenen Sprüngen nicht besser wird. So konvergiert z. B. das Euler-Maruyama-Verfahren für allgemeine Lévy-Prozesse deutlich schlechter als im Fall von Diffusionsprozessen.

Eine praktische Anwendung: Die volle ML-Methode zur Kalibrierung des Vasicek- und des CIR-Modells aus Quer- und Längsschnittdaten Wir wollen zum Abschluss des Unterkapitels über die ML-Methode eine praxisnahe Methode zur Kalibrierung sowohl des Vasicek- als auch des CIR-Modells wiedergeben, die in Rogers und Stummer (2000) eingeführt wurde. Dabei treten zwei Aspekte ganz wesentlich hervor:

- die Tatsache, dass die Short-Rate ein nicht-beobachtbarer Prozess ist und somit ihr Wert $r(t)$ zur Zeit t, der zu den beobachtbaren Anleihenpreisen $P(t, T)$ führt, ebenfalls geschätzt werden muss,
- die Tatsache, dass beobachtete Anleihepreise bzw. aus ihnen abgeleitete Renditen durch Bewertung mit dem risiko-neutralen Maß Q entstanden sind, während sich die Short-Rate über die Zeit hinweg unter dem (subjektiven) Maß $\mathbb{P}$ entwickelt.

Diesen Aspekt des Zusammenspiels zwischen Bewertung unter Q und Dynamik unter $\mathbb{P}$ hatten wir bereits im Anwendungsbeispiel der Untersuchung von Chancen und Risiken bei Altersvorsorgeprodukten in Kap. 2 gestreift. Er ist allerdings typisch für die Anwendung in der Statistik von Finanzmarktmodellen, sobald Parameter aus Preisen geschätzt werden, da diese immer in risiko-neutralen Modellen unter dem Bewertungsmaß Q berechnet wurden. In den bisher behandelten Beispielen dieses Kapitels wurde das vermieden, da immer implizit davon ausgegangen wurde, dass die sich über die Zeit hinweg entwickelnden Prozesse – wie z. B. die Short-Rate – explizit beobachtbar waren. Dies kann unter Umständen dadurch gerechtfertigt werden, dass man die Zinsrate für einen Kredit der Fälligkeit von einem Tag verwendet (Overnight-Rate). Wir wollen in diesem Abschnitt allerdings eine solche Approximation nicht betrachten.

Wie in Rogers und Stummer (2000) behandeln wir die Short-Rate als eine unbeobachtbare Größe und nehmen an, dass an N aufeinander folgenden Tagen jeweils sogenannte

Querschnittsdaten (Cross-sectional Data) vorliegen. Damit gemeint sind die Preise von jeweils M Nullkupon-Anleihen mit verschiedenen Fälligkeiten an einem Tag. Genauer, wir betrachten die negativen Log-Preise der jeweiligen Anleihen

$$R_i^j = -\ln\big(P\big(t_i, t_i + \tau_j\big)\big), \quad i = 1, \dots, N, \quad j = 1, \dots, M, \tag{4.45}$$

wobei $\tau_j > 0$ gelten soll.

Wir werden uns im Folgenden auf das Vasicek-Modell beschränken und in einer Bemerkung am Ende des Abschnitts auf die nötigen Modifikationen für das CIR-Modell eingehen. Wir nehmen an, dass das Vasicek-Modell unter $\mathbb{P}$ durch die Gleichung

$$dr(t) = \Big(a - \tilde{b}r(t)\Big)dt + \sigma dW(t) \tag{4.46}$$

mit eine $\mathbb{P}$-Brownschen Bewegung $W(t)$ und unter Q durch

$$dr(t) = (a - br(t))dt + \sigma d\bar{W}(t) \tag{4.47}$$

gegeben ist. Dabei ist $\bar{W}(t)$ eine Q-Brownsche Bewegung, wobei wir annehmen, dass die Radon-Nikodym-Ableitung von Q nach $\mathbb{P}$ so gewählt wurde, dass sich unter $\mathbb{P}$ nur die Rückkehrgeschwindigkeit von b zu $\tilde{b}$ ändert. Genauer, wir betrachten eine Familie von Maßwechseln, die durch Radon-Nikodym-Ableitungen der Form

$$Z(0, T^*) = e^{\int_0^{T^*} \lambda(u) dW(u) - \frac{1}{2}\int_0^{T^*} \lambda(u)^2 du} \tag{4.48}$$

gegeben sind, wobei wir nur Prozesse der Form

$$\lambda(t) = \frac{\tilde{b} - b}{\sigma} r(t) \tag{4.49}$$

mit $b > 0$ verwenden, und wo T^* die größte in den Daten vorkommende Fälligkeit ist. Wie bereits aus den Ausführungen zum Vasicek-Modell in Kap. 2 bekannt ist gilt – mit der obigen (a, b)-Parametrisierung – für die Bondpreise (unter Q)

$$P(t, T) = e^{-B(t,T)r(t) + A(t,T)},$$

wobei A und B gegeben sind als

$$B(t, T) = \frac{1}{b}\big(1 - e^{-b(T-t)}\big), \tag{4.50}$$

$$A(t, T) = \left(\frac{a}{b} - \frac{\sigma^2}{2^2}\right)(B(t, T) - T + t) - \frac{\sigma^2}{4b} B(t, T)^2. \tag{4.51}$$

Wir nehmen nun an, dass die beobachteten (negativen) log-Erträge Realisierungen von

$$R_i^j = -A(t_i, t_i + \tau_j) + B(t_i, t_i + \tau_j) r(t_i) + \epsilon_{ij}, \ i = 1, \ldots, N, \ j = 1, \ldots, M, \tag{4.52}$$

sind, wobei die Fehlerterme ϵ_{ij} als unabhängig und identisch verteilt gemäß $\mathcal{N}(0, \nu)$ mit unbekanntem $\nu > 0$ angenommen werden.

Mit Hilfe der erzielten log-Erträge eines Tages könnte man unter den angenommenen Normalverteilungen bereits alle Parameter kalibrieren, bis auf das unter Q nicht beobachtbare $\tilde{b}$. Hierzu benötigt man noch eine Zeitreihe der Short-Rate. Da die Abfolgen der Short-Rate in der Zeit nicht unabhängig sind, muss die ML-Methode mittels Übergangsdichten angewendet werden. Dabei sind die Übergangsdichten unter $\mathbb{P}$ zu wählen, da das reale Maß $\mathbb{P}$ die zeitliche Dynamik der Short-Rate bestimmt.

Aus den im Vasicek-Abschnitt in Kap. 2 hergeleiteten Verteilungseigenschaften für $r(t)$ folgt die Übergangsdichte der Form

$$\begin{aligned} p(r(t_i), r(t_{i-1})) &:= p\left(t_i, r(t_i); t_{i-1}, r(t_{i-1}) \middle| a, \tilde{b}, \sigma^2\right) \\ &= \frac{1}{\sqrt{\frac{\sigma^2}{\tilde{b}^2}\left(1 - e^{-2\tilde{b}\Delta}\right)}} e^{-\frac{\left(r(t_i) - r(t_{i-1})e^{-\tilde{b}\Delta} - \frac{a}{\tilde{b}}\left(1 - e^{-\tilde{b}\Delta}\right)\right)^2}{\frac{\sigma^2}{\tilde{b}^2}\left(1 - e^{-2\tilde{b}\Delta}\right)}} \end{aligned} \tag{4.53}$$

mit $\Delta = t_i - t_{i-1}$. Zusammen mit der Normalverteilungsannahme (unter Q) für den Ertragsfehler erhalten wir die Log-Likelihood-Funktion aller Daten und damit dann auch das Maximierungsproblem über den vollen Parametersatz hinweg als (in Rogers und Stummer (2000) als *Full ML method* bezeichnet)

$$\begin{aligned} \max_{a, \tilde{b}, b, \sigma^2, \nu, r_1, \ldots, r_n} & \sum_{i=2}^{N} \ln(p(r_i, r_{i-1})) \\ & - \frac{1}{2} \sum_{i=2}^{N} \sum_{j=1}^{M} \left(\ln(\nu) + \frac{\left(R_i^j + A(t_i, t_i + \tau_j) - B(t_i, t_i + \tau_j) r_i\right)^2}{\nu} \right). \end{aligned} \tag{4.54}$$

Dabei sind noch die Nebenbedingungen, dass σ^2, b, ν, $\tilde{b}$ positiv sein sollen, zu berücksichtigen. Man sieht auch im Optimierungsproblem, das aufgrund seiner im Wesentlichen quadratischen Struktur eine eindeutige Lösung besitzt, dass $\tilde{b}$ nur in der ersten Zeile und b nur in der zweiten Zeile auftritt und sich somit auch wieder die saubere Trennung zwischen den Einflüssen von $\mathbb{P}$ und Q zeigt.

Bemerkung 4.21 (Der CIR-Fall) *Für die Übertragung der obigen Vorgehensweise auf den Fall des CIR-Modells sind lediglich die Übergangsdichte, die Form der Risikoprämie*

$\lambda(t)$ als

$$\lambda(t) = \frac{\tilde{b} - b}{\sigma\sqrt{r(t)}} \tag{4.55}$$

sowie die Formen von $A(t, T)$ und $B(t, T)$ gemäß den Ausführungen zum CIR-Modell in Kap. 2 entsprechend zu modifizieren.

Bemerkung 4.22 (Alternativen zur vollen ML-Methode) *In der Praxis wird oft auf eine volle ML-Methode verzichtet, sondern täglich oder teils noch häufiger aus den jeweils vorliegenden aktuellen Marktpreisen (den aktuellen Querschnittsdaten) kalibriert. Dies ist zum einen ein Eingeständnis daran, dass man nicht an die Stabilität des zugrundegelegten Modells über die Zeit hinweg glaubt und hat zum anderen den Nachteil, dass man keine reinen Dynamikparameter des zugrundeliegenden Prozesses (im Vasicek-Fall den Parameter $\tilde{b}$) schätzen kann. Andererseits sind in diesem Fall dann die einzelnen (täglichen) Optimierungsprobleme, die zur Kalibrierung zu lösen sind, von deutlich geringerer Dimension als das volle Problem.*

Rogers und Stummer kritisieren auch die Anwendung der verallgemeinerten Momentenmethode, die oft als eine Alternative vorgeschlagen wird und die wir im nächsten Abschnitt einführen werden, da dort zum einen die Wahl der Momentenbedingungen recht willkürlich erscheint und auch in der Regel lediglich eine asymptotische Verteilung der Schätzer bekannt ist.

4.4 Die Momentenmethode

Die Momentenmethode ist eine einfache statistische Schätzmethode, die oft dann angewendet wird, wenn die ML-Methode z. B. aufgrund der nicht bekannten Form der (Übergangs-)Dichte der Beobachtungen nicht oder nur approximativ anwendbar ist. Ihre grundlegende Idee ist es, einen funktionalen Zusammenhang zwischen den zu schätzenden Parametern θ und den Momenten der zugrunde liegenden Verteilung $\mathbb{P}_\theta$ zu nutzen, um dann mit Hilfe der Schätzung der Momente durch ihre empirischen Gegenstücke Schätzer für θ zu erhalten. Dabei sind die zentralen Zutaten die Momente und ihre empirischen Gegenstücke, die wir deshalb explizit einführen und ihnen Bezeichnungen zuordnen wollen.

Definition 4.23 Es sei X eine reellwertige Zufallsvariable. Dann heißt

$$m_k := m_k(X) := \mathbb{E}\big(X^k\big), \quad k \in \mathbb{N}, \tag{4.56}$$

das *k. Moment* von X, sofern der Erwartungswert existiert und endlich ist.

$$\hat{m}_k := \frac{1}{N} \sum_{i=1}^{N} X_i^k, \tag{4.57}$$

wobei $X_1, \ldots, X_N$ eine Stichprobe ist, deren Elemente die Verteilung von X besitzen, heißt das *k. empirische Moment* von X.

Wir wollen zunächst zwei einfache Beispiele betrachten:

Beispiel 4.24

i) **Momentenmethode bei Normalverteilung** Im Fall der Normalverteilung, also $X \sim \mathcal{N}(\mu, \sigma^2)$, erhält man für den Erwartungswert μ und die Varianz σ^2 mittels der Momentenmethode die Schätzer

$$\hat{\mu}_{MM} = \hat{m}_1 = \frac{1}{N} \sum_{i=1}^{N} X_i, \quad \hat{\sigma^2}_{MM} = \hat{m}_2 - (\hat{m}_1)^2 = \frac{1}{N} \sum_{i=1}^{N} \left(X_i - \bar{X}_N\right)^2.$$

Somit stimmen in diesem Beispiel die Momenten- und die ML-Schätzer überein.

ii) **Momenten-Schätzer und Exponentialverteilung** Für ein exponential verteiltes X mit Parameter $\lambda > 0$ gilt bekanntlich

$$\mathbb{E}(X) = \frac{1}{\lambda}, \quad \mathbb{E}\left(X^2\right) = \frac{2}{\lambda^2}.$$

Man erhält damit direkt zwei Möglichkeiten, mit Hilfe der Momentenmethode den Parameter λ zu schätzen, nämlich

$$\hat{\lambda}_{MM_1} = \frac{1}{\hat{m}_1}, \quad \hat{\lambda}_{MM_2} = \sqrt{\frac{2}{\hat{m}_2}}. \tag{4.58}$$

Natürlich ist die erste Beziehung etwas einfacher, doch ist sie auch genauer? Ist es vielleicht sinnvoll, zwischen den beiden Momentenschätzern einen Ausgleich zu finden? Gibt es nicht noch weitere Beziehungen, die eine Schätzung von λ mittels Momentenbeziehungen erlaubt? Die Beantwortung dieser Frage ist eine Motivation für den verallgemeinerten Momentenschätzer, Generalised Method of Moments (GMM), den wir unten einführen wollen.

Da die Momentenmethode nur die Momente nutzt, nicht aber die explizite Form der Verteilung der Daten, ist sie im Allgemeinen der ML-Methode unterlegen, kann aber – wie oben im Beispiel gesehen – durchaus auch zu exakt den gleichen Schätzern führen.

Um zum einen auch Schätzer aus Zeitreihen mit nicht-unabhängigen Beobachtungen mit der Momentenmethode zu erhalten und insbesondere, um ökonomische Gesetzmäßigkeiten und Hypothesen testen zu könnnen, wurde von Lars Hansen die *verallgemeinerte Momentenmethode* (GMM) eingeführt (siehe z. B. Hansen (1982) oder die Monographie Hall (2005)). Ihre Bedeutung insbesondere in der Ökonometrie wurde durch die Verleihung des Wirtschaftsnobelpreises 2013 an Hansen für seine Arbeiten zur verallgemeinerten Momentenmethode unterstrichen.

Die Hauptidee der GMM besteht darin, Gesetzmäßigkeiten in Form von Beziehungen zwischen Momenten zu transformieren und diese dann anhand ihrer empirischen Gegenstücke aus den Daten zu überprüfen. Dabei sind die Momentenbedingungen oft nur notwendig, nicht aber hinreichend für die Gültigkeit der Gesetzmäßigkeiten. Die erste Hauptzutat sind die verallgemeinerten Momentenbedingungen (engl. *Population moment conditions*), die wir für Daten $v_t, t = 1, \ldots, T$ in Form einer Zeitreihe formulieren:

Definition 4.25 Es sei $\theta_0 \in \mathbb{R}^p$ ein unbekannter Parametervektor, v_t ein Vektor von Zufallsvariablen, $f(.,.)$ eine $\mathbb{R}^q$-wertige Funktion, so dass die einzelnen Komponentenfunktionen $f_i(v_t, \theta)$ jeweils definiert und reellwertig sind. Dann heißt die Bedingung

$$\mathbb{E}(f(v_t, \theta_0)) = 0 \quad \forall\, t = 1, \ldots, T \tag{4.59}$$

eine *verallgemeinerte Momentenbedingung*. Gilt zusätzlich

$$\mathbb{E}(f(v_t, \theta)) \neq 0 \quad \forall\, \theta \neq \theta_0, \tag{4.60}$$

so sagt man, dass die verallgemeinerte Momentenbedingung θ_0 identifiziert.

Man beachte zunächst, dass die Anzahl q der Momentenbedingungen, die durch die Komponentenfunktionen $f_i(.,.)$ gegeben sind, für die Identifizierbarkeit der Lösung i. A. zumindest die Bedingung

$$q \geq p \tag{4.61}$$

erfüllen muss.

Beispiel 4.26 (Exponentialverteilung: Fortsetzung) Würden die vorliegenden Beobachtungen $v_1, \ldots, v_T$ alle u. i. v. gemäß der Exponentialverteilung mit Parameter $\lambda > 0$ verteilt sein, so lässt sich die Problematik des obigen Beispiels der zwei Möglichkeiten des Schätzens von λ mittels Momenten als verallgemeinerte Momentenbedingung der Form

$$\mathbb{E}\begin{pmatrix} v - \frac{1}{\lambda} \\ v^2 - \frac{2}{\lambda^2} \end{pmatrix} = 0$$

formulieren.

Das Hauptprinzip der GMM besteht nun darin, in die verallgemeinerte Momentenbedingung die empirischen Gegenstücke

$$g_T(\theta) = \frac{1}{T}\sum_{t=1}^{T} f(v_t, \theta) \tag{4.62}$$

einzusetzen und mit Hilfe der Daten die Lösung $\hat{\theta}_T$ zu finden, die die verallgemeinerte Momentenbedingung so gut wie möglich im Sinn der folgenden Definition erfüllt.

Definition 4.27 (GMM-Schätzer) Der GMM-Schätzer $\hat{\theta}_T$ zu den Daten $v_1, \ldots, v_T$ und der verallgemeinerten Momentenbedingung (4.59) minimiert den Ausdruck

$$Q_T(\theta) = g_T(\theta)' W_T g_T(\theta), \tag{4.63}$$

wobei W_T eine positiv semi-definite Matrix ist (Gewichtsmatrix), die stochastisch für $T \to \infty$ gegen eine gegebene positiv definite Matrix W konvergiert.

Bemerkung 4.28 (Analyse des Optimierungsproblems (4.63)**)** *Ist W_T sogar positiv definit und gilt $q = p$, so reicht es, die Gleichung*

$$g_T\left(\hat{\theta}_T\right) = 0 \tag{4.64}$$

zu lösen, und der Schätzer hängt dann nicht von W_T ab. Der entstandene Schätzer ist dann nichts anderes als ein gewöhnlicher Momentenschätzer, der zu den Momentenbedingungen in der Forderung (4.59) *gehört.*

Allgemein gelten für die Lösung des Optimierungsproblems (bei hinreichender Glattheit der Komponentenfunktionen f_i) die notwendigen Bedingungen

$$G_T\left(\hat{\theta}_T\right)' W_T g_T\left(\hat{\theta}_T\right) = 0, \tag{4.65}$$

wobei wir die Bezeichnung

$$G_T(\theta) = \frac{1}{T}\sum_{i=1}^{T} \frac{\partial f(v_t, \theta)}{d\theta}$$

verwenden. In diesem Fall hängen sowohl der GMM-Schätzer $\hat{\theta}_T$ als auch der Wert $Q_T\left(\hat{\theta}_T\right)$ der quadratischen Form von der Wahl der Gewichtsmatrix W_T ab. Die zugehörigen theoretischen Überlegungen zur optimalen Wahl der Gewichtsmatrix, der sich daraus ergebenden Eigenschaften des GMM-Schätzers wie Konsistenz, Effizienz (eingeschränkt auf die Klasse von Schätzern, die nur auf Momenten basieren) und asymptotische Normalität sprengen den Rahmen des Buchs. Wir verweisen hier auf die Originalarbeit Hansen (1982) und die Monographie Hall (2005).

Beispiel 4.29 (Exponentialverteilung: Fortsetzung 2) In unserem Exponentialverteilungsbeispiel gilt $q = 2 > p = 1$. Wir wollen als Gewichtsmatrix die zweidimensionale Einheitsmatrix wählen und erhalten dann aus der Bedingung erster Ordnung (die dann auch hinreichend ist!) die Gleichung

$$G_T\left(\hat{\lambda}_T\right)' g_T\left(\hat{\lambda}_T\right) = \left(\frac{1}{\lambda^2}, \frac{4}{\lambda^3}\right)\begin{pmatrix} m_1 - \frac{1}{\lambda} \\ m_2 - \frac{2}{\lambda^2} \end{pmatrix}$$
$$= \frac{1}{\lambda^2}\left(m_1 - \frac{1}{\lambda}\right) + \frac{4}{\lambda^3}\left(m_2 - \frac{2}{\lambda^2}\right)$$

Sie ist offensichtlich äquivalent (beachte $\lambda > 0$) zur Gleichung

$$0 = \lambda^3 + \lambda^2 \frac{4m_2 - 1}{m_1} - \frac{8}{m_1},$$

die eine Lösung besitzt, die i. A. weder mit $1/m_1$ noch mit $\sqrt{2/m_2}$ übereinstimmt. Man beachte auch, dass mit der obigen Wahl der Einheitsmatrix auch impliziert wird, dass die Methode der kleinsten Quadrate, die wir im nächsten Abschnitt explizit behandeln, ein Spezialfall der GMM ist.

Beispiele aus dem Bereich der Finanzwirtschaft und der Finanzmathematik finden sich z. B. in Jagannathan et al. (2002), auch wenn dort eher der ökonometrische Ansatz der Überprüfung der Gültigkeit von ökonomischen Gesetzmäßigkeiten als das Schätzen der Parameter im Vordergrund steht.

Für die Gültigkeit der asymptotischen Aussagen über den GMM-Schätzer benötigt man in der Regel die Annahme, dass die Daten von einer schwach stationären Zeitreihe erzeugt wurden (siehe z. B. Hall (2005)).

Definition 4.30 Ein stochastischer Prozess $X(t), t \in I$ heißt *schwach stationär*, falls die folgenden Bedingungen gelten:

$$\mathbb{E}(X(t)) = \mu \quad \forall t \in I, \quad \mathbb{V}ar(X(t)) < \infty \quad \forall t \in I, \tag{4.66}$$
$$\mathbb{C}ov(X(t_1), X(t_2)) = \mathbb{C}ov(X(t_1 + s), X(t_2 + s)) \quad \forall t_1, t_2, t_1 + s, t_2 + s \in I. \tag{4.67}$$

Der Prozess heißt (stark) *stationär*, falls seine Verteilung nicht von einer zeitlichen Verschiebung abhängt, also falls $X(t)$ und $X(t + s)$ dieselbe Verteilung besitzen.

Man beachte, dass eine Brownsche Bewegung $W(t)$ zwar stationäre Zuwächse hat, aber nicht stationär ist. Sie ist noch nicht einmal schwach stationär, denn es gilt für $t_1 < t_2$ und $s > 0$

$$\mathbb{C}ov(W(t_1), W(t_2)) = t_1 < t_1 + s = \mathbb{C}ov(W(t_1 + s), W(t_2 + s)). \tag{4.68}$$

Ein Beispiel für einen stark und schwach stationären Prozess sind die Zuwächse einer Brownsche Bewegung über einen jeweils gleich langen Zeitraum,

$$X(t) = W(t+1) - W(t) \sim \mathcal{N}(0,1).$$

Beispiel 4.31 (GMM bei Short-Rate-Modellen) Als Anwendung aus der Finanzmathematik wollen wir in Analogie zu einem Beispiel in Jagannathan et al. (2002) ein Short-Rate-Modell der Form

$$dr(t) = (a - br(t))dt + \sigma r(t)^{\gamma} dW(t) \tag{4.69}$$

betrachten. Wir wollen die Parameter a, b, σ, γ mit $b > 0$, $\gamma \geq 0$ schätzen. Wir gehen dabei der Einfachheit halber davon aus, dass uns beobachtete Short-Rate-Daten r_i an äquidistanten Zeitpunkten $t_0 = 0$ und $t_i = i\Delta$, $i = 1, 2, \ldots, N$ vorliegen. Dann ergibt sich eine zeitdiskrete Approximation der Short-Rate-Gleichung gemäß

$$r_{i+1} - r_i = (a - br_i)\Delta + \epsilon_{i+1}, \tag{4.70}$$

wobei ϵ_{i+1} als Approximation für das entsprechende stochastische Integral gesetzt wurde. Formt man diese Darstellung in eine Zeitreihe um, also in

$$r_{i+1} = a\Delta + (1 - b\Delta)r_i + \epsilon_{i+1}, \tag{4.71}$$

so entspricht dies einer autoregressiven Form, genauer einem AR(1)-Modell. Dieses ist als Zeitreihe stationär, wenn die Bedingung

$$|1 - b\Delta| < 1$$

erfüllt ist, d. h. falls $b > 0$ gilt, wenn man zusätzlich annimmt, dass $\Delta > 0$ hinreichend klein ist. Man könnte nun $\epsilon_{i+1} \sim \mathcal{N}(0, \sigma^2 r_i^{2\gamma} \Delta)$ annehmen, was einer Euler-Maruyama-Approximation der Short-Rate durch die Gleichung (4.70) entsprechen würde. Um sich allerdings auf Momentenbedingungen zu beschränken, werden in Jagannathan et al. (2002) die folgenden Bedingungen gefordert:

$$\mathbb{E}(\epsilon_{i+1}) = 0, \quad \mathbb{E}_i\left(\epsilon_{i+1}^2\right) = \sigma^2 r_i^{2\gamma} \Delta, \tag{4.72}$$

$$\mathbb{E}(\epsilon_{i+1} r_i) = 0, \quad \mathbb{E}\Big(\Big(\epsilon_{i+1}^2 - \sigma^2 r_i^{2\gamma} \Delta\Big) r_i\Big) = 0. \tag{4.73}$$

Wir nehmen also an, dass die ϵ-Variablen zentriert, von endlicher Varianz der obigen Form, unkorreliert zur aktuellen Short-Rate und zusätzlich die Abweichung von ϵ_{i+1}^2 von ihrer bedingten Varianz unkorreliert zur aktuellen Short-Rate ist. Dabei ist $\mathbb{E}_i(.)$ der Erwartungswert bedingt auf die Information zur Zeit t_i. Für alle vier Momentenbedingungen lassen sich direkt die empirischen Gegenstücke angeben und dann die vier Gleichungen (numerisch) lösen. Da wir hier genauso viele Gleichungen wie Unbekannte haben, ergibt sich das Problem der Wahl der Gewichtsmatrix nicht. Umgekehrt unterstreicht das Beispiel aber auch die bei der Präsentation der vollen ML-Methode geäußerte Kritik von Rogers und Stummer in Rogers und Stummer (2000), die der Wahl der Momentenbedingungen eine gewisse Beliebigkeit unterstellen, da sich durchaus auch noch weitere bzw. alternative Bedingungen vorstellen lassen.

4.5 Modellkalibrierung aus Marktpreisen mittels Kleinste-Quadrate-Schätzern

Eine typische Vorgehensweise am Finanzmarkt ist die starke Berücksichtigung aktueller Marktpreise und das nahezu vollständige Ignorieren der Vergangenheit, wenn es um statistische Probleme im Zusammenhang mit Fragen der Bewertung von Derivaten geht. Die Vorgehensweise, als Daten im Wesentlichen nur aktuelle Marktpreise zu Zwecken der Schätzung zu verwenden, impliziert einen starken Glauben an den sehr hohen Informationsgehalt und das Wissen des Marktes auf der einen Seite, aber auch ein damit einhergehender starker Glaube an die Markov-Eigenschaft, da nur gegenwärtige Information verwendet wird.

Man beachte dabei wieder die für den Finanzmarkt spezielle Problematik bzw. Vorgehensweise: Man schätzt mit der oben beschriebenen Methode unter dem Bewertungsmaß Q, dem verwendeten risiko-neutralen Maß, und nicht (!) unter dem eigentlichen Maß $\mathbb{P}$, das die Verteilung der Dynamik des stochastischen Prozesses in der Zeit bestimmt.

Um die allgemeine Vorgehensweise zu beschreiben und die Problematik zu verdeutlichen, betrachten wir zunächst die sehr spezielle Situation der Kalibrierung des Black-Scholes-Modells.

Beispiel 4.32 (Modellkalibrierung des BS-Modells) Es liege ein Geldmarktkonto vor, das sich kontinuierlich mit der als bekannt angenommenen Zinsrate r verzinst. Des Weiteren wird eine Aktie gehandelt, deren Preis sich gemäß

$$S(t) = S(0)e^{\left(b-\frac{1}{2}\sigma^2\right)t+\sigma W(t)}$$

entwickelt, wobei σ positiv, aber unbekannt sei. Wie üblich ist $W(t)$ eine eindimensionale Brownsche Bewegung (unter $\mathbb{P}$). Des weiteren seien für n europäische Call-Optionen (jeweils mit Fälligkeit T_i und Strike K_i) und k europäische Put-Optionen (jeweils mit Fälligkeit T_j und Strike K_j) die Marktpreise $C_1, \ldots, C_n$ und $P_{n+1}, \ldots, P_{n+k}$ bekannt.

Da die Call- und Put-Preise bekanntermaßen unabhängig von der Aktiendrift b sind, enthalten sie auch keinerlei statistische Informationen über b, nicht zuletzt, da zu ihnen der Aktienkurs unter Q

$$S(t) = S(0)e^{\left(r-\frac{1}{2}\sigma^2\right)t+\sigma W^Q(t)}$$

mit der Q-Brownschen Bewegung $W^Q(t)$ gehört. Wir können also nur σ mit ihrer Hilfe bestimmen. Weiter würde bei strenger Gültigkeit des Black-Scholes-Modells bereits ein Call- oder Put-Preis genügen, um durch Inversion der Black-Scholes-Formel einen eindeutigen, positiven Wert für σ zu bestimmen. Glaubt man allerdings, dass das Black-Scholes-Modell eine gute Näherung an das tatsächliche Verhalten der Preise auf dem Markt liefert, so wird man die Volatilität σ^2 (bzw. deren eindeutige positive Wurzel) bestimmen wollen, mit der die Gesamtheit der Marktpreise möglichst gut durch die entsprechenden Modellpreise, also die Werte der Black-Scholes-Formeln mit dem geeigneten Schätzer $\hat{\sigma}$ und den jeweils gültigen Laufzeiten und Strikes, angenähert werden.

Genauer, wir lösen das folgende **Kleinste-Quadrate-Problem** (KQ-Problem):

$$\min_{\sigma>0} \sum_{i=1}^{n} (C(0, S(0), \sigma; K_i, T_i) - C_i)^2 + \sum_{j=n+1}^{n+k} \left(P\left(0, S(0), \sigma; K_j, T_j\right) - P_j\right)^2 \quad (4.74)$$

Dabei sind $C(0, s, \sigma; K, T)$ bzw. $P(0, s, \sigma; K, T)$ jeweils die durch die Black-Scholes-Formel gegebenen Call- bzw. Put-Preise, wenn die Volatilität σ gewählt wird.

Wir wollen für die Beschreibung des allgemeinen Kalibrierungsproblems in allgemeineren Aktienmärkten und in Zinsmärkten einige wesentliche nützliche Bestandteile und Fakten des Beispiels herausarbeiten:

- Es können nur die Parameter des risiko-neutralen Modells, nämlich r und σ geschätzt werden. Falls im obigen Problem r unbekannt gewesen wäre, hätte es ebenfalls über den Kleinste-Quadrate-Ansatz geschätzt werden können, in dem es zur zweiten Unbekannten im Minimierungsproblem geworden wäre.
- Das zu lösende Kleinste-Quadrate-Problem ist ein – aufgrund der (in den Parametern) nicht-linearen Preisformeln der Derivate – hochgradig nicht-lineares Optimierungsproblem, das in der Regel iterativ gelöst werden muss. Wir wollen dabei nicht auf die zugehörige Theorie der Lösungsmethoden eingehen, sondern darauf verweisen, dass in Standard-Software wie z. B. Matlab oder R entsprechende Verfahren fest implementiert sind. Im Übrigen liegt hier eine ähnliche Optimierungsproblematik wie in den komplexeren Maximierungsproblemen bei den ML-Schätzern vor, nur dass dort maximiert statt minimiert wurde.
- Die expliziten geschlossenen Preisformeln für die Derivate sind von essentieller Bedeutung für eine schnelle Kalibrierung, da ansonsten der Preis eines jeden Derivats, für das ein Marktpreis vorliegt, mit einem aufwändigen numerischen Verfahren (z. B. Monte Carlo, Binomialbaum, partielle Differentialgleichung) bestimmt werden muss.

Gerade die letzte Aussage erklärt, warum Modelle, in denen geschlossene Preisformeln für wichtige gehandelte Derivate vorliegen, von der Praxis so geschätzt werden. Sie erlauben eine effiziente Kalibrierung der Marktparameter unter Q, die als Grundlage für die – typischerweise numerische – Bewertung komplexerer Derivate benötigt werden. Dies ist nicht zuletzt auch ein Argument für die Beliebtheit des Heston-Modells im Aktienbereich, des Hull-White-Modells im Zinsbereich oder aber des log-normalen LIBOR-Modells.

Bemerkung 4.33 (Gewichtung für verschiedene Preise/Produkte) *Da auch Preise für Optionen am Finanzmarkt quotiert werden, die z. T. stark aus dem Geld sind, so dass keine positive Endzahlung zu erwarten ist und deshalb ihr Preis sehr niedrig ist (also z. B. eine Call-Option mit geringer Restlaufzeit und deutlich größerem K als $S(t)$), ist es ratsam eine Gewichtung der in das Optimierungsproblem eingehenden Optionen vorzunehmen. So besitzt z. B. im Black-Scholes-Modell ein Call mit Strike $K = 100$ bei einer Volatilität von $\sigma = 0{,}2$, einer Restlaufzeit von $T - t = 1/12$ (also einem Monat), einem risikolosen Zins von $r = 0{,}01$ und einem heutigen Aktienpreis von $S(t) = 80$ einen theoretischen Wert von deutlich weniger als einem Cent. Bereits eine Quotierung für einen Preis von einem Cent würde zu einer impliziten Volatilität von $\sigma_{imp} = 0{,}2925$ führen. Und sicher würde ein Anbieter mindestens einen Cent als Preis fordern. Solche extremen Optionen verzerren deshalb oft das tatsächliche Bild der zugrunde liegenden Parameter sehr. Tatsächlich werden in der Regel die Optionen am häufigsten gehandelt, die am Geld liegen. Daher spiegeln ihre Preise auch am ehesten die Marktmeinung wieder. Es empfiehlt sich daher, eine Gewichtung vorzunehmen, die die Handelsintensität der in die Kalibrierung einbezogenen Wertpapiere berücksichtigt. Eine allgemeine mathematischen Empfehlung lässt sich hier allerdings nicht geben.*

Allgemeine Kalibrierungsproblematik Im Beispiel des Black-Scholes-Marktes waren bis auf die Volatilität σ alle Parameter bereits bekannt. Insbesonders war das Martingalmaß eindeutig und somit auch bekannt. Ist das zu verwendende Martingalmaß unbekannt und besitzt zusätzlich die Familie der in Frage kommenden Martingalmaße – per Annahme – eine parametrisierte Darstellung (siehe z. B. Abschn. 1.7.4 im Heston-Modell), so werden diese Parameter im entsprechenden KQ-Problem einfach als Unbekannte behandelt und mitgeschätzt. Konzeptionell unterscheiden sich dann diese KQ-Probleme nicht weiter vom obigen Black-Scholes-Beispiel.

Schätzung einer risiko-neutralen Verteilung aus Optionspreisen Während wir bisher immer versucht haben, Parameter eines Modells aus Optionspreisen zu schätzen, soll hier auf eine Art modellfreie Methode hingewiesen werden, die in ähnlicher Art und Weise schon im Dupire-Modell der lokalen Volatilität in Kap. 1 vorkam. Wir betrachten hierzu ein Marktmodell bestehend aus einer Aktie mit Preisprozess $S(t)$ und einem sich deterministisch mit konstanter Zinsrate r entwickelnden Geldmarktkonto. Dann gilt nach Breeden et al. (1978) der folgende Satz.

Satz 4.34 *Unter der Annahme einer stetigen, risiko-neutralen Übergangsdichte der Form $f(T, S(T); 0, S(0))$ für den Aktienpreis $S(T)$ zur Zeit T gilt*

$$f(T, K; 0, S(0)) = e^{rT} \frac{\partial^2 C(0, S(0); K, T)}{(\partial K)^2}, \tag{4.75}$$

wobei $C(0, S(0); K, T)$ der heutige Preis einer europäischen Call-Option mit Fälligkeit T und Strike K ist.

Beweis Der Preis einer europäischen Call-Option ergibt sich als

$$C(0, S(0); K, T) = e^{-rT} \int_K^\infty (x - K) f(T, x; 0, S(0)) dx.$$

Anwenden des Hauptsatzes der Differential- und Integralrechnung sowie der Ableitungsregel bei parameterabhängigen Integralen liefert

$$\frac{\partial C(0, S(0); K, T)}{\partial K} = -e^{-rT} \left((K - K) f(T, K; 0, S(0)) + \int_K^\infty f(T, x; 0, S(0)) dx \right)$$

und damit schließlich

$$\frac{\partial^2 C(0, S(0); K, T)}{(\partial K)^2} = e^{-rT} f(T, K; 0, S(0)). \qquad \blacksquare$$

Bemerkung 4.35 *Man beachte wieder, dass man wie im Dupire-Modell, ein Kontinuum von Optionspreisen benötigt, um die vollständige risiko-neutrale Übergangsdichte zu erhalten. Dabei muss es sich nicht unbedingt nur um Call-Optionen handeln, denn auch für Put-Optionen gilt wegen der Preisdarstellung*

$$P(0, S(0); K, T) = e^{-rT} \int_0^K (K - x) f(T, x; 0, S(0)) dx$$

eine zur Gleichung (4.75) analoge Beziehung. Des Weiteren gilt der Satz auch in unvollständigen Märkten, wenn man voraussetzt, dass das gesamte durch Arbitrage-Überlegungen bestimmte Preisintervall für eine europäische Call-Option durch die mittels äquivalenter Martingalmaße bestimmten Optionspreise ausgeschöpft wird.

Eine generelle Problematik: Kalibrierung vs. Validierung Bei aller Freude über eine mögliche fast perfekte Anpassung an vorhandene Daten, sollte das gewählte Modell nicht unkritisch übernommen werden. Dem trägt ein sogenannter Validerungsschritt Rechnung, den wir unten erläutern werden.

Natürlich liegt es nahe, alle am Markt verfügbaren Preise zur Kalibrierung der gesuchten Parameter zu verwenden, um so quasi die gesamte vorliegende statistische Information zu nutzen. Allerdings birgt dies auch immer die Gefahr des Overfitting, d. h. der zu starken Anpassung von Modellen an die Daten. Die Gefahr ist insbesondere dann groß, wenn man zwischen verschiedenen Modellansätzen vergleicht und so natürlich mit einem höherdimensionalen Modell eine bessere Anpassung an die Daten erzielt als mit einem Spezialfall dieses Modells, der weniger freie Parameter beinhaltet.

Will man zwischen zwei Modellen entscheiden, so bietet es sich an, den vorhandenen Datensatz in eine Kalibrierungsmenge und eine Validierungsmenge aufzuteilen. Dabei sollten beide Datensätze möglichst repräsentativ sein. Man wird dabei typischerweise für die Kalibrierung den deutlich größeren Teil verwenden. Eine übliche Größe für die Kalibrierungsmenge ist 90 % der Daten. Dies ist dadurch zu begründen, dass die Parameterschätzung die eigentliche Aufgabe ist. Die Validierung stellt dann die Überprüfung der Güte beider (oder mehrerer) Modelle dar. In ihr werden die vorhandenen Marktpreise aus der Validierungsmenge mit den Modellpreisen der gerade kalibrierten Modelle verglichen. Man sollte dann aufgrund der Validierungsergebnisse entscheiden, ob sich der Mehraufwand eines komplexeren Modells lohnt. Insbesondere besteht nur durch die Validierung die Möglichkeit, zu erkennen, ob ein komplexeres Modell tatsächlich in der Praxis besser als ein einfaches abschneidet, denn in der Kalibrierung ist das komplexere Modell in der Regel schon aufgrund der Formulierung der Aufgabenstellung besser als der einfache Spezialfall.

Hull-White und Co.: Perfekte Kalibrierung Wir haben bereits in Kap. 2 Modellansätze kennen gelernt, bei denen durch Einführung einer geeignet großen Anzahl von freien Parametern eine perfekten Anpassung des Modells an vorhandene Marktpreise oder Marktgrößen (wie z. B. eine Zinsstrukturkurve) erfolgt. Natürlich klingt eine perfekte Kalibrierung, wie sie sich auch im Aktienoptionsfall mittels der Dupire-Formel erzielen lässt, für den Anwender sehr attraktiv, da sich damit alles erklären lässt, was der Markt momentan (!) an Preisen anbietet. Allerdings ist gerade bei einer perfekten Kalibrierung die Gefahr präsent, dass ein zu stark an den momentanen Zustand angepasstes Modell bereits am nächsten Tag schlechte Kalibrierungsresultate liefert. Auch hier sollte der Aspekt der Validierung nicht vergessen werden, auch verknüpft mit dem Preis, dass dann nur noch auf der Kalibrierungsmenge eine perfekte Anpassung vorliegt, auf der Validierungsmenge in der Regel nicht.

4.6 Filtern unbeobachtbarer Prozesse

Viele Informationen in der Finanzmathematik bzw. eigentlich an den Finanzmärkten liegen in Form von Zeitreihen vor, die zum einen nicht zwingend aus unabhängigen Beobachtungen hervorgegangen sind und zum anderen sogar nur als Konsequenz und nicht in ihrer eigentlichen Form beobachtbar sind. Beispiele für den letztgenannten Sachverhalt sind z. B. die Short-Rate, die zwar in Short-Rate-Modellen die Bondpreise bestimmt, aber nicht isoliert beobachtbar ist. Ähnliches gilt für die stochastische Volatilität im Heston-Modell oder sogar für den konstanten Driftparameter b im Black-Scholes-Modell.

Die zugehörige statistische Methode zur vorliegenden Situation ist der sogenannte *Kalman-Filter* (siehe Kalman (1960) oder Sorenson (1970) für eine historische Einordnung), der die Optimalität des bedingten Erwartungswerts als Kleinste-Quadrate-Schätzer mit der Möglichkeit einer sehr einfachen algorithmischen Berechnung aus einem bereits vorliegenden Schätzer im Fall der Normalverteilung kombiniert. Dabei bringt er mit Aspekten der Bayesschen Statistik auch noch die Möglichkeit der Berücksichtigung eigener Meinungen in die Schätzung ein.

Wie z. B. im Übersichtsartikel Hamilton (1994) dargestellt, ist ein wesentlicher Baustein des Kalman-Filters die folgende bekannte Beziehung zwischen gemeinsam normal verteilten Zufallsvariablen, die über die Definition bedingter Dichten direkt nachgerechnet werden kann:

Sind Z_1 und Z_2 gemeinsam normal verteilt mit

$$\begin{pmatrix} Z_1 \\ Z_2 \end{pmatrix} \sim \mathcal{N}\left(\begin{pmatrix} \mu_1 \\ \mu_2 \end{pmatrix}, \begin{pmatrix} \Omega_{11} & \Omega_{12} \\ \Omega_{12} & \Omega_{22} \end{pmatrix}\right), \tag{4.76}$$

wobei Z_1 eine n-dimensionale und Z_2 eine r-dimensionale Zufallsvariable ist, so ergibt sich für die bedingte Verteilung von Z_2 gegeben Z_1 die Beziehung

$$Z_2|Z_1 \sim \mathcal{N}(m, \Sigma) \tag{4.77}$$

mit (wobei wir die Existenz von Ω_{11}^{-1} unterstellen)

$$m = \mu_2 + \Omega_{21}\Omega_{11}^{-1}(Z_1 - \mu_1), \quad \Sigma = \Omega_{22} - \Omega_{21}\Omega_{11}^{-1}\Omega_{12}. \tag{4.78}$$

Wie bereits oben erwähnt (siehe auch Übungsaufgabe 2) ist die im Sinn der mittleren quadratischen Abweichung von Z_2 optimale Vorhersage durch eine Zufallsvariable, die bzgl. der σ-Algebra $\mathcal{F}_{Z_1}$ messbar ist, durch die bedingte Erwartung von Z_2 gegeben Z_1 beschrieben, die sich im Kontext der gemeinsamen Normalverteilung samt der zugehörigen Varianz-Kovarianz-Matrix der Abweichungen direkt aus Gleichung (4.78) als

$$\mathbb{E}(Z_2|Z_1) = \mu_2 + \Omega_{21}\Omega_{11}^{-1}(Z_1 - \mu_1), \tag{4.79}$$

$$\mathbb{E}\big((Z_2 - m)(Z_2 - m)'|Z_1\big) = \Omega_{22} - \Omega_{21}\Omega_{11}^{-1}\Omega_{12} \tag{4.80}$$

ergeben.

Wir wenden uns nach diesen Vorbemerkungen wieder dem Kalman-Filter zu und werden ihn zunächst in seiner einfachen Standardversion vorstellen. Auf Verallgemeinerungen und Varianten gehen wir dann später ein. Dabei orientieren wir uns in der Darstellung an Hamilton (1994) und betrachten den zeitdiskreten Fall. Der Ausgangspunkt sind die beiden folgenden Gleichungen für den uns interessierenden, r-dimensionalen Prozess X_t, $t = 1, ..$ und den von uns beobachtbaren, n-dimensionalen Prozess Z_t, der die vorliegenden Daten darstellt:

$$X_{t+1} = FX_t + v_{t+1}, \tag{4.81}$$
$$Y_t = HX_t + w_t. \tag{4.82}$$

Dabei sind F, H jeweils Matrizen entsprechender Dimension, v_t, w_t jeweils voneinander unabhängige Folgen unabhängiger, normal verteilter Zufallsvariablen mit

$$v_t \sim \mathcal{N}(0, Q), \quad w_t \sim \mathcal{N}(R), \tag{4.83}$$

Man bezeichnet X_t als den *Zustandsprozess* und Y_t als den *Beobachtungsprozess*. Unser Ziel liegt in der (bzgl. des mittleren quadratischen Fehlers) optimalen Vorhersage des Werts X_{t+1} aus den Beobachtungen $Y_1, \ldots, Y_t$. Der Kalman-Filter ist der im Folgenden hierfür entwickelte effiziente Algorithmus. Wir gehen hierfür davon aus, dass ein Startwert X_1 vorliegt, für den gilt

$$X_1 \sim \mathcal{N}\left(\hat{X}_{1|0}, P_{1|0}\right). \tag{4.84}$$

Dabei lässt sich $\hat{X}_{1|0}$ als eine Art Anfangseinschätzung für X_1 mit einer durch $P_{1|0}$ gegebenen Unsicherheit interpretieren. Wir nehmen nun an, dass $\hat{X}_{t|t-1}$ und $P_{t|t-1}$ bereits vorliegen. Unser Ziel besteht dann darin, die nächste Vorhersage $\hat{X}_{t+1|t}$ samt der zugehörigen Matrizen $P_{t+1|t}$ unter zusätzlicher Berücksichtigung der neuen Beobachtung Y_t zu berechnen. Wir formulieren das zugehörige Resultat als Satz.

Theorem 4.36 (Der Kalman-Filter) *Unter den in den Gleichungen* (4.81)–(4.84) *gemachten Annahmen gelten für die Entwicklung des Vorhersageprozesses $\hat{X}_{t+1|t}$ und der zugehörigen Varianz-Kovarianz-Matrizen $P_{t+1|t}$ die folgenden Beziehungen:*

$$\hat{X}_{t+1|t} = F\hat{X}_{t|t-1} + FP_{t|t-1}H\left(H'P_{t|t-1}H + R\right)^{-1}\left(Y_t - H'\hat{X}_{t|t-1}\right), \tag{4.85}$$
$$P_{t+1|t} = FP_{t|t-1}F' - FP_{t|t-1}H\left(H'P_{t|t-1}H + R\right)^{-1}H'P_{t|t-1}F' + Q. \tag{4.86}$$

Beweis Unter den Annahmen, dass $\hat{X}_{t|t-1}$ und $P_{t|t-1}$ bereits vorliegen und ein zugehöriger normal verteilter Startwert X_1 existiert, erhält man mit der von $Y_1, \ldots, Y_{t-1}$ erzeugten σ-Algebra $\mathcal{F}_{t-1}$ induktiv

$$X_t|\mathcal{F}_{t-1} \sim \mathcal{N}\left(\hat{X}_{t|t-1}, P_{t|t-1}\right).$$

Weiter folgen

$$\mathbb{E}(Y_t|\mathcal{F}_{t-1}) = H\hat{X}_{t|t-1},$$
$$Y_t - \mathbb{E}(Y_t|\mathcal{F}_{t-1}) = H\left(X_t - \hat{X}_{t|t-1}\right) + w_t,$$

woraus sich wegen der Unabhängigkeit von w_t von X_t und $\hat{X}_{t|t-1}$ dann

$$\begin{pmatrix} X_t|\mathcal{F}_{t-1} \\ Y_t|\mathcal{F}_{t-1} \end{pmatrix} \sim \mathcal{N}\left(\begin{pmatrix} H\hat{X}_{t|t-1} \\ \hat{X}_{t|t-1} \end{pmatrix}, \begin{pmatrix} H'P_{t|t-1}H + R & H'P_{t|t-1} \\ P_{t|t-1}H & P_{t|t-1} \end{pmatrix}\right) \tag{4.87}$$

ergibt. Wir sind damit in der Situation der Vorbemerkung über die bedingte Verteilung einer Komponente einer gemeinsamen Normalverteilung und erhalten mit Gleichung (4.78), dass

$$X_t|\mathcal{F}_t \sim \mathcal{N}\left(\hat{X}_{t|t}, P_{t|t}\right)$$

gilt, wobei Mittelwert und Varianz-Kovarianz-Matrix nach Gleichung (4.78) durch

$$\hat{X}_{t|t} = \hat{X}_{t|t-1} + P_{t|t-1}H\left(H'P_{t|t-1}H + R\right)^{-1}\left(Y_t - H'\hat{X}_{t|t-1}\right) \tag{4.88}$$

$$P_{t|t} = P_{t|t-1} - P_{t|t-1}H\left(H'P_{t|t-1}H + R\right)^{-1}H'P_{t|t-1} \tag{4.89}$$

gegeben sind. Wegen Gleichung (4.81) gilt, dass auch

$$X_{t+1}|\mathcal{F}_t \sim \mathcal{N}\left(\hat{X}_{t+1|t}, P_{t+1|t}\right),$$

und die beiden Größen $\hat{X}_{t+1|t}$ und $P_{t+1|t}$ ergeben sich wiederum wegen Gleichung (4.81) als

$$\hat{X}_{t+1|t} = F\hat{X}_{t|t}, \quad P_{t+1|t} = FP_{t|t}F' + Q.$$

Das Einsetzen der expliziten Formen von $\hat{X}_{t|t}$ und $P_{t|t}$ aus den Gleichungen (4.88) und (4.89) liefert damit die behaupteten Darstellungen von $\hat{X}_{t+1|t}$ und $P_{t+1|t}$. ■

Statt uns mit der Vorhersage nicht beobachtbarer Prozesse, wie z. B. der Volatilität im Heston-Modell beschäftigen, wollen wir zunächst eine Anwendung für eine Parameterschätzung geben.

Beispiel 4.37 (Schätzung der Aktiendrift) Wir betrachten zum wiederholten Mal das Problem des Schätzens des Driftparameters im Black-Scholes-Modell. Genauer, wir betrachten einen Aktienpreisprozess der Form

$$S(t) = S(0)e^{\left(b-\frac{1}{2}\sigma^2\right)t+\sigma W(t)},$$

wobei $W(t)$ eine eindimensionale Brownsche Bewegung ist und wir annehmen, dass σ bereits bekannt ist (oder aber mit einer geeigneten Methode hinreichend genau bestimmt wurde). Da der Aktienpreis zwar beobachtbar, aber nicht-linear ist, definieren wir für eine feste Zeitspanne Δ (z. B. ein Tag oder einen Monat) den Prozess der logarithmierten Renditen

$$Y_t = \ln\left(\frac{S(t\Delta)}{S((t-1)\Delta)}\right)$$

und wählen als X-Prozess einfach die Konstante $\tilde{b} := b - \frac{1}{2}\sigma^2$, für die wir annehmen, dass wir sie nicht kennen, aber im Zeitpunkt Δ einen Startwert vorliegen haben, der normal verteilt ist. Wir haben also insgesamt das folgende System zur Anwendung des Kalman-Filters vorliegen

$$X_{t+1} = X_t, \qquad \text{d. h. } F = 1, \quad v_{t+1} = 0, \tag{4.90}$$

$$Y_t = \tilde{b}\Delta + w_t, \qquad \text{d. h. } H = \Delta, \quad w_t \sim \mathcal{N}(0, \sigma^2\Delta), \quad R = \sigma^2\Delta, \tag{4.91}$$

wobei wir zusätzlich noch die Startwerte

$$\hat{X}_{1|0} = \hat{b}, \quad P_{1|0} = \sigma_0^2 \tag{4.92}$$

gegeben haben und annehmen, dass X_1 normal verteilt mit diesen Parametern ist. Wir berechnen zunächst explizit die Form der Varianz $P_{t+1|t}$. Aus den Kalman-Filter-Gleichungen erhält man die Beziehung

$$P_{t+1|t} = P_{t|t-1} - \frac{P_{t|t-1}^2}{P_{t|t-1} + R},$$

aus der sich leicht mittels vollständiger Induktion zeigen lässt, dass

$$P_{t+1|t} = \frac{\sigma^2}{\sigma^2 + t\sigma_0^2}\sigma_0^2\Delta \tag{4.93}$$

gilt. Insbesondere wird also die Varianz mit wachsender Zeit t kleiner und verschwindet asymptotisch. Ebenfalls aus den Kalman-Gleichungen ergibt sich unter weiterer Verwendung der Darstellung (4.93) die Beziehung

$$\begin{aligned} \hat{X}_{t+1|t} &= \hat{X}_{t|t-1} + \frac{P_{t|t-1}}{P_{t|t-1} + R}\left(Y_t - \hat{X}_{t|t-1}\right) \\ &= \hat{X}_{t|t-1} + \frac{\sigma_0^2}{\sigma^2 + t\sigma_0^2}\left(Y_t - \hat{X}_{t|t-1}\right). \end{aligned} \tag{4.94}$$

Stellt man diese Gleichung um in die Form

$$\hat{X}_{t+1|t} = \frac{\sigma_0^2}{\sigma^2 + t\sigma_0^2}Y_t + \frac{\sigma^2 + (t-1)\sigma_0^2}{\sigma^2 + t\sigma_0^2}\hat{X}_{t|t-1},$$

so überlegt man sich leicht, dass die rechte Seite für sehr kleine Werte von σ_0^2 im wesentlichen gleich der Vorhersage zum vorherigen Zeitpunkt ist. Dies ist allerdings auch erwartbar, da ein sehr kleiner Wert von σ_0^2 für ein großes Vertrauen in den Startwert spricht und die Vorhersage von diesem nur bei sehr groß abweichenden Werten von Y abrückt. Ist umgekehrt σ_0^2 deutlich größer als σ^2, so lässt sich leicht mittels iterativer Vorgehensweise überlegen, dass $\hat{X}_{t+1|t}$ gerade von der Größenordnung von $\ln(S(t\Delta)/S(0))/(t\Delta)$ ist, was dem Maximum-Likelihood-Schätzer ohne Vorinformation entspricht. Auch dies ist plausibel, da man bei dieser Parameterkonstellation weit weniger Zutrauen zum Startwert als zu den Folgebeobachtungen hat.

Bemerkung 4.38 *Die Tatsache, dass die Folge der Varianz-Kovarianz-Matrizen $P_{t|t-1}$ im Beispiel unabhängig von den Beobachtungen Y_i war, liegt nicht an der Einfachheit des Beispiels, sondern gilt aufgrund der Beziehung* (4.86) *auch im allgemeinen Fall. So gesehen könnte diese Folge auch schon offline vor dem Vorliegen von Beobachtungen berechnet werden.*

Liegen keine einfachen linearen Prozesse in den Kalman-Gleichungen vor, so besteht das Prinzip des erweiterten Kalman-Filters darin, jeweils die in den relevanten Prozessen nicht-linearen Gleichungen auf den rechten Seiten mittels Taylor-Approximation erster Ordnung zu linearisieren. Wir gehen hierauf – genauso wenig wie auf weitere Varianten des Kalman-Filters oder den Partikel-Filter – nicht ein, sondern verweisen auf den Artikel Javaheri et al. (2003). In diesem Artikel wird auch die Behandlung des Heston-Modells mittels verschiedener Varianten des Kalman-Filters ausführlich beschrieben.

Bemerkung 4.39 (Schätzen im Kalman-Filter) *Sind die Parameter F, R, H, Q, die die Prozessgleichungen im Kalman-Filter beschreiben, nicht bekannt, so können sie aufgrund der gemachten Normalverteilungsannahmen auch mittels Maximum-Likelihood-Methode geschätzt werden. Details hierzu samt Literaturangaben für weitere Schätzmethoden finden sich z. B. in Hamilton (1994).*

Weitere Anwendungen des Kalman-Filters in der Finanzmathematik finden sich in der Monografie Wells (1996).

Bemerkung 4.40 (Filtern in stetiger Zeit) *Wie bereits im Abschnitt zur Maximum-Likelihood-Schätzung existiert auch beim Filtern eine für die Finanzmathematik relevante zeitstetige Variante, die dadurch gegeben ist, dass die Beobachtungen und der Zustandsprozess durch stochastische Differentialgleichungen beschrieben werden. Das direkte Analogon zum Kalman-Filter, der sogenannte* Kalman-Bucy-Filter, *wird z. B. in Oksendal (1992), Kap. 6 beschrieben. Hier ergibt sich die optimale Vorhersage als Lösung einer stochastischen Differentialgleichung mit Koeffizienten, die aus einer Riccati-Gleichung erhalten werden.*

4.7 Weitere Aspekte und Methoden

Wir können im Rahmen dieses Buchs nicht auf alle möglichen statistischen Aspekte und Verfahren detailliert eingehen, die bei Anwendungen in der Finanzmathematik auftreten können und wollen deshalb in diesem Abschnitt noch einige naheliegende und auch in der Literatur behandelte Themen kurz erwähnen.

So sind z. B. Modelle die von einem unbekannten Parameter abhängen, der nicht beobachtet werden kann und dessen Werte gemäß einer Markov-Kette wechseln, unter der Bezeichnung *Hidden Markov models* zur Zeit sehr populär. Ein solcher Ansatz ist z. B. im Zinsbereich naheliegend, wenn man von einer Niedrigzinsphase oder einer Hochzinsphase spricht. Die Modellierung und die Behandlung der zugehörigen statistischen Probleme werden z. B. in Mamon (2014) und Mamon und Elliott (2007) beschrieben. So sind auch Größen wie z. B. die Anzahl der möglichen Werte der unbeobachtbaren Parameter modellspezifisch und ihre Schätzung erfordert weitere Methoden. Ein Beispiel für weitere Anwendungen von Hidden-Markov-Modellen in der zeitstetigen Portfolio-Optimierung ist Saß und Haussmann (2004).

Recht eng verwandt mit dem vorangehenden Thema sind sogenannte Change-Point-Verfahren, die Strukturbrüche in Zeitreihen erkennen sollen und damit auch wertvolle Informationen für Investment- und Risikomanagemententscheidungen liefern. Wir verweisen z. B. auf Chen und Gupta (2011) für eine Übersicht.

Nicht behandelt wurden von uns die beiden Ansätze der Bayesschen Statistik und der robusten Statistik. Die Bayessche Statistik erlaubt es, Vorinformation bzw. eigene Meinungen mit der aus vorhandenen Daten gewonnenen Information zu kombinieren. Aspekte hiervon sind auch beim Kalman-Filter vorhanden. Die Bayessche Statistik ist damit insbesondere attraktiv für Anwendungen in der Portfolio-Optimierung wie z. B. dem im ersten Band erwähnten Black-Litterman-Verfahren. Wir verweisen auf Black und Litterman (1992), He und Litterman (1999) oder Satchell und Scowcroft (2000). Die robuste Statistik zeichnet sich u. a. durch einen besonderen, dosierten Umgang mit Ausreißern in den Daten aus und eignet sich damit gut für Anwendungen im Risikomanagement. Eine grundlegende Referenz ist die Monografie Rieder (1994).

Übungsaufgaben

1. Man zeige, dass im Black-Scholes-Modell die Schätzung des Driftkoeffizienten b bei bekannter Volatilität $\sigma > 0$ durch die ML-Methode unter Verwendung des Satzes von Girsanov zum gleichen Schätzer führt, den man durch Anwendung der ML-Methode bei einer endlichen Anzahl von beobachteten Aktienpreisen erhält.
2. Es sei X eine auf $(\Omega, \mathcal{F}, \mathbb{P})$ definierte reellwertige Zufallsvariable mit endlicher Varianz. Man zeige, dass für eine Sub-σ-Algebra $\mathcal{A}$ von $\mathcal{F}$ gilt, dass die bedingte Erwar-

tung $Z = \mathbb{E}(X\,|\,\mathcal{A})$ die Beziehung

$$\min_{Y \in ZV(\mathcal{A})} \mathbb{E}\Big([X - Y]^2\Big) = \mathbb{E}\Big([X - Z]^2\Big)$$

erfüllt, wobei $ZV(\mathcal{A})$, die Menge der $\mathcal{A}$-messbaren Zufallsvariablen bezeichnet.

5 Weitere Aspekte der modernen Finanzmathematik

So wie sich der Finanzmarkt fortlaufend weiterentwickelt, neue Produkte, Gewinne, Verluste, Höhenflüge und Krisen produziert, so ergeben sich auch zum einen immer wieder regulatorische Anforderungen, um den Finanzmarkt sicherer zu machen und zum anderen immer wieder neue finanzmathematische Fragestellungen.

Aber nicht nur das: Wir können im Rahmen dieses Bands keinen erschöpfenden Abriss aller finanzmathematischen Themen geben, die in der Theorie oder in der Praxis relevant sind. Wir haben versucht, uns in unserer subjektiven Auswahl auf die Themen zu konzentrieren, die uns vom finanzmathematischen Aspekt wichtig (Unvollständige Märkte, Zinsmodellierung) erschienen, die für die Anwendung in der Praxis wichtig, aber bisher in der Finanzmathematik in Lehrbüchern eher am Rand behandelt wurden (Schätzen von Modellparametern) und die Aspekte der Finanzmathematik populär und berüchtigt (Kreditderivate) gemacht haben.

Darüber hinaus existieren aber auch Themen, die in Theorie und Praxis von Bedeutung sind, es aber nicht als vollständiges Kapitel in dieses Buch geschafft haben. Das in diesem Bereich sicher wichtigste Thema ist das der *Risikomaße und Risikomessung*, das wir im nächsten Abschnitt kurz anreißen wollen, aber für seine axiomatische Behandlung z. B. auf die lesenswerte Monographie Föllmer und Schied (2004) verweisen.

Wir haben uns in beiden Bänden für den zeitstetigen Modellierungsansatz von Preisen, Zinsen und anderen Prozessen am Finanzmarkt mittels Diffusionsprozessen und ihrer Verallgemeinerungen entschieden. Dabei haben wir uns mit wenigen Ausnahmen auf Prozesse mit stetigen Pfaden beschränkt. Für die Modellierung mit allgemeineren zeitstetigen Sprungprozessen wollen wir auf die Monographie Cont und Tankov (2003) verweisen. Ein anderer Modellierungsansatz, der aus dem Bereich der Ökonometrie entsprungen ist, ist die Verwendung von zeitdiskreten Zeitreihen, der populäre Modelle wie z. B. die Klasse der ARCH- und GARCH-Modelle beinhaltet und ebenfalls ein intensives Forschungsgebiet darstellt. Wir empfehlen für einen Überblick über diese Richtung die Monographie Franke et al. (2001), stellen aber einige Grundbegriffe und -modelle im übernächsten Abschnitt vor.

S. Desmettre, R. Korn, *Moderne Finanzmathematik – Theorie und praktische Anwendung Band 2*, Studienbücher Wirtschaftsmathematik, https://doi.org/10.1007/978-3-658-21000-7_5

Auch auf der Seite der theoretische Konzepte gibt es noch einige, die wir hier nicht vorstellen, die aber mittlerweile in der Finanzmathematik gut etabliert sind. So ist insbesondere das Konzept der stochastischen Rückwärtsdifferentialgleichungen zu nennen, die in El Karoui et al. (1997) in die Finanzmathematik eingeführt wurden und vor allem Anwendungen im Bereich der amerikanischen Optionen aber auch bei Optimierungsproblemen in der Finanzmathematik haben (siehe auch die Monographie Touzi (2014)).

5.1 Risikomaße und Anwendungen

Risikomaße dienen dazu, vorhandene Risiken in einer finanziellen Position – sei es ein einzelnes Aktieninvestment oder das komplette Portfolio einer Bank – über einen bestimmten Zeitraum zu messen, indem dieser Position eine eindeutig bestimmte Zahl zugeordnet wird. Dies kann zu Zwecken der Unternehmenssteuerung geschehen, kann aber auch aufgrund von regulatorischen Vorgaben (wie z. B. die *Basel II* genannten Vorgaben für Banken und *Solvency II* als ein Analogon für Versicherer) vorgeschrieben sein.

Der Hauptzweck eines Risikomaßes besteht aus regulatorischer Sicht in der Ermittlung des minimal nötigen Kapitals, das einer Position zugeschlagen werden muss, um sie aus Sicht der Risikobeurteilung akzeptabel zu machen (siehe auch Föllmer und Schied (2004)). So gesehen stellt ein Risikomaß immer eine Forderung an die Höhe des zurückzulegenden Kapitals dar.

Die allgemeine Definition eines Risikomaßes ist wie folgt gegeben:

Definition 5.1 Ein Risikomaß ρ ist eine auf dem Raum der Zufallsvariablen (auf einem Wahrscheinlichkeitsraum $(\Omega, \mathcal{F}, \mathbb{P})$) definierte reellwertige Abbildung.

Natürlich lässt diese Definition viele Fragen nach guten Eigenschaften von Risikomaßen offen. Offensichtliche Kandidaten wie z. B. die Varianz sind z. T. nur nach Einschränkung auf den Teilraum der integrierbaren Zufallsvariablen damit überhaupt erst mögliche Risikomaße. Ein Risikomaß kann aber mit dieser allgemeinen Definition sowohl der Beurteilung einer einzigen Finanzposition, eines mehrdimensional gesehenen Portfolios oder aber auch des gesamten Vermögensprozesses einer Unternehmung dienen. Um die Definition mit Leben zu füllen, stellen wir einige Forderungen zusammen, die in der Theorie der Risikomaße eine wichtige Rolle spielen. Die Arbeit von Artzner, Delbaen, Eber und Heath ((Artzner et al., 1999)), in der der Begriff der *kohärenten Risikomaße* eingeführt wurde, kann dabei als Startpunkt der Theorie der Risikomaße in der Finanzmathematik angesehen werden.

Wir lassen dabei im Folgenden zumeist die Erwähnung des Wahrscheinlichkeitsraums weg, verwenden die Begriffe *Zufallsvariable* synonym zu *finanzieller Position*, sofern es keine Verwechslungsgefahr gibt.

Definition 5.2 (Eigenschaften von Risikomaßen) Es sei ρ ein Risikomaß, X, Y seien zwei finanzielle Positionen (also Zufallsvariablen).

i) ρ heißt *translationsinvariant*, falls für $c \in \mathbb{R}$ gilt:

$$\rho(X + c) = \rho(X) - c \,.$$

ii) ρ heißt *monoton*, falls gilt:

$$X \geq Y \quad \Rightarrow \rho(X) \leq \rho(Y) \,.$$

iii) ρ heißt *konvex*, falls für $\lambda \in [0, 1]$ gilt:

$$\rho(\lambda X + (1 - \lambda)Y) \leq \lambda\rho(X) + (1 - \lambda)\rho(Y) \,.$$

iv) ρ heißt *positiv homogen*, falls für $\lambda > 0$ gilt:

$$\rho(\lambda X) = \lambda\rho(X) \,.$$

Bemerkung 5.3 *Die obigen Forderungen an ein Risikomaß erklären sich meist direkt von selbst. So wird das Risiko bei einem translationsinvarianten Risikomaß durch Hinzufügen einer risikolosen Position der Höhe c um genau diesen Betrag verkleinert, falls er positiv ist bzw. erhöht falls er negativ ist. Es kann sich hier um jeweils bereits realisierte Positionen (Gewinne/Verluste) der Höhe c handeln. Die Konvexität ist eine Art der Bevorzugung von Diversifikation im Hinblick auf das Risiko eines Portfolios, während die positive Homogenität eine Art Linearität des Risikos in der Position beschreibt, eine Eigenschaft, die z. B. bei Anwendungen in der Versicherungsmathematik durchaus umstritten ist. Zwecks Normalisierung des Wertebereichs eines Risikomaßes fordert man oft auch*

$$\rho(0) = 0 \,,$$

was der Nullposition auch das Nullrisiko zuordnet und damit direkt sinnvoll erscheint. Mit der Interpretation, dass eine finanzielle Position X mit $\rho(X) = 0$ kein Risiko darstellt, in dem kein zuätzliches risikoloses Kapital zu addieren ist, um die Position akzeptabel zu gestalten, wird auch die oben genannte Funktion des Risikomaßes als zusätzlich zu bereitstellendes Kapital deutlich, denn es gilt

$$\rho(X + \rho(X)) = \rho(X) - \rho(X) = 0 \,. \tag{5.1}$$

Ist das Risikomaß also normiert, so ist die finanzielle Position $X + \rho(X)$ bezüglich dem Risikomaß ρ risikolos.

In der Theorie der Risikomaße gibt es eine Vielzahl weiterer Eigenschaften und durch jeweiliges Zusammenfassen gewünschter Eigenschaften entstandene Klassen von Risikomaßen. Besonders populär sind die beiden folgenden Klassen der konvexen bzw. der kohärenten Risikomaße.

Definition 5.4 Ist ein Risikomaß translationsinvariant, monoton und konvex, so wird es als ein *konvexes* Risikomaß bezeichnet. Ist es zusätzlich auch noch positiv homogen, so bezeichnet man es als ein *kohärentes* Risikomaß.

Man beachte, dass aus dem Zusammenwirken der Eigenschaft der Konvexität und der positiven Homogenität die *Subadditivität* eines Risikomaßes, also

$$\rho(X+Y) \leq \rho(X) + \rho(Y)$$

für zwei finanzielle Positionen X, Y folgt.

Die Diskussion um *das richtige Risikomaß* beschäftigt seit einigen Jahren die Forschung und sie ist auch noch nicht entschieden, falls sie das überhaupt jemals sein wird. In einem sind sich aber fast alle Wissenschaftler in diesem Zweig einig: Das in der Praxis und bei den Aufsehern am Finanzmarkt beliebte Risikomaß des *Value-at-Risk* ist es nicht. Hierzu werden immer wieder z. T. auch gut fundierte Argumente vorgebracht (siehe z. B. Weber (2017) und die dort zitierten Referenzen bzw. die grundlegende Monografie Mc Neil et al. (2005)).

Wir wollen im Folgenden einige wenige Risikomaße als Beispiele vorstellen und dann speziell auf einige Probleme der Berechnung speziell des Value-at-Risk von großen Portfolios eingehen, um zumindest ein Problem der Praxis im Bereich der Risikomessung zu illustrieren.

Beispiele populärer Risikomaße

Der Value-at-Risk Der Value-at-Risk (zum Niveau α für den Zeitraum T) wird in der finanzwirtschaftlichen Literatur oft als *der schlimmst mögliche Verlust einer finanziellen Position X* bezeichnet, oft noch mit dem Zusatz *der mit einer Wahrscheinlichkeit von* $1-\alpha$ *nicht überschritten wird* versehen. Er ist als das α-Quantil der finanziellen Position X,

$$VaR_\alpha(X) = \inf\{u \in \mathbb{R} | \mathbb{P}(X \geq u) \geq 1 - \alpha\} \tag{5.2}$$

gegeben, wobei α typischerweise ein hohes Quantil wie z. B. das 95%- oder sogar das 99, 5%-Quantil ist. Die Interpretation des schlimmst möglichen Verlusts im obigen Sinn erhält der $VaR_\alpha(X)$, wenn X die Rolle der Verlustfunktion übernimmt. Genauer: Es sei $X(0)$ der Wert eines Portfolios von Anlagen zum heutigen Zeitpunkt $t = 0$ und $X(T)$ der Wert des Portfolios zum Zeitpunkt T, wobei wir annehmen, dass sich zwischen 0 und T nichts an der Zusammensetzung des Portfolios ändert. Definiert man dann

$$L := L(T) := -(X(T) - X(0)), \tag{5.3}$$

dann erhält ein Verlust einen positiven Wert und Einsetzen von L in die Definition von $VaR_\alpha(L)$ ergibt genau die gewünschte Aussage vom schlimmst möglichen Verlust, der mit einer Wahrscheinlichkeit von $1-\alpha$ nicht überschritten wird. Als Quantil ist der VaR_α leicht verständlich, was ein Grund für seine Popularität in der Praxis ist. Er gibt allerdings keine Information über die Höhe des über ihn hinaus gehenden Verlustes. Dies ist eine grundsätzliche Kritik, die z. B. in Weber (2017) betont wird. Ein theoretischer Einwand gegen den Value-at-Risk ist, dass er nicht konvex und somit auch nicht sub-additiv ist (vgl. auch Übung 2).

Der erwartete Shortfall Der erwartete Shortfall (auch: erwarteter Verlust oberhalb des Value-at-Risk) zum Niveau α greift die Kritik des Nichtberücksichtigen der Verluste oberhalb des Value-at-Risk auf, in dem er als

$$ES_\alpha(X) = \mathbb{E}(X|X \geq VaR_\alpha(X)) \tag{5.4}$$

definiert ist. Wiederum führt das Einführen des Verlustes L zu der gewünschten Interpretation. Ist die Verteilung von X frei von Atomen, so stimmt er mit dem kohärenten Risikomaß des bedingten Value-at-Risk (engl. *Conditional value-at-risk*)

$$CVaR_\alpha(X) = \frac{1}{1-\alpha}\int\limits_\alpha^1 VaR_\gamma(\tilde{X})\, d\gamma. \tag{5.5}$$

überein (siehe Acerbi und Tasche (2002)). Der erwartete Shortfall ist aufgrund seiner Definition mindestens so groß wie der Value-at-Risk, was natürlich dann zu einer höheren Kapitalforderung bei gleichem Niveau α als beim Value-at-Risk führt.

Probleme bei der Berechnung von Risikomaßen bzw. der Verlustfunktion Die Berechnung von Risikomaßen wird typischerweise dann kompliziert, wenn es sich um das Risiko großer Portfolios mit Derviaten – insbesondere solche ohne geschlossene Preisformeln – handelt. Die Praxis behilft sich dann oft mit vereinfachenden Annahmen und Approximationen, die allesamt eine gewisse Problematik aufweisen. Eine Übersicht über die in der Praxis populären Methoden wie z. B. die historische Simulation, die Delta- bzw. die Delta-Gamma-Approximation oder aber die Methode der Monte-Carlo-Simulation befindet sich z. B. in Mc Neil et al. (2005). Eine möglichst exakte Berechnung von Risikomaßen großer Portfolios, die auch in einer angemessenen Zeit durchgeführt werden kann, stellt auch in Zeiten schneller Rechner eine numerische Herausforderung dar.

5.2 Zeitreihenmodelle mit Anwendungen in der Finanzmathematik

Die Modellierung von Preisentwicklungen und anderen Größen, die sich über die Zeit hinweg ändern, muss nicht zwangsläufig in stetiger Zeit erfolgen. Oft ist auch eine natürlich Diskretisierung in Einheiten wie Jahren, Monaten oder Tagen durchaus angebracht.

Zwar könnte man sich hierfür auch einfach auf die entsprechende diskrete Beoachtung von zeitstetigen Modellen beschränken, doch kann man dies mit Hilfe der Theorie von Zeitreihen bereits ohne die Notwendigkeit der aufwändigen Maschinerie des Itô-Kalküls und der Diffusionsprozesse erreichen.

Wir wollen im Folgenden lediglich einige einfache Zeitreihenmodelle vorstellen, die direkte Analoga zu Aktien- und Zinsmodellen darstellen sowie einige mögliche, darüber hinaus gehende Modellierungsansätze andeuten, verweisen aber für eine umfassendere Darstellung auf die Standardliteratur zu Zeitreihen und Finanzzeitreihen (vgl. z. B. Franke et al. (2001) für Finanzzeitreihen und z. B. Anderson (1971), Brockwell, Davis (1991), Box und Jenkins (1976) als Quellen zu Zeitreihen).

Für unsere Darstellung sei der Prozess Z_t, $t = \ldots, -1, 0, 1, 2, \ldots$, zeitdiskret und äquidistant. Man beachte, dass im Gegensatz zu unseren bisher betrachteten stochastischen Prozessen in der Theorie der Zeitreihen quasi kein fester Startpunkt angenommen wird. Dies wird sich bei der Betrachtung der Stationarität von Zeitreihen als vorteilhaft erweisen. Wir können allerdings eine Zeitreihe auch mit dem Startwert Z_0 in $t = 0$ starten, was sich oft für unsere Anwendungen als natürlich und ausreichend erweisen wird. Als zugehörige Filterung wählen wir immer die natürliche vom stochastischen Prozess Z_t erzeugte Filterung. Wir nennen einen solchen stochastischen Prozess dann eine *Zeitreihe*.

Während in der Standardliteratur eine umfangreiche Systematik von Zeitreihen vorliegt, die sich nach der Art und Struktur der Abhängigkeit des nächsten Werts Z_{t+1} von seinen Vorgängern und zufälligen Einflüssen richtet, wollen wir uns auf die Vortellung einiger einfacher Beispiele konzentrieren.

Das Irrfahrtsmodell als Analogon zum Black-Scholes-Modell Als *Irrfahrt* bzw. *Random Walk* (mit Drift μ und Volatilität σ) bezeichnet man eine reellwertige Zeitreihe der Gestalt

$$Z_t = \mu + Z_{t-1} + \epsilon_t, \quad Z_0 = 0, \tag{5.6}$$

wobei μ eine reelle Zahl ist und die Folge ϵ_t, $t = 1, 2, \ldots$ unabhängig und identisch verteilt ist mit

$$\mathbb{E}(\epsilon_t) = 0, \quad \mathbb{V}ar(\epsilon_t) = \sigma^2 . \tag{5.7}$$

Hieraus ergeben sich dann direkt

$$\mathbb{E}(Z_t) = \mu t, \quad \mathbb{V}ar(Z_t) = \sigma^2 t, \tag{5.8}$$

was dem Verhalten der beiden ersten Momente einer Brownschen Bewegung mit Drift μ und Volatilität σ entspricht. Nimmt man zusätzlich an, dass die Größen ϵ_t normalverteilt sind, so entspricht $Z_{t+1} - Z_t$ gerade dem Log-Ertrag einer geometrischen Brownschen

Bewegung S_t mit Drift $\mu + 0,5\sigma^2$ und Volatilität σ zwischen t und $t + 1$,

$$\ln\left(\frac{S_{t+1}}{S_t}\right) = Z_{t+1} - Z_t . \tag{5.9}$$

Da allerdings die Zeitdiskretisierung fest gewählt ist, ist z. B. ein Argument wie das Duplikationsargument als Begründung der Black-Scholes-Formel im Zeitreihenkontext nicht angebracht.

Das AR(1)-Modell als Analogon zu Einfaktor-Short-Rate-Modellen In der Theorie der Zeitreihen ist die Eigenschaft der Stationarität von großer Bedeutung. Dabei unterscheidet man im Zeitbereich den schwachen und den eigentlichen Begriff der Stationarität.

Definition 5.5 (Stationarität) Es sei Z_t, $t \in \mathbb{Z}$, eine reellwertige Zeitreihe.

a) Z_t heißt *schwach stationär* oder *kovarianzstationär*, wenn für alle $t, s \in \mathbb{Z}, k \in \mathbb{N}$ die folgenden Gleichheiten gelten:

$$\mathbb{E}Z_t = \mu, \quad \mathbb{V}ar Z_t = \sigma^2, \quad \mathbb{C}ov(Z_{t+k}, Z_t) = \gamma_k \tag{5.10}$$

für geeignete Konstanten μ, σ^2, γ_k.

b) Z_t heißt *stationär*, wenn zusätzlich zu den Bedingungen in a) noch gilt, dass alle endlich-dimensionalen Verteilungen im Sinne von

$$\left(Z_{t_1}, \ldots, Z_{t_n}\right) \stackrel{D}{=} \left(Z_{t_1+k}, \ldots, Z_{t_n+k}\right) \tag{5.11}$$

für beliebige $t_i \in \mathbb{Z}$ mit $t_1 < t_2 < \ldots < t_n$, $n, k \in \mathbb{N}$ gleich sind, wobei $\stackrel{D}{=}$ Gleichheit in Verteilung bezeichnet.

Bemerkung 5.6 *Offensichtlich ist die Irrfahrt i. A. nicht stationär, da ihr Erwartungswert nur für $\mu = 0$ konstant in der Zeit ist. Betrachtet man allerdings die Differenz aufeinander folgender Werte*

$$Y_t = Z_t - Z_{t-1} = \mu + \epsilon_t,$$

so lässt sich direkt verifizieren, dass Y_t stationär ist. Hätten die ϵ_t nur gleiche Erwartungswerte und Varianzen, aber keine gleichen Verteilungen, so wären die Zuwächse Y_t der Irrfahrt lediglich schwach stationär.

Ein Prototyp-Beispiel für einen (schwach) stationären Prozess ist das autoregressive Modell der Ordnung 1, das AR(1)-Modell, das durch die Darstellung

$$Z_t = \mu + \alpha Z_{t-1} + \epsilon_t, \quad \text{mit} \quad |\alpha| < 1 \tag{5.12}$$

mit μ und ϵ wie bei der Irrfahrt gegeben ist. Hier sichert die Forderung an α die schwache Stationarität des Prozesses. Man beachte hierzu, dass man aus der Darstellung von Z_t durch iteratives Einsetzen die Darstellung

$$Z_t = \mu \sum_{i=0}^{\infty} \alpha^i + \sum_{i=0}^{\infty} \alpha^i \epsilon_{t-i} = \frac{\mu}{1-\alpha} + \sum_{i=0}^{\infty} \alpha^i \epsilon_{t-i}, \tag{5.13}$$

erhält, so der Grenzwert der Reihe über die ϵ-Variablen existiert (für die Existenz vgl. z. B. Franke et al. (2001)). Dann gelten offenbar

$$\mathbb{E}(Z_t) = \frac{\mu}{1-\alpha}, \quad \mathbb{V}ar(Z_t) = \frac{\sigma^2}{1-\alpha^2}.$$

Startet man die Zeitreihe in $t = 0$ mit der Zufallsvariablen Z_0, die unabhängig von den $\epsilon_t, t \geq 1$, ist und

$$\mathbb{E}(Z_0) = \frac{\mu}{1-\alpha}, \quad \mathbb{V}ar(Z_0) = \frac{\sigma^2}{1-\alpha^2}$$

erfüllt, so kann leicht gezeigt werden (siehe Übung 1), dass diese Zeitreihe schwach stationär ist. Man beachte, dass unter unserer Annahme des Starts der Zeitreihe in $t = 0$ diese bereits mit einer Zufallsvariablen starten muss, die die richtigen ersten beiden Momente besitzt, da wir sonst keine Stationarität erhalten können.

Formt man die Darstellung des AR(1)-Prozesses geschickt um, so erhält man die Gleichung

$$Z_t - Z_{t-1} = \mu - (1-\alpha) Z_{t-1} + \epsilon_t, \tag{5.14}$$

die wiederum ein diskretes Analogon zur Gleichung

$$dr(t) = (\mu - \kappa r(t))dt + \sigma dW(t) \tag{5.15}$$

des Vasicek-Modells darstellt. Dabei sieht man direkt, dass die Rolle der Mean-Reversion-Geschwindigkeit κ im 1-Faktor-Short-Rate-Modell von $1-\alpha$ übernommen wird (beachte, dass $1-\alpha$ per Voraussetzung positiv ist). Durch eine nicht-konstante Modellierung der Varianz der ϵ_t gemäß

$$\sigma_t = \sigma^2 Z_{t-1}^{\gamma},$$

würde man im Fall $\gamma = 1/2$ eine direkte Analogie zum Cox-Ingersoll-Ross-Modell erhalten. Der Fall $\gamma = 0$ ergibt die obige Analogie zum Vasicek-Modell.

Bemerkung 5.7 *Um eine allgemeinere Abhängigkeitsstruktur von den vergangenen Werten zu erhalten, betrachtet man das AR(p)-Modell der Form*

$$Z_t = \mu + \epsilon_t + \sum_{i=1}^{p} \alpha_i Z_{t-i},$$

auf das wir hier genauso wenig eingehen wollen wie auf Modelle des gleitenden Durchschnitts der ϵ_i *(sogenannte MA(q)-Modelle)*

$$Z_t = \epsilon_t + \sum_{i=1}^{q} \theta_i \epsilon_{t-i}$$

und ihre additiven Kombinationen vom ARMA(p,q)-Typ

$$Z_t = \mu + \epsilon_t + \sum_{i=1}^{p} \alpha_i Z_{t-i} + \sum_{j=1}^{q} \theta_j \epsilon_{t-j} \,.$$

Wir verweisen dafür wieder auf die Standardliteratur.

Volatilität und GARCH-Modelle Wir haben bereits beim Zeitreihen-Analogon zum Cox-Ingersoll-Ross-Modell eine zustandsabhängige Modellierung der Varianz der zufälligen Störungen ϵ_t in der Darstellung der Zeitreihe Z_t gesehen. Allgemein hat sich – wie auch in der zeitstetigen Modellierung – ein ganzer Forschungszweig in der Zeitreihentheorie auf die Modellierung der in der Zeit nicht-konstanten Varianz konzentriert. Nach der Einführung sogenannter ARCH(q)-Prozesse, bei denen sich die Form der Varianz von ϵ_t als

$$\sigma_t^2 = \nu + \sum_{i=1}^{q} \alpha_i \epsilon_{t-i}^2 \tag{5.16}$$

für $\nu > 0, \alpha_i \geq 0, q \in \mathbb{N}$ ergibt (siehe auch Gouriéroux (1997)), wurde die Beziehung noch um autoregressive Terme für die Varianz erweitert und das GARCH(p,q)-Modell (siehe Franke et al. (2001)) eingeführt, das in seiner einfachsten und auch in der Anwendung populärsten Form als GARCH(1,1) die Varianzentwicklung der Form

$$\sigma_t^2 = \nu + \alpha_1 \epsilon_{t-1}^2 + \beta_1 \sigma_{t-1}^2 \tag{5.17}$$

besitzt. Dabei kann die Eigenschaft der autoregressiven Varianz als ein direktes Analogon zum Varianzprozess im Heston-Modell aufgefasst werden.

Um die vielfältigen empirischen Effekte und Eigenschaften von (Finanz-) Zeitreihen noch flexibler abbilden zu können, hat man in den zurück liegenden Jahrzehnten eine Vielfalt von GARCH-Variationen eingeführt und untersucht. Für ihre Darstellung verweisen wir wiederum auf die Spezialliteratur.

Übungsaufgaben

1. Man zeige, dass im AR(1)-Modell für $|\alpha| < 1$ und die Wahl von $Z_0 = \mu/(1-\alpha)$ die Zeitreihe schwach stationär ist und die folgenden Darstellungen für den Erwartungswert und die Varianz von Z_t gelten:

$$\mathbb{E}(Z_t) = \frac{\mu}{1-\alpha}, \mathbb{V}ar(Z_t) = \frac{\sigma^2}{1-\alpha^2}.$$

2. Man zeige anhand eines einfachen Beispiels, dass der Value-at-Risk kein konvexes Risikomaß ist.

Literatur

Acerbi, C., Tasche, D.: On the coherence of expected shortfall. J. Bank. Finance **26**, 1487–1503 (2002)

Ahn, A.-H., Dittmar, R.F., Gallant, A.R.: Quadratic term structure models: theory and evidence. Rev. Financial Stud. **15**, 243–288 (2002)

Ait-Sahalia, Y.: Transition densities for interest rate and other non-linear diffusions. J. Finance **54**, 1361–1395 (1999)

Ait-Sahalia, Y.: Maximum likelihood estimation of discretly sampled diffusion: A closed-form approximation approach. Econom. J. Finance **70**, 223–262 (2002)

Ait-Sahalia, Y.: Estimating affine multi-factor term structure models using closed-form likelihood expansions. J. Financ. Econ. **98**, 113–144 (2010)

Albrecher, H., Binder, A., Mayer, P.: Einführung in die Finanzmathematik. Birkhäuser, Basel (2009)

Albrecher, H., Mayer, P., Schoutens, W., Tistaert, J.: The little Heston trap. Wilmott Mag., 83–92 (2007) March 2007

Albrecht, P., Maurer, R.: Investment- und Risikomanagement, 2. Aufl. Schäffer-Poeschel, Stuttgart (2005)

Andersen, L.: Simple and efficient simulation of the Heston stochastic volatility model. J. Comput. Finance **11**(3), 1–42 (2008)

Andersen, L., Andreasen, J.: Volatility skews and extensions of the LIBOR market model. Appl. Math. Finance **7**, 1–32 (2000)

Anderson, T.W.: The Statistical Analysis of Time Series. Wiley, New York (1971)

Artzner, P., Delbaen, F., Eber, J.-M., Heath, D.: Coherent measures of risk. Math. Finance **9**(3), 203–228 (1999)

Avellaneda, M., Newman, J.: Positive interest Rates and non-linear term structure models, unveröffentlichtes CIMS-NYU-Arbeitspapier (1998)

Bakshi, G., Madan, D.: Spanning and Derivative-Security Valuation. J. Financ. Econ. **55**, 205–238 (2000)

Barndorff-Nielsen, O.E., Shephard, N.: Non-Gaussian Ornstein-Uhlenbeck based models and some of their uses in financial economics. J. Royal Stat. Soc. Ser. B **63**, 167–241 (2001)

Bates, D.: Jumps and stochastic volatility: Exchange rate processes implicit in Deutschemark options. Rev. Financial Stud. **9**, 69–108 (1996)

Bauer, D., Kling, A., Kiesel, R., Russ, J.: Risk-neutral valuation of participating life insurance contracts. Insur. Math. Econ. **39**, 171–183 (2006)

Baxter, M., Rennie, A.: Financial Calculus: An Introduction to Derivative Pricing. Cambridge University Press, Cambridge (1996)

Bergomi, L.: Smile dynamics I. Risk Mag. **17**(9), 117–123 (2004)

Bergomi, L.: Smile dynamics II. Risk Mag. **18**(10), 67–73 (2004)

S. Desmettre, R. Korn, *Moderne Finanzmathematik – Theorie und praktische Anwendung Band 2*, Studienbücher Wirtschaftsmathematik, https://doi.org/10.1007/978-3-658-21000-7

Bingham, N.H., Kiesel, R.: Risk-neutral Valuation: Pricing and Hedging of Financial Derivatives. Springer, Berlin (1998)
Björk, T.: Arbitrage Theory in Continuous Time, 2. Aufl. Oxford University Press, Oxford (2004)
Björk, T., Christensen, B.J.: Interest rate dynamics and consistent forward rate curves. Math. Finance **9**(4), 323–348 (1999)
Björk, T., Kabanov, Y., Runggaldier, W.: Bond market structure in the presence of marked point processes. Math. Finance **7**, 211–239 (1997)
Black, F.: The pricing of commodity contracts. J. Financ. Econ. **3**, 167–179 (1976)
Black, F., Cox, J.: Valuing corporate securities: some effects of bond indenture provisions. J. Finance **31**, 351–367 (1976)
Black, F., Karasinski, P.: Bond and option pricing when short rates are log-normal. Financial Analysts J. **47**, 52–59 (1991)
Black, F., Litterman, R.: Global portfolio optimization. Financial Analysts J. **Sept.–Oct.**, 28–43 (1992)
Black, F., Scholes, M.: The pricing of options and corporate liabilities. J. Polit. Econ. **81**, 637–659 (1973)
Bluhm, C., Overbeck, L., Wagner, C.: An Introduction to Credit Risk Modeling. Chapman & Hall/-CRC, Boca Raton, London u.a. (2003)
Boenkost, W., Schmidt, W.M.: Cross currency swap valuation. Arbeitspapier (2005) http://ssrn.com/abstract=1375540
Bogachev, V.I.: Gaussian Measures. Mathematical Surveys and Monographs, Bd. 62. American Mathematical Society, Providence, Rhode Island (1998)
Box, G.E.P., Jenkins, G.M.: Time Series Analysis, Forecasting and Control. Holden-Day, San Francisco (1976)
Brace, A., Gatarek, D., Musiels, M.: The market model of interest rate dynamics. Math. Finance **7**, 127–155 (1997)
Breeden, D., Litzenberger, R.H.: Prices of state-contingent claims implicit in option prices. J. Bus. **51**, 621–651 (1978)
Brennan, M., Schwartz, E.: A continuous-time approach to the pricing of bonds. J. Bank. Finance **3**, 133–155 (1979)
Brigo, D.: Market models for CDS options and callable floaters. RISK, 01/2005, 89–94 (2005)
Brigo, D., Mercurio, F.: Interest Rate Models: Theory and Practice. Springer Finance, Berlin (2001)
Brigo, D., Pallavicini, A., Torresetti, R.: Credit Models and the Crisis, or: How I learned to stop worrying and love the CDOs. Arbeitspapier, (2010a), arXiv:0912.5427v3[q-fin.PR]
Brigo, D., Pallavicini, A., Torresetti, R.: Credit Models and the Crisis: A Journey into CDOs, Copulas, Correlations, and Dynamic Models. Wiley, Chichester (2010)
Briys, E., de Varenne, F.: Valuing risky fixed rate debt: An extension. J. Financial Quant. Analysis **32**, 239–248 (1997)
Brockwell, P.J., Davis, R.A.: Time Series: Theory and Methods. Springer (1991)
Cairns, A.J.G.: Interest Rate Models: An Introduction. Princeton University Press, Princeton und Oxford (2004)
Carr, P., Madan, D.: Option valuation using the fast Fourier transform. J. Comput. Finance **2**, 61–73 (1999)
Carverhill, A.P.: When is the short rate Markovian? Math. Finance **4**, 305–312 (1994)
Chen, J., Gupta, A.K.: Parametric statistical change point analysis: with applications to genetics, medicine, and finance. Springer (2011)
Cheyette, O.: Term structure dynamics and mortgage valuation. J. Fixed Income **1**(4), 28–41 (1992), Spring 1992
Cheyette, O.: Markov representation of the Heath-Jarrow-Morton model. Arbeitspapier (1995)

Cont, R.: Empirical properties of asset returns: stylized facts and statistical issue. Quant. Finance **1**, 223–236 (2001)

Cont, R., Tankov, P.: Financial Modelling with Jump Processes. Financial Mathematics Series. Chapman & Hall, CRC Press, Boca Raton, Florida, USA (2003)

Constantinides, G.M.: A theory of the nominal term structures of interest rates. Rev. Financial Stud. **5**, 531–552 (1992)

Cottin, C., Pfeifer, D.: From Bernstein polynomials to Bernstein copulas. J. Appl. Funct. Analysis **9**, 277–288 (2014)

Cousin, A., Laurent, J.-P.: An overview of factor models for pricing CDO tranches. In: Cont, R. (Hrsg.) Frontiers in Quantitative Finance: Credit Risk and Volatility Modeling, S. 185–216. Wiley, Chichester (2012). Kapitel 7

Cox, J.C., Ingersoll, J.E., Ross, S.A.: A theory of the term structure of interest rates. Econometrica **53**, 385–407 (1985)

Cox, J.C.: Notes on Option Pricing I: Constant Elasticity of Variance Diffusions. Working Paper, Stanford University (reprinted in: Journal of Portfolio Management **22**, (1996), 15–17)

Crosbie, P.J., Bohn, J.R.: Modeling Default Risk. KMV LLC, San Francisco, USA (2002)

Dai, Q., Singleton, K.J.: Specification analysis of affine term structure models. J. Finance **55**, 1943–1978 (2000)

Davydov, D., Linetsky, V.: The valuation and hedging of barrier and lookback options under the CEV process. Manage. Sci. **47**, 949–965 (2001)

Davis, M.H.A., Lo, V.: Infectious defaults. Quant. Finance **1**(4), 382–387 (2001)

Delbaen, F., Schachermayer, W.: A general version of the fundamental theorem of asset pricing. Math. Ann. **300**, 463–520 (1994)

Delbaen, F., Schachermayer, W.: The Mathematics of Arbitrage. Springer Finance, Springer, Berlin (2006)

Delbaen, F., Shirakawa, H.: A note on option pricing for the constant elasticity of variance model. Asia-pacific Financial Mark. **9**, 85–99 (2002)

Desmettre, S., Korn, R., Sayer, T.: Optionsbewertung in der Praxis: Das stochastische Volatilitätsmodell nach Heston. In: Neunzert, H., Prätzel-Wolters, D. (Hrsg.) Mathematik im Fraunhofer Institut, S. 367–418. Springer, Berlin Heidelberg (2015)

Dimitroff, G., Lorenz, S., Szimayer, A.: A parsimonious multi-asset Heston moel: Calibration and derivative pricing. Int. J. Theor. Appl. Finance **14**(8), 1299–1333 (2011)

Dothan, M.U.: On the term structure of interest rates. J. Financial Econom. **6**, 59–69 (1978)

Duffie, D.: Dynamic Asset Pricing Theory, 2. Aufl. Princeton University Press, Princeton (1996)

Duffie, D.: Credit swap valuation. Financ. Anal. J. **55**(1), 73–87 (1999)

Duffie, D., Kan, R.: A yield-factor model of interest rates. Math. Finance **6**, 379–406 (1996)

Duffie, D., Lando, D.: Term structure of credit spreads with incomplete accounting information. Econometrica **69**, 633–664 (2000)

Duffie, D., Singleton, K.: Modeling term structures of defaultable bonds. Rev. Financial Stud. **12**, 687–720 (1999)

Dufresne, D., Garrido, J., Morales, M.: Fourier Inversion Formulas in Option Pricing and Insurance. Methodol. Comput. Appl. Probab. **11**, 359–383 (2009)

Dupire, B.: Pricing and hedging with smiles. In: Dempster, M.A., Pliska, S.R. (Hrsg.) Mathematics of Derivative Securities, S. 103–111. Cambridge University Press, Cambridge (1997)

Dybvig, P.: Bond and bond option pricing based on the current term structure. In: Dempster, M.A., Pliska, S.R. (Hrsg.) Mathematics of Derivative Securities, S. 271–293. Cambridge University Press, Cambridge (1997)

Dybvig, P.H., Ingersoll, J.E., Ross, S.A.: Long forward and zero-coupon rates can never fall. J. Bus. **69**, 1–25 (1996)

Eberlein, E., Keller, U.: Hyperbolic distributions in finance. Bernoulli **1**, 281–299 (1995)
El Karoui, N., Quenez, M.-C., Peng, S.: Backward stochastic differential equations in finance. Math. Finance **7**(1), 1–71 (1997)
Embrechts, P., Lindskog, F., McNeil, A.: Modelling dependence with copulas and applications to risk management. In: Rachev, S.T. (Hrsg.) Handbook of Heavy Tailed Distributions in Finance, S. 329–384. Elsevier, Amsterdam (2003)
Epstein, D., Wilmott, P.: A New Model for Interest Rates. Int. J. Theor. Appl. Finance **1**(2), 195–226 (1998)
Epstein, D., Wilmott, P.: A nonlinear non-probabilistic spot interest rate model. Philos. Trans. Royal Soc. A **357**, 2109–2117 (1999)
Filipovic, D.: Consistency Problems for Heath-Jarrow-Morton Interest Rate Models. Lecture Notes in Mathematics **1760**, Springer (2001)
Filipovic, D.: A note on the Nelson-Siegel family. Math. Finance **9**(4), 349–359 (1999)
Filipovic, D., Trolle, A.B.: The term structure of interbank risk. J. Financ. Econ. **109**, 707–733 (2013)
Flesaker, B., Hughston, L.: Positive interest. Risk **9**(1), 46–49 (1996)
Föllmer, H., Schied, A.: Stochastic Finance – An Introduction in Discrete Time. De Gruyter, Berlin (2004)
Föllmer, H., Schied, A., Weber, S.: Robust preferences and robust portfolio choice. In: Ciarlet, P., Bensoussan, A., Zhang, Q. (Hrsg.) Mathematical Modelling and Numerical Methods in Finance Handbook of Numerical Analysis, Bd. 15, S. 29–88. (2009)
Föllmer, H., Schweizer, M.: Hedging of contingent claims under incomplete information. In: Davis, M.H.A., Elliott, R.J. (Hrsg.) Applied Stochastic Analysis Stochastics Monographs, Bd. 5, S. 389–414. Gordon & Breach, New York (1991)
Föllmer, H., Sondermann, D.: Hedging of non-redundant claims. In: Hildenbrand, W., MasColell, A. (Hrsg.) Contributions to Mathematical Economics: Essays in Honour of G. Debreu, S. 205–223. North-Holland, Amsterdam (1986)
Franke, J., Härdle, W., Hafner, C.: Einführung in die Statistik der Finanzmärkte. Springer, Berlin (2001)
Gallitschke, J., Seifried, S., Seifried, F.: Interbank interest rates: Funding liquidity risk and XIBOR basis spreads. J. Bank. Finance **78**, 142–152 (2017)
Georgii, H.-O.: Stochastik. de Gruyter Lehrbuch. de Gruyter, Berlin (2002)
Glasserman, P.: Monte Carlo Methods in Financial Engineering. Springer, New York (2004)
Goldammer, V., Schmock, U.: Generalization of the Dybvig-Ingersoll-Ross theorem and asymptotic minimality. Math. Finance **22**, 185–213 (2012)
Gouriéroux, C.: ARCH Models and Financial Applications. Springer (1997)
Grünewald, B.: Absicherungsstrategien für Optionen bei Kurssprüngen. Gabler, Wiesbaden (1998)
Hagan, P.S., Kumar, D., Lesniewski, A.S., Woodward, D.E.: Managing smile risk. WILMOTT, Bd. 3., S. 84–108 (2002)
Hall, A.R.: Generalized Methods of Moments. Oxford University Press, Oxford, England (2005)
Hamilton, J.D.: State-space models. In: Engle, R.F., Mc Fadden, D.L. (Hrsg.) Handbook of Econometrics, Bd. IV, Elsevier (1994)
Hansen, L.: Large sample properties of generalized method of moments estimators. Econometrica **50**, 1029–1054 (1982)
Harrison, J.M., Kreps, D.M.: Martingales and arbitrage in multiperiod securities markets. J. Econ. Theory. **20**, 381–408 (1979)
Harrison, J.M., Pliska, S.R.: Martingales and stochastic integrals in the theory of continuous trading. Stoch. Process. Appl. **11**, 215–260 (1981)

Harrison, J.M., Pliska, S.R.: A stochastic calculus model of continuous trading: Complete markets. Stoch. Process. Their Appl. **15**, 313–316 (1983)

Heath, D., Jarrow, R.A., Morton, A.: Bond pricing and the term structure of interest rates: A New Methodology for Contingent Claims Valuation. Econometrica **60**(1), 77–105 (1992)

Heath, D., Platen, E.: A variance reduction technique based on integral representations. Quant. Finance **2**(5), 362–369 (2002)

Heath, D., Schweizer, M.: Martingales versus PDEs in Finance: An Equivalence Result with Examples. J. Appl. Probab. **37**, 947–957 (2000)

He, G., Litterman, R.: The intuition behind Black-Litterman model portfolios. Goldman Sachs Quantitative Research Group (1999)

Hellwig, K.: Bewertung von Ressourcen. Physica Verlag, Heidelberg (1987)

Henrard, M.: The irony in the derivatives discounting. Wilmott Mag. **30**, 92–98 (2007)

Heston, S.L.: A closed-form solution for options with stochastic volatility with applications to bond and currency options. Rev. Financial Stud. **6**(2), 327–343 (1993)

Hilberink, B., Rogers, L.C.G.: Optimal capital structure and endogenous default. Finance Stochastics **6**(2), 237–263 (2002)

Ho, T., Lee, S.: Term structure and pricing interest rate contingent claims. J. Finance **41**, 1011–1029 (1986)

Hogan, M., Weintraub, K.: The lognormal interest rate model and Eurodollar futures. Arbeitspapier, Citibank, New York (1993)

Hubalek, F., Klein, I., Teichmann, J.: A general proof of the Dybvig-Ingersoll-Ross theorem: long forward rates can never fall. Math. Finance **12**, 447–451 (2002)

Hüttner, A., Scherer, M.: A note on the valuation of CDS options and extension risk in a structural model with jumps. J. Financial Eng. **3**(2), 1650011 (2016)

Hull, J.: Introduction to Futures and Options Markets. Prentice Hall, Englewood Cliffs (1993)

Hull, J., White, A.: Pricing interest rate derivative securities. Rev. Financial Stud. **3**, 573–592 (1990)

Hull, J., White, A.: Numerical procedures for implementing term structure models II. J. Deriv. **2**(2), 37–48 (1994)

Hull, J., White, A.: Valuing credit derivatives using an implied copula approach. J. Deriv. **14**(2), 8–28 (2006)

Hull, J., White, A.: LIBOR vs. OIS: The derivatives discounting dilemma. J. Invest. Manag. **11**(3), 14–27 (2013)

Ikeda, N., Watanabe, S.: Stochastic Differential Equations and Diffusion Processes. North-Holland, Amsterdam (1981)

Ivasiuk, A.: Interest rate modeling, estimation of the parameters of Vasicek model. Masterarbeit, Universität Kiew (2007)

Jagannathan, R., Skoulakis, G., Wang, Z.: Generalized methods of moments: Applications in finance. J. Bus. Econ. **20**(4), 470–481 (2002)

Jarrow, R., Lando, D., Turnbull, S.: A Markov model for the term structure of credit risk spreads. Rev. Financial Stud. **10**(2), 481–523 (1997)

Jarrow, R., Turnbull, S.: Pricing options on financial securities subject to credit risk. J. Finance **50**, 53–85 (1995)

Jarrow, R., Yu, F.: Counterparty risk and the pricing of defaultable securities. J. Finance **56**, 1765–1799 (2001)

Javaheri, A., Lautier, D., Galli, A.: Filtering in Finance. Wilmott Mag. **5/03**, 67–83 (2003)

Jeanblanc, M., Yor, M., Chesney, M.: Mathematical Methods in Finance. Springer Finance (2009)

Jeanblanc-Picqué, M., Pontier, M.: Optimal portfolio for a small investor in a market with discontinuous prices. Appl. Math. Optim. **22**, 287–310 (1990)

Joe, H.: Multivariate Models and Dependence Concepts. Chapman and Hall/CRC, London (1997)

Kalman, R.E.: A new approach to linear filtering and prediction problems. J. Basic Eng. **82**(D), 35–45 (1960)

Karadas, C., Platen, E.: On the Dybvig-Ingersoll-Ross theorem. Math. Finance **22**, 729–740 (2012)

Karatzas, I., Shreve, S.E.: Brownian Motion and Stochastic Calculus. Springer, New York (1991)

Karatzas, I., Shreve, S.E.: Methods of Mathematical Finance. Springer, New York (1998)

Keller-Ressel, M., Steiner, T.: Yield curve shapes and the asymptotic short rate distribution in affine one-factor models. Finance Stochastics **12**, 149–172 (2008)

Kendall, M., Stuart, A.: The Advanced Theory of Statistics. Griffin, London (1977)

Kevorkian, J., Cole, J.D.: Perturbation Methods in Applied Mathematics. Springer, Berlin (1985)

Kling, A., Richter, A., Ruß, J.: The interaction of guarantees, surplus distribution, and asset allocation in with-profit life insurance policies. Insur. Math. Econ. **40**, 164–178 (2007)

Korn, R.: Optimal Portfolios. World Scientific, Singapore (1997)

Korn, R.: Value preserving portfolio strategies and the minimal martingale measure. Math. Methods Oper. Res. **47**(2), 169–179 (1998)

Korn, R.: Moderne Finanzmathematik – Theorie und praktische Anwendungen Bd. 1. Springer (2014)

Korn, R., Korn, E., Kroisandt, G.: Monte Carlo Methods and Models in Finance and Insurance. Chapman & Hall/CRC Financial Mathematics Series, London (2010)

Korn, R., Kraft, H.: Optimal portfolios with defaultable securities: A firms value approach. Int. J. Appl. Theor. Finance **6**, 793–819 (1999)

Kruse, S., Nögel, U.: On the pricing of forward starting options in Heston's model on stochastic volatility. Finance Stochastics **9**, 233–250 (2005)

Kou, S.G.: A Jump-Diffusion Model for Option Pricing. Manage. Sci. **48**(8), 1086–1101 (2002)

Kraft, H., Steffensen, M.: Bankruptcy, Counterparty Risk, and Contagion. Rev. Financ. **11**(2), 209–252 (2007)

Landen, C.: Bond pricing in a hidden Markov model of the short rate. Finance Stochastics **4**, 371–389 (2000)

Lando, D.: On Cox proceses and credit risky securities. Rev. Deriv. Res. **2**, 99–120 (1998)

Lando, D.: Credit Risk Modeling: Theory and Applications. Princeton University Press, Princeton und Oxford (2004)

Lanska, V.: Minimum contrast estimation in diffusion processes. J. Appl. Probab. **16**, 65–75 (1979)

Leland, H.E.: Corporate debt value, bond covenants, and optimal capital structure. J. Finance **49**, 157–196 (1994)

Leland, H.E., Toft, K.: Optimal capital structure, endogenous bankruptcy, and the term structure of credit spreads. J. Finance **51**, 987–1019 (1996)

Liptser, R., Shiryaev, A.N.: Statistics of Random Processes, I. General Theory, 2 Aufl. Springer, Berlin-Heidelberg (2001)

Li, D.X.: On default correlation: a copula function approach. J. Fixed Income **9**(4), 43–54 (2000)

Litterman, R., Scheinkman, J.: Common factors affecting bond returns. J. Fixed Income **3**, 54–61 (1991)

Lukacs, E.: Characteristic Functions. Griffin, London (1970)

Ma, C.: Term structure of interest rates in the presence of Lévy jumps:the HJM's approach. J. Math. Econ. **34**, 509–526 (2003)

Ma, C.: Advanced Asset Pricing Theory. Series in Quantitative Finance, Bd. 2. Imperial College Press, London (2011)

Madan, D.B., Seneta, E.: The variance gamma model for share market returns. J. Bus. **63**, 511–524 (1990)

Mai, J., Scherer, M.: Simulating Copulas. Series in Quantitative Finance, Bd. 4. Imperial College Press (2012)

Mai, J., Scherer, M.: Financial Engineering with Copulas Explained. Palgrave Macmillan (2014)

Mamon, R.S.: Hidden Markov Models in Finance: Further Developments and Applications. International series in operations research and management science. Springer (2014)

Mamon, R.S., Elliott, R.J. (Hrsg.): Hidden Markov Models in Finance. Springer (2007)

Marshall, A.W., Olkin, I.: Families of multivariate distributions. J. Am. Stat. Assoc. **83**, 834–841 (1988)

McNeil, A., Frey, R., Embrechts, P.: Quantitative Risk Management. Princeton University Press, Princeton und Oxford (2005)

Mercurio, F., Interest rates and the credit crunch: New formulas and market models. Bloomberg Portfolio Research Paper No. 2010-01-FRONTIERS, siehe http://ssrn.com/abstract=1332205

Merton, R.C.: Theory of rational option pricing. Bell J. Econ. Manag. Sci. **4**, 141–183 (1973)

Merton, R.C.: On the Pricing of Corporate Debt: The Risk Structure of Interest Rates. J. Finance **29**, 449–470 (1974)

Merton, R.C.: Option pricing when underlying stock returns are discontinuous. J. Financ. Econ. **3**, 125–144 (1976)

Mikhailov, S., Nögel, U.: Heston's stochastic volatility model: Implementation, calibration and some extensions. Wilmott Mag., 74–79 (2003), Juli 2002

Mikosch, T.: Non-Life Insurance Mathematics: An Introduction with Stochastic Processes, 2. Aufl. Springer (2004)

Miltersen, K., Sandmann, K., Sondermann, D.: Closed-form solutions for term structure derivatives with log-normal interest rates. J. Finance **52**, 409–430 (1997)

Morini, M.: Solving the puzzle in the interest rate market. In: Interest rate modelling after the financial crisis. Risk Books, London, S. 61–105 (2013)

Naik, V., Lee, M.: General Equilibrium Pricing of Options on the Market Portfolio with Discontinuous Returns. Rev. Financial Stud. **3**(4), 493–521 (1990)

Nelson, R.B.: An Introduction to Copulas, 2. Aufl. Springer, New York (2006)

Obloj, J.: Fine-tune your smile: Correction to Hagan et al.. Wilmott Magazine, Wiley, May (2010)

Øksendal, B.: Stochastic Differential Equations, 3. Aufl. Springer, Berlin (1992)

Pfeifer, D., Strassburger, D., Philipps, J.: Modeling and simulation of dependence structures in nonlife insurance with Bernstein copula. ASTIN Kolloquium, Helsinki (2009)

Pfeifer, D., Tsatedem, H.A., Mändle, A., Girschig, C.: New copulas based on general partitions-of-unity and their applications to risk management. Dependence Model. **4**, 123–140 (2016)

Philipps, P.C.B., Yu, J.: Maximum likelihood and Gaussian estimation of continuous-time models in finance. In: Andersen, T.G., Davis, R.A., Kreiß, J.P., Mikosch, T. (Hrsg.) Handbook of Financial Time Series, S. 497–530. Springer, Berlin (2009)

Piterbarg, V.: A practitioner's guide to pricing and hedging callable LIBOR exotics in forward LIBOR models. Arbeitspapier (2003)

Pallavicini, A., Tarenghi, M.: Interest-rate modeling with multiple yield curves. Arbeitspapier (2010), arXiv:1006.47o7v1

Primm, M.: Das stochastische Volatilitätsmodell nach Heston. Diplomarbeit an der TU Kaiserslautern (2007)

Revuz, D., Yor, M.: Continuous Martingales and Brownian Motion, 3. Aufl. Springer, Berlin (1999)

Rieder, H.: Robust Asymptotic Statistics. Springer (1994)

Ritchken, P., Sankarasubramanian, L.: Volatility structure of forward rates and the dynamics of the term structure. Math. Finance **5**, 55–72 (1995)

Rogers, L.C.G.: The potential approach to the term-structure of interest rates and foreign exchange rates. Math. Finance **7**, 157–164 (1997)

Rogers, L.C.G., Stummer, W.: Consistent fitting of one-factor models to interest rate data. Insurance. Math. Econ. **27**, 45–63 (2000)

Rogers, L.C.G., Williams, D.: Itô Calculus, 2. Aufl. Diffusions, Markov Processes and Martingales, Bd. 2. Cambridge University Press, Cambridge (2000)
Rüschendorf, L.: On the distributional transform, Sklar's theorem, and the empirical copula process. J. Stat. Plan. Inference **139**, 3921–3927 (2009)
Salmon, F.: Recipe for Disaster: The Formula That Killed Wall Street. Wired Mag. **17**(3), (2009), 23. Februar
Saß, J., Haussmann, U.G.: Optimizing the terminal wealth under partial information: The diffusion as a continuous-time Markov chain. Finance Stochastics **8**(4), 553–577 (2004)
Satchell, S., Scowcroft, A.: A demystification of the Black-Litterman model. J. Asset Manag. **1**, 138–150 (2000)
Schoenmakers, J.: Robust LIBOR Modelling and Pricing of Derivative Products. CRC Press, Boca Raton, Florida, USA (2007)
Schoutens, W.: Lévy Processes in Finance: Pricing Financial Derivatives. Wiley, New York (2003)
Schönbucher, P.: Credit Derivatives Pricing Models. Wiley (2003)
Schroder, M.: Computing the Constant Elasticity of Variance Option Pricing Formula. J. Finance. **44**, 211–219 (1989)
Schweizer, M.: Option hedging for semimartingales. Stoch. Process. Their Appl. **37**, 339–363 (1991)
Schweizer, M.: Mean-variance hedging for general claims. Ann. Appl. Probab. **2**, 171–179 (1992)
Sklar, A.: Fonctions de répartition a *n* dimensions et leur marges. Publ. De L'institut De Stat. De L'université De Paris **8**, 229–231 (1959)
Sorenson, H.W.: Least squares estimation: from Gauss to Kalman. IEEE. Spectr. **7**(7), 63–68 (1970)
Touzi, N.: In: Optimal Stochastic Control, Stochastic Target Problems, and Backward SDE Fields Institute Monographs. Springer (2014)
Vasicek, O.A.: An equilibrium characterization of the term structure. J. Financ. Econ. **5**, 177–188 (1977)
Vasicek, O.A.: Limiting loan loss distribution. Arbeitspapier (1991) KMV Corporation
Weber, S.: Solvency II, or How to Swipe the Downside Risk Under the Carpet. Arbeitspapier (2017)
Wells, C.: The Kalman Filter in Finance. Advanced Studies in Theoretical and Applied Econometrics, Bd. 32. Kluwer Academic Publishers (1996)
Wiesemann, T.: Wertorientiertes Portfoliomanagement: Ein Modell zur intertemporalen Portfoliowerterhaltung. Dissertation, Universität Ulm (1995)
Wong, B., Heyde, C.C.: On changes of measure in stochastic volatility models. J. Appl. Math. Stoch. Analysis **18130**, 1–13 (2006)
Wu, S., Zeng, Y.: Affine regime-switching models for interest rate term structure. Contemp. Math. **351**, 375–386 (2004)
Yamada, T., Watanabe, S.: On the uniqueness of solutions of stochastic differential equations. J. Math. Kyoto Fre **11**(1), 155–167 (1971)
Yor, M.: On some exponential functionals of Brownian motion. Adv. Appl. Probab. **24**, 509–531 (1992)
Zagst, R.: Interest Rate Management. Springer Finance, Springer, Berlin (2002)
Zhang, A.: The Cox-Ingersoll-Ross process: Analytical properties and applications in finance. Masterarbeit an der TU Kaiserslautern (2004)

Sachverzeichnis

Printed in the United States
By Bookmasters